清华社"视频大讲堂"大系

CAD/CAM/CAE技术视频大讲堂

MATLAB 中文版
从入门到精通

CAD/CAM/CAE技术联盟 ◎编著

清华大学出版社

北 京

内 容 简 介

本书全面讲解了 MATLAB 软件的基础知识和工程应用，包括 MATLAB 编程环境、MATLAB 基础知识、矩阵分析、集合、二维图形绘制、三维图形绘制、数学统计图形、图像处理、字符串设计、微分方程、文件 I/O、线性方程组求解、概率和数据统计分析、电影与动画、优化设计以及形态学图像处理。全书内容由浅入深，通过实例来介绍各函数的使用，步骤详细，便于读者掌握参数的设置方法。

为了便于读者学习，随书配送了电子资料包，其中包含全书实例操作过程录屏讲解的 MP4 文件和实例源文件。为了更进一步地方便读者的学习，作者亲自对实例动画进行了配音讲解，通过扫描二维码，下载本书实例操作视频的 MP4 文件，读者可以像看电影一样轻松愉悦地学习本书。

本书适合广大工程技术人员和相关专业的学生使用，也可以作为大、中专院校和职业培训机构的教材或教学参考书。

图书在版编目（CIP）数据

MATLAB 中文版从入门到精通/CAD/CAM/CAE 技术联盟编著. —北京：清华大学出版社，2021.7
（清华社"视频大讲堂"大系 CAD/CAM/CAE 技术视频大讲堂）
ISBN978-7-302-57220-6

Ⅰ. ①M…　Ⅱ. ①C…　Ⅲ. ①Matlab 软件　Ⅳ. ①TP317

中国版本图书馆 CIP 数据核字（2020）第 260197 号

责任编辑：贾小红
封面设计：闰江文化
版式设计：文森时代
责任校对：马军令
责任印制：刘海龙

出版发行：清华大学出版社
　　　　　网　　址：http://www.tup.com.cn，http://www.wqbook.com
　　　　　地　　址：北京清华大学学研大厦 A 座　　　邮　　编：100084
　　　　　社 总 机：010-62770175　　　　　邮　　购：010-62786544
　　　　　投稿与读者服务：010-62776969，c-service@tup.tsinghua.edu.cn
　　　　　质量反馈：010-62772015，zhiliang@tup.tsinghua.edu.cn
印 装 者：大厂回族自治县彩虹印刷有限公司
经　　销：全国新华书店
开　　本：203mm×260mm　　　印　　张：28.75　　　字　　数：788 千字
版　　次：2021 年 8 月第 1 版　　　印　　次：2021 年 8 月第 1 次印刷
定　　价：99.80 元

产品编号：082454-01

前　言

Preface

MATLAB 是美国 MathWorks 公司出品的一款优秀的数学计算软件，其强大的数值计算和数据可视化能力令人震撼。目前，MATLAB 已经成为多种学科必不可少的计算工具，熟练使用 MATLAB 是自动控制、应用数学、信息与计算科学等专业大学生与研究生必须掌握的基本技能。

MATLAB 本身是一个极为丰富的资源库。对于大多数用户来说，MATLAB 有部分内容看起来是"透明"的，即用户能明白其全部细节；另有部分内容表现为"灰色"，即用户虽明白其原理，但是对于具体的执行细节不能完全掌握；还有部分内容则"全黑"，即用户对它们一无所知。本书将对 MATLAB 的各个功能模块进行全面讲解，并对常用的操作技巧进行总结，可使读者快速掌握其应用技能。

一、编写目的

目前，MATLAB 已经得到了很大程度的普及，它不仅成为各大公司和科研机构的专用软件，在各高校中同样也广受欢迎，越来越多的学生借助 MATLAB 来进行数学分析、图像处理、仿真分析。

为了帮助零基础读者快速掌握 MATLAB 的使用方法，本书从基础着手，详细对 MATLAB 基本函数的功能进行介绍，同时根据不同学科读者的需求，在数学计算、图形绘制、仿真分析、最优化设计和外部接口编程等方面进行了详细的介绍，可让读者入宝山而满载归。

二、本书特点

1．循序渐进

内容的讲解由浅入深、从易到难，以必要的基础知识作为铺垫，结合实例来逐步引导读者掌握软件的功能与操作技巧，让读者轻松地进入顺畅学习的轨道，逐步提高软件应用能力。

2．覆盖全面

本书在立足软件基本功能应用的基础上，全面介绍了软件的各个功能模块，可使读者全面掌握软件的强大功能，提高数学计算和工程应用能力。

3．画龙点睛

本书在讲解基础知识和相应实例的过程中，及时对某些技巧进行总结，对知识的关键点给出提示，这样能够使读者少走弯路，快速提高能力。

4．突出技能提升

本书中有很多实例本身就是工程分析项目案例，经过作者精心提炼和改编，不仅能保证读者学好知识点，更重要的是能帮助读者掌握实际的操作技能。全书结合实例详细讲解了 MATLAB 的知识要点，让读者在学习案例的过程中自然地掌握 MATLAB 软件的操作技巧，同时也有助于读者培养工程设计能力。

三、本书的配套资源

为了使读者朋友在最短的时间学会并精通这门技术。本书提供了极为丰富的学习配套资源，可通过扫描二维码下载。

1．397 集大型高清多媒体教学视频（动画演示）

为了方便读者学习，本书针对大多数实例，专门制作了 397 集多媒体图像、语音视频录像（动画演示），读者可以通过视频像看电影一样轻松愉悦地学习本书内容。

2．全书实例的源文件

本书附带了很多实例，电子资料中包含实例的源文件和用到的个别素材，读者可以安装最新的 MATLAB 软件，打开并使用它们。

四、关于本书的服务

1．MATLAB 安装软件的获取

按照本书中的实例进行操作练习，以及使用 MATLAB 进行计算和分析，需要事先在计算机上安装 MATLAB 软件。读者可以登录 MATLAB 官方网站联系购买正版软件，或者使用其试用版。

2．关于本书的技术问题或有关本书信息的发布

读者朋友遇到有关本书的技术问题，可以扫描封底"文泉云盘"二维码查看是否已发布相关勘误或解疑文档，如果没有，可在下方寻找作者联系方式，或单击"读者反馈"留下问题，我们会及时回复。

3．关于手机在线学习

扫描书中二维码，可在手机中观看对应的教学视频，充分利用碎片时间，随时随地学习 MATLAB 使用技能。需要强调的是，书中给出的只是实例的重点步骤，实例详细操作过程还需通过视频来仔细领会。

五、关于作者

本书由 CAD/CAM/CAE 技术联盟组织编写，王敏、刘昌丽、解江坤参与了具体的编写工作。CAD/CAM/CAE 技术联盟是一个集 CAD/CAM/CAE 技术研讨、工程开发、培训咨询和图书创作为一体的工程技术人员协作联盟，包含 30 多位专职和众多兼职 CAD/CAM/CAE 工程技术专家。其创作的很多教材已成为国内具有引导性的旗帜作品，在国内相关专业方向图书创作领域具有举足轻重的地位。

六、致谢

在本书的写作过程中，策划编辑贾小红和艾子琪女士给予了很大的帮助和支持，提出了很多中肯的建议，在此表示感谢。同时，还要感谢清华大学出版社的所有编审人员为本书的出版所付出的辛勤劳动。本书的成功出版是大家共同努力的结果，谢谢所有给予支持和帮助的人士。

编　者
2021 年 3 月

目 录

Contents

第 *1* 章

MATLAB 编程环境

MATLAB 是美国 MathWorks 公司出品的商业数学软件，主要包括 MATLAB 和 Simulink 两大部分。它将数值分析、矩阵计算、科学数据可视化以及非线性动态系统的建模和仿真等诸多强大功能集成在一个易于使用的高科技计算和交互式环境中，为科学研究、工程设计以及其他必须进行有效数值计算的众多科学领域提供了一种全面的解决方案，代表了当今国际科学计算软件的先进水平。

1.1 MATLAB 概述

在数值计算方面，MATLAB 在数学类科技应用软件中首屈一指，与 Mathematica、Maple 并称为三大数学软件。MATLAB 可以进行矩阵运算、绘制函数和数据图像、实现算法、创建用户界面、连接其他编程语言的程序等，主要应用于工程计算、控制设计、信号处理与通信、图像处理、信号检测、金融建模设计与分析等领域。

1.1.1 MATLAB 系统的发展历程

MATLAB 的英文全称是 MATrix LABoratary，原意为矩阵实验室，最初是一种专门用于矩阵数值计算的软件。

20 世纪 70 年代中期，新墨西哥大学计算机科学系的 Cleve Moler 博士和他的同事在美国国家科学基金的资助下研究开发了调用 LINPACK 和 EISPACK 的 FORTRAN 子程序库。LINPACK 是解线性方程的 FORTRAN 程序库，EISPACK 则是解特征值问题的程序库。这两个程序库代表着当时矩阵计算的最高水平。20 世纪 70 年代后期，时任美国新墨西哥大学计算机科学系主任的 Cleve Moler 教授为了减轻学生的编程负担，特意编写了使用方便的 LINPACK 和 EISPACK 的接口程序，取名为 MATLAB。在此后的数年里，MATLAB 在多所大学里作为教学辅助软件使用，并作为面向大众的免费软件广为流传，同时 MATLAB 也成了应用数学界的术语。

1983 年早春，Cleve Moler 到斯坦福大学访问，身为工程师的 John Little 意识到 MATLAB 具有潜在的广阔应用领域，应该在工程计算方面有所作为，于是同 Cleve Moler 及 Steve Bangert 合作开发了第二代专业版 MATLAB。从这一代开始，MATLAB 的核心就采用 C 语言编写，也是从这一代开始，MATLAB 不仅具有数值计算功能，而且具有了数据可视化功能。

1984 年，MathWorks 公司成立，把 MATLAB 推向市场，并继续对 MATLAB 进行研制和开发。MATLAB 在市场上的出现为各国科学家开发本学科相关软件提供了基础。例如，在 MATLAB 问世不久，原来控制领域的一些封闭式软件包（如英国的 UMIST、瑞典的 LUND 和 SIMNON、德国的 KEDDC）就纷纷被淘汰，而改以 MATLAB 为平台加以重建。

到 20 世纪 90 年代初期，在国际上 30 多个数学类科技应用软件中，MATLAB 在数值计算方面独占鳌头，而 Mathematica 和 Maple 则分居符号计算软件的前两名。Mathcad 因其提供计算、图形、文字处理的统一环境而深受学生欢迎。

1993 年，MATLAB 的第一个 Windows 版本问世。同年，支持 Windows 3.x 的具有划时代意义的 MATLAB 4.0 推出。与以前的版本相比，MATLAB 4.0 做了很大改进，特别是增加了 Simulink、Control、Neural Network、Optimization、Signal Processing、Spline、Robust Control 等工具箱，使得 MATLAB 的应用范围更加广泛。

同年，MathWorks 公司又推出了 MATLAB 4.1，首次开发了 Symbolic Math 符号运算工具箱。它的升级版本 MATLAB 4.2c 在用户中得到广泛的应用。

1997 年夏，MathWorks 公司推出了 Windows 95 下的 MATLAB 5.0 和 Simulink 2.0 版本。该版本在继承 MATLAB 4.2c 和 Simulink 1.3 版本功能的基础上，实现了真正的 32 位运算，数值计算更快，图形表现更丰富有效，编程更简洁直观，用户界面十分友好。

2000 年下半年，MathWorks 公司推出了 MATLAB 6.0(R12)的试用版，并于 2001 年推出了正式版。紧接着，2002 年又推出了 MATLAB 6.5(R13)版本，并升级 Simulink 到 5.0 版本。

2004 年秋，MathWorks 公司又推出了 MATLAB 7.0(R14) Service Pack1，新的版本在原版本的基础上做了大幅改进，同时对很多工具箱做了相应的升级，使得 MATLAB 功能更强，应用更简便。

从 2006 年开始，MATLAB 分别在每年的 3 月和 9 月进行两次产品发布，每次发布都涵盖产品家族中的所有模块，包含已有产品的新特性和 bug 修订，以及新产品的发布。其中，3 月发布的版本被称为 "a"，9 月发布的版本被称为 "b"，如 2006 年的两个版本分别是 R2006a 和 R2006b。值得一提的是，在 2006 年 3 月 1 日发布的 R2006a 版本中，增加了两个新产品模块（Builder for .net 和 SimHydraulics），增加了对 64 位 Windows 的支持。其中，Builder for .net（也就是.net 工具箱）扩展了 MATLAB Compiler 的功能，集成了 MATLAB Builder for COM 的功能，可以将 MATLAB 函数打包，使网络程序员可以通过 C#、VB.net 等语言访问这些函数，并将源自 MATLAB 函数的错误作为一个标准的管理异常来处理。

2020 年 3 月，MathWorks 发布了 MATLAB R2020a 版本（以下简称 MATLAB 2020）和 Simulink 产品系列的 Release 2020（R2020）版本。2021 年 3 月，MathWorks 发布了 MATLAB 和 Simulink 产品系列的最新版本 R2021a。

时至今日，经过 MathWorks 公司的不断升级，MATLAB 已经发展成为适合多学科、多种工作平台的功能强大的大型软件。在欧美高校，MATLAB 已经成为诸如应用代数、数理统计、自动控制、数字信号处理、模拟与数字通信、时间序列分析、动态系统仿真等高级课程的基本教学工具，也是相关专业大学生、硕士生、博士生必须熟练使用的基本工具。在国际学术界，MATLAB 已经被确认为准确、可靠的科学计算标准软件。在许多国际一流学术刊物上（尤其是信息科学刊物），都可以看到 MATLAB 的应用。在研究单位和工业部门，MATLAB 被认为是进行高效研究、开发的首选软件工具。例如，美国 National Instruments 公司的信号测量、分析软件 LabVIEW，Cadence 公司的信号和通信分析设计软件 SPW 等，或者直接建立在 MATLAB 之上，或者以 MATLAB 为主要支撑；又如，HP 公司的 VXI 硬件、TM 公司的 DSP、Gage 公司的各种硬卡和仪器等都接受 MATLAB 的支持。可以说，无论你从事工程技术领域的什么专业，都能在 MATLAB 里找到合适的功能。

1.1.2　MATLAB 的特点

MATLAB 自产生之日起，就以其强大的功能和良好的开放性而在科学计算诸多软件中独占鳌头。学会 MATLAB 可以方便地处理诸如矩阵变换及运算、多项式运算、微积分运算、线性与非线性方程求解、常微分方程求解、偏微分方程求解、插值与拟合、统计及优化等问题。

在进行数学计算时，最难处理的就是算法的选择，这个问题利用 MATLAB 工具可以轻松解决。MATLAB 中许多功能函数都带有算法的自适应能力，且算法先进，大大解决了用户的后顾之忧，同时也大大弥补了 MATLAB 程序因为非可执行文件而影响其速度的缺陷。另外，MATLAB 提供了一套完善的图形可视化功能，为用户展示自己的计算结果提供了广阔的空间。

无论一种语言的功能多么强大，如果语言本身非常艰深，那么它绝对不是成功的语言。而 MATLAB 是成功的，它允许用户以数学形式的语言编写程序，比 BASIC、FORTRAN 和 C 语言等语言更接近于书写计算公式的思维方式。

MATLAB 能发展到今天这种程度，其可扩充性和可开发性起着不可估量的作用。MATLAB 本身就像一个解释系统，以一种解释执行的方式对其中的函数程序进行执行。这样的最大好处是 MATLAB 完全成了一个开放的系统，用户可以方便地查看函数的源程序，也可以方便地开发自己的程序，甚至创建自己的工具箱。另外，MATLAB 还可以方便地与 FORTRAN、C 等语言链接，以充分利用各种资源。

有必要特别强调的是，MATLAB 程序文件是纯文件，任何文字处理软件都能对其进行编写和修改，从而使得程序易于调试，人机交互性强。

1.1.3　MATLAB 的主要功能

随着 MathWorks 公司对 MATLAB 软件的不断升级，目前的 MATLAB 已是功能相当完善的一款优秀的集数据计算、程序设计、图形可视化、建模仿真等于一体的软件。下面主要介绍 MATLAB 较为常用的一些功能。

1. 数据计算

MATLAB 数据计算功能强大，基于矩阵的计算机制使其在线性代数、矩阵分析、数值分析、方程求解、傅里叶分析、数值微积分等多个方面得到良好的应用，且易获得精确可靠的结果。

2．符号计算

MATLAB 提供了专门的工具箱用于符号运算，使用户可以直接对字符串符号进行分析计算，从而进一步扩展了计算机解决数学问题的能力。符号计算在公式推导、逻辑计算等方面具有重要的应用。

3．图形功能

MATLAB 提供了数据的可视化功能，包括常用二维和三维图形的绘制，用户可以方便地绘制各种图形。同时，使用 MATLAB 的绘制功能，还可以方便地编辑图形，设置相应的图形注释等，进而优化绘制的图形。

4．建模仿真

MATLAB 是一款优秀的建模仿真软件，用户利用 MATLAB 的该项功能可以很方便地模拟现实。MATLAB 的 SIMULINK 部分是仿真领域常用的工具，可以较为真实地模拟实际条件或者一些不可能实现的条件下的场景，减少实现真实场景不必要的开支。

5．程序设计

MATLAB 的程序设计功能完善，为面向对象的程序设计机制。MATLAB 包含了大量的函数库，供用户直接调用。同时，MATLAB 程序设计功能为用户提供了方便的调试工具，在程序出错后，也会出现详细的错误信息。

6．界面设计

MATLAB 软件提供了方便的界面设计功能，用户可以利用该功能完成相应的界面设计。MATLAB 中的图形界面设计多为界面操作，无须大量复杂的算法。MATLAB 的界面设计功能可以进一步提高 MATLAB 所设计程序的可操作性。

7．与其他程序的集成与扩展

MATLAB 软件与其他编程语言具有较好的链接能力，其应用接口编程技术为其他编程语言与 MATLAB 软件的交互使用提供了良好的应用平台。MATLAB 软件还支持与常用的 Office 操作软件的交互使用，可以在 Word 或 Excel 中直接使用 MATLAB 的各项功能。

1.1.4　MATLAB 的应用领域

MATLAB 将高性能的数值计算、可视化和编程集成在一个易用的开放式环境中，在此环境下，用户可以按照符合其思维习惯的方式和熟悉的数学表达形式书写程序，并且可以非常容易地对其功能进行扩充。除具备卓越的数值计算能力之外，MATLAB 还具有专业的符号计算和文字处理、2D 和 3D 图形绘制、可视化建模仿真和实时控制等功能。其典型的应用主要包括如下几个方面：

☑　数值分析和计算。
☑　算法开发。
☑　数据采集。

☑ 系统建模、仿真和原型化。

☑ 数据分析、探索和可视化。

☑ 工程和科学绘图。

☑ 数字图像处理。

☑ 应用软件开发，包括图形用户界面的建立。

MATLAB Compiler 是一种编译工具，它能够将 MATLAB 编写的函数文件生成函数库或可执行文件 COM 组件等，以方便其他高级语言（如 C++、C#等）进行调用，不仅扩展了 MATLAB 的应用范围，还将 MATLAB 的开发效率与其他高级语言的运行效率结合起来，取长补短，丰富了程序开发的手段。

Simulink 是基于 MATLAB 的可视化设计环境，可以用来对各种系统进行建模、分析和仿真。它的建模范围面向任何能够使用数学来描述的系统，如航空动力学系统、航天控制制导系统、通信系统等。Simulink 提供了利用鼠标拖放的方法建立系统框图模型的图形界面，还提供了丰富的功能模块，利用它几乎可以不用书写代码就能完成整个动态系统的建模工作。

此外，MATLAB 还有基于有限状态机理论的 Stateflow 交互设计工具以及自动化的代码设计生成工具 Real-Time Workshop 和 Stateflow Coder。

1.2　MATLAB 系统

MATLAB 系统主要由开发环境、MATLAB 数学函数库、MATLAB 语言、图形处理系统和应用程序接口五个部分组成。

1.2.1　MATLAB 的主要组成部分

MATLAB 的主要组成包含两个部分：核心部分和各种应用工具箱。

1. MATLAB 核心部分

MATLAB 的核心部分由 MATLAB 开发环境、MATLAB 语言、MATLAB 数学函数库、MATLAB 图形处理系统和 MATLAB 应用程序接口五大部分组成，包含数百个核心内部函数：

（1）桌面工具和开发环境。MATLAB 由一系列工具组成，这些工具大部分拥有图形用户界面，方便用户使用 MATLAB 的函数和文件，包括 MATLAB 桌面和命令行窗口、编辑器和调试器、代码分析器和浏览器（用于浏览帮助、工作空间、文件）。

（2）数学函数库。MATLAB 数学函数库提供了大量的计算算法，从初等函数（如加法、正弦、余弦等）到复杂的高等函数（如矩阵求逆、矩阵特征值、贝塞尔函数和快速傅里叶变换等）。

（3）语言。MATLAB 语言是一种高级的基于矩阵/数组的语言，具有程序流控制、函数、数据结构、输入/输出和面向对象编程等特色。用户可以在命令行窗口中将输入语句与执行命令同步，以迅速创立快速抛弃型程序，也可以先编写一个较大的复杂的 M 文件后再一起运行，以创立完整的大型应用程序。

（4）图形处理系统 MATLAB 具有方便的数据可视化功能，以将向量和矩阵用图形表现出来，并且可以对图形进行标注和打印。其高层次作图包括二维和三维的可视化、图像处理、动画和表达式作图；低层次作图包括完全定制图形的外观，以及建立基于用户的 MATLAB 应用程序的完整的图形用户界面。

（5）外部接口。外部接口是一个能使 MATLAB 与 C、FORTRAN 等其他高级编程语言进行交互的函数库，包括从 MATLAB 中调用程序（动态链接）、调用 MATLAB 为计算引擎和读写 mat 文件的设备。

2．MATLAB 工具箱

MATLAB 的一个重要特色是它具有一系列称为工具箱（Toolbox）的特殊应用子程序。工具箱是 MATLAB 函数的子程序库，每一个工具箱都是为某一类学科和应用而定制的，可以分为功能性工具箱和学科性工具箱。功能性工具箱主要用来扩充 MATLAB 的符号计算、可视化建模仿真、文字处理以及与硬件实时交互的功能，用于多种学科；而学科性工具箱则是专业性比较强的工具箱，如控制工具箱、信号处理工具箱、通信工具箱等都属于此类。简言之，工具箱是 MATLAB 函数（M 文件）的全面综合，这些文件把 MATLAB 的环境扩展到解决特殊类型问题上，如信号处理、控制系统、神经网络、模糊逻辑、小波分析、系统仿真等。

此外，开放性使 MATLAB 广受用户欢迎。除内部函数以外，所有 MATLAB 核心文件和各种工具箱文件都是可读可修改的源文件，用户可通过对源程序进行修改或加入自己编写的程序构造新的专用工具箱。

1.2.2　MATLAB 的重要部件

MATLAB 系统除了以上 5 个主要部分之外，还有两个重要部件，即 Simulink（实现计算机仿真的软件工具）和 Toolboxes（应用领域工具箱函数），它们在 MATLAB 系统和用户编程中占据非常重要的地位。

1．Simulink（实现计算机仿真的软件工具）

Simulink 是 MATLAB 软件的扩展，它提供了集动态系统建模、仿真和综合分析于一体的图形用户环境，是实现动态系统建模和仿真的一个软件包。它与 MATLAB 的主要区别在于，其与用户的交互接口是基于 Windows 的模型化图形输入，使得用户可以把更多的精力投入系统模型的构建，而非语言的编程上。

Simulink 提供了大量的系统模块，包括信号、运算、显示和系统等多方面的功能，可以创建各种类型的仿真系统，实现丰富的仿真功能。用户也可以定义自己的模块，进一步扩展模型的范围和功能，以满足不同的需求。为了创建大型系统，Simulink 提供了系统分层排列的功能，类似于系统的设计，在 Simulink 中可以将系统分为从高级到低级的几个层次，每层又可以细分为几个部分，每层系统构建完成后，将各层连接起来构成一个完整的系统。模型创建完成之后，可以启动系统的仿真功能分析系统的动态特性，Simulink 内置的分析工具包括各种仿真算法、系统线性化、寻求平衡点等，仿真结果可以使用图形的方式显示在示波器窗口，以便于用户观察系统的输出结果。另外，Simulink 也可以将输出结果以变量的形式保存起来，并输入 MATLAB 工作空间中完成进一步的分析。

Simulink 支持多采样频率系统，即不同的系统能够以不同的采样频率进行组合，可以仿真较大、较复杂的系统。

2．图形化模型与数学模型之间的关系

现实中每个系统都有输入、输出和状态 3 个基本要素，它们之间随时间变化的数学函数关系即数学模型。图形化模型也体现了输入、输出和状态之间随时间变化的某种关系，如图 1-1 所示。只要这两种关系在数学上是等价的，就可以用图形化模型代替数学模型。

图 1-1　模块的图形化表示

3．图形化模型的仿真过程

Simulink 的仿真过程包括如下几个阶段：

（1）模型编译阶段。Simulink 引擎调用模型编译器，将模型翻译成可执行文件。其中编译器主要完成以下任务：

- ☑ 计算模块参数的表达式，以确定它们的值。
- ☑ 确定信号属性（如名称、数据类型等）。
- ☑ 传递信号属性，以确定未定义信号的属性。
- ☑ 优化模块。
- ☑ 展开模型的继承关系（如子系统）。
- ☑ 确定模块运行的优先级。
- ☑ 确定模块的采样时间。

（2）连接阶段。Simulink 引擎按执行次序创建运行列表，初始化每个模块的运行信息。

（3）仿真阶段。Simulink 引擎从仿真开始到结束，在每一个采样点按运行列表计算各模块的状态和输出。该阶段又分成以下两个子阶段：

- ☑ 初始化阶段：该阶段只运行一次，用于初始化系统的状态和输出。
- ☑ 迭代阶段：该阶段在定义的时间段内按采样点间的步长重复运行，并将每次的运算结果用于更新模型。在仿真结束时获得最终的输入、输出和状态值。

4．Toolboxes（应用领域工具箱函数）

MATLAB 主要有以下 Toolboxes：

- ☑ Matlab Main Toolbox——MATLAB 主工具箱。
- ☑ Control System Toolbox——控制系统工具箱。
- ☑ Communication Toolbox——通信工具箱。
- ☑ Financial Toolbox——财政金融工具箱。
- ☑ System Identification Toolbox——系统辨识工具箱。
- ☑ Fuzzy Logic Toolbox——模糊逻辑工具箱。
- ☑ Higher-Order Spectral Analysis Toolbox——高阶谱分析工具箱。
- ☑ Image Processing Toolbox——图像处理工具箱。
- ☑ LMI Control Toolbox——线性矩阵不等式工具箱。

- ☑ Model predictive Control Toolbox——模型预测控制工具箱。
- ☑ μ-Analysis and Synthesis Toolbox——μ 分析工具箱。
- ☑ Neural Network Toolbox——神经网络工具箱。
- ☑ Optimization Toolbox——优化工具箱。
- ☑ Partial Differential Toolbox——偏微分方程工具箱。
- ☑ Robust Control Toolbox——鲁棒控制工具箱。
- ☑ Signal Processing Toolbox——信号处理工具箱。
- ☑ Spline Toolbox——样条工具箱。
- ☑ Statistics Toolbox——统计工具箱。
- ☑ Symbolic Math Toolbox——符号数学工具箱。
- ☑ Simulink Toolbox——动态仿真工具箱。
- ☑ Wavele Toolbox——小波工具箱。

1.3 MATLAB 开发环境

这里以 MATLAB 2020 为例对 MATLAB 工作环境界面展开介绍，使读者初步认识 MATLAB 的主要窗口，并掌握其操作方法。

MATLAB 2020 默认设置的工作界面如图 1-2 所示。

MATLAB 2020 的工作界面形式简洁，主要由标题栏、功能区、工具栏、当前文件夹窗口（Current Folder）、命令行窗口（Command Window）、工作区（Workspace）和历史记录窗口（Command History）等组成。

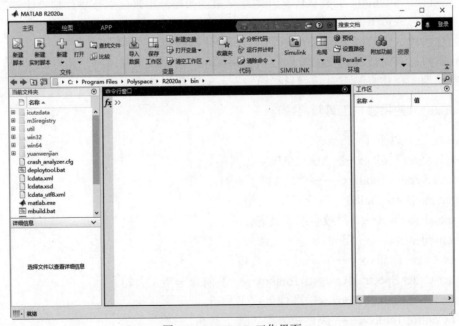

图 1-2 MATLAB 工作界面

1.3.1　MATLAB 软件开发环境

1．标题栏

标题栏显示在图 1-2 所示的用户界面顶部，如图 1-3 所示。

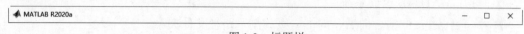

图 1-3　标题栏

在用户界面右上角显示 3 个图标。其中，单击"最小化"按钮 −，将最小化显示工作界面；单击"最大化"按钮 □，将最大化显示工作界面；单击"关闭"按钮 ×，将关闭工作界面。

在命令行窗口中输入"exit"或"quit"命令，或使用快捷键 Alt+F4，也可以关闭工作界面。

2．功能区

MATLAB 2020 有别于传统的菜单栏形式，以功能区的形式显示应用命令。将所有的功能命令分门别类地放置在 3 个选项卡中，下面分别介绍这 3 个选项卡：

（1）"主页"选项卡。选择标题栏下方的"主页"选项卡，显示基本的文件操作、变量和路径设置等命令，如图 1-4 所示。

（2）"绘图"选项卡。选择标题栏下方的"绘图"选项卡，显示关于图形绘制的编辑命令，如图 1-5 所示。

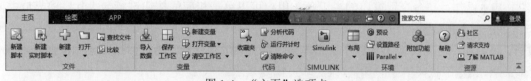

图 1-4　"主页"选项卡

图 1-5　"绘图"选项卡

（3）"APP（应用程序）"选项卡。选择标题栏下方的"APP（应用程序）"选项卡，显示多种应用程序命令，如图 1-6 所示。

图 1-6　"APP（应用程序）"选项卡

3．工具栏

工具栏位于功能区上方和下方，以图标方式汇集了常用的操作命令，如图 1-7 所示。下面简要介绍工具栏中部分常用按钮的功能：

- ☑ ：保存 M 文件。
- ☑ 、、：剪切、复制或粘贴已选中的对象。
- ☑ 、：撤销或恢复上一次操作。
- ☑ ：切换窗口。
- ☑ ：打开 MATLAB 帮助系统。
- ☑ ：向前、向后、向上一级、浏览路径文件夹。
- ☑ ▸ C: ▸ Program Files ▸ Polyspace ▸ R2020a ▸ bin ▸ ：当前路径设置栏。
- ☑ ：在当前文件夹及子文件夹中搜索。

图 1-7　工具栏

4．命令行窗口

MATLAB 的使用方法和界面有多种形式，但命令行窗口指令操作是最基本的，也是入门时首先要掌握的，简要介绍如下：

（1）基本界面。MATLAB 命令行窗口的基本表现形态和操作方式如图 1-8 所示，在该窗口中可以进行各种计算操作，也可以使用命令打开各种 MATLAB 工具，还可以查看各种命令的帮助说明等。

（2）基本操作。在命令行窗口的右上角，用户可以单击相应的按钮进行最大化、停靠或关闭窗口等操作。单击右上角的 ⊙ 按钮，出现一个下拉菜单，如图 1-9 所示。在该下拉菜单中，单击 "→ 最小化" 按钮，可将命令行窗口最小化到主窗口左侧，以页签形式存在，当鼠标指针移到上面时，显示窗口内容。此时单击 ⊙ 下拉菜单中的 ⊞ 按钮，即可恢复显示。

图 1-8　命令行窗口

图 1-9　下拉列表

选择"页面设置"命令，弹出如图 1-10 所示的"页面设置：命令行窗口"对话框，该对话框中包括 3 个选项卡，分别对打印前命令行窗口中的文字布局、标题、字体进行设置，具体如下：

- ☑ "布局"选项卡：用于设置文本的打印对象及打印颜色，如图 1-10 所示。
- ☑ "标题"选项卡：用于对打印的页码、边框及布局进行设置，如图 1-11 所示。
- ☑ "字体"选项卡：可选择使用当前命令行中的字体，也可进行自定义设置，在下拉列表中选择字体名称及字体大小，如图 1-12 所示。

在命令行窗口输入下面的程序。

```
>> a=2
a =
      2
>> b=5
b =
      5
```

上面的语句表示在 MATLAB 中创建了变量 *a*、*b*，并给变量赋值，同时将整个语句保存在计算机的一段内存中，也就是工作区中，如图 1-19 所示。

图 1-19　工作区窗口

1.3.2　MATLAB 搜索路径

MATLAB 中包含搜索路径的设置命令，下面进行介绍：

（1）在命令行窗口中输入"path"，按 Enter 键，将在命令行窗口中显示如图 1-20 所示的目录。

（2）在命令行窗口中输入"pathtool"，弹出"设置路径"对话框，如图 1-21 所示。单击"添加文件夹"按钮，进入文件夹浏览对话框，可以把某一目录下的文件包含进搜索范围而忽略子目录。单击"添加并包含子文件夹"按钮，进入文件夹浏览对话框，可以将子目录也包含进来。建议选择后者以避免一些可能的错误。

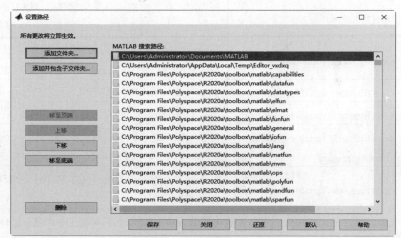

图 1-20　设置目录

图 1-21　"设置路径"对话框

1.3.3　MATLAB 变量保存

"当前文件夹"窗口可显示或改变当前目录，可保存指定变量到当前工作目录，可查看当前目录下的文件，如图 1-22 所示。

图 1-22　"当前文件夹"窗口

在 MATLAB 中，save 函数用于将工作区变量保存到文件中，它的调用格式及说明如表 1-1 所示。

表 1-1　save 函数调用格式及说明

调用格式	说　明
save(filename)	将当前工作区中的所有变量保存在 MATLAB 格式的二进制文件（MAT 文件）filename 中。如果 filename 已存在，则覆盖原文件
save(filename,variables)	将 variables 指定的结构体数组的变量或字段保存在 MATLAB 格式的二进制文件（MAT 文件）filename 中
save(filename,variables,fmt)	保存为 fmt 指定的文件格式
save(filename,variables,version)	保存为 version 指定的 MAT 文件版本
save(filename,variables,version,'-nocompression')	将变量保存到 MAT 文件，而不压缩。-nocompression 标志仅支持版本 7 和 7.3 的 MAT 文件。因此，必须将 version 指定为-v7 或-v7.3
save(filename,variables,'-append')	将新变量添加到一个现有文件中。对于 ASCII 文件，-append 会将数据添加到文件末尾
save(filename,variables,'-append','-nocompression')	将新变量添加到一个现有文件中，而不进行压缩。现有文件必须是 7 或 7.3 版本的 MAT 文件
save filename	无须输入括号或者将输入括在单引号或双引号内。使用空格（而不是逗号）分隔各个输入项

执行上述命令后，系统自动保存文件。要保存名为 mode.mat\ 的文件，以下语句是等效的：

```
>> save mode.mat          % 命令语法
>> save(' mode.mat')      % 函数语法
```

要保存名为 X 的变量:

```
>> save mode.mat X            % 命令语法
>> save(' mode.mat','X')      % 函数语法
```

例 1-1: 保存变量文件。

解　MATLAB 程序如下:

```
>> clear
>> close all
>> A= 1:10;                    % 创建向量 A
>> B= 1+2i;                    % 创建复数 B
>> C= ones(10);               % 创建 10 阶全一矩阵 C
>> save('shuzhi.mat','A','B','C')  % 将这些变量保存到当前文件夹中的文件 shuzhi.mat 中
>> save shuzhi.txt A B C -ascii % 使用命令语法将变量保存到当前文件夹中的 ASCII 文件 shuzhi.txt 中
警告: 复数变量 'B' 的虚部未保存到 ASCII 文件中。
```

在当前文件夹下显示创建的 shuzhi.mat 文件和 shuzhi.txt 文件,如图 1-23 所示。

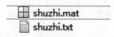

图 1-23　保存文件

1.4　M 文件

MATLAB 作为一种高级计算机语言,以一种人机交互式的命令行方式工作,还可以像其他高级编程语言一样进行控制流的程序设计。M 文件是使用 MATLAB 编写的程序代码文件,之所以称为 M 文件,是因为这种文件都以 ".m" 作为文件扩展名。

1.4.1　M 文件分类

用户可以使用任何文本编辑器或文字处理器生成或编辑 M 文件,但是在 MATLAB 提供的 M 文件编辑器中生成或编辑 M 文件最为简单、方便而且高效。

M 文件可以分为两种类型:一种是函数式文件;另一种是命令式文件,也称之为脚本文件。

1. 命令式文件

在 MATLAB 中,实现某项功能的一串 MATLAB 语句命令与函数组合成的文件称为命令式文件。这种 M 文件在 MATLAB 的工作区内对数据进行操作,能在 MATLAB 环境下直接执行。命令式文件不仅能够对工作区内已存在的变量进行操作,并能将建立的变量及其执行后的结果保存在 MATLAB 工作区中,在以后的计算中使用。除此之外,命令式文件执行的结果既可以显示输出,也可以使用 MATLAB

的绘图函数输出图形结果。

由于命令式文件的运行相当于在命令行窗口中逐行输入并运行，所以用户在编制此类文件时，只需要把要执行的命令按行编辑到指定的文件中。

在 MATLAB 主窗口的"主页"选项卡中选择"'新建'→'脚本'"命令，或直接单击"新建脚本"图标按钮，可打开如图 1-24 所示的 MATLAB "编辑器"窗口。在空白窗口中编写程序即可。

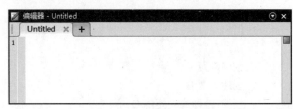

图 1-24　　"编辑器"窗口

例 1-2：生成矩阵。

解　输入下面的简单程序 mm.m：

```
function f=mm
%This file is devoted to demonstrate the use of "for"
%and to create a simple matrix
for i=1:4
    for j=1:4
        a(i,j)=1/(i+j-1);
    end
end
a
```

%后面的内容为注释内容，程序运行时，这部分内容是不起作用的，可以使用 help 命令查询。为保持程序的可读性，应该建立良好的书写风格。

单击"编辑器"选项卡中的"保存"图标按钮■ ，在弹出的"保存为"对话框中，选择保存文件夹，文件的扩展名必须是.m，单击"保存"按钮即可。

在运行函数之前，一定要把 M 文件所在的目录添加到 MATLAB 的搜索路径中，或者将函数式文件所在的目录设置成当前目录，使 mm.m 所在目录成为当前目录，或让该目录处在 MATLAB 的搜索路径上。然后在 MATLAB 命令行窗口中运行以下指令，便可得到 M 文件的输出结果。

```
>> mm
a =
    1.0000    0.5000    0.3333    0.2500
    0.5000    0.3333    0.2500    0.2000
    0.3333    0.2500    0.2000    0.1667
    0.2500    0.2000    0.1667    0.1429
```

2．函数式文件

MATLAB 函数通常是指 MATLAB 系统中已设计好的完成某一种特定的运算或实现某一特定功能

的一个子程序。MATLAB 函数或函数式文件是 MATLAB 中最重要的组成部分，MATLAB 提供的各种各样的工具箱几乎都是以函数形式给出的，是内容极为丰富的函数库，可以实现各种各样的功能。这些函数可作为命令使用，所以函数有时又称为函数命令。

MATLAB 中的函数即函数式文件，是能够接受输入参数并返回输出参数的 M 文件，标志是文件内容的第一行为 function 语句。在 MATLAB 中，函数名和 M 文件名必须相同，函数式文件可以有返回值，也可以只执行操作而无返回值。

值得注意的是，命令式 M 文件在运行过程中可以调用 MATLAB 工作域内的所有数据，并且产生的所有变量均为全局变量。也就是说，这些变量一旦生成，就一直保存在内存空间中，直到用户执行命令 clear 或 quit 时为止。而函数式文件中的变量除特殊声明外，均为局部变量，函数式文件执行之后，只保留最后的结果，不保留任何中间过程，所定义的变量也只在函数的内部起作用，并随着调用的结束而被清除。

例 1-3：验证两个数是否相等。

视频讲解

解　（1）创建函数式文件"equal_ab.m"：

```
function s=equal_ab
% 此函数用来验证两数是否相等
a=input('请输入 a\n');
b=input('请输入 b\n');
if a~=b
    input('a 不等于 b');
else
    input('a 等于 b')
end
```

（2）调用函数：

```
>> equal_ab
请输入 a
1                    % 用户输入
请输入 b
2                    % 用户输入
a 不等于 b
```

1.4.2　文件编辑器

"主页"选项卡是 MATLAB 一个非常重要的数据分析与管理窗口。它的主要按钮功能如下：

☑　"新建脚本"按钮 ：新建一个 M 文件。

☑　"新建实时脚本"按钮 ：新建一个实时脚本，如图 1-25 所示。

☑　"打开变量"按钮 ：打开所选择的数据对象。单击该按钮之后，进入如图 1-26 所示的变量编辑窗口，在这里可以对数据进行各种编辑操作。

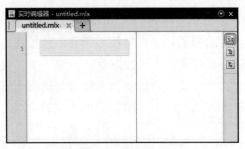

图 1-25 "实时编辑器"窗口

图 1-26 "变量编辑"窗口

1.4.3 打开文件

在 MATLAB 中，open 函数用于在 MATLAB 或外部应用程序中打开文件，它的调用格式及说明如表 1-2 所示。

表 1-2 open 函数调用格式及说明

调用格式	说　明
open name	在适当的应用程序中打开指定的文件或变量
A = open(name)	如果 name 是 MAT 文件，将返回结构体；如果 name 是图窗，则返回图窗句柄。否则，open 将返回空数组

表 1-3 所示为在 MATLAB 中用 open 函数打开的文件类型及说明。

表 1-3 文件类型及说明

文件类型	说　明
.m 或 .mlx	在 MATLAB 编辑器中打开代码文件
.mat	使用语法 A = open(name)调用时，返回结构体 A 中的变量
.fig	在图窗窗口中打开图窗
.mdl 或 .slx	在 Simulink 中打开模型

续表

文件类型	说　明
.prj	在 MATLAB Compiler 部署工具中打开工程
.doc*	在 Microsoft Word 中打开文档
.exe	运行可执行文件（仅在 Windows 系统上）
.pdf	在 Adobe Acrobat 中打开文档
.ppt*	在 Microsoft PowerPoint 中打开文档
.xls*	启动 MATLAB 导入向导
.htm 或 .html	在 MATLAB 浏览器中打开文档
.slxc	打开 Simulink 缓存文件的报告文件

执行上述函数命令后，则系统自动打开文件。

例 1-4：打开名为 shuzhi 的 txt 文件。

解　在 MATLAB 命令行窗口中输入以下命令：

```
open shuzhi.txt        % 将文件路径设置为当前路径
```

运行结果如图 1-27 所示。

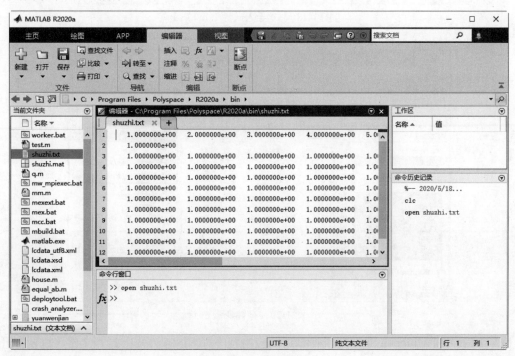

图 1-27　打开文件

例 1-5：打开 JPG 文件。

解　在 MATLAB 命令行窗口中输入以下命令：

```
open scenery.jpg       % 将 JPG 文件路径设置为当前路径
```

视频讲解

视频讲解

执行上述命令后，弹出如图 1-28 所示的"导入向导"窗口，单击"完成"按钮，在工作区显示通过 JPG 文件创建的变量，如图 1-29 所示。

图 1-28 "导入向导"窗口

图 1-29 存储变量

在 MATLAB 中，winopen 命令用于在合适的应用程序（Windows）中打开文件，将要打开的文件的名称指定为字符向量。

例 1-6： 在系统 Web 浏览器中打开文件。

解 MATLAB 程序如下：

```
>> winopen format_data.html    % 在系统 Web 浏览器中打开文件 format_data.html
```

执行上述命令后，弹出浏览器，载入指定的文件。

视频讲解

1.4.4　文件删除与回收

在 MATLAB 中，delete 函数用于删除文件或对象，它的调用格式及说明如表 1-4 所示。

表 1-4　delete 函数调用格式及说明

调用格式	说　明
delete filename	从磁盘中删除 filename，而不需要验证
delete filename1…filenameN	从磁盘上删除指定的多个文件
delete(obj)	删除指定的对象。如果 obj 是数组，则 delete 将删除数组中的所有对象。obj 仍保留在工作区中，但不再有效

默认情况下，MATLAB 将根据操作系统预设项删除文件或将其放入回收站。当系统预设为放入回收站时，要永久删除所选内容，应按 Shift+Delete 快捷键。

例 1-7：删除保存的文件。

解　MATLAB 程序如下：

```
>> clear
>> close all
>> A= 1:10;               % 创建向量 A
>> save('juzhen.m','A')   % 将变量保存到当前文件夹中的文件 juzhen.m 中
>> delete   juzhen.m      % 删除当前文件夹下的文件 juzhen.m
```

运行结果如图 1-30 所示。

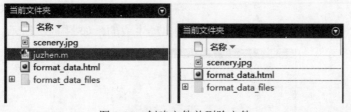

图 1-30　创建文件并删除文件

在 MATLAB 中，recycle 函数用于设置选项以便将已删除文件移到回收文件夹，它的调用格式及说明如表 1-5 所示。

表 1-5　recycle 函数调用格式及说明

调用格式	说　明
status = recycle	返回使用 delete 函数删除的文件的当前状态。status 为 off 时，delete 函数永久删除这些文件；status 为 on 时，将已删除文件移至其他位置
previousState = recycle(state)	将 MATLAB 的回收选项设置为指定状态（on 或 off）。返回的 previousState 值在运行语句之前为回收状态

1.5 MATLAB 命令的组成

MATLAB 是基于 C++语言设计的，因此语法特征与 C++语言极为相似，而且更加简单，更加符合科技人员对数学表达式的书写格式，更便于非计算机专业的科技人员使用，而且这种语言可移植性好、拓展性极强。

图 1-31 显示了不同的命令格式，MATLAB 中不同的数字、字符、符号代表不同的含义，组成丰富的表达式，能满足用户的各种应用。本节将按照命令不同的生成方法简要介绍各种符号的功能。

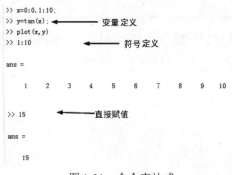

图 1-31　命令表达式

1.5.1 基本符号

命令行行首的 ">>" 是指令输入提示符，它是自动生成的，如图 1-32 所示。

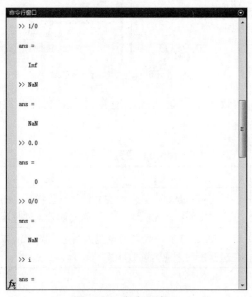

图 1-32　命令行窗口

"">>"为运算提示符，表示 MATLAB 处于准备就绪状态。如果在提示符后输入一条命令或一段程序后按 Enter 键，MATLAB 将给出相应的结果，并将结果保存在工作区中，然后再次显示一个运算提示符，为下一段程序的输入做准备。

在 MATLAB 命令行窗口中输入汉字时，会出现一个输入窗口，在中文状态下输入的括号和标点等不被认为是命令的一部分，所以在输入命令时一定要在英文状态下进行。

下面介绍几种命令输入过程中常见的错误及显示的警告与错误信息。

（1）输入的括号为中文格式：

```
>> sin（）
 sin（）
    ↑
错误: 输入字符不是 MATLAB 语句或表达式中的有效字符。
```

（2）函数调用格式错误：

```
>> sin( )
错误使用 sin,
输入参数的数目不足。
```

（3）缺少步骤，未定义变量：

```
>> sin(x)
未定义函数或变量 'x'。
```

（4）正确格式：

```
>> x=1
x =
     1
>> sin(x)
ans =
0.8415
```

1.5.2　功能符号

除了命令输入必需的符号，MATLAB 使用分号、续行符及插入变量等方法解决命令输入过于烦琐、复杂的问题。

1. 分号

一般情况下，在 MATLAB 命令行窗口中输入命令，系统根据指令给出计算结果。命令显示如下：

```
>> A=[1 2;3 4]
A =
     1     2
     3     4
```

```
>> B=[5 6;7 8]
B =
     5     6
     7     8
```

若不想让 MATLAB 每次都显示运算结果，只需在运算式最后加上分号（；），命令显示如下：

```
>> A=[1 2;3 4];
>> B=[5 6;7 8];
>> A,B
A =
     1     2
     3     4
B =
     5     6
     7     8
```

2．续行号

当命令太长，或出于某种需要，输入指令行必须多行书写时，可以使用特殊符号"…"来处理，命令显示如下：

```
>> y=1-1/2+1/3-1/4+...
     1/5-1/6+1/7-1/8
y =
     0.6345
```

MATLAB 用 3 个或 3 个以上的连续黑点表示"续行"，即表示下一行是上一行的继续。

3．插入变量

当需要解决的问题比较复杂时，直接输入会比较麻烦，即使添加分号依旧无法解决问题。在这种情况下，可以引入变量，赋予变量名称与数值，最后进行计算。

变量定义之后才可以使用，未定义就会出错，显示警告信息，且警告信息字体为红色。例如：

```
>> x
函数或变量 'x' 无法识别。
```

存储变量可以不必事先定义，在需要时随时定义即可。如果变量很多，则需要提前声明，同时也可以直接赋予 0 值，并且注释，这样方便以后区分，避免混淆。例如：

```
>> a=1
a =
1
>> b=2
b =
2
```

直接输入"x=4*3"，则自动在命令行窗口显示结果。

```
>> x=4*3
x =
    12
```

命令中包含赋值号（=），因此表达式的计算结果被赋给了变量 *x*。指令执行后，变量 *x* 被保存在 MATLAB 的工作区中，以备后用。

若输入"x=4*3;"，则按 Enter 键后不显示输出结果，可继续输入指令，完成所有指令输出后，显示运算结果，命令显示如下：

```
>> x=4*3;
>>
```

1.5.3　常用指令

在使用 MATLAB 编制程序时，掌握常用的操作指令或技巧，可以起到事半功倍的效果，下面详细介绍常用的指令。

1. cd：显示或改变工作目录

```
>> cd
C:\Program Files\Polyspace\R2020a\bin                % 显示工作目录
```

2. clc：清除工作窗

在命令行窗口输入 clc，按 Enter 键执行该指令，则自动清除命令行中的所有程序，如图 1-33 所示。

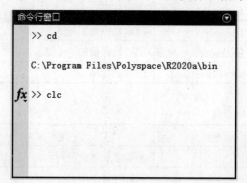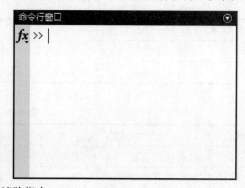

图 1-33　清除指令

3. clear：清除内存变量

在命令行窗口输入 clear，按 Enter 键执行该指令，则自动清除内存中变量的定义。

给变量 *a* 赋值为 15，然后清除赋值。

```
>> a=15
a =
    15
>> clear a
```

```
>> a
函数或变量 'a' 无法识别。
```

使用 MATLAB 编制程序时，常用的操作指令及功能如表 1-6 所示。

表 1-6　常用的操作指令

指　令	该指令的功能	指　令	该指令的功能
cd	显示或改变工作目录	bold	图形保持
clc	清除工作窗口	load	加载指定文件的变量
clear	清除内存变量	pack	整理内存碎片
clf	清除图形窗口	path	显示搜索目录
diary	日志文件	quit	退出 MATLAB
dir	显示当前目录下的文件	save	保存内存变量指定文件
disp	显示变量或文字内容	type	显示文件内容
echo	工作窗口信息显示开关		

MATLAB 中，一些标点符号也被赋予特殊的意义，这里介绍常用的几种键盘按键与符号，如表 1-7 和表 1-8 所示。

表 1-7　键盘操作技巧表

键盘按键	说　明	键盘按键	说　明
↑	重调前一行命令	Home	移动到行首
↓	重调下一行命令	End	移动到行尾
←	向前移一个字符	Esc	清除一行
→	向后移一个字符	Del	删除光标处字符
Ctrl+ ←	左移一个字符	Backspace	删除光标前的一个字符
Ctrl+ →	右移一个字符	Alt+Backspace	删除到行尾

表 1-8　标点表

标　点	定　义	标　点	定　义
:	具有多种功能	.	小数点及域访问符
;	区分行及取消运行显示等	…	续行符号
,	区分列及函数参数分隔符等	%	注释标记
( )	指定运算过程中的优先顺序	!	调用操作系统运算
[ ]	矩阵定义的标志	=	赋值标记
{ }	用于构成单元数组	'	字符串标记符

第 **2** 章

MATLAB 基础知识

MATLAB 是一个高级的矩阵/阵列语言，它包含控制语句、函数、数据结构、输入/输出等，且有面向对象编程的特点。在利用 MATLAB 进行计算之前，读者有必要先了解 MATLAB 的变量、运算符及数据等方面的相关基本操作。

2.1　变量和数据操作

利用 MATLAB 解决问题的最基本操作就是定义一些变量，然后对变量进行运算操作。MATLAB 提供了多种类型的变量，本节简要介绍最基础的变量类型以及相应的数据操作。

2.1.1　变量与赋值

1. 变量

变量是任何程序设计语言的基本元素之一，MATLAB 语言当然也不例外。在 MATLAB 中，变量的命名应遵循如下规则：

- ☑ 变量名必须以字母开头，之后可以是任意的字母、数字或下划线。
- ☑ 变量名区分字母的大小写。
- ☑ 变量名不超过 31 个字符，第 31 个字符以后的字符将被忽略。

与其他的程序设计语言相同，MATLAB 中的变量也存在作用域。在未加特殊说明的情况下，MATLAB 将所识别的一切变量视为局部变量，仅在其使用的 M 文件内有效。若要将变量定义为全局变量，则应当对变量进行说明，即在该变量前加关键字 global。一般来说，全局变量均用大写的英文字符表示。

2．变量赋值

将某一有效数值赋给变量，那么此变量称为数值变量。在 MATLAB 下进行简单数值运算，只需在命令行窗口提示符"＞＞"之后直接输入，并按 Enter 键即可。例如，要计算 145 与 25 的乘积，可以直接输入：

```
>> 145*25
ans =
    3625
```

用户也可以输入：

```
>> x=145*25
x =
    3625
```

此时，MATLAB 把计算值赋给指定的变量 x。

2.1.2 预定义变量

视频讲解

MATLAB 语言本身也具有一些预定义的变量，这些特殊的变量称为常量。表 2-1 给出了 MATLAB 语言中经常使用的一些特殊变量。

例 2-1： 显示圆周率 π（pi）的值。

解 在 MATLAB 命令行窗口提示符"＞＞"后输入"pi"，然后按 Enter 键，将出现以下内容：

```
>> pi              % 查看常量 pi 的值
ans =
    3.1416
```

这里，"ans"是指当前的计算结果，若计算时用户没有对表达式设定变量，系统就自动将当前结果赋给特殊变量"ans"。

在定义变量时应避免与常量名相同，以免改变这些常量的值。如果已经改变了某个常量的值，可以通过"clear+常量名"命令恢复该常量的初始设定值，或者重新启动 MATLAB。

表 2-1 MATLAB 中的预定义变量

预定义变量名称	说　明
ans	MATLAB 中的默认变量
pi	圆周率
eps	浮点运算的相对精度
inf	无穷大，如 1/0
NaN	不定值，如 0/0、∞/∞、0*∞
i(j)	复数中的虚数单位
realmin	最小正浮点数
realmax	最大正浮点数

视频讲解

例 2-2： 给圆周率 π（pi）赋值 1，然后恢复。

解　MATLAB 程序如下：

```
>> pi=1                % 修改常量 pi 的值
pi =
    1
>> clear pi            % 恢复常量 pi 的初始值
>> pi                  % 查看常量 pi 的值
ans =
    3.1416
```

2.1.3　常用数学函数

在 MATLAB 中，一般代数表达式的输入就如同在纸上书写一样，如四则运算就直接用 "+" "–" "*" "/" 即可，而乘方、开方运算分别由^符号和 sqrt 函数来实现。例如：

```
>> x= 95^3             % 将表达式的值赋值给 x
x =
       857375
>> y= sqrt(x)                     % 求 x 的平方根
y =
925.9455
```

当表达式比较复杂或重复出现的次数太多时，更好的办法是先定义变量，再由变量表达式计算得到结果。

视频讲解

例 2-3： 分别计算 $y = \dfrac{1}{\sin x + \exp(-x)}$ 在 x=20、40、60、80 处的函数值。

解　MATLAB 程序如下：

```
>> x=20:20:80;              % 创建值介于 20 到 80、间隔值为 20 的 4 个线性分隔值
>> y=1./(sin(x)+exp(-x))    % 点除运算 "./" 是对每一个 x 做除法运算
                           % 点除的具体用法在后文介绍
y =
    1.0954    1.3421    -3.2807    -1.0061
```

在上例中，sin 是正弦函数，exp 是指数函数，这些都是 MATLAB 常用到的数学函数。MATLAB 常用的基本数学函数及三角函数调用格式及说明如表 2-2 所示。

表 2-2　基本数学函数与三角函数调用格式及说明

调用格式	说　明	调用格式	说　明
abs(x)	数量的绝对值或向量的长度	sign(x)	符号函数（Signum function）。当 $x<0$ 时，$\text{sign}x=-1$；当 $x=0$ 时，　$\text{sign}x=0$；当 $x>0$ 时，$\text{sign}x=1$
angle(z)	复数 z 的相角（Phase angle）	sin(x)	正弦函数

调用格式	说　明	调用格式	说　明
sqrt(x)	开平方	cos(x)	余弦函数
real(z)	复数 z 的实部	tan(x)	正切函数
imag(z)	复数 z 的虚部	asin(x)	反正弦函数
conj(z)	复数 z 的共轭复数	acos(x)	反余弦函数
round(x)	四舍五入至最近整数	atan(x)	反正切函数
fix(x)	无论正负，舍去小数至最近整数	atan2(x,y)	四象限的反正切函数
floor(x)	向负无穷大方向取整	sinh(x)	超越正弦函数
ceil(x)	向正无穷大方向取整	cosh(x)	超越余弦函数
rat(x)	将实数 x 化为分数表示	tanh(x)	超越正切函数
rats(x)	将实数 x 化为多项分数展开	asinh(x)	反超越正弦函数
rem	求两整数相除的余数	acosh(x)	反超越余弦函数
atanh(x)	反超越正切函数		

视频讲解

例 2-4： 控制数字显示格式示例。

解　MATLAB 程序如下：

```
>> fix(pi)                    % 舍去常量 pi 的小数
ans =
     3
```

2.1.4　数据的输出格式

一般而言，在 MATLAB 中数据的存储与计算都是以双精度进行的，但有多种显示形式。在默认情况下，若数据为整数，就以整数显示；若数据为实数，则以保留小数点后 4 位的精度近似显示。

用户可以改变数字显示格式。控制数字显示格式的命令是 format，其调用格式及说明如表 2-3 所示。

视频讲解

例 2-5： 控制数字显示格式示例。

解　MATLAB 程序如下：

```
>> format long , pi        % 将常量 pi 的格式设置为长固定十进制小数点格式，包含 15 位小数
ans =
     3.141592653589793
```

表 2-3　format 调用格式及说明

调用格式	说　明
format short	默认的格式设置，短固定十进制小数点格式，小数点后包含 4 位数
format long	长固定十进制小数点格式，double 值的小数点后包含 15 位数，single 值的小数点后包含 7 位数
format shortE	短科学记数法，小数点后包含 4 位数
format longE	长科学记数法，double 值的小数点后包含 15 位数，single 值的小数点后包含 7 位数

续表

调用格式	说　明
format shortG	使用短固定十进制小数点格式或科学记数法中更紧凑的一种格式，总共 5 位数
format longG	使用长固定十进制小数点格式或科学记数法中更紧凑的一种格式
format shortEng	短工程记数法，小数点后包含 4 位数，指数为 3 的倍数
format longEng	长工程记数法，包含 15 位有效位数，指数为 3 的倍数
format hex	16 进制格式表示
format +	在矩阵中，用符号"+""-"和空格表示正号、负号和零
format bank	货币格式，小数点后包含 2 位数
format rat	以有理数形式输出结果
format compact	输出结果之间没有空行
format loose	输出结果之间有空行
format	将输出格式重置为默认值，即浮点表示法的短固定十进制小数点格式和适用于所有输出行的宽松行距

2.1.5　数据类型

MATLAB 中的数据类型包括下面几种。

1. 数值类型

数值分为有符号、无符号整数（int）和单精度（float）、双精度（double）浮点数，具体如下：

（1）整型。整型数据是不包含小数部分的数值型数据，用字母 I 表示。整型数据只用来表示整数，以二进制形式存储。下面介绍整型数据的分类：

- ☑　char：字符型数据，属于整型数据的一种，占用 1 个字节。
- ☑　unsigned char：无符号字符型数据，属于整型数据的一种，占用 1 个字节。
- ☑　short：短整型数据，属于整型数据的一种，占用 2 个字节。
- ☑　unsigned short：无符号短整型数据，属于整型数据的一种，占用 2 个字节。
- ☑　int：有符号整型数据，属于整型数据的一种，占用 4 个字节。
- ☑　unsigned int：无符号整型数据，属于整型数据的一种，占用 4 个字节。
- ☑　long：长整型数据，属于整型数据的一种，占用 4 个字节。
- ☑　unsigned long：无符号长整型数据，属于整型数据的一种，占用 4 个字节。

（2）浮点型。浮点型数据只采用十进制，有两种形式，即十进制数形式和指数形式，具体如下：

① 十进制数形式：由数码 0～9 和小数点组成，如 0.0、0.25、5.789、0.13、5.0、300.、-267.8230。

例 2-6： 显示十进制数字。

解　MATLAB 程序如下：

```
>> 3.00000
ans =
```

视频讲解

```
        3
>> 3
ans =
        3
>> .3
ans =
      0.3000
>> .06
ans =
      0.0600
```

② 指数形式：由十进制数加阶码标志"e"或"E"以及阶码（只能为整数，可以带符号）组成。其一般形式为

$$a\,E\,n$$

其中，a 为十进制数，n 为十进制整数，表示的值为 $a \times 10^n$。

例如，2.1E5 等于 2.1×10^5，3.7E-2 等于 3.7×10^{-2}，0.5E7 等于 0.5×10^7，-2.8E-2 等于 -2.8×10^{-2}。

例 2-7：显示指数。

解 MATLAB 程序如下：

```
>> 3E6
ans =
      3000000
>> 3e6
ans =
      3000000
>> 4e0
ans =
      4
>> 0.5e5
ans =
      50000
```

下面是几种常见的不合法的实数：

☑ E7：阶码标志 E 之前无数字。

☑ 53.-E3：负号位置不对。

☑ 2.7E：无阶码。

浮点型变量还可分为两类：单精度型和双精度型。

☑ float：单精度说明符，占 4 个字节（32 位）内存空间，其数值范围为 3.4E-38～3.4E+38，只能提供 7 位有效数字。

☑ double：双精度说明符，占 8 个字节（64 位）内存空间，其数值范围为 1.7E-308～1.7E+308，可提供 16 位有效数字。

2．逻辑类型

逻辑值为 1、0，分别代表真、假。

3．字符和字符串

MATLAB 中字符串是符号运算表达式的基本构成单元。

4．函数句柄

函数句柄是 MATLAB 中用来间接调用函数的一种语言结构，用于在使用函数过程中保存函数的相关信息，尤其是关于函数执行的信息。

5．单元数组类型

一种无所不包的广义矩阵。组成单元数组的每一个元素称为单元。

6．结构体类型

MATLAB 结构体与 C 语言相似，一个结构体可以通过字段存储多个不同类型的数据。

2.2　运　算　符

MATLAB 提供了丰富的运算符，能满足用户的各种应用。这些运算符包括算术运算符、关系运算符和逻辑运算符 3 种。本节将简要介绍各种运算符的功能。

2.2.1　算术运算符

MATLAB 语言的算术运算符如表 2-4 所示。

表 2-4　MATLAB 语言的算术运算符

运算符	定　义
+	算术加
−	算术减
*	算术乘
.*	点乘
^	算术乘方
.^	点乘方
\	算术左除
.\	点左除
/	算术右除
./	点右除
'	矩阵转置。当矩阵是复矩阵时，求矩阵的共轭转置
.'	矩阵转置。当矩阵是复矩阵时，不求矩阵的共轭转置

其中，加、减、乘、除及乘方运算与传统意义上的加、减、乘、除及乘方类似，用法基本相同，而点乘、点乘方等运算有其特殊的一面。点运算是指元素点对点的运算，即矩阵内元素和元素之间的运算。点运算要求参与运算的变量在结构上必须是相似的。

MATLAB 的除法运算较为特殊。对于简单数值而言，算术左除与算术右除也不同。算术右除与传统的除法相同，即 $a/b=a \div b$；而算术左除则与传统的除法相反，即 $a \backslash b=b \div a$。对矩阵而言，算术右除 A/B 相当于求解线性方程 $X*B=A$ 的解；算术左除 $A \backslash B$ 相当于求解线性方程 $A*X=B$ 的解。点左除与点右除与上面点运算相似，是变量对应元素进行左除或右除。

2.2.2 关系运算符

关系运算符主要用于对数与数、矩阵与数、矩阵与矩阵进行比较，返回表示二者关系的由数 0 和 1 组成的矩阵，0 和 1 分别表示不满足和满足指定关系。

MATLAB 语言的关系运算符如表 2-5 所示。

表 2-5　MATLAB 语言的关系运算符

运算符	定　义
==	等于
~=	不等于
>	大于
>=	大于等于
<	小于
<=	小于等于

2.2.3 逻辑运算符

MATLAB 语言进行逻辑判断时，所有非零数值均被认为真，而零为假。在逻辑判断结果中，判断为真时输出 1，判断为假时输出 0。

MATLAB 语言的逻辑运算符如表 2-6 所示。

表 2-6　MATLAB 语言的逻辑运算符

运算符	定　义
&或 and	逻辑与。两个操作数同时为 1 时，结果为 1，否则为 0
|或 or	逻辑或。两个操作数同时为 0 时，结果为 0，否则为 1
~或 not	逻辑非。当操作数为 0 时，结果为 1，否则为 0
xor	逻辑异或。两个操作数相同时，结果为 0，否则为 1
any	有非零元素则为真
all	所有元素均非零则为真

下面结合实例，详细介绍 MATLAB 语言的逻辑运算符。

（1）&或 and：逻辑与。两个操作数同时为 1 时，结果为 1，否则为 0。例如：

```
>> 1&1
ans =
  logical
  1
>> and(5,0)
ans =
  logical
   0
```

（2）|或 or：逻辑或。两个操作数同时为 0 时，结果为 0，否则为 1。例如：

```
>> 0|0
ans =
  logical
   0
>> or (0,0)
ans =
  logical
   0
>> or (0,1)
ans =
  logical
   1
```

（3）～或 not：逻辑非。当操作数为 0 时，结果为 1，否则为 0。例如：

```
>> ~pi
ans =
  logical
   0
>> not(0)
ans =
  logical
   1
```

（4）xor：逻辑异或。两个操作数相同时，结果为 0，否则为 1。输入格式为 C = xor(A,B.)。例如：

```
>> xor(0,1)
ans =
  logical
     1
```

（5）any：有非零元素则为真。输入格式为 B = any(A)；B = any(A,dim)。例如：

```
>> any(15)
ans =
```

```
    logical
       1
>> any(logical(5),logical(5))
ans =
    logical
       1
```

（6）all：所有元素均非零则为真。输入格式为 B = all(A)；B = all(A,dim)。例如：

```
>> all(15)
ans =
    logical
       1
```

2.2.4　运算优先级

在算术、关系、逻辑 3 种运算符中，算术运算符优先级最高，关系运算符次之，而逻辑运算符优先级最低。在逻辑运算符中，"非"的优先级最高，"与"和"或"有相同的优先级。

2.3　日 期 和 时 间

MATLAB 将日期和时间独立成了一个数据类型，对于时间数据的处理功能更为强大。时间处理函数可以支持对时间的高效计算、对比、格式化显示。对时间数组的操作方法和对普通数组的操作基本一致，可以对日期和时间值执行加法、减法、排序、比较、串联和绘图等操作，还可以将日期和时间以数值数组或文本形式表示。

2.3.1　日期和时间的表示形式

在 MATLAB 中，可直接从系统中获取当前时间与日期，并以不同的形式直接显示出来。MATLAB 提供了 3 种格式来表示日期与时间。

1. 双精度型日期数字

一个日期型数字代表从公元 0 年到某一日期的天数。例如，2020 年 1 月 1 日 0 点被表示为 737791，而这同一天的中午 12 点就被表示为 737790.5。也就是说，任何一个时刻都可以用一个双精度型数字表示。

在 MATLAB 中，now 函数根据系统时间计算并获取当前日期和时间，返回一个双精度型日期数字，该函数的调用格式及说明如表 2-7 所示。

表 2-7 now 函数调用格式及说明

调用格式	说　明
t = now	以日期序列值的形式返回当前的日期和时间。日期序列值表示从某个固定的预设日期（0000 年 1 月 0 日）起计的整数天数加小数天数值

例 2-8： 显示当前时间。

解　MATLAB 程序如下：

视频讲解

```
>> clear              % 清除工作区的变量
>> t = now            % 以日期序列值的形式返回当前的日期和时间
t =
      7.3793e+05
>> format long        % 将输出格式设置为长固定十进制小数点格式
>> t = now            % 返回当前的日期和时间
t =
      7.379296186116436e+05
```

t 的整数部分对应于日期，小数部分对应于一天中的时间。

2．不同形式的日期字符串

MATLAB 定义了 28 种标准日期格式的字符串。

在 MATLAB 中，date 函数根据系统时间计算并获取当前日期和时间，返回 dd-mmm-yyyy 格式的字符串，该函数的调用格式及说明如表 2-8 所示。

表 2-8 date 函数调用格式及说明

调用格式	说　明
c = date	以 dd-MMM-yyyy 格式的字符向量形式返回当前日期。这种格式将月中日期（dd）表示为数字，将月份名称（MMM）表示为 3 个字母的缩写，将年份（yyyy）表示为数字

例 2-9： 显示当前日期。

解　MATLAB 程序如下：

视频讲解

```
>> clear              % 清除工作区的变量
>> d = date           % 以 dd-MMM-yyyy 格式的字符向量形式返回当前日期
d =
    '18-May-2020'
```

3．数值型的日期向量

用一个六元数组表示一个日期时间，如[2020 1 1 12 5 0]表示 2020 年 1 月 1 日 12 点 05 分 0 秒；用一个三元数组来表示一个日期，如[2020 1 1]表示 2020 年 1 月 1 日。

在 MATLAB 中，clock 函数根据系统时间计算并获取当前时间和日期，并返回到一个六元数组中，该函数的调用格式及说明如表 2-9 所示。

表 2-9　clock 函数调用格式及说明

调用格式	说　明
c = clock	返回一个六元素的日期向量，其中包含小数形式的当前日期和时间：[year month day hour minute seconds]
[c tf] = clock	输出参数 tf 表示如果当前日期和时间发生在系统时区的夏令时（DST）期间，则为 1 (true)，否则为 0 (false)

视 频 讲 解

例 2-10： 以科学记数法显示当前时间。

解　MATLAB 程序如下：

```
>> clear          % 清除工作区的变量
>> T = clock      % 以科学记数法显示当前日期和时间
T =
   1.0e+03 *
    2.0200    0.0040    0.0150    0.0150    0.0230    0.0580
```

直接输出 clock 时，默认以科学计数法的方式输出。若有需要，可以设置数组输出格式。

例 2-11： 使用浮点值显示当前时间。

解　MATLAB 程序如下：

视 频 讲 解

```
>> clear          % 清除工作区的变量
>> format shortG  % 使浮点值最多显示五位数字
>> c = clock      % 显示当前日期和时间
c =
    2020          4          15          15          25       11.139
```

例 2-12： 显示当前时间。

解　MATLAB 程序如下：

视 频 讲 解

```
>> clear          % 清除工作区的变量
>> fix(clock)     % 使用舍入为整数函数，输出易于阅读的形式
ans =
    2020          4          15          15          28       25
```

为提高日期与时间的显示精度，MATLAB 提供了特定的日期时间数组函数。

在 MATLAB 中，使用 datetime 函数可以创建表示时间点的数组，该函数的调用格式及说明如表 2-10 所示。

表 2-10　datetime 函数调用格式及说明

调用格式	说　明
t = datetime	返回一个对应于当前日期和时间的标量 datetime 数组
t = datetime(relativeDay)	使用 relativeDay 指定的日期。relativeDay 输入可以是 today、tomorrow、yesterday 或 now
t = datetime(DateStrings)	根据时间点 DateStrings 中的文本创建一个日期时间值数组

续表

调用格式	说　明
t = datetime(DateStrings,'InputFormat',infmt)	使用由 infmt 指定的格式解析时间点 DateStrings。DateStrings 中的所有值必须具有相同格式
t = datetime(DateVectors)	根据日期向量 DateVectors 创建一个由日期时间值组成的列向量
t = datetime(Y,M,D)	根据数组 Y、M 和 D（年、月、日）的对应元素创建一个日期时间值数组
t = datetime(Y,M,D,H,MI,S)	在上一语法的基础上，还创建 H、MI 和 S（小时、分钟和秒）数组。所有数组的大小必须相同（或者，其中任一数组可以是标量）
t = datetime(Y,M,D,H,MI,S,MS)	在上一语法的基础上，添加一个 MS（毫秒）数组。所有数组的大小必须相同（或者，其中任一数组可以是标量）
t = datetime(X,'ConvertFrom',dateType)	将 X 中的数值转换为 datetime 数组 t。dateType 参数指定 X 中的值的类型
t = datetime(…,Name,Value)	使用一个或多个名称-值对组参数指定其他选项

例 2-13： 显示当前日期和时间。

解　MATLAB 程序如下：

```
>> clear          % 清除工作区的变量
>> t = datetime('now')      % 显示当前日期和时间
t =
  datetime
   2020-04-15 15:40:15
```

视频讲解

例 2-14： 转换当前日期和时间显示格式。

解　MATLAB 程序如下：

```
>> clear                  % 清除工作区的变量
>> format long            % 将数字的输出显示更改为小数点固定十进制小数点格式
>> t = now                % 以日期序列值形式返回当前日期和时间
t =
     7.378966553958912e+05
>> d = datetime(t,'ConvertFrom','datenum')        % 使用 datetime 函数转换时间显示格式
d = datetime
   2020-04-15 15:43:46
>> t2 = floor(t)          % 向负无穷大方向取整，获取时间 t 的整数部分，仅表示日期而不表示一天中的时间
t2 =
      737896
>> d2 = datetime(t2,'ConvertFrom','datenum')       % 使用 datetime 函数转换时间显示格式
d2 =
  datetime
   2020-04-15
```

视频讲解

在 MATLAB 中，weekday 函数用于显示当前时间为一个星期中的第几天，该函数的调用格式及说明如表 2-11 所示。

表 2-11　weekday 函数调用格式及说明

调用格式	说　明
DayNumber = weekday(D)	返回表示 **D** 中每个元素的星期几的数字
[DayNumber,DayName] = weekday(D)	返回 DayName 中星期几的数字和缩写英语名称
[DayNumber,DayName] = weekday(D,DayForm)	返回 DayName 中星期几的缩写英语名称
[DayNumber,DayName] = weekday(D,language)	返回 DayName 中星期几的缩写英语名称
[DayNumber,DayName] = weekday(D,DayForm,language)	按指定的格式和指定的区域设置语言返回星期几的名称。可以按任一顺序指定 DayForm 和 language

视频讲解

例 2-15：显示当前日期和星期缩写。

解　MATLAB 程序如下：

```
>> clear          % 清除工作区的变量
>> t = date       % 以格式字符串形式返回当前日期和时间
t =
    '15-Apr-2020'
>> [d,w]=weekday(t)          % 返回 DayName 中星期几的数字与缩写英语名称
d =
     4
w =
    'Wed'
```

视频讲解

例 2-16：显示当前日期和星期的完整名称。

解　MATLAB 程序如下：

```
>> clear                % 清除工作区的变量
>> t = now              % 以双精度型日期数字形式返回当前日期和时间
t =
     7.378966636626157e+05
>> [d,w]=weekday(t,'long')        % 显示星期几的完整名称
d =
     4
w =
    'Wednesday'
```

在 MATLAB 中，eomday 函数用于显示一个月的最后一天，该函数的调用格式及说明如表 2-12 所示。

表 2-12　eomday 函数调用格式及说明

调用格式	说　明
E = eomday(Y,M)	返回通过数值数组 **Y** 和 **M** 的相应元素提供的一年和一月中的最后一天

例 2-17： 显示指定月份最后一天的日期。

解　MATLAB 程序如下：

```
>> clear                      % 清除工作区的变量
>> eomday(2020,2)             % 显示 2020 年 2 月的最后一天
ans =
    29
```

视 频 讲 解

例 2-18： 显示 2020 年各个月份最后一天的日期。

解　MATLAB 程序如下：

```
>> clear                      % 清除工作区的变量
>> eomday(2020,1:12)         % 显示 2020 年 1～12 月各月的最后一天
ans =
    列 1 至 8
    31    29    31    30    31    30    31    31
    列 9 至 12
    30    31    30    31
```

视 频 讲 解

在 MATLAB 中，calendar 函数用于显示指定月份的日，将针对指定的任何一个月生成一个日历并显示在命令行窗口中，或将其放在一个 6×7 的矩阵中。该函数的调用格式及说明如表 2-13 所示。

表 2-13　calendar 函数调用格式及说明

调用格式	说　明
c = calendar	返回包含当前月份的日历（6×7 矩阵）。该日历按从星期天（第一列）到星期六的顺序显示
c = calendar(d)	返回指定月份的日历，其中 d 是日期序列值或表示日期和时间的文本
c = calendar(y, m)	返回指定年的指定月份的日历，其中 y 和 m 为整数

如果不指定输出参数，则 calendar 会在命令行窗口中显示日历但不返回值。

例 2-19： 显示 2020 年 3 月的日历。

解　MATLAB 程序如下：

```
>> clear                      % 清除工作区的变量
>> calendar(2020,3)          % 显示 2020 年 3 月的日历
                Mar 2020
    S    M    Tu    W    Th    F    S
    1    2    3    4    5    6    7
    8    9    10   11   12   13   14
    15   16   17   18   19   20   21
    22   23   24   25   26   27   28
    29   30   31   0    0    0    0
    0    0    0    0    0    0    0
>> c=calendar(2020,3)        % 以 6×7 矩阵的形式返回 2020 年 3 月的日历
c =
    1    2    3    4    5    6    7
```

视 频 讲 解

8	9	10	11	12	13	14
15	16	17	18	19	20	21
22	23	24	25	26	27	28
29	30	31	0	0	0	0
0	0	0	0	0	0	0

2.3.2 日期和时间的格式转换

用日期数字表示日期使计算机更容易计算，但是不直观，因此 MATLAB 提供了许多函数来实现 3 种日期格式之间的转化。

1．datestr 函数

在 MATLAB 中，datestr 函数可将日期数字和日期向量转化为日期字符串，该函数的调用格式及说明如表 2-14 所示。

表 2-14　datestr 函数调用格式及说明

调用格式	说　明
DateString = datestr(t)	将输入数组 t 中的日期时间值转换为表示日期和时间的文本
DateString = datestr(DateVector)	将日期向量转换为表示日期和时间的文本。返回包含 m 行的字符数组，其中 m 是 DateVector 中的日期向量的总数
DateString = datestr(DateNumber)	将日期序列值转换为表示日期和时间的文本。datestr 函数返回包含 m 行的字符数组，其中 m 是 DateNumber 中的日期值的总数
DateString = datestr(…,formatOut)	使用 formatOut 指定输出文本的格式
DateString = datestr(DateStringIn)	将 DateStringIn 转换为 day-month-year hour:minute:second 格式的文本
DateString = datestr(DateStringIn,formatOut,PivotYear)	以 formatOut 指定的格式将 DateStringIn 转换为 DateString，并使用可选的 PivotYear 解析以双字符形式指定年份的文本
DateString = datestr(…,'local')	返回以当前区域设置的语言表示的日期

例 2-20：将日期时间数组转换为日期字符串。

解　MATLAB 程序如下：

```
>> clear       % 清除工作区的变量
>> t = [datetime('yesterday');datetime('now');datetime('tomorrow')]
% 返回当前日期前一天、当前日期和当前日期后一天的日期字符串
t =
  3×1 datetime 数组
  2020-04-14 00:00:00
  2020-04-15 16:42:08
  2020-04-16 00:00:00
>> DateString = datestr(t)
% 返回表示日期和时间的文本，格式为 day-month-year hour:minute:second。
DateString =
```

视频讲解

> 3×20 char 数组
>   '14-Apr-2020 00:00:00'
>   '15-Apr-2020 16:42:08'
>   '16-Apr-2020 00:00:00'

2. datenum 函数

在 MATLAB 中，datenum 函数用于将日期字符串和日期向量转化为日期数字，该函数的调用格式及说明如表 2-15 所示。

表 2-15　datenum 函数调用格式及说明

调用格式	说　明
DateNumber = datenum(t)	将输入数组 t 中的日期时间或持续时间值转换为日期序列值
DateNumber = datenum(DateString)	将表示日期和时间的文本转换为日期序列值，日期和时间的文本格式如表 2-16 所示
DateNumber = datenum(DateString,formatIn)	将输出结果格式指定为 formatIn，formatIn 表示日期和时间的输入文本格式，具体如表 2-17 所示
DateNumber = datenum(DateString,PivotYear)	使用 PivotYear 解析以两个字符指定年份的文本。PivotYear 表示 100 年日期范围的起始年份，双字符年份所在的 100 年日期范围的起始年份指定为整数。使用基准年份来解析将年份指定为两个字符的日期
DateNumber = datenum(DateString,formatIn,PivotYear)	使用 formatIn 解析 DateString 表示的日期和时间，使用 PivotYear 解析以两个字符指定年份的文本。可以按任一顺序指定 formatIn 和 PivotYear
DateNumber = datenum(DateVector)	将日期向量解析为日期序列值，并返回由 m 个日期数字构成的列向量，其中 m 是 DateVector 中日期向量的总数
DateNumber = datenum(Y,M,D)	返回 Y、M 和 D（年、月、日）数组的对应元素的日期序列值。将输入参数指定为日期向量[Y,M,D]
DateNumber = datenum(Y,M,D,H,MN,S)	返回 H、MN 和 S（小时、分、秒）数组的对应元素的日期序列值。将输入参数指定为日期向量（Y,M,D,H,MN,S）

表 2-16　日期和时间的文本格式及示例

表示日期和时间的文本格式	示　例
dd-mmm-yyyy HH:MM:SS	10-Mar-2020 15:45:22
dd-mmm-yyyy	10-Mar-2020
mm/dd/yyyy	03/10/2020
mm/dd/yy	03/10/20
mm/dd	03/10
mmm.dd,yyyy HH:MM:SS	Mar.10,2020 15:45:22
mmm.dd,yyyy	Mar.10,2020
yyyy-mm-dd HH:MM:SS	2000-03-01 15:45:22

续表

表示日期和时间的文本格式	示　例
yyyy-mm-dd	2020-03-10
yyyy/mm/dd	2020/03/10
HH:MM:SS	15:45:22
HH:MM:SS PM	3:45:22 PM
HH:MM	15:45
HH:MM PM	3:45 PM

表 2-17　构造 formatIn 字符向量的符号标识符

符号标识符	说　明	示　例
yyyy	完整年份	1990, 2020
yy	两位数年份	90, 20
QQ	使用字母 Q 和一个数字的季度年份	Q1
mmmm	使用全名的月份	March, December
mmm	使用前 3 个字母的月份	Mar, Dec
mm	两位数月份	03, 12
m	使用大写首字母表示月份	M, D
dddd	使用全名的日期	Monday, Tuesday
ddd	使用前 3 个字母的日期	Mon, Tue
dd	两位数日期	05, 20
d	使用大写首字母表示日期	M, T
HH	两位数小时（使用符号标识符 AM 或 PM 时无前导零）	05, 5 AM
MM	两位数分钟	12, 02
SS	两位数秒	07, 59
FFF	3 位数毫秒	057
AM or PM	在表示时间的文本中插入的 AM 或 PM	3:45:02 PM

视频讲解

例 2-21：创建由日期数字构成的列向量。

解　MATLAB 程序如下：

```
>> clear                        % 清除工作区的变量
>> datenum(2020,[1 3; 2 4],eye(2,2))     % 创建由日期数字构成的列向量
ans =
      737791         737850
      737821         737882
```

3．datevec 函数

在 MATLAB 中，datevec 函数实现将日期数字和日期字符串转化为日期向量，该函数的调用格式及说明如表 2-18 所示。

表 2-18 datevec 函数调用格式及说明

调用格式	说 明
DateVector = datevec(t)	将日期时间或持续时间值 t 转换为日期向量（即数值向量），其 6 个元素表示 t 的年、月、日、小时、分钟和秒分量
DateVector = datevec(DateNumber)	将一个或多个日期数字转换为日期向量。返回一个 $m×6$ 矩阵，它包含 m 个日期向量，其中 m 是 DateNumber 中的日期数字的总数
DateVector = datevec(DateString)	可将表示日期和时间的文本转换为日期向量
DateVector = datevec(DateString,formatIn)	使用 formatIn 解析 DateString 所表示的日期和时间
DateVector = datevec(DateString,PivotYear)	使用 PivotYear 解析以两个字符指定年份的文本
DateVector = datevec(DateString,formatIn,PivotYear)	使用 formatIn 解析 DateString 表示的日期和时间，使用 PivotYear 解析以两个字符指定年份的文本。可以按任一顺序指定 formatIn 和 PivotYear
[Y,M,D,H,MN,S] = datevec(⋯)	返回日期向量的分量 Y、M、D、H、MN 和 S（分别代表年、月、日、时、分和秒）。返回毫秒作为秒 (S) 输出的小数部分

例 2-22： 将日期数字转换为日期向量。

解 MATLAB 程序如下：

视频讲解

```
>> clear              % 清除工作区的变量
>> format shortG      % 用短固定十进制小数点格式或科学记数法中更紧凑的一种格式输出，总共 5 位
>> n =now;            % 将当前日期和时间的日期序列值赋值给 n
>> datevec(n)         % 将当前日期时间 n 转换为日期向量，六个元素分别表示年、月、日、小时、分钟和秒分量
ans =
    2020         4        15        16        46      30.914
```

2.3.3 计时函数

在程序设计中，尤其是在数值计算的程序设计中，计时函数在可以对各种算法的执行效率起到决定性的作用。MATLAB 中，计算函数的运行时间有以下 3 种方法。

1. cputime 函数

在 MATLAB 中，cputime 函数计算已用的 CPU 时间，该函数的调用格式及说明如表 2-19 所示。

表 2-19 cputime 函数调用格式及说明

调用格式	说 明
cputime	返回 MATLAB 应用程序自启动时到测量时使用的总 CPU 时间（以秒为单位）。该数字可能使内部表示溢出并换行

例 2-23： 测量已用的 CPU 时间。

解 MATLAB 程序如下：

视频讲解

```
>> clear              % 清除工作区的变量
>> t=cputime;         % 返回 MATLAB 自启动到调用 cputime 计算时使用的总 CPU 时间
```

```
t =
    187.4
```

2．tic 函数

在 MATLAB 中，tic 函数启动秒表计时器记录执行时的内部时间，该函数的调用格式及说明如表 2-20 所示。

表 2-20　tic 函数调用格式及说明

调用格式	说　明
tic	启动秒表计时器来测量性能。显示已用时间
timerVal = tic	返回执行 tic 命令时内部计时器的值

3．toc 函数

在 MATLAB 中，toc 函数结束秒表计时器，从秒表读取已用时间，该函数的调用格式及说明如表 2-21 所示。

表 2-21　toc 函数调用格式及说明

调用格式	说　明
toc	从启动的秒表计时器读取已用时间
elapsedTime = toc	在变量中返回已用时间
toc(timerVal)	显示自调用 timerVal 所对应的 tic 命令以来的已用时间
elapsedTime = toc(timerVal)	返回自调用 timerVal 所对应的 tic 命令以来的已用时间

例 2-24： 测量生成两个随机矩阵的时间。

解　MATLAB 程序如下：

```
>> clear                % 清除工作区的变量
>> tic                  % 启动秒表计时器
>> A = rand(120,44);    % 生成随机矩阵 A
>> B = rand(120,44);    % 生成随机矩阵 B
>> toc                  % 从启动的秒表计时器读取已用时间
>> C = A'.*B';          % 计算随机矩阵转置的逐元素乘积
>> toc                  % 测量生成两个随机矩阵的时间
```

2.3.4　日期和时间函数的提取

MATLAB 分别使用函数 year、month、day、hour、minute、second 从时间日期字符串和连续型日期时间值数组中提取年、月、日、时、分、秒等信息。

在 MATLAB 中，year 函数用于获取日期时间值的年份数，该函数的调用格式及说明如表 2-22 所示。

表 2-22　year 函数调用格式及说明

调用格式	说　明
y = year(t)	返回 t 中日期时间值的 ISO 年数。ISO 年数字包括零年并使用负值表示 BCE 年。y 输出的是大小与 t 相同的 double 数组
y = year(t,yearType)	返回 yearType 指定的年数的类型

视频讲解

例 2-25: 显示当前年份。

解　MATLAB 程序如下:

```
>> clear                    % 清除工作区的变量
>>[year(date),year(now)]    % 分别返回字符向量形式和日期序列值形式的当前日期的年份
ans =
        2020        2020
% 注意: 上面的函数不能从向量型日期时间格式中正确读取上述信息。
>> year(clock)             % 返回日期向量形式的当前日期和时间的年份
ans =
   5   0   0   0   0   0
```

在 MATLAB 中, day 函数用于获取日期时间值的日期数, 该函数的调用格式及说明如表 2-23 所示。

表 2-23　day 函数调用格式及说明

调用格式	说　明
d = day(t)	返回 t 中日期时间值的天数。d 输出包含从 1～31 的整数值, 具体取决于月和年
d = day(t,dayType)	返回 dayType 指定的天数或名称的类型。dayType 指定的名称的类型如表 2-24 所示

表 2-24　dayType 指定的名称的类型

dayType 的值	说　明
dayofmonth	代表月中的天的数字, 从 1 到 28、29、30 或 31。范围取决于月
dayofweek	代表星期几的数字, 从 1 到 7, 其中一周的第 1 天是周日
dayofyear	代表年中的天的数字, 从 1 到 365 或 366, 具体取决于年
name	完整日期名称, 例如 Sunday。对于 NaT 日期时间值, 天的名称为空字符向量 ''
shortname	缩写的星期几名称, 例如 Sun。对于 NaT 日期时间值, 天的名称为空字符向量 ''

其余提取函数格式与年份数提取函数格式相同, 这里不再赘述。

例 2-26: 显示指定日期在年和月中的天数。

解　MATLAB 程序如下:

视频讲解

```
>> clear                    % 清除工作区的变量
>> t = datetime(2020,1,1)   % 创建一个日期时间值数组
t =
  datetime
   2020-01-01
>> d = day(t,'name')        % 返回完整的日期名称
```

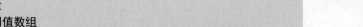

```
d =
  1×1 cell 数组
    {'星期三'}
>> d = day(t,'dayofweek')        % 以数字形式返回指定日期是星期几
d =
     4
>> d = day(t,'dayofyear')        % 返回指定日期是所在年中的第几天
d =
     1

>> d = day(t,'dayofmonth')       % 返回指定日期是所在月中的第几天
d =
     1
```

2.4　复数及其运算

复数对于数学本身的发展有着极其重要的意义，MATLAB 提供了丰富的复数函数用于复数运算。

2.4.1　复数的表示

数学上把形如 $a+bi$（a,b 均为实数）的数称为复数。其中，a 称为实部（real part），记作 Re$z=a$；b 称为虚部（imaginary part），记作 Im$z=b$；i 称为虚数单位。

当虚部等于 0（即 $b=0$），这个复数可以视为实数；当 z 的虚部不等于 0，实部等于 0（即 $a=0$ 且 $b\neq0$）时，$z=bi$，常称 z 为纯虚数。

例 2-27：显示复数。

解　MATLAB 程序如下：

视频讲解

```
>> clear                    % 清除工作区的变量
>> 1+2i                     % 直接输入复数
ans =
   1.0000 + 2.0000i
>> 2-3i
ans =
   2.0000 - 3.0000i
>> 5+6j
ans =
   5.0000 + 6.0000j
>> 2i
ans =
   0.0000 + 2.0000i
>> -3i
```

48

```
ans =
   0.0000 - 3.0000i
```

2.4.2　复数的基本元素函数

若存在复数 $c_1 = a_1 + b_1\mathrm{i}$ 和复数 $c_2 = a_2 + b_2\mathrm{i}$，那么它们的加、减、乘、除运算定义为

$$c_1 + c_2 = (a_1 + a_2) + (b_1 + b_2)\,\mathrm{i}$$
$$c_1 - c_2 = (a_1 - a_2) + (b_1 - b_2)\,\mathrm{i}$$
$$c_1 \times c_2 = (a_1 a_2 - b_1 b_2) + (a_1 b_2 + b_1 a_2)\,\mathrm{i}$$
$$\frac{c_1}{c_2} = \frac{(a_1 a_2 + b_1 b_2)}{(a_1^2 + b_2^2)} + \frac{(b_1 a_2 - a_1 b_2)}{(a_2^2 + b_2^2)}\mathrm{i}$$

当两个复数进行二元运算时，MATLAB 将会用上面的法则进行加法、减法、乘法和除法运算。

例 2-28：复数运算。

解　MATLAB 程序如下：

```
>> clear                % 清除工作区的变量
>> A=1+2i;              % 创建两个变量 A 和 B，分别赋值为复数
>> B=3+5i;
>> C=A+B                % 复数相加
C =
   4.0000 + 7.0000i
>> C=A-B                % 复数相减
C =
  -2.0000 - 3.0000i
>> C=A*B                % 复数相乘
C =
  -7.0000 +11.0000i
>> C=A/B                % 复数相除
C =
   0.3824 + 0.0294i
```

MATLAB 提供的复数基本函数及说明如表 2-25 所示。

表 2-25　复数基本函数及说明

名　称	说　明	名　称	说　明
abs	模	complex	用实部和虚部构造一个复数
angle	复数的相角	conj	复数的共轭
imag	复数的虚部	real	复数的实部
unwrap	调整矩阵元素的相位	isreal	判断是否为实数矩阵
cplxpair	把复数矩阵排列成复共轭对		

2.4.3 复数的操作函数

1．复数的模

除基本表示方式外，复数还有另一种表达方式，即极坐标表示方式，具体为

$$z = a + bi = r\angle\theta$$

其中，r 代表复数 z 的模，θ 代表辐角。直角坐标中的 a,b 和极坐标 z,θ 之间的关系为

$$a = r\cos\theta$$
$$b = r\sin\theta$$
$$r = \sqrt{a^2 + b^2}$$
$$\theta = \tan^{-1}\frac{b}{a}$$

这里，调用 abs 函数可直接得到复数的模。

例 2-29：复数求模运算。

解　MATLAB 程序如下：

```
>> clear              % 清除工作区的变量
>> A=1+2i;            % 创建变量 A，赋值为复数
>> B=angle(A)         % 求复数的幅角 θ
B =
    1.1071
>> C=abs(A)           % 求复数的模
C =
    2.2361
```

2．复数的共轭

如果复数 $c=a+bi$，那么该复数的共轭复数为 $d=a-bi$。

例 2-30：复数求共轭运算。

解　MATLAB 程序如下：

```
>> clear              % 清除工作区的变量
>> A=1+2i;            % 创建变量 A，赋值为复数
>> B=real(A)          % 得到复数的实数部分
B =
    1
>> C=imag(A)              % 得到复数的虚数部分
C =
    2
>> D=conj(A)              % 得到复数的共轭复数
```

```
D =
    1.0000 - 2.0000i
```

3．构造复数

使用函数 complex(a,b) 可以构造复数；直接输入 $a+bi$ 形式的数值，也可以得到复数。

例 2-31：复数构造运算。

解　MATLAB 程序如下：

视频讲解

```
>> clear                    % 清除工作区的变量
>> complex(1,3)             % 使用函数构造复数
ans =
    1.0000 + 3.0000i
>> 1+3i                     % 直接输入复数
ans =
    1.0000 + 3.0000i
```

4．实数矩阵

若复数矩阵中的元素的虚部均为 0，即显示为

$$c = a + bi$$

其中，$b=0$，可以简写为

$$c = a$$

则该复数矩阵称为实数矩阵。调用 isreal(X) 函数显示结果为 1，反之显示为 0。单个复数视为单元素复数矩阵处理。

例 2-32：复数转换为实数运算。

解　MATLAB 程序如下：

视频讲解

```
>> clear                    % 清除工作区的变量
>> A=1+2i;                  % 创建变量 A，赋值为复数
>> isreal(A)               % 判断复数 A 是否为实数矩阵
ans =
logical
    0
>> M=1                      % 创建变量 M，赋值为实数
M =
    1
>> isreal(M)               % 判断 M 是否为实数矩阵
ans =
logical
    1
```

第 3 章

矩阵分析

矩阵是由数字组成的二维数组，最早来自线性方程组的系数及常数所构成的方阵。作为 MATLAB 进行数据处理的基本单元，矩阵是一种变换或映射的体现，因此矩阵运算有着明确而严格的数学规则。

本章介绍利用 MATLAB 对矩阵进行分析的一些基本操作，主要包括矩阵的构建、矩阵维度和矩阵大小的改变、矩阵的索引、矩阵结构的改变、基本的数值运算、特征值和范数计算以及常用的分解等。对于这些操作，MATLAB 都有固定的指令或者库函数与之相对应。

3.1　矩阵的基本操作

矩阵是由 $m \times n$ 个数 a_{ij} $(i = 1,2,\cdots,m; j = 1,2,\cdots,n)$ 排成的 m 行 n 列数表，记作

$$A = \begin{pmatrix} a_{11} & a_{12} & \cdots & a_{1n} \\ a_{21} & a_{22} & \cdots & a_{2n} \\ \cdots & \cdots & \cdots & \cdots \\ a_{m1} & a_{m2} & \cdots & a_{mn} \end{pmatrix}$$

称为 $m \times n$ 矩阵，也可以记作 a_{ij} 或 $A_{m \times n}$。其中，i 表示行数，j 表示列数。若 $m=n$，则称该矩阵为 n 阶矩阵（n 阶方阵）。

3.1.1　矩阵的创建

矩阵的生成主要有直接输入法、M 文件生成法和文本文件生成法等。

1. 直接输入

在键盘上直接按行方式输入矩阵是最方便、最常用的创建数值矩阵的方法，尤其适合较小的简单矩阵。在用此方法创建矩阵时，应当注意以下几点：

- ☑ 输入矩阵时要以"[　]"为其标识符号，矩阵的所有元素必须都在方括号内。
- ☑ 矩阵同行元素之间由空格（个数不限）或逗号分隔，行与行之间用分号或回车键分隔。
- ☑ 矩阵大小不需要预先定义。
- ☑ 矩阵元素可以是运算表达式。
- ☑ 若"[　]"中无元素，表示空矩阵。
- ☑ 如果不想显示中间结果，可以用"；"结束。

例 3-1：创建元素均是 15 的 3×3 矩阵。

视频讲解

解　MATLAB 程序如下：

```
>> clear                          % 清除工作区的变量
>> a=[15 15 15;15 15 15;15 15 15]  % 直接输入矩阵 a
a =
    15    15    15
    15    15    15
    15    15    15
```

注意

在输入矩阵时，MATLAB 允许方括号中嵌套方括号，例如下面的语句是合法的：

```
>> [[1 2 3];[2 4 6];7 8 9]
ans =
     1     2     3
     2     4     6
     7     8     9
```

结果是一个 3 阶方阵。

例 3-2：创建复数矩阵。

本实例演示创建包含复数的矩阵 A，其中 $A=\begin{pmatrix} 1 & 1+i & 2 \\ 2 & 3+2i & 1 \end{pmatrix}$。

视频讲解

解　MATLAB 程序如下：

```
>> clear                    % 清除工作区的变量
>> A=[[1,1+i,2];[2,3+2i,1]]  % 创建包含复数的矩阵 A
A =
   1.0000 + 0.0000i   1.0000 + 1.0000i   2.0000 + 0.0000i
   2.0000 + 0.0000i   3.0000 + 2.0000i   1.0000 + 0.0000i
```

2. 利用 M 文件创建

当矩阵的规模比较大时，直接输入法不仅显得笨拙，而且出差错也不易修改。为了解决这些问题，可以将要输入的矩阵按格式先写入一个文本文件中，并将此文件以"m"为扩展名保存，即保存为 M 文件。

　　M 文件是一种可以在 MATLAB 环境下运行的文本文件，分为命令式文件和函数式文件两种。在 MATLAB 命令行窗中输入 M 文件的文件名，文本文件中的大型矩阵即可被输入内存中。

视频讲解

　　例 3-3：使用 M 文件创建大型矩阵。

本实例演示利用命令式 M 文件创建大型矩阵。

　　解　操作步骤如下：

（1）编制一个名为 gmatrix 的矩阵。

（2）在 M 文件编辑器中编制一个名为 sample.m 的 M 文件。

```
% sample.m
% 创建一个 M 文件，用以输入大规模矩阵
gmatrix=[378 89 90    83 382 92 29;
3829 32 9283 2938 378 839 29;
388 389 200 923 920 92 7478;
3829 892 66 89 90 56 8980;
7827 67 890 6557 45    123 35]
```

（3）运行 M 文件。在 MATLAB 命令行窗口中输入文件名之后，按 Enter 键得到结果。

```
>> clear            % 清除工作区的变量
>> sample           % 运行 M 文件 sample.m
gmatrix =
1 至 5 列
378          89          90          83          382
3829         32          9283        2938        378
388          389         200         923         920
3829         892         66          89          90
7827         67          890         6557        45

6 至 7 列
92           29
839          29
92           7478
56           8980
123          35
```

在实际应用中，上例中的矩阵还不算"大型"矩阵，此处只是借例说明。

**注意**

　　M 文件中的变量名与文件名不能相同，否则会造成变量名和函数名的混乱。运行 M 文件时，需要先将 M 文件 sample.m 复制到当前目录文件夹下，否则运行时无法调用。

　　　　>>　sample

在当前文件夹或 MATLAB 路径中未找到 'sample'，但它位于：

C:\Program Files\Polyspace\R2020a\bin\yuanwenjian

更改 MATLAB 当前文件夹或将其文件夹添加到 MATLAB 路径。

3. 利用文本创建

MATLAB 中的矩阵还可以由文本文件创建，即在文件夹（通常为 work 文件夹）中建立 txt 文件，在命令行窗口中直接调用此文件即可。

例 3-4： 创建生活用品矩阵。

日用商品在 3 家商店中有不同的价格，其中，毛巾价格分别为 3.5 元、4 元、5 元；脸盆价格分别为 10 元、15 元、20 元。

视频讲解

解　操作步骤如下：

（1）在文本文档中建立一个文本文件，输入以下内容（将单位量的售价用矩阵表示，行表示商店，列表示商品）：

```
3.5   4     5
10    15    20
```

（2）将文本文件以 goods.txt 命名并保存到当前目录文件夹下，然后在 MATLAB 命令行窗口中输入以下命令：

```
>> clear              % 清除工作区的变量
>> load goods.txt     % 将文本文件加载到工作区
>> goods              % 输入文件名称创建矩阵
goods =
    3.5000    4.0000    5.0000
   10.0000   15.0000   20.0000
```

结果创建出商品矩阵 goods。

注意

> 运行 M 文件时，需要先将文本文件 goods.txt 复制到当前目录文件夹下，否则运行时无法调用。

3.1.2　矩阵的扩展

在 MATLAB 中，一个阵列如果具有两个以上的维度则被称为多维数组。多维数组是正常的两维矩阵的延伸。

一般情况下，MATLAB 中需要先创建一个向量，然后扩展为二维矩阵；或先创建一个二维矩阵，然后对该二维矩阵进行扩展。

矩阵扩展的基本格式为

$$D=[A;B\ C]$$

其中，**A** 为原矩阵，**B**、**C** 中包含要扩充的元素，**D** 为扩充后的矩阵。

例 3-5： 矩阵扩展示例。

解　在 MATLAB 命令行窗口中输入以下命令：

视频讲解

```
>> A=[1 2 3;4 5 6];      % 定义 2 行 3 列的矩阵 A
>> B=eye(2);             % 定义 2×2 的单位矩阵 B
```

```
>> C=zeros(2,1);          % 定义 2×1 的全零矩阵 C
>> D=[A;B C]              % 使用矩阵 B 和 C 扩展矩阵 A，得到矩阵 D
D =
     1     2     3
     4     5     6
     1     0     0
     0     1     0
```

对矩阵元素可直接赋值，具体格式如表 3-1 所示。

表 3-1　对矩阵元素赋值

格　式	说　明
A(m,n)=a	对 A 的第 m 行第 n 列的元素赋值
A(m,:)=[a b···]	对 A 的第 m 行赋值
A(:,n)=[a b···]	对 A 的第 n 列赋值

3.1.3　矩阵的转置

对于矩阵 A，如果有矩阵 B 满足 $b_{ij}=a_{ji}$，即 B 的第 i 行第 j 列元素是 A 的第 j 行第 i 列元素，简单来说就是，将矩阵 A 的行元素变成矩阵 B 的列元素，矩阵 A 的列元素变成矩阵 B 的行元素，则称矩阵 B 是矩阵 A 的转置矩阵，记作 $B=A^{\mathrm{T}}$，即有

$$A = \begin{pmatrix} a_{11} & a_{12} & ... & a_{1n} \\ a_{21} & a_{22} & ... & a_{2n} \\ \vdots & \vdots & & \vdots \\ a_{m1} & a_{m2} & ... & a_{mn} \end{pmatrix}, \quad B = A^{\mathrm{T}} = \begin{pmatrix} a_{11} & a_{21} & ... & a_{m1} \\ a_{12} & a_{22} & ... & a_{m2} \\ \vdots & \vdots & & \vdots \\ a_{1n} & a_{2n} & ... & a_{mn} \end{pmatrix}$$

矩阵的转置满足下述运算规律：

- ☑　$(A^{\mathrm{T}})^{\mathrm{T}} = A$。
- ☑　$(A+B)^{\mathrm{T}} = A^{\mathrm{T}} + B^{\mathrm{T}}$。
- ☑　$(\lambda A)^{\mathrm{T}} = \lambda A^{\mathrm{T}}$。
- ☑　$(AB)^{\mathrm{T}} = B^{\mathrm{T}} A^{\mathrm{T}}$。

矩阵的转置运算可以通过符号"'"或函数 transpose 实现，调用格式及说明如表 3-2 所示。

表 3-2　矩阵转置运算格式及说明

函数类型	说　明
B = A'	返回 A 的非共轭转置，即每个元素的行和列索引都会互换。如果 A 包含复数元素，则 A^{T} 不会影响虚部符号
B = transpose(A)	矩阵转置。当矩阵是复数时，求矩阵的共轭转置

例 3-6：求矩阵 $A = \begin{pmatrix} 1 & -1 & 2 \\ 0 & 1 & 6 \\ 2 & 3 & 4 \end{pmatrix}$ 的二次转置。

视频讲解

解 在 MATLAB 命令行窗口中输入以下命令：

```
>> clear                    % 清除工作区的变量
>> A=[1 -1 2;0 1 6;2 3 4]    % 输入矩阵 A
A =
    1    -1     2
    0     1     6
    2     3     4
>> A'                        % 转置矩阵 A
ans =
    1     0     2
   -1     1     3
    2     6     4
>> A''                       % 二次转置矩阵
ans =
    1    -1     2
    0     1     6
    2     3     4
```

例 3-7：验证转置矩阵的性质 $(\lambda A)^{\mathrm{T}} = \lambda A^{\mathrm{T}}$。

解 在 MATLAB 命令行窗口中输入以下命令：

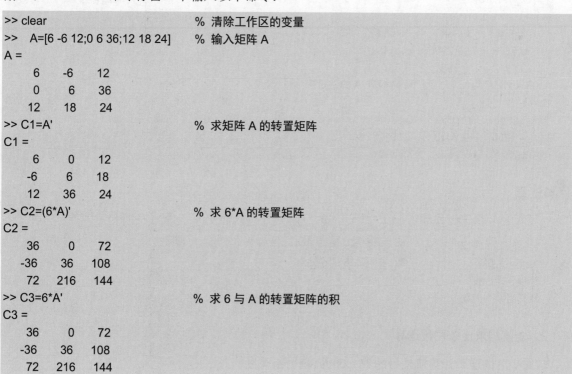

```
>> clear                        % 清除工作区的变量
>>   A=[6 -6 12;0 6 36;12 18 24]    % 输入矩阵 A
A =
    6    -6    12
    0     6    36
   12    18    24
>> C1=A'                        % 求矩阵 A 的转置矩阵
C1 =
    6     0    12
   -6     6    18
   12    36    24
>> C2=(6*A)'                    % 求 6*A 的转置矩阵
C2 =
   36     0    72
  -36    36   108
   72   216   144
>> C3=6*A'                      % 求 6 与 A 的转置矩阵的积
C3 =
   36     0    72
  -36    36   108
   72   216   144
```

视频讲解

3.1.4　矩阵的求逆

对于 n 阶方阵 A，如果有 n 阶方阵 B 满足 $AB=BA=I$，则称方阵 A 为可逆的，称方阵 B 为 A 的逆矩阵，记为 A^{-1}。

1.　可逆矩阵的性质

一般地，可逆矩阵具有如下性质：

☑　若 A 可逆，则 A^{-1} 是唯一的。

☑　若 A 可逆，则 A^{-1} 也可逆，并且 $\left(A^{-1}\right)^{-1}=A$。

☑　若 n 阶方阵 A 与 B 都可逆，则 AB 也可逆，且 $(AB)^{-1}=B^{-1}A^{-1}$。

☑　若 A 可逆，则 $|A^{-1}|=|A|^{-1}$。

满足 $|A|\neq0$ 的方阵 A 称为非奇异的，否则就称为奇异的。

求解矩阵的逆使用函数 inv，调用格式为

$$Y=\mathrm{inv}(X)$$

例 3-8：求解矩阵的逆。

解　在 MATLAB 命令行窗口中输入以下命令：

```
>> clear                % 清除工作区的变量
>>  A=rand(3)           % 创建一个 3×3 的随机数矩阵 A
A =
    0.0540    0.9340    0.4694
    0.5308    0.1299    0.0119
    0.7792    0.5688    0.3371
>> B = inv(A)           % 求矩阵 A 的逆矩阵
B =
   -0.5946    0.7689    0.8008
    4.7250    4.5818   -3.9912
   -3.2235  -14.1952    7.8498
```

**注意**

逆矩阵必须使用方阵，即 2×2、3×3，即 $n\times n$ 格式的矩阵，否则弹出警告信息。例如

```
>> A=[1 -1;0 1;2 3];    % 创建 3×2 的矩阵 A
>> B=inv(A)             % 求矩阵 A 的逆矩阵
错误使用 inv
矩阵必须为方阵
```

2.　矩阵的求逆条件数运算

求解矩阵的逆条件数值使用函数 rcond，调用格式为

$$C=rcond(A)$$

例 3-9： 求解矩阵的逆条件数。

解 在 MATLAB 命令行窗口中输入以下命令：

```
>> clear                    % 清除工作区的变量
>>  A=rand(3)               % 创建一个 3×3 的随机数矩阵 A
A =
    0.0540    0.9340    0.4694
    0.5308    0.1299    0.0119
    0.7792    0.5688    0.3371
>> C = rcond(A)            % 求矩阵 A 的逆条件数
C =
    0.0349
```

例 3-10： 求矩阵 $A = \begin{pmatrix} 1 & -1 & 2 \\ 0 & 1 & 6 \\ 2 & 3 & 4 \end{pmatrix}$ 的逆矩阵与转置矩阵。

解 在 MATLAB 命令行窗口中输入以下命令：

```
>> clear                    % 清除工作区的变量
>> A=[1 -1 2;0 1 6;2 3 4]   % 输入矩阵 A
A =
    1   -1    2
    0    1    6
    2    3    4
>> B=inv(A)                 % 求矩阵 A 的逆矩阵
B =
    0.4667   -0.3333    0.2667
   -0.4000        0    0.2000
    0.0667    0.1667   -0.0333
>> C=A'                     % 求矩阵 A 的转置矩阵
C =
    1    0    2
   -1    1    3
    2    6    4
```

例 3-11： 验证逆矩阵性质 $(\lambda A)^{-1} = \lambda^{-1} A^{-1}$。

解 在 MATLAB 命令行窗口中输入以下命令：

```
>> clear                    % 清除工作区的变量
>> A=[1,-1,2;0,1,6;2,3,4];  % 创建一个 3×3 的方阵 A
>> A1=6*A                   % 计算 6 与矩阵 A 的乘积
A1 =
    6   -6   12
    0    6   36
   12   18   24
```

```
>> B1=6*inv(A)                % 计算 6 与矩阵 A 的逆矩阵的乘积
B1 =
    2.8000    -2.0000     1.6000
   -2.4000          0     1.2000
    0.4000     1.0000    -0.2000
>> B2=inv(6)*inv(A)           % 计算 6 的倒数与 A 的逆矩阵的乘积
B2 =
    0.0778    -0.0556     0.0444
   -0.0667          0     0.0333
    0.0111     0.0278    -0.0056
>> B3=inv(A1)                 % 计算 6 与矩阵 A 的乘积的逆矩阵
B3 =
    0.0778    -0.0556     0.0444
   -0.0667          0     0.0333
    0.0111     0.0278    -0.0056
```

3.1.5　矩阵的旋转

在 MATLAB 中，rot90 函数用于将数组旋转 90°，该函数的调用格式及说明如表 3-3 所示。

表 3-3　rot90 函数调用格式及说明

调用格式	说　明
rot90(A)	将 A 逆时针方向旋转 90°。对于多维数组，rot90 在由第一个和第二个维度构成的平面中旋转
rot90(A,k)	将 A 逆时针方向旋转 90° *k，k 可为正整数或负整数

视频讲解

例 3-12：旋转矩阵。

解　在 MATLAB 命令行窗口中输入以下命令：

```
>> clear                      % 清除工作区的变量
>> A = [1 2 3;4 5 6;7 8 9]    % 创建一个 3×3 的方阵 A
A =
    1     2     3
    4     5     6
    7     8     9
>> B=rot90(A)                 % 将 A 逆时针方向旋转 90°
B =
    3     6     9
    2     5     8
    1     4     7
>> C=rot90(A,2)               % 将 A 逆时针方向旋转 180°
C =
    9     8     7
```

```
     6     5     4
     3     2     1
>> D=rot90(A,-1)              % 将 A 顺时针方向旋转 90°
D =
     7     4     1
     8     5     2
     9     6     3
```

3.1.6　矩阵的翻转

在 MATLAB 中，flip 函数用于镜像翻转矩阵元素顺序，该函数的调用格式及说明如表 3-4 所示。

表 3-4　flip 函数调用格式及说明

调用格式	说　明
B = flip(A)	返回的矩阵 **B** 具有与 **A** 相同的大小，但元素顺序反转
B = flip(A,dim)	沿维度 dim 反转 **A** 中元素的顺序

翻转矩阵元素的操作分为两种，包括左右翻转与上下翻转。flip(A,1)翻转每一列中的元素，flip(A,2)翻转每一行中的元素。

例 3-13：矩阵的变向示例。

解　在 MATLAB 命令窗口中输入以下命令：

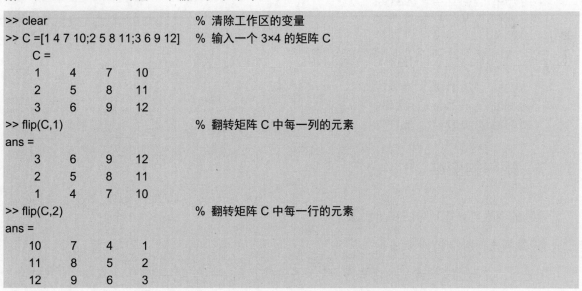

```
>> clear                      % 清除工作区的变量
>> C =[1 4 7 10;2 5 8 11;3 6 9 12]   % 输入一个 3×4 的矩阵 C
    C =
    1     4     7    10
    2     5     8    11
    3     6     9    12
>> flip(C,1)                  % 翻转矩阵 C 中每一列的元素
ans =
    3     6     9    12
    2     5     8    11
    1     4     7    10
>> flip(C,2)                  % 翻转矩阵 C 中每一行的元素
ans =
   10     7     4     1
   11     8     5     2
   12     9     6     3
```

MATLAB 还提供了专门的左右翻转与上下翻转函数，下面分别进行介绍：

（1）左右翻转。使用 fliplr 函数将矩阵中的元素左右翻转，调用格式为

$$B = fliplr(A)$$

例 3-14：矩阵左右翻转示例。

解 在 MATLAB 命令窗口中输入以下命令：

```
>> clear                        % 清除工作区的变量
>> A=rand(3)                    % 创建一个 3×3 的随机数矩阵
A =
    0.9157    0.6557    0.9340
    0.7922    0.0357    0.6787
    0.9595    0.8491    0.7577
>> B = fliplr(A)                % 从左向右翻转矩阵中的元素
B =
    0.9340    0.6557    0.9157
    0.6787    0.0357    0.7922
    0.7577    0.8491    0.9595
```

（2）上下翻转。使用 flipud 函数将矩阵中的元素上下翻转，调用格式为

$$B = flipud(A)$$

例 3-15：矩阵上下翻转示例。

解 在 MATLAB 命令窗口中输入以下命令：

```
>> clear            % 清除工作区的变量
>>  A=rand(3)       % 创建一个 3×3 随机数矩阵
A =
    0.7431    0.1712    0.2769
    0.3922    0.7060    0.0462
    0.6555    0.0318    0.0971
>> B = flipud(A)    % 从上向下翻转矩阵中的元素
B =
    0.6555    0.0318    0.0971
    0.3922    0.7060    0.0462
    0.7431    0.1712    0.2769
```

3.1.7 矩阵的变维

矩阵的变维可以用冒号法和函数法。

1. 冒号法

用符号 ":" 设置矩阵维度的格式为

$$A(:)=B(:)$$

例 3-16：修改矩阵维度。

本实例演示矩阵的维度变换。

解　MATLAB 程序如下：

```
>> clear              % 清除工作区的变量
>> A=1:12             % 创建一个行向量
A =
     1     2     3     4     5     6     7     8     9    10    11    12
>> C=zeros(3,4);      % 用冒号法必须先设定修改后矩阵的形状
>> C(:)=A(:)          % 将矩阵维度变换为 3 行 4 列
C =
     1     4     7    10
     2     5     8    11
     3     6     9    12
```

2. 函数法

在 MATLAB 中，reshape 函数用于重新设置矩阵的维度，该函数的调用格式及说明如表 3-5 所示。

表 3-5　reshape 函数调用格式及说明

调用格式	说　明
B = reshape(A,sz)	将 *A* 重构为向量 sz 指定大小的矩阵
B = reshape(A,sz1,···,szN)	将矩阵 *A* 变维成一个 sz1×···×szN 矩阵，其中 sz1,···,szN 指示每个维度的大小

在 MATLAB 中，permute 函数用来置换矩阵维度，该函数的调用格式及说明如表 3-6 所示。

表 3-6　permute 函数调用格式及说明

调用格式	说　明
B = permute(A,dimorder)	按照维度顺序行向量 dimorder 指定的顺序重新排列矩阵的维度

例 3-17：将向量重构为矩阵。

解　MATLAB 程序如下：

```
>> clear               % 清除工作区的变量
>> A = 1:6             % 创建一个行向量
A =
     1     2     3     4     5     6
>> B = reshape(A,[2,3])   % 将 A 变维成 3×3 的矩阵
B =
     1     3     5
     2     4     6
>> C=permute(B,[2 1])     % 交换矩阵 B 的行和列维度
C =
     1     2
     3     4
     5     6
```

63

3.1.8 矩阵的信息

1. 矩阵的求秩运算

矩阵的求秩运算可以通过函数 rank 实现，该函数的调用格式及说明如表 3-7 所示。

表 3-7　rank 函数调用格式及说明

调用格式	说　明
k = rank(A)	返回矩阵 **A** 的秩
k = rank(A,tol)	在秩计算中使用指定的容差。秩计算为 **A** 中大于 tol 的奇异值的个数

例 3-18：求矩阵的秩。

解　MATLAB 程序如下：

```
>> clear                    % 清除工作区的变量
>> A = [1 -5 2; -3   7 9; 4 -1 6]    % 创建矩阵 A
     1    -5     2
    -3     7     9
     4    -1     6
>> rank(A)                  % 矩阵求秩
ans =
3
```

2. 矩阵的求迹运算

在线性代数中，一个 $n \times n$ 矩阵 **A** 的主对角线（从左上方至右下方的对角线）上各个元素的总和被称为矩阵 **A** 的迹（或迹数），一般记作 tr(A)，即

$$\mathrm{tr}(A) = \sum_{i=1}^{n} a_{ij} = a_{11} + a_{22} + \cdots + a_{nn}$$

矩阵的求迹运算可以通过函数 trace 实现，该函数的调用格式及说明如表 3-8 所示。

表 3-8　trace 函数调用格式及说明

调用格式	说　明
b = trace(A)	计算矩阵 **A** 的主对角线元素之和

例 3-19：求矩阵的迹。

解　MATLAB 程序如下：

```
>> clear            % 清除工作区的变量
>> A = magic(3)     % 创建 3 阶魔方矩阵
 A =
     8     1     6
     3     5     7
```

```
    4    9    2
>> trace(A)          %  求矩阵 A 的迹
   ans =
       15
```

3．方阵的行列式运算

一个 $n×n$ 的方阵 A 的行列式记为 $\det(A)$ 或者 $|A|$，一个 $2×2$ 方阵的行列式可表示为

$$\det\begin{pmatrix} a & b \\ c & d \end{pmatrix} = ad - bc$$

在 MATLAB 中，det 函数用来求解方阵的行列式，调用格式及说明如表 3-9 所示。

表 3-9　det 函数调用格式及说明

调用格式	说　明
d = det(A)	返回方阵 A 的行列式

在 MATLAB 中，numel 函数用于计算矩阵 A 中的元素个数，其调用格式及说明如表 3-10 所示。

表 3-10　numel 函数调用格式及说明

调用格式	说　明
n=numel	返回矩阵 A 中的元素数目 n，等同于 prod(size(A))

例 3-20：三维矩阵中元素的数目。

解　MATLAB 程序如下：

视频讲解

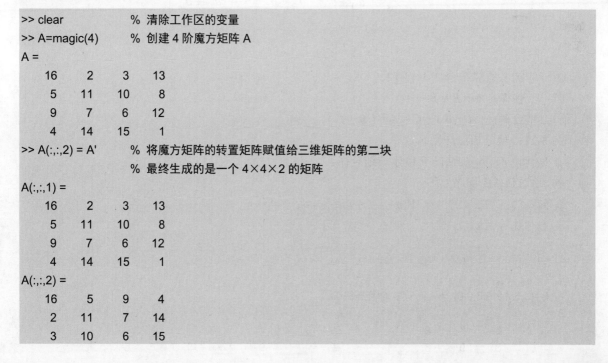

```
>> clear            %  清除工作区的变量
>> A=magic(4)       %  创建 4 阶魔方矩阵 A
A =
    16     2     3    13
     5    11    10     8
     9     7     6    12
     4    14    15     1
>> A(:,:,2) = A'     %  将魔方矩阵的转置矩阵赋值给三维矩阵的第二块
                     %  最终生成的是一个 4×4×2 的矩阵
A(:,:,1) =
    16     2     3    13
     5    11    10     8
     9     7     6    12
     4    14    15     1
A(:,:,2) =
    16     5     9     4
     2    11     7    14
     3    10     6    15
```

```
     13        8      12       1
>> n = numel(A)        % 计算矩阵中有多少个元素
n =
     32
>> prod(size(A))       % 计算三个维度矩阵数目的乘积
ans =
     32
```

3.2 矩阵的基本数值运算

矩阵的基本数值运算包括加、减、乘、数乘、点乘、乘方、左除、右除等。其中，加、减、乘与大家所学的线性代数中的对应运算是一样的，相应的运算符为"+""−""*"。

对于上述的四则运算，需要注意的是：矩阵的加、减、乘运算的维数要求与线性代数中的要求一致。

3.2.1 矩阵的加减运算

设 $A = (a_{ij})$，$B = (b_{ij})$ 都是 $m \times n$ 矩阵，矩阵 A 与 B 的和记成 $A + B$，规定为

$$A + B = \begin{pmatrix} a_{11} + b_{11} & a_{12} + b_{12} & \cdots & a_{1n} + b_{1n} \\ a_{21} + b_{21} & a_{22} + b_{22} & \cdots & a_{2n} + b_{2n} \\ \vdots & \vdots & & \vdots \\ a_{m1} + b_{m1} & a_{m2} + b_{m2} & \cdots & a_{mn} + b_{mn} \end{pmatrix}$$

矩阵的加法运算符合如下规律：

☑ 交换律：$A + B = B + A$。

☑ 结合律：$(A + B) + C = A + (B + C)$。

例 3-21： 验证加法法则。

本实例验证矩阵加法的交换律与结合律。

解 MATLAB 程序如下：

视频讲解

```
>> clear                   % 清除工作区的变量
>> A=[5,6,9,8;5,3,6,7]     % 创建矩阵 A
A =
     5      6      9      8
     5      3      6      7
>> B=[3,6,7,9;5,8,9,6]     % 创建矩阵 B
B =
     3      6      7      9
     5      8      9      6
```

```
>> C=[9,3,5,6;8,5,2,1]            % 创建矩阵 C
C =
     9     3     5     6
     8     5     2     1
>> A+B                            % 矩阵 B、A 求和
ans =
     8    12    16    17
    10    11    15    13
>> B+A                            % 矩阵 B、A 求和，验证交换律
ans =
     8    12    16    17
    10    11    15    13
>> (A+B)+C                        % 矩阵 A、B、C 求和
ans =
    17    15    21    23
    18    16    17    14
>> A+(B+C)                        % 将矩阵 A 与矩阵 B、C 的和求和，验证结合律
ans =
    17    15    21    23
18    16    17    14
>> D=[1,5,6;2,5,6]                % 创建矩阵 D
D =
     1     5     6
     2     5     6
>> A+D
矩阵维度必须一致。                  % 只有相同维度的矩阵才能进行加法运算
```

减法运算法则为：$A-B=A+(-B)$。

例 3-22：矩阵求和。

本实例求解矩阵之和 $\begin{pmatrix} 1 & 2 & 3 \\ -1 & 5 & 6 \end{pmatrix} + \begin{pmatrix} 0 & 1 & -3 \\ 2 & 1 & -1 \end{pmatrix}$。

视频讲解

解　MATLAB 程序如下：

```
>> clear                          % 清除工作区的变量
>> [1 2 3;-1 5 6]+[0 1 -3;2 1 -1]   % 直接输入两个矩阵求和
ans =
     1     3     0
     1     6     5
```

例 3-23：矩阵求差。

本实例求矩阵之差 $\begin{pmatrix} 5 & 6 & 9 & 8 \\ 5 & 3 & 6 & 7 \end{pmatrix} - \begin{pmatrix} 3 & 6 & 7 & 9 \\ 5 & 8 & 9 & 6 \end{pmatrix}$。

视频讲解

解　MATLAB 程序如下：

```
>> clear                          % 清除工作区的变量
>> A=[5,6,9,8;5,3,6,7];           % 创建矩阵 A
```

```
>> B=[3,6,7,9;5,8,9,6];        % 创建矩阵 B
>> -B                          % 计算-B
ans =
    -3    -6    -7    -9
    -5    -8    -9    -6
>> A-B                         % 两个矩阵求差
ans =
     2     0     2    -1
     0    -5    -3     1
```

3.2.2 矩阵的乘法运算

1. 数乘运算

数 λ 与矩阵 $A=\left(a_{ij}\right)_{m\times n}$ 的乘积记成 λA 或 $A\lambda$，规定为

$$\lambda A = \begin{pmatrix} \lambda a_{11} & \lambda a_{12} & \cdots & \lambda a_{1n} \\ \lambda a_{21} & \lambda a_{22} & \cdots & \lambda a_{2n} \\ \vdots & \vdots & \vdots & \vdots \\ \lambda a_{m1} & \lambda a_{m2} & \cdots & \lambda a_{mn} \end{pmatrix}$$

矩阵的数乘运算满足下面的规律：

☑ $\lambda\left(\mu A\right)=\left(\lambda\mu\right)A$。

☑ $\left(\lambda+\mu\right)A=\lambda A+\mu A$。

☑ $\lambda\left(A+B\right)=\lambda A+\lambda B$。

其中，λ，μ 为实数，A，B 为矩阵。

```
>> clear                       % 清除工作区的变量
>> A=[1 2 3;0 3 3;7 9 5];      % 创建矩阵 A
>> A*5                         % 计算矩阵 A 与数值 5 的乘积
ans =
     5    10    15
     0    15    15
    35    45    25
```

2. 乘运算

设 $A=(a_{ij})$ 是一个 $m\times s$ 矩阵，$B=(b_{ij})$ 是一个 $s\times n$ 矩阵，规定 A 与 B 的积为一个 $m\times n$ 矩阵 $C=(c_{ij})$。其中，$c_{ij}=a_{i1}b_{1j}+a_{i2}b_{2j}+\cdots+a_{is}b_{sj}$，$i=1,2,\cdots,m$，$j=1,2,\cdots,n$。

矩阵的乘法需要满足以下条件：

☑ 矩阵 A 的列数与矩阵 B 的行数相同。

矩阵 A 乘以矩阵 B 的积矩阵 C 具有以下特点：

☑ 积矩阵 C 的行数等于矩阵 A 的行数，积矩阵 C 的列数等于矩阵 B 的列数。

☑　积矩阵 $\boldsymbol{C}$ 的第 i 行 j 列元素值等于矩阵 $\boldsymbol{A}$ 的 i 行元素与矩阵 $\boldsymbol{B}$ 的 j 列元素对应值积的和，即

$$i\text{行} \rightarrow \left(a_{i1}, a_{i2}, \cdots, a_{is}\right) \begin{pmatrix} b_{1j} \\ b_{2j} \\ \vdots \\ b_{sj} \end{pmatrix} = c_{ij}$$
$$j\text{列}$$

例如：

```
>> clear                    %  清除工作区的变量
>> A=[1 2 3;0 3 3;7 9 5];   %  创建矩阵 A
>> B=[8 3 9;2 8 1;3 9 1];   %  创建矩阵 B
>> A*B                      %  计算矩阵 A、B 的乘积
ans =
21     46     14
15     51      6
89    138     77
```

 注意

$\boldsymbol{AB} \neq \boldsymbol{BA}$，即矩阵的乘法不满足交换律。

最后需要特别强调的是，由于

$$\begin{pmatrix} a_1 \\ a_2 \\ a_3 \end{pmatrix}\left(b_1, b_2, b_3\right) = \begin{pmatrix} a_1b_1 & a_1b_2 & a_1b_3 \\ a_2b_1 & a_2b_2 & a_2b_3 \\ a_3b_1 & a_3b_2 & a_3b_3 \end{pmatrix} \Longleftrightarrow \boldsymbol{A}_{3\times1}\boldsymbol{B}_{1\times3} = \boldsymbol{C}_{3\times3}$$

$$\left(b_1, b_2, b_3\right)\begin{pmatrix} a_1 \\ a_2 \\ a_3 \end{pmatrix} = b_1a_1 + b_2a_2 + b_3a_3 \Longleftrightarrow A_{1\times3}\boldsymbol{B}_{3\times1} = \boldsymbol{C}_{1\times1}$$

所以，若矩阵 $\boldsymbol{A}$、$\boldsymbol{B}$ 满足 $\boldsymbol{AB} = 0$，未必有 $\boldsymbol{A}=\boldsymbol{0}$ 或 $\boldsymbol{B}=\boldsymbol{0}$ 的结论。

3．点乘运算

点乘运算指将两矩阵中相同位置的元素进行相乘运算，将积保存在原位置组成新矩阵。例如：

```
>> clear
>> A=[1 2 3;0 3 3;7 9 5];
>> B=[8 3 9;2 8 1;3 9 1];
>>   A.*B
ans =
     8      6     27
     0     24      3
    21     81      5
```

例 3-24：矩阵乘法运算。

解　MATLAB 程序如下：

```
>> clear                % 清除工作区的变量
>> A=[0 0;1 1]          % 创建矩阵 A
A =
     0     0
     1     1
>> B=[1 0;2 0]          % 创建矩阵 B
B =
     1     0
     2     0
>> 6*A - 5*B            % 计算数值与矩阵的乘积后求差
ans =
    -5     0
    -4     6
>> A*B-A                % 计算矩阵 A 乘 B 的积与矩阵 A 的差
ans =
     0     0
     2    -1
>> B*A-A                % 计算矩阵 B 乘 A 的积与矩阵 A 的差，验证矩阵的乘法不满足交换律
ans =
     0     0
    -1    -1
>> A.*B-A               % 计算矩阵 A 点乘矩阵 B 的积与矩阵 A 的差
ans =
     0     0
     1    -1
```

3.2.3　矩阵的除法运算

计算左除 $A\backslash B$ 时，A 的行数要与 B 的行数一致，计算右除 A/B 时，A 的列数要与 B 的列数一致。

1. 左除运算

由于矩阵的特殊性，AB 通常不等于 BA，除法也一样。因此除法要区分左除和右除。

对于线性方程组 $DX=B$，如果 D 非奇异，即它的逆矩阵存在，则用 MATLAB 对其求解的结果为

$$X=inv(D)*B=D\backslash B$$

符号 "\" 称为左除，即分母放在左边。

左除的条件：B 的行数等于 D 的阶数（D 的行数和列数相同，简称阶数）。

例 3-25：求解矩阵左除。

解 MATLAB 程序如下：

视频讲解

```
>> clear                        % 清除工作区的变量
>> A=[1 2 3;0 3 3;7 9 5];       % 创建矩阵 A
>> B=[8 3 9;2 8 1;3 9 1];       % 创建矩阵 B
>> A\B                          % 两个矩阵左除
ans =
    2.1515    -2.2121     2.8485
   -3.8485     2.7879    -5.1515
    4.5152    -0.1212     5.4848
```

2．右除运算

若方程组表为 $XD_1=B_1$，D_1 非奇异，即它的逆阵 inv(D1) 存在，则用 MATLAB 对其求解的结果为

$$X=B1*inv(D1)=B1/D1$$

符号"/"称为右除。

右除的条件：B_1 的列数等于 D_1 的阶数（D_1 的行数和列数相同，简称阶数）。

例 3-26：验证矩阵右除。

解 MATLAB 程序如下：

视频讲解

```
>> clear                        % 清除工作区的变量
>> A=[1 2 3;5 8 6];             % 创建矩阵 A
>> B=[8 6 9;4 3 7];             % 创建矩阵 B
>> C=A/B                        % 两个矩阵右除
C =
   -0.0400     0.4800
    1.2640    -0.7680
```

3．点除运算

所谓矩阵的点除运算，是指将两矩阵中相同位置的元素进行相除运算并将商保存在原位置组成新矩阵，具体如下：

- ☑ 点左除：a.\b 表示矩阵 *b* 中的每个元素除以矩阵 *a* 对应位置的元素。
- ☑ 点右除：a./b 表示矩阵 *a* 中的每个元素除以矩阵 *b* 对应位置的元素。

3.3 矩阵元素的计算

3.3.1 矩阵元素的引用

矩阵元素按照放置的位置可进行按行引用、按列引用、按对角线引用，下面分别进行介绍。

矩阵元素引用的格式及说明如表 3-11 所示。

表 3-11　矩阵（数组）元素引用的格式及说明

格　式	说　明
x(n)	表示数组中的第 n 个元素
x(n1:n2)	表示数组中的第 n_1 至 n_2 个元素
X(m,:)	表示矩阵中第 m 行的元素
X(:,n)	表示矩阵中第 n 列的元素
X(m,n1:n2)	表示矩阵中第 m 行中第 n_1 至 n_2 个元素
diag(X)	抽取矩阵主对角线元素

视 频 讲 解

例 3-27： 抽取魔方矩阵的对角线元素。

解　MATLAB 程序如下：

```
>> clear              % 清除工作区的变量
>> A=magic(5)         % 创建 5 阶魔方矩阵 A
A =
    17    24     1     8    15
    23     5     7    14    16
     4     6    13    20    22
    10    12    19    21     3
    11    18    25     2     9
>> v=diag(A,2)                    % 抽取矩阵 A 的第 2 条对角线上的元素，创建列向量 v
v =
     1
    14
    22
```

3.3.2　矩阵元素的删除

矩阵建立起来之后，还需要对其元素进行修改，常用的矩阵元素修改命令如下：

☑　A(m,:)=[]：删除 A 的第 m 行。

☑　A(:,n)=[]：删除 A 的第 n 列。

例 3-28： 矩阵元素的删除示例。

解　MATLAB 程序如下：

视 频 讲 解

```
>> clear                 % 清除工作区的变量
>> A=[1 2 3;4 5 6;7 8 9]  % 创建矩阵 A
A =
     1     2     3
     4     5     6
     7     8     9
>> B=A(2,:)              % 提取矩阵 A 第 2 行的元素
```

```
B =
     4     5     6
>> A(2,:)=[]                    % 删除矩阵 A 第 2 行的元素
A =
     1     2     3
     7     8     9
>> A(:,1)=[]                    % 删除矩阵 A 第 1 列的元素
     2     3
     8     9
```

3.3.3   矩阵元素的查找

在 MATLAB 中，函数 bounds 用于查找矩阵中的最小元素和最大元素，其调用格式及说明如表 3-12 所示。

表 3-12   bounds 函数调用格式及说明

调用格式	说　明
[S,L] = bounds(A)	返回数组的最小元素 S 和最大元素 L。S 等同于 $\min(A)$，L 等同于 $\max(A)$
[S,L] = bounds(A,'all')	计算 A 的所有元素的最小值和最大值
[S,L] = bounds(A,dim)	沿 A 的维度 dim 执行运算。如果 A 是矩阵，bounds(A,1) 计算每一列的最小值和最大值。bounds(A,2)返回包含每一行的最小元素和最大元素的列向量 S 和 L
[S,L] = bounds(A,vecdim)	根据向量 vecdim 中指定的维度计算最小值和最大值。如果 A 是矩阵，则 bounds(A,[1 2]) 将返回 A 中所有元素的最小值和最大值，因为矩阵的每个元素都包含在由维度 1 和维度 2 定义的数组中
[S,L] = bounds(…,nanflag)	指定在确定最小元素和最大元素时是包含还是忽略 NaN 值。bounds(A,'omitnan') 将忽略 NaN 值。如果 A 的任意元素均为 NaN，则 bounds(A,'includenan') 将为 S 和 L 都返回 NaN。默认行为是 omitnan

例 3-29：求矩阵中元素的最值。

解　MATLAB 程序如下：

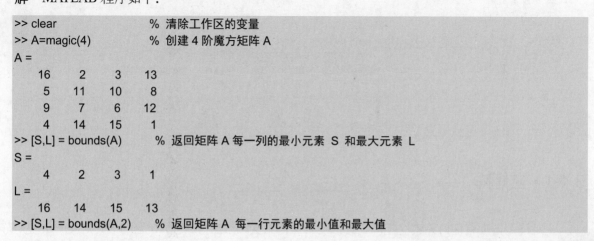

```
>> clear                % 清除工作区的变量
>> A=magic(4)           % 创建 4 阶魔方矩阵 A
A =
    16     2     3    13
     5    11    10     8
     9     7     6    12
     4    14    15     1
>> [S,L] = bounds(A)          % 返回矩阵 A 每一列的最小元素 S 和最大元素 L
S =
     4     2     3     1
L =
    16    14    15    13
>> [S,L] = bounds(A,2)        % 返回矩阵 A 每一行元素的最小值和最大值
```

```
S =
     2
     5
     6
     1
L =
    16
    11
    12
    15
```

3.3.4 矩阵元素的排序

在 MATLAB 中，perms 函数用来显示矩阵元素所有可能的排列，该函数的调用格式及说明如表 3-13 所示。

表 3-13 perms 函数调用格式及说明

调用格式	说 明
P = perms(v)	返回的矩阵包含了向量 v 中元素的所有排列。P 的每一行包含 v 中 n 个元素的一个不同排列。矩阵 P 具有与 v 相同的数据类型，包含 $n!$ 行和 n 列

例 3-30：行向量的所有排列。

解 MATLAB 程序如下：

```
>> clear            % 清除工作区的变量
>> v = [1 2 3]      % 创建行向量 v
v =
     1     2     3
>> P = perms(v)     % 返回向量 v 中元素按字典顺序反序的所有排列
P =
     3     2     1
     3     1     2
     2     3     1
     2     1     3
     1     3     2
     1     2     3
```

3.4 特 殊 矩 阵

3.4.1 空矩阵

空矩阵是指没有任何元素的矩阵，看似没有任何意义，但在 MATLAB 语句中，定义一个空矩阵是有用的。在不知道矩阵规模，但可能会在后面多个地方用到的情况下，可以先定义一个空矩阵，养成良好的编程习惯。

MATLAB 生成空矩阵的格式为

$$A=[]$$

其中，空矩阵大小任意。

同时，空矩阵还有如下实际应用：

（1）删除矩阵中所有的元素：

```
>> A=[1,2,3]
A =
      1      2      3
>> A=[]
A =
      []
```

（2）删除矩阵中的部分元素：

```
>> A=[1,2,3]
A =
      1      2      3
>>  A(:,1)=[]
A =
      2      3
```

3.4.2　全零矩阵

全零矩阵是指元素全是 0 的矩阵。

在 MATLAB 中，zeros 函数用于生成全零矩阵，该函数的调用格式及说明如表 3-14 所示。

表 3-14　zeros 函数调用格式及说明

调用格式	说　　明
zeros(m)	生成 m 阶全 0 矩阵
zeros(m,n)	生成 m 行 n 列全 0 矩阵
zeros(size(A))	创建与矩阵 A 维数相同的全 0 矩阵

例 3-31：创建全零矩阵。

解　MATLAB 程序如下：

```
>> clear              % 清除工作区的变量
>> zeros(4)           % 创建 4 阶全 0 矩阵
ans =
      0      0      0      0
```

视 频 讲 解

```
        0       0       0       0
        0       0       0       0
        0       0       0       0
>> zeros(4,3)          % 创建 4 行 3 列全 0 矩阵
ans =
        0       0       0
        0       0       0
        0       0       0
        0       0       0
>> A=[1 2 3;0 3 3;7 9 5];   % 创建 3 行 3 列矩阵 A
>> zeros(size(A))          % 创建与矩阵 A 维数相同的 3 行 3 列全 0 矩阵
ans =
        0       0       0
        0       0       0
        0       0       0
```

3.4.3 随机矩阵

如果一个矩阵中的元素至少有一个是随机的，那么该矩阵称为随机矩阵。在 MATLAB 中，一般随机矩阵的所有元素均为随机生成的。

每一次运行随即矩阵生成函数生成的随机矩阵中元素的数值都是不同的，因此读者使用随机矩阵函数运算时，与书中结果不同，而且每次运行结果都不同，出现这些情况是正常的。

按照随机矩阵的分布规则，可将随机矩阵分为两种：均匀分布的随机数矩阵和正态分布的随机数矩阵。根据取值区间的不同，可将随机矩阵分为区间(0,1)和(0, max)。下面介绍生成几种不同随机矩阵的函数。

1. rand 函数

在 MATLAB 中，rand 函数用来生成在区间(0,1)均匀分布的随机数矩阵，该函数的调用格式及说明如表 3-15 所示。

表 3-15　rand 函数调用格式及说明

调用格式	说　明
rand(m)	在区间[0,1]生成 m 阶均匀分布的随机矩阵
rand(m,n)	生成 m 行 n 列均匀分布的随机矩阵
X = rand(sz1,···,szN)	生成由随机数组成的 sz1×···×szN 矩阵，其中 sz1,···,szN 指示每个维度的大小
rand(size(A))	在区间[0,1]创建一个与 A 维数相同的均匀分布的随机矩阵
X = rand(···,typename)	生成由 typename 指定数据类型的随机数组成的矩阵
X = rand(···,'like',p)	生成与 p 类似的随机数组成的矩阵

例 3-32: 随机矩阵生成示例。

解 MATLAB 程序如下:

视频讲解

```
>> clear                % 清除工作区的变量
>> r=rand(5)            % 在区间[0,1]生成 5 阶均匀分布的随机矩阵
ans =

    0.0975    0.1576    0.1419    0.6557    0.7577
    0.2785    0.9706    0.4218    0.0357    0.7431
    0.5469    0.9572    0.9157    0.8491    0.3922
    0.9575    0.4854    0.7922    0.9340    0.6555
    0.9649    0.8003    0.9595    0.6787    0.1712
```

例 3-33: 创建由随机数组成的三维矩阵。

解 MATLAB 程序如下:

视频讲解

```
>> clear                % 清除工作区的变量
>> X = rand([3,3,3])    % 创建一个由随机数组成的 3×3×3 三维矩阵 X
X(:,:,1) =

    0.9502    0.3816    0.1869
    0.0344    0.7655    0.4898
    0.4387    0.7952    0.4456


X(:,:,2) =

    0.6463    0.2760    0.1626
    0.7094    0.6797    0.1190
    0.7547    0.6551    0.4984


X(:,:,3) =

    0.9597    0.2238    0.5060
    0.3404    0.7513    0.6991
    0.5853    0.2551    0.8909
```

2. randn 函数

在 MATLAB 中，randn 函数用来创建正态分布的随机矩阵，该函数的调用格式及说明如表 3-16 所示。

表 3-16   randn 函数调用格式及说明

调用格式	说　明
randn(m)	在[0,1]区间内生成 m 阶正态分布的随机矩阵

续表

调用格式	说　明
randn (m,n)	生成 *m* 行 *n* 列正态分布的随机矩阵
randn (size(A))	在[0,1]区间内创建一个与 *A* 维数相同的正态分布的随机矩阵
X = randn(···,typename)	生成由 typename 指定数据类型的随机数组成的矩阵
X = randn(···,'like',p)	生成与 *p* 同一类型随机数组成的矩阵

视频讲解

例 3-34：生成随机复数矩阵。

解　MATLAB 程序如下：

```
>> clear                    % 清除工作区的变量
>> X = randn + 1i*randn     % 生成一个具有正态分布的实部和虚部的随机复数矩阵
X =
  -1.4916 - 0.7423i
```

3．randi 函数

在 MATLAB 中，randi 函数用来生成均匀分布的伪随机整数矩阵，该函数的调用格式及说明如表 3-17 所示。

表 3-17　randi 函数调用格式及说明

调用格式	说　明
randi(imax)	生成介于 1 和 imax 之间的均匀分布的伪随机整数
randi(imax,n)	生成 *n* 阶介于 1 和 imax 之间的均匀分布的伪随机整数矩阵
randi(imax size(A))	创建与矩阵 *A* 维数相同的，介于 1 和 imax 之间的均匀分布的伪随机整数矩阵

视频讲解

例 3-35：生成随机整数矩阵。

解　MATLAB 程序如下：

```
>> clear                     % 清除工作区的变量
>> r = randi(20,1,5)         % 生成元素值在 1～20 均匀分布的1×5随机整数向量
r =
     4     3    10    20     7
>> r = randi([10 100],4,5)   % 生成元素值在 10～100 均匀分布的4行5列随机整数矩阵
r =
    69    35    73    49    27
    25    14    38    44    54
    74    18    96    79    50
    12    84    13    82    68
```

4．rng 函数

在 MATLAB 中，rng 函数设置随机数生成器，控制随机数生成，它的调用格式及说明如表 3-18 所示。

表 3-18　rng 函数调用格式及说明

调用格式	说明
rng(seed)	使用非负整数 seed 为随机数生成器提供种子，以使 rand、randi 和 randn 生成可预测的数字序列
rng('shuffle')	根据当前时间为随机数生成器提供种子
rng(seed, generator)	指定 rand、randi 和 randn 使用的随机数生成器的类型。generator 输入为以下选项之一： twister：梅森旋转 simdTwister：面向 SIMD 的快速梅森旋转算法 combRecursive：组合多递归 philox：执行 10 轮的 Philox 4×32 生成器 threefry：执行 20 轮的 Threefry 4×64 生成器 multFibonacci：乘法滞后 Fibonacci v5uniform：传统 MATLAB® 5.0 均匀生成器 v5normal：传统 MATLAB 5.0 正常生成器 v4：传统 MATLAB 4.0 生成器
rng('default')	将随机数生成器的设置重置为其默认值
scurr = rng	返回 rand、randi 和 randn 使用的随机数生成器的当前设置
rng(s)	将 rand、randi 和 randn 使用的随机数生成器的设置还原回之前用 s = rng 等命令捕获的值
sprev = rng(···)	返回 rand、randi 和 randn 使用的随机数生成器的以前设置，然后更改这些设置

例 3-36：重置随机数生成器。

解　MATLAB 程序如下：

视频讲解

```
>> clear          % 清除工作区的变量
>> s = rng;       % 保存随机数生成器的当前状态
>> r = randn(2,5)   % 创建随机矩阵 r
r =

  -1.0616   -0.6156   -0.1924   -0.7648   -1.4224
   2.3505    0.7481    0.8886   -1.4023    0.4882
>> rng(s);          % 将随机数生成器的状态恢复为 s
>> r1 = randn(2,5)  % 创建一个由随机数组成的新 1×5 向量。随机值与之前相同
r =

  -1.0616   -0.6156   -0.1924   -0.7648   -1.4224
   2.3505    0.7481    0.8886   -1.4023    0.4882
```

随机矩阵每次的运行结果是随机的，若不设置随机生成器，上例中前后两次随机矩阵生成的值将不同。

5. randperm 函数

在 MATLAB 中，randperm 函数生成区间为[1,*n*]的没有重复元素的随机整数向量，具体的调用格式及说明如表 3-19 所示。

表 3-19   rng 函数调用格式及说明

调用格式	说 明
p = randperm(n)	在区间[1,*n*]生成包含 *n* 个元素的随机整数向量，不包含重复元素
p = randperm(n,k)	在区间[1,*n*]生成随机整数向量，包括 *k* 个不重复元素。该函数输入指示采样间隔中的最大整数（采样区间中的最小整数为 1）

例 3-37：生成无重复元素的随机整数向量。

解   MATLAB 程序如下：

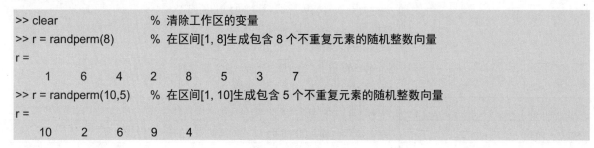

```
>> clear                    % 清除工作区的变量
>> r = randperm(8)          % 在区间[1, 8]生成包含 8 个不重复元素的随机整数向量
r =
     1     6     4     2     8     5     3     7
>> r = randperm(10,5)       % 在区间[1, 10]生成包含 5 个不重复元素的随机整数向量
r =
    10     2     6     9     4
```

3.4.4   全 1 矩阵

全 1 矩阵是指元素全是 1 的矩阵。

在 MATLAB 中，ones 函数用于生成元素全部为 1 的矩阵，该函数的调用格式及说明如表 3-20 所示。

表 3-20   ones 函数调用格式及说明

调用格式	说 明
X = ones	生成标量 1
X = ones(m)	生成 *m* 阶全 1 矩阵
X = ones(m,n)	生成 *m* 行 *n* 列全 1 矩阵
X = ones(size(A))	创建与矩阵 ***A*** 维数相同的全 1 矩阵
X = ones(…,typename)	创建指定数据类型（类）的全 1 矩阵
X = ones(…,'like',p)	创建具有与数值变量 *p* 相同的数据类型、稀疏性和复/实性（实数或复数）的全 1 矩阵

例 3-38：生成全 1 矩阵。

解   MATLAB 程序如下：

```
>> clear                    % 清除工作区的变量
>> ones(5)                  % 创建 5 阶全 1 矩阵
ans =
```

视频讲解

```
     1     1     1     1     1
     1     1     1     1     1
     1     1     1     1     1
     1     1     1     1     1
     1     1     1     1     1
>> ones(2,3)                % 创建 2 行 3 列全 1 矩阵
ans =
     1     1     1
     1     1     1
>> A=[1 2 3;0 3 3;7 9 5];   % 创建 3 行 3 列矩阵 A
>> ones(size(A))           % 创建与矩阵 A 维数相同的 3 行 3 列全 1 矩阵
ans =
     1     1     1
     1     1     1
     1     1     1
```

3.4.5 单位矩阵

在线性代数中，从左上角到右下角的对角线（称为主对角线）上的元素均为 1，除此以外的元素均为 0 的矩阵，称为单位矩阵。

在 MATLAB 中，使用 eye 函数创建单位矩阵，该函数的调用格式及说明如表 3-21 所示。

表 3-21 eye 函数调用格式及说明

调用格式	说 明
I = eye	返回标量 1
eye(m)	生成 m 阶单位矩阵
eye(m,n)	生成 m 行 n 列单位矩阵
eye(size(A))	创建与 A 维数相同的单位矩阵
I = eye(⋯,typename)	返回一个主对角线元素为 1，且其他位置元素为 0 的 $n×m$ 矩阵。其中 typename 指定 I 的数据类型（类）
I = eye(⋯,'like',p)	返回一个与数值变量 p 具有相同的数据类型、稀疏性和复/实性（实数或复数）的 $n×m$ 矩阵

例 3-39：创建单位复矩阵。

解 MATLAB 程序如下：

```
>> clear               % 清除工作区的变量
>> p = [1+2i 1-3i];    % 定义一个复数向量 p
p =
   1.0000 + 2.0000i    1.0000 - 3.0000i
>> I = eye(2,'like',p) % 创建一个与 p 类似的 2 阶单位复矩阵 I
```

视频讲解

```
I =
    1.0000 + 0.0000i    0.0000 + 0.0000i
    0.0000 + 0.0000i    1.0000 + 0.0000i
```

3.4.6 伴随矩阵

在 n 阶行列式 A 中，把元素 a_{ij} 所在的第 i 行和第 j 列划去后，留下来的 $n-1$ 阶行列式叫作元素 a_{ij} 的余子式，记作 M_{ij}。同时，令 $A_{ij} = (-1)^{i+j} M_{ij}$，称 A_{ij} 为元素 a_{ij} 的代数余子式。

对于 n 阶方阵

$$A = \begin{pmatrix} a_{11} & a_{12} & \cdots & a_{1n} \\ a_{21} & a_{22} & \cdots & a_{2n} \\ \vdots & \vdots & & \vdots \\ a_{n1} & a_{n2} & \cdots & a_{nn} \end{pmatrix}$$

将其元素按原位置排列所构成的行列式称为该矩阵的行列式，记作 $|A|$。那么，由矩阵 A 的行列式 $|A|$ 中各个元素的代数余子式 A_{ij} 构成的矩阵

$$A^* = \begin{pmatrix} A_{11} & A_{12} & \cdots & A_{1n} \\ A_{21} & A_{22} & \cdots & A_{2n} \\ \vdots & \vdots & & \vdots \\ A_{n1} & A_{n2} & \cdots & A_{nn} \end{pmatrix}$$

称为矩阵 A 的伴随矩阵（或行列式 $|A|$ 的伴随矩阵）。

在 MATLAB 中，compan 函数用来生成伴随矩阵，该函数的调用格式及说明如表 3-22 所示。

表 3-22 compan 函数调用格式及说明

调用格式	说 明
A = compan(u)	生成第一行为 -u(2:n)/u(1) 的对应伴随矩阵，u 是多项式系数向量。compan(u) 的特征值是多项式的根

例 3-40：伴随矩阵示例。

解 MATLAB 程序如下：

视频讲解

```
>> clear                % 清除工作区的变量
>> a=[3 6 9]            % 创建行向量
a =
     3     6     9
>> A = compan(a)        % 生成伴随矩阵
A =
    -2    -3
     1     0
```

注意

由 n^2 个数组成的 $n \times n$ 数表

$$A = \begin{vmatrix} a_{11} & a_{12} & \cdots & a_{1n} \\ a_{21} & a_{22} & \cdots & a_{2n} \\ \vdots & \vdots & & \vdots \\ a_{n1} & a_{n2} & \cdots & a_{nn} \end{vmatrix}$$

称为 n 阶行列式。在线性代数中，n 阶行列式 A 代表一个由 A 内所有元素共同决定的一个所，其值等于行列式内所有取自不同行不同列的 n 个元素乘积的代数和，即

$$A = \sum_{p_1, p_2, \cdots, p_n} (-1)^{\tau(p_1, p_2, \cdots, p_n)} a_{1p_1} a_{2p_2} \cdots a_{np_n}$$

其中，$p_1, p_2, \cdots, p_n$ 是 $1, 2, \cdots, n$ 的一个排列，$\displaystyle\sum_{p_1, p_2, \cdots, p_n}$ 表示对所有的 n 阶全排列 $p_1, p_2, \cdots, p_n$ 求和，$\tau(p_1, p_2, \cdots, p_n)$ 是排列 $p_1, p_2, \cdots, p_n$ 的逆序数。

3.4.7 测试矩阵

在 MATLAB 中，利用 gallery 函数生成测试矩阵，该函数的调用格式及说明如表 3-23 所示。

表 3-23 gallery 函数的调用格式及说明

调用格式	说 明
[A,B,C,⋯] =gallery(matname,P1,P2,⋯,Pn)	返回 matname 指定的测试矩阵。$P_1, P_2, \cdots, P_n$ 是单个矩阵系列所需的输入参数，数目因矩阵而异
[A,B,C,⋯] =gallery(matname,P1, P2,⋯,Pn,classname)	生成一个 classname 类的矩阵，classname 输入必须为 single 或 double
gallery(3)	生成一个对扰动敏感的病态 3×3 矩阵
gallery(5)	生成一个 5×5 矩阵，它具有一个有趣的特征值问题，即对舍入误差很敏感

例 3-41：生成柯西矩阵。

解 在 MATLAB 命令行窗口中输入以下命令：

```
>> clear                    % 清除工作区的变量
>> x=1:10;                  % 创建一个数值介于 1～10，长度为 10 的向量 x
>> y=1:10;                  % 创建一个数值介于 1～10，长度为 10 的向量 y
>> C=gallery('cauchy',x,y)  % 生成一个 10×10 的柯西矩阵
C =

   列 1 至 5
```

视频讲解

0.5000	0.3333	0.2500	0.2000	0.1667
0.3333	0.2500	0.2000	0.1667	0.1429
0.2500	0.2000	0.1667	0.1429	0.1250
0.2000	0.1667	0.1429	0.1250	0.1111
0.1667	0.1429	0.1250	0.1111	0.1000
0.1429	0.1250	0.1111	0.1000	0.0909
0.1250	0.1111	0.1000	0.0909	0.0833
0.1111	0.1000	0.0909	0.0833	0.0769
0.1000	0.0909	0.0833	0.0769	0.0714
0.0909	0.0833	0.0769	0.0714	0.0667

列 6 至 10

0.1429	0.1250	0.1111	0.1000	0.0909
0.1250	0.1111	0.1000	0.0909	0.0833
0.1111	0.1000	0.0909	0.0833	0.0769
0.1000	0.0909	0.0833	0.0769	0.0714
0.0909	0.0833	0.0769	0.0714	0.0667
0.0833	0.0769	0.0714	0.0667	0.0625
0.0769	0.0714	0.0667	0.0625	0.0588
0.0714	0.0667	0.0625	0.0588	0.0556
0.0667	0.0625	0.0588	0.0556	0.0526
0.0625	0.0588	0.0556	0.0526	0.0500

例 3-42：生成对称数组。

解　在 MATLAB 命令行窗口中输入以下命令：

```
>> clear                  % 清除工作区的变量
>> c=linspace(0,10,6)     % 创建包含 6 个值介于 0~10 的元素的向量 c
c =
     0     2     4     6     8    10
>> A=gallery('fiedler',c) % 接受 6 元素向量 c, 生成一个 6×6 对称矩阵 A
A =
     0     2     4     6     8    10
     2     0     2     4     6     8
     4     2     0     2     4     6
     6     4     2     0     2     4
     8     6     4     2     0     2
    10     8     6     4     2     0
```

3.4.8　魔方矩阵

魔方矩阵是指有相同的行数和列数，并且每行、每列、每条对角线上的元素和都相等的矩阵。魔方矩阵中的每个元素不能相同。同时，魔方矩阵是随机矩阵中的一种。

在 MATLAB 中，magic 函数用来生成魔方矩阵，该函数的调用格式及说明如表 3-24 所示。

表 3-24　magic 函数调用格式及说明

调用格式	说　明
M = magic(n)	生成由 1 到 n^2 的整数构成并且总行数和总列数相等的 $n×n$ 矩阵

例 3-43：创建魔方矩阵。

解　在 MATLAB 命令行窗口中输入以下命令：

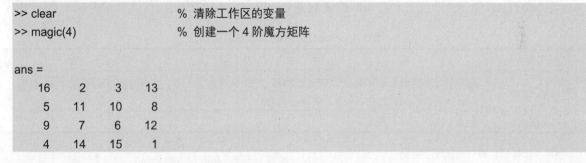

```
>> clear                 %  清除工作区的变量
>> magic(4)              %  创建一个 4 阶魔方矩阵

ans =
    16     2     3    13
     5    11    10     8
     9     7     6    12
     4    14    15     1
```

例 3-44：练习全 1 矩阵到魔方矩阵的转换运算。

解　在 MATLAB 命令行窗口中输入以下命令：

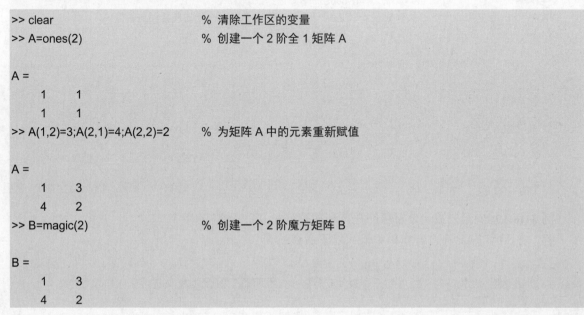

```
>> clear                     %  清除工作区的变量
>> A=ones(2)                 %  创建一个 2 阶全 1 矩阵 A

A =
     1     1
     1     1
>> A(1,2)=3;A(2,1)=4;A(2,2)=2    %  为矩阵 A 中的元素重新赋值

A =
     1     3
     4     2
>> B=magic(2)                %  创建一个 2 阶魔方矩阵 B

B =
     1     3
     4     2
```

视频讲解

视频讲解

3.4.9 托普利兹矩阵

托普利兹（Toeplitz）矩阵是指除第一行和第一列外，其他每个元素都与左上角的元素相同的矩阵。该矩阵沿对角线的所有元素都具有相同的值，形式为

$$
A = \begin{pmatrix}
a_0 & a_{-1} & a_{-2} & \cdots & \cdots & a_{1-n} \\
a_1 & a_0 & a_{-1} & \ddots & \ddots & \vdots \\
a_2 & a_1 & a_0 & \ddots & \ddots & \vdots \\
\vdots & \ddots & \ddots & \ddots & \ddots & a_{-2} \\
\vdots & \ddots & \ddots & \ddots & a_0 & a_{-1} \\
a_{n-1} & \cdots & \cdots & a_2 & a_1 & a_0
\end{pmatrix}
$$

在 MATLAB 中，生成托普利兹矩阵的函数是 toeplitz，该函数的调用格式及说明如表 3-25 所示。

表 3-25　toeplitz 函数调用格式及说明

调用格式	说　明
T = toeplitz(c,r)	生成非对称托普利茨矩阵，其中 c 作为第一列，r 作为第一行。如果 c 和 r 的首个元素不同，toeplitz 将发出警告并使用列元素作为对角线
T = toeplitz(r)	生成对称的托普利茨矩阵

视频讲解

例 3-45：生成托普利兹矩阵。

解　在 MATLAB 命令行窗口中输入以下命令：

```
>> clear                % 清除工作区的变量
>> A=toeplitz(2:10,2:5) % 生成一个以 2:10 为第一列，2:5 为第一行的托普利兹矩阵 A
A =
     2     3     4     5
     3     2     3     4
     4     3     2     3
     5     4     3     2
     6     5     4     3
     7     6     5     4
     8     7     6     5
     9     8     7     6
    10     9     8     7
```

视频讲解

例 3-46：用向量生成一个对称的托普利兹矩阵。

解　在 MATLAB 命令行窗口中输入以下命令：

```
>> clear                % 清除工作区的变量
>> T=toeplitz(1:5)      % 生成一个以 1:5 为第一行的对称托普利兹矩阵 T
T =
     1     2     3     4     5
```

2	1	2	3	4
3	2	1	2	3
4	3	2	1	2
5	4	3	2	1

3.4.10　范德蒙矩阵

Vandermonde 矩阵（范德蒙矩阵）是一个各列呈几何级数关系的矩阵，形如

$$V = \begin{pmatrix} 1 & a_1 & a_1^2 & \cdots & a_1^{n-1} \\ 1 & a_2 & a_2^2 & \cdots & a_2^{n-1} \\ 1 & a_3 & a_3^2 & \cdots & a_3^{n-1} \\ \vdots & \vdots & \vdots & \ddots & \vdots \\ 1 & a_m & a_m^2 & \cdots & a_n^{n-1} \end{pmatrix}$$

在 MATLAB 中，Vander 函数用来生成 Vandermonde 矩阵，该函数的调用格式及说明如表 3-26 所示。

表 3-26　Vander 函数调用格式及说明

调用格式	说　明
A=vander（v）	生成 Vandermonde 矩阵，矩阵的列是向量 v 的幂

对于输入向量 $v=(v_1, v_2, ..., v_N)$，MATLAB 得到的 Vandermonde 矩阵为

$$\begin{pmatrix} v_1^{N-1} & \cdots & v_1^1 & v_1^0 \\ v_2^{N-1} & \cdots & v_2^1 & v_2^0 \\ & \ddots & \vdots & \vdots \\ v_N^{N-1} & & v_N^1 & v_N^0 \end{pmatrix}$$

该矩阵用公式 $A(i, j) = v(i)^{(N-j)}$ 进行描述，以使其列是向量 v 的幂。

例 3-47：生成范德蒙矩阵。

解　在 MATLAB 命令行窗口中输入以下命令：

视频讲解

```
>> clear              % 清除工作区的变量

>> vander([1 2 3 4])  % 生成列是指定向量的幂的 Vandermonde 矩阵

ans =
    1     1     1     1
    8     4     2     1
   27     9     3     1
   64    16     4     1
```

3.4.11 希尔伯特矩阵

希尔伯特（Hilbert）矩阵是一种数学变换矩阵，其中元素 $a_{ij} = \dfrac{1}{i+j-1}$，$i$，$j$ 分别为矩阵的行标和列标，例如：

```
[1,1/2,1/3,…,1/n]
[1/2,1/3,1/4,…,1/(n+1)]
[1/3,1/4,1/5,…,1/(n+2)]
…
[1/n,1/(n+1),1/(n+2),…,1/(2n-1)]
```

若希尔伯特矩阵中的任何一个元素发生一点儿变动，整个矩阵的行列式的值和逆矩阵都会发生巨大的变化。

在 MATLAB 中，hilb 函数用来生成希尔伯特矩阵，inhilb 函数用来生成逆希尔伯特矩阵，其调用格式及说明分别如表 3-27 和表 3-28 所示。

表 3-27　hilb 函数调用格式及说明

调用格式	说　明
hilb(n)	生成 n 阶希尔伯特矩阵
H = hilb(n,classname)	生成 single 或 double 类的 n 阶希尔伯特矩阵

表 3-28　invhilb 函数调用格式及说明

调用格式	说　明
invhilb(n)	生成 n 阶逆希尔伯特矩阵
H = invhilb(n,classname)	生成 single 或 double 类的 n 阶逆希尔伯特矩阵

例 3-48：数值希尔伯矩阵运算。

解　在 MATLAB 命令行窗口中输入以下命令：

```
>> clear              % 清除工作区的变量

>> A=hilb(4)          % 创建希尔伯特矩阵 A

A =
    1.0000    0.5000    0.3333    0.2500
    0.5000    0.3333    0.2500    0.2000
    0.3333    0.2500    0.2000    0.1667
    0.2500    0.2000    0.1667    0.1429
>> B1=invhilb (4)     % 求逆运算
B1 =
        16      -120       240      -140
      -120      1200     -2700      1680
```

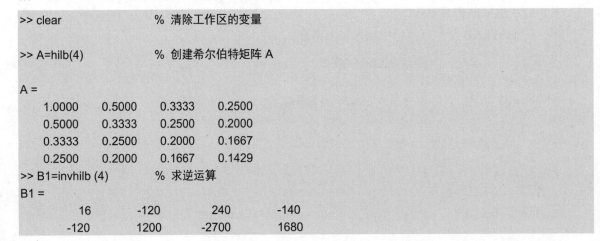

```
         240         -2700        6480        -4200
        -140         1680       -4200        2800
>> B2=inv(A)              % Hilbert 矩阵求逆运算
B2 =
   1.0e+03 *
     0.0160    -0.1200     0.2400    -0.1400
    -0.1200     1.2000    -2.7000     1.6800
     0.2400    -2.7000     6.4800    -4.2000
    -0.1400     1.6800    -4.2000     2.8000
>> B3=A'                  % 转置运算
B3 =
     1.0000     0.5000     0.3333     0.2500
     0.5000     0.3333     0.2500     0.2000
     0.3333     0.2500     0.2000     0.1667
     0.2500     0.2000     0.1667     0.1429
```

3.4.12　阿达马矩阵

阿达马（Hadamard）矩阵 是一个方阵，每个元素都是 +1 或 −1，每行都是互相正交的，常用于纠错码，如 Reed-Muller 码。n 阶的阿达马矩阵 H 满足关系

$$HH^{\mathrm{T}} = nI_n$$

其中，I_n 是 $n \times n$ 的单位矩阵。阿达马矩阵的阶数必须是 1、2 或者 4 的倍数。

假设 M 是一个 n 阶的实矩阵，其中每个元素都是有界的，$|m_{ij}| \leqslant 1$，则存在阿达马不等式

$$\left| \det(M) \right| \leqslant n^{n/2}$$

当且仅当 M 是阿达马矩阵式上式时取等号。

在 MATLAB 中，函数 Hadamard 用于生成阿达马矩阵，调用格式及说明如表 3-29 所示。

表 3-29　Hadamard 函数调用格式及说明

调用格式	说　明
H = hadamard(n)	生成 n 阶 Hadamard 矩阵
H = hadamard(n,classname)	生成 classname 类型（single 或 double）的 Hadamard 矩阵

例 3-49：创建 4×4 Hadamard 矩阵。

解　在 MATLAB 命令行窗口中输入以下命令：

```
>> clear                  % 清除工作区的变量
>> H = hadamard(4)        % 创建 4 阶 Hadamard 矩阵 H
H =
     1     1     1     1
     1    -1     1    -1
```

视频讲解

1	1	-1	-1
1	-1	-1	1

3.4.13　汉克尔矩阵

汉克尔（Hankel）矩阵是指每一条副对角线上的元素都相等的方阵，形如

$$H_n = \begin{pmatrix} a_0 & a_1 & a_2 & \cdots & a_{n-1} \\ a_1 & a_2 & a_3 & \cdots & a_n \\ \vdots & \vdots & \vdots & \ddots & \vdots \\ a_{n-1} & a_n & a_{n+1} & \cdots & a_{2n-2} \end{pmatrix}$$

希尔伯特矩阵是一种特殊的汉克尔矩阵。

在 MATLAB 中，Hankel 函数用来生成 Hankel 矩阵，该函数的调用格式及说明如表 3-30 所示。

表 3-30　Hankel 函数调用格式及说明

调用格式	说　明
H = hankel(c)	生成第一列是 c 并且其第一个反对角线下方的元素为零的 Hankel 矩阵
H = hankel(c,r)	生成第一列是 c 并且其最后一行是 r 的 Hankel 矩阵

视频讲解

例 3-50：生成 Hankel 矩阵。

解　在 MATLAB 命令行窗口中输入以下命令：

```
>> clear            % 清除工作区的变量
>> c = 1 : 3;       % 创建向量 c
>> r = 3:6;         % 创建向量 r
>> h = hankel(c,r)  % 创建第一列是 c,最后一行是 r 的 Hankel 矩阵 h

h =
     1     2     3     4
     2     3     4     5
     3     4     5     6
```

3.4.14　帕斯卡矩阵

帕斯卡（Pascal）矩阵是由杨辉三角形表组成的矩阵。杨辉三角形表是二次项 $(x+y)^n$ 展开后的系数随自然数 n 的增大而形成的一个三角形表。

杨辉三角形的排列性质如下：

1	1		
2	1	1	
3	1	2	1

4		1	3	3	1				
5		1	4	6	4	1			
6		1	5	10	10	5	1		
7		1	6	15	20	15	6	1	
8		1	8	28	56	70	56	28	8	1
9		1	10	45	120	210	252	120	45	10

帕斯卡矩阵的第一行元素和第一列元素都为 1，其余位置处的元素是该元素的左边元素加上一行同列元素的结果。即

$$a_{ij} = a_{i,j-1} + a_{i-1,j}$$

其中，a_{ij} 表示第 i 行第 j 列的元素。

3 阶帕斯卡矩阵如下：

1	1	1
1	2	3
1	3	6

在杨辉三角形中，绘制如图 3-1 所示的菱形，可以发现菱形内的值构成 4 阶帕斯卡矩阵。

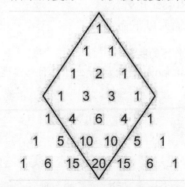

图 3-1　由杨辉三角形构造帕斯卡矩阵

在 MATLAB 中，帕斯卡矩阵的生成函数为 pascal，调用格式及说明如表 3-31 所示。

表 3-31　pascal 函数调用格式及说明

调用格式	说　明
pascal(n)	创建 n 阶帕斯卡矩阵
pascal(n,1)	返回帕斯卡矩阵的下三角 Cholesky 因子（最高到列符号）
pascal(n,2)	返回帕斯卡的转置和变更

例 3-51：创建帕斯卡矩阵。

解　在 MATLAB 命令行窗口中输入以下命令：

```
>> clear          % 清除工作区的变量
>> A=pascal(5)    % 创建 n 阶帕斯卡矩阵
```

视频讲解

91

```
A =
     1     1     1     1     1
     1     2     3     4     5
     1     3     6    10    15
     1     4    10    20    35
     1     5    15    35    70
```

3.4.15　Rosser 矩阵

Rosser 矩阵是一个著名的矩阵，它是仅包含整数元素的 8×8 矩阵，常用于计算特征值。

在 MATLAB 中，函数 rosser 用于生成 Rosser 矩阵，调用格式及说明如表 3-32 所示。

表 3-32　rosser 函数调用格式及说明

调用格式	说　明
A = rosser	生成双精度类型的 Rosser 矩阵
A = rosser(classname)	生成 classname 指定类型的 Rosser 矩阵

例 3-52：生成"单精度"类的 Rosser 矩阵。

解　在 MATLAB 命令行窗口中输入以下命令：

```
>> clear                  % 清除工作区的变量
>> Y = rosser('single')   % 将 classname 指定为 single，返回该类型的 Rosser 矩阵 Y
Y =
  8×8 single  矩阵

    611    196   -192    407     -8    -52    -49     29
    196    899    113   -192    -71    -43     -8    -44
   -192    113    899    196     61     49      8     52
    407   -192    196    611      8     44     59    -23
     -8    -71     61      8    411   -599    208    208
    -52    -43     49     44   -599    411    208    208
    -49     -8      8     59    208    208     99   -911
     29    -44     52    -23    208    208   -911     99
```

3.5　矩阵的特征和线性代数

3.5.1　矩阵的范数与条件数

范数是数值分析中的一个概念，它是向量或矩阵大小的一种度量，在工程计算中有着重要的作用。

1．向量范数

向量的范数又称向量的模。在几何学上，两点之间的距离等于从一个点延伸到另一个点的向量的模。而平面内两向量之差的模（范数）的计算方式为

$$a = 0i + 3j$$
$$b = -2i + 1j$$
$$d_{(a,b)} = \|b - a\|$$
$$= \sqrt{(-2-0)^2 + (1-3)^2}$$
$$= \sqrt{8}$$

一般地具有 N 个元素的向量 v 的 p-范数的常规定义为

$$\|v\|_p = \left[\sum_{k=1}^{N} |v_k|^p \right]^{1/p}$$

其中，p 是任何正的实数值、Inf 或-Inf。一些特殊的 p 值包括：

☑ 如果 $p=1$，则所得的 1-范数是向量元素的绝对值之和。

☑ 如果 $p=2$，则所得的 2-范数是向量的模或欧几里得长度。

☑ 如果 $p=$Inf，则 $\|v\|_\infty = \max\limits_{1 \leqslant i \leqslant N} (|v_i|)$。

☑ 如果 $p=$-Inf，则 $\|v\|_{-\infty} = \min\limits_{1 \leqslant i \leqslant N} (|v_i|)$。

对于向量 $x \in \mathbf{R}^n$，常用的向量范数有以下几种：

☑ x 的 ∞-范数：$\|x\|_\infty = \max\limits_{1 \leqslant i \leqslant n} |x_i|$。

☑ x 的 1-范数：$\|x\|_1 = \sum\limits_{i=1}^{n} |x_i|$。

☑ x 的 2-范数（欧氏范数）：$\|x\|_2 = (x^{\mathrm{T}} x)^{\frac{1}{2}} = \left(\sum\limits_{i=1}^{n} x_i^2 \right)^{\frac{1}{2}}$。

☑ x 的 p-范数：$\|x\|_p = \left(\sum\limits_{i=1}^{n} |x_i|^p \right)^{\frac{1}{p}}$。

在 MATLAB 中，vecnorm 函数用来求解向量范数和计算矩阵中每列的范数。它的调用格式及说明如表 3-33 所示。

表 3-33　vecnorm 函数调用格式及说明

调用格式	说　明
N = vecnorm(A)	返回 A 的 2-范数或欧几里得范数
N = vecnorm(A,p)	计算广义向量的 p-范数
N = vecnorm(A,p,dim)	沿维度 dim 运算。此维度的大小将减少至 1，而所有其他维度的大小保持不变

视频讲解

例 3-53：计算向量的 1-范数。

解 MATLAB 程序如下：

```
>> clear                % 清除工作区的变量
>> a = 1:2:10           % 创建一个元素值 1～10 且增量为 2 的向量 a
a =
     1     3     5     7     9
>> b = vecnorm(a,1)     % 计算向量的 1-范数，该范数为元素绝对值的总和
b =
   25
```

视频讲解

例 3-54：计算向量的 n-范数。

解 MATLAB 程序如下：

```
>> a=linspace(0,10,8)       % 创建一个元素值介于 0～10 且包含 8 个数据元素的向量 a
a =
        0    1.4286    2.8571    4.2857    5.7143    7.1429    8.5714   10.0000
>> b = vecnorm(a)           % 计算向量的 2-范数，即向量的欧几里得长度
b =
   16.9031
>> c = vecnorm(a,1)         % 计算向量的 1-范数，该范数为元素绝对值的总和
c =
   40
```

视频讲解

例 3-55：计算矩阵的列范数。

解 MATLAB 程序如下：

```
>> clear               % 清除工作区的变量
>> A=magic(4)          % 创建 4 阶魔方矩阵 A
A =
    16     2     3    13
     5    11    10     8
     9     7     6    12
     4    14    15     1
>> B = vecnorm(A)  % 计算由矩阵 A 各例的 2-范数组成的向量
B =
   19.4422   19.2354   19.2354   19.4422
```

如果要计算整个矩阵的 2-范数，可以使用 norm 函数。

2. 矩阵范数

对于矩阵 $X \in \mathbf{R}^{m \times n}(m, n \geq 2)$，常用的范数有以下几种：

☑ X 的行范数（∞-范数）：$\|X\|_\infty = \max\limits_{1 \leq i \leq m}\left(\sum\limits_{j=1}^{n}|a_{ij}|\right)$，即矩阵元素绝对值最大的行的元素绝对值之和。

☑ X 的列范数（1-范数）：$\|X\|_1 = \max\limits_{1 \leq j \leq n}\left(\sum\limits_{i=1}^{m}|a_{ij}|\right)$，即矩阵元素绝对值最大的列的元素绝对值之和。

☑　X 的欧氏范数（2-范数）：$\|X\|_{\infty} = \sqrt{\lambda_{\max}(X^{\mathrm{T}}X)}$，其中 $\lambda_{\max}(X^{\mathrm{T}}X)$ 表示 $X^{\mathrm{T}}X$ 的最大特征值。

☑　X 的 *Forbenius* 范数（F-范数）：$\|X\|_{\mathrm{F}} = \sqrt{\sum_{i=1}^{m}\sum_{j=1}^{n}\left|a_{ij}\right|^{2}} = \sqrt{\operatorname{trace}(X^{\mathrm{T}}X)}$。

在 MATLAB 中，norm 函数用来求解向量范数和矩阵范数，它的调用格式及说明如表 3-34 所示。

表 3-34　norm 函数调用格式及说明

调用格式	说　明
n = norm(v)	返回向量 v 的欧几里得范数。此范数也称为 2-范数、向量模或欧几里得长度
n = norm(v,p)	返回广义向量的 p-范数
n = norm(X)	返回矩阵 X 的 2-范数或最大奇异值，该值近似于 max(svd(X))
n = norm(X,p)	返回矩阵 X 的 p-范数。其中，p 为 1 时求矩阵元素绝对值最大的列的元素绝对值之和；为 2 时近似于 max(svd(X))；为 Inf 时求矩阵元素绝对值最大的行的元素绝对值之和）
n = norm(X,'fro')	返回矩阵 X 的 Frobenius 范数

视频讲解

例 3-56： 计算两个点之间的欧几里得距离。

解　MATLAB 程序如下：

```
>> clear              % 清除工作区的变量
>> a = [1 3];         % 创建向量 a
>> b = [2 1];         % 创建向量 b
>> d = norm(b-a)      % 计算点之间的距离
d =
    2.2361
```

在 MATLAB 中，normest 函数用来求解 2-范数估值，它的调用格式及说明如表 3-35 所示。

表 3-35　normest 函数调用格式及说明

调用格式	说　明
nrm = normest(S)	返回矩阵 S 的 2-范数估值
nrm = normest(S,tol)	使用相对误差 tol 替代默认容差 1.e-6。tol 的值决定了估值能否接受
[nrm,count]=normest(…)	返回 2-范数估值并给出所用幂迭代数

视频讲解

例 3-57： 求解常用矩阵的 2-范数估值。

解　MATLAB 程序如下：

```
>> clear              % 清除工作区的变量
>> A=magic(4);        % 创建 4 阶魔方矩阵 A
>> norm(A)            % 计算矩阵 A 的 2-范数
ans =
        34
>> normest(A)         % 计算矩阵 A 的 2-范数估值
ans =
    34
```

3．矩阵条件数

矩阵的条件数在数值分析中是一个重要的概念，在工程计算中也是必不可少的，它用于刻画一个矩阵的"病态"程度。

对于非奇异矩阵 A，其条件数的定义为

$$\text{cond}(A)_v = \| A^{-1} \|_v \| A \|_v, \quad v = 1, 2, \cdots, F$$

它是一个大于或等于 1 的实数，当 A 的条件数相对较大，即 $\text{cond}(A)_v \gg 1$ 时，矩阵 A 是"病态"的，反之是"良态"的。

在 MATLAB 中，condest 函数用来求解矩阵的 1-范数条件数，它的调用格式及说明如表 3-36 所示。

表 3-36　condest 函数调用格式及说明

调用格式	说　明
c = condest(A)	计算矩阵 A 的 1-范数条件数的下限 c
c = condest(A,t)	增加基础迭代矩阵中的列数 t 通常会得到更佳的条件估计值，但会增加开销。默认值为 $t = 2$，在使用 2 以内的因子时始终可得到正确的估计值
[c,v] = condest(A)	计算向量 v，如果 c 较大，该向量是一个近似于空值的向量，满足 norm(A*v,1) = norm(A,1)*norm(v,1)/c

例 3-58：求矩阵的范数条件数。

解　MATLAB 程序如下：

```
>> clear                  % 清除工作区的变量
>> A=hilb(4)              % 创建 4 阶 Hilbert 矩阵 A
A =
    1.0000    0.5000    0.3333    0.2500
    0.5000    0.3333    0.2500    0.2000
    0.3333    0.2500    0.2000    0.1667
    0.2500    0.2000    0.1667    0.1429
>> C = condest (A)        % 计算 A 的 1-范数条件数的下限
C =
   2.8375e+04
>> C = condest (A,3)      % 增加基础迭代矩阵中的列数为 3
C =
   2.8375e+04
```

4．矩阵条件数的倒数

在 MATLAB 中，rcond 函数用来求解矩阵的条件数的倒数，它的调用格式及说明如表 3-37 所示。

表 3-37　rcond 函数调用格式及说明

调用格式	说　明
C = rcond(A)	返回 A 的 1-范数条件数的倒数估计值

例 3-59：求矩阵的范数条件数的倒数。

解　MATLAB 程序如下：

```
>> clear                 % 清除工作区的变量
>> A=hilb(4);            % 创建 4 阶 Hilbert 矩阵 A
>> C = rcond(A)          % 计算 A 的范数条件数的倒数估计值
C =
    3.5242e-05
```

5. 矩阵逆运算的条件数

与 rcond 函数相比，cond 函数作为估计矩阵条件数的方法更有效，但不太稳定。矩阵的条件数的倒数用于衡量计算过程中答案对输入数据变化和舍入误差的敏感程度。

矩阵的逆运算的条件数用于测量线性方程组的解对数据错误的敏感程度，它指示矩阵求逆结果和线性方程组的解的精度。

在 MATLAB 中，cond 函数用来求解矩阵逆运算的条件数，它的调用格式及说明如表 3-38 所示。

表 3-38　cond 函数调用格式及说明

调用格式	说　明
C = cond(A)	返回 2-范数逆运算的条件数，等于 A 的最大奇异值与最小奇异值之比
C = cond(A,p)	返回 p-范数条件数，其中 p 可以是 1、2、Inf（无穷范数条件数）或 fro（Frobenius 范数条件数）

例 3-60：求矩阵逆运算的条件数。

解　MATLAB 程序如下：

```
>> clear                 % 清除工作区的变量
>> A=magic(4);           % 创建 4 阶魔方矩阵 A
>> C = cond(A)           % 计算矩阵 A 的 2-范数逆运算的条件数，等于 A 的最大奇异值与最小奇异值之比
C =
    8.1480e+16
```

3.5.2　特征值和特征向量

科学研究和工程技术中的很多问题在数学上都归结为求矩阵的特征值问题，如振动问题（桥梁的振动、机械设备的振动、电磁振荡、地震引起的建筑物的振动等）、物理学中某些临界值的确定等。

对于方阵 $A \in \mathbf{R}^{n \times n}$，多项式

$$f(\lambda) = \det(\lambda I - A)$$

称为方阵 A 的特征多项式，它是关于 λ 的 n 次多项式。方程 $f(\lambda) = 0$ 的根称为方阵 A 的特征值。设 λ 为方阵 A 的一个特征值，方程组

$$(\lambda I - A)x = 0$$

的非零解（也即 $Ax = \lambda x$ 的非零解）x 称为方阵 A 对应于特征值 λ 的特征向量。

求方程组

$$Ax = \lambda Bx$$

的非零解（A、B 为同阶方阵），其中的 λ 值和向量 x 分别称为广义特征值和广义特征向量。

在 MATLAB 中，求矩阵特征值与特征向量、广义特征值和广义特征向量的函数是 eig，该命令的调用格式及说明如表 3-39 所示。

表 3-39　eig 函数调用格式及说明

调用格式	说　明
lambda=eig(A)	返回由矩阵 A 的所有特征值组成的列向量 lambda
[V,D]=eig(A)	求矩阵 A 的特征值与特征向量，其中 D 为对角矩阵，其对角元素为 A 的特征值，相应的特征向量为 V 的相应列向量
[V,D,W]=eig(A)	返回特征值的对角矩阵 D 和 V，以及满矩阵 W
e = eig(A,B)	返回一个包含方阵 A 和 B 的广义特征值的列向量
[⋯]=eig(A,balanceOption)	在求解矩阵特征值与特征向量之前，是否进行平衡处理。balanceOption 的默认值是 balance，表示启用均衡步骤
[⋯]=eig(A,B,algorithm)	algorithm 的默认值取决于 A 和 B 的属性，但通常是 qz，表示使用 QZ 算法。如果 A 为 Hermitian 并且 B 为 Hermitian 正定矩阵，则 algorithm 的默认值为 chol，使用 B 的 Cholesky 分解计算广义特征值
[⋯]=eig(⋯,eigvalOption)	以 eigvalOption 指定的形式返回特征值。eigvalOption 指定为 vector 可返回列向量中的特征值；指定为 matrix 可返回对角矩阵中的特征值

关于矩阵 A 的按模最大的特征值（称为 A 的主特征值）和相应的特征向量，这些部分特征值问题的求解可以利用 eigs 函数来实现。

eigs 函数的调用格式及说明如表 3-40 所示。

表 3-40　eigs 函数调用格式及说明

调用格式	说　明
lambda=eigs(A)	求矩阵 A 的 6 个模最大的特征值，并以向量 lambda 形式存放
lambda = eigs(A,k)	返回矩阵 A 的 k 个模最大的特征值
lambda = eigs(A,k,sigma)	根据 sigma 的取值来求 A 的 k 个特征值，其中 sigma 的取值及相关说明如表 3-41 所示
lambda = eigs(A,k,sigma,Name, Value)	使用一个或多个名称-值对组参数指定其他选项
lambda = eigs(A,k,sigma,opts)	使用结构体指定选项
lambda = eigs(Afun,n,⋯)	指定函数句柄 Afun，而不是矩阵。第二个输入 n 可求出 Afun 中使用的矩阵 A 的大小
[V,D] = eigs(⋯)	返回包含主对角线上的特征值的对角矩阵 D 和各列中包含对应的特征向量的矩阵 V
[V,D,flag] = eigs(⋯)	返回对角矩阵 D 和矩阵 V，以及一个收敛标志。如果 flag 为 0，表示已收敛所有特征值

表 3-41　sigma 取值及说明

sigma 取值	说　明
标量（实数或复数，包括 0）	求最接近数字 sigma 的特征值
'largestabs'	默认值，按模最大的特征值
'smallestabs'	与 sigma = 0 相同，求按模最小的特征值
'largestreal'	求最大实部特征值
'smallestreal'	求最小实部特征值
'bothendsreal'	求具有最大实部和最小实部的特征值
'largestimag'	对非对称问题求最大虚部特征值
'smallestimag'	对非对称问题求最小虚部特征值
'bothendsimag'	对非对称问题求具有最大虚部和最小虚部的特征值

例 3-61：求矩阵 $A = \begin{pmatrix} 1 & -8 & 4 & 2 \\ 3 & -5 & 7 & 9 \\ 0 & 2 & 8 & -1 \\ 3 & 0 & -4 & 8 \end{pmatrix}$ 的特征值与特征向量。

视频讲解

解　MATLAB 程序如下：

```
>> clear                            % 清除工作区的变量
>> A=[1 -8 4 2;3 -5 7 9;0 2 8 -1;3 0 -4 8];    % 创建矩阵 A
>> [V,D]=eig(A)                     % 求矩阵 A 的特征值与特征向量
V =
    -0.8113    -0.8859    -0.3917    -0.2890
    -0.5361     0.1847     0.4465     0.3113
     0.0967     0.0088    -0.0940    -0.3460
     0.2123     0.4253     0.7990     0.8366
D =
    -5.2863         0         0         0
         0    1.6682         0         0
         0         0    7.0000         0
         0         0         0    8.6181
```

例 3-62：求矩阵 $A = \begin{pmatrix} 1 & 2 & -3 & 4 \\ 0 & -1 & 2 & 1 \\ -2 & 0 & 3 & 5 \\ 1 & 1 & 0 & 1 \end{pmatrix}$ 的按模最大与最小的特征值。

视频讲解

解　MATLAB 程序如下：

```
>> clear                            % 清除工作区的变量
>> A=[1 2 -3 4;0 -1 2 1;-2 0 3 5;1 1 0 1];    % 输入矩阵 A
>> d_max=eigs(A,1)                  % 求按模最大的特征值
d_max =
    3.9402
```

```
>> d_min=eigs(A,1,'smallestabs')        % sigma 取值设为'smallestabs'，求按模最小的特征值
d_min =
   -1.2260
```

同 eig 函数一样，eigs 函数也可用于求部分广义特征值，相应的调用格式及说明如表 3-42 所示。

表 3-42   eigs 函数求部分广义特征值的调用格式及说明

调用格式	说　明
lambda = eigs(A,B)	求矩阵的广义特征值问题，满足 $AV=BVD$。其中，D 为特征值对角阵，V 为特征向量矩阵，B 必须是对称正定矩阵或埃尔米特矩阵
lambda = eigs(A,B,k)	求 A、B 对应的 k 个最大广义特征值
lambda = eigs(A,B,k,sigma)	根据 sigma 的取值来求 k 个相应广义特征值
lambda = eigs(Afun,k,B)	求 k 个最大广义特征值，其中矩阵 A 由 Afun.m 生成

视频讲解

例 3-63：已知矩阵 $A = \begin{pmatrix} 1 & -8 & 4 & 2 \\ 3 & -5 & 7 & 9 \\ 0 & 2 & 8 & -1 \\ 3 & 0 & -4 & 8 \end{pmatrix}$ 以及矩阵 $B = \begin{pmatrix} 1 & 0 & 2 & 3 \\ 0 & 3 & 5 & 2 \\ 1 & 1 & 0 & 6 \\ 5 & 7 & 8 & 2 \end{pmatrix}$，求广义特征值和广义特征向量。

解　MATLAB 程序如下：

```
>> clear                            % 清除工作区的变量
>> A=[1 -8 4 2;3 -5 7 9;0 2 8 -1;3 0 -4 8];    % 输入矩阵 A
>> B=[1 0 2 3;0 3 5 2;1 1 0 6;5 7 8 2];       % 输入矩阵 B
>> [V,D]=eig(A,B)                   % 解算广义特征值问题
V =
    0.5936   -1.0000   -1.0000   -0.7083
    0.0379   -0.0205   -0.0579   -0.8560
    0.7317    0.0624    0.4825    1.0000
   -1.0000    0.2940    0.5103    0.5030
D =
   -1.2907        0        0        0
        0    0.2213        0        0
        0        0    1.6137        0
        0        0        0    3.9798
```

视频讲解

例 3-64：对于矩阵 $A = \begin{pmatrix} 1 & 2 & -3 & 4 \\ 0 & -1 & 2 & 1 \\ -2 & 0 & 3 & 5 \\ 1 & 1 & 0 & 1 \end{pmatrix}$ 以及 $B = \begin{pmatrix} 3 & 1 & 4 & 2 \\ 1 & 14 & -3 & 3 \\ 4 & -3 & 19 & 1 \\ 2 & 3 & 1 & 2 \end{pmatrix}$，求最大与最小的两个广义特征值。

解　MATLAB 程序如下：

```
>> clear                            % 清除工作区的变量
>> A=[1 2 -3 4;0 -1 2 1;-2 0 3 5;1 1 0 1];    % 输入矩阵 A
```

```
>> B=[3 1 4 2;1 14 -3 3;4 -3 19 1;2 3 1 2];        % 输入矩阵 B
>> d1=eigs(A,B,2)                                   % 求 2 个相应广义特征值
d =
   -8.1022
    1.2643
>> d2=eigs(A,B,2,'smallestabs')                     % 将 sigma 的取值设为'smallestabs'，求 2 个相应广义特征值
d =
   -0.0965
    0.3744
```

3.6　矩　阵　分　解

矩阵分解是矩阵分析的一个重要工具，求矩阵的特征值和特征向量、求矩阵的逆以及矩阵的秩等都要用到矩阵分解。本节主要讲述如何利用 MATLAB 实现矩阵分析中常用的一些矩阵分解。

3.6.1　楚列斯基(Cholesky)分解

楚列斯基分解是专门针对对称正定矩阵的分解。设 $A = (a_{ij}) \in \mathbf{R}^{n \times n}$ 是对称正定矩阵，$A = R^T R$ 称为矩阵 A 的楚列斯基分解，其中 $R \in \mathbf{R}^{n \times n}$ 是一个具有正的对角元素的上三角矩阵，即

$$R = \begin{pmatrix} r_{11} & r_{12} & r_{13} & r_{14} \\ & r_{22} & r_{23} & r_{24} \\ & & r_{33} & r_{34} \\ & & & r_{44} \end{pmatrix}$$

这种分解是唯一存在的。

在 MATLAB 中，实现楚列斯基分解的函数是 chol，它的使用格式及说明如表 3-43 所示。

表 3-43　chol 函数调用格式及说明

调用格式	说　　明
R= chol(A)	返回楚列斯基分解因子 R
[R,p] = chol(A)	该命令不产生任何错误信息，若 A 为正定矩阵，则 p=0，R 同上；若 A 非正定，则 p 为正整数，R 是有序的上三角矩阵

在确定正定性时，使用 chol 函数优先于 eig 函数。

例 3-65：将对称正定矩阵进行楚列斯基分解。

解　MATLAB 程序如下：

```
>> clear                        % 清除工作区的变量
>> A = gallery('lehmer',5)      % 生成 5 阶对称正定测试矩阵 A
```

视 频 讲 解

```
A =
    1.0000    0.5000    0.3333    0.2500    0.2000
    0.5000    1.0000    0.6667    0.5000    0.4000
    0.3333    0.6667    1.0000    0.7500    0.6000
    0.2500    0.5000    0.7500    1.0000    0.8000
    0.2000    0.4000    0.6000    0.8000    1.0000
>> R=chol(A)                    % 对矩阵 A 进行楚列斯基分解，返回楚列斯基分解因子 R
R =
    1.0000    0.5000    0.3333    0.2500    0.2000
         0    0.8660    0.5774    0.4330    0.3464
         0         0    0.7454    0.5590    0.4472
         0         0         0    0.6614    0.5292
         0         0         0         0    0.6000
>> R'*R                         % 验证楚列斯基分解
ans =
    1.0000    0.5000    0.3333    0.2500    0.2000
    0.5000    1.0000    0.6667    0.5000    0.4000
    0.3333    0.6667    1.0000    0.7500    0.6000
    0.2500    0.5000    0.7500    1.0000    0.8000
    0.2000    0.4000    0.6000    0.8000    1.0000
```

3.6.2　LU 分解

矩阵的 LU 分解又称矩阵的三角分解，它的目的是将一个矩阵分解成一个下三角矩阵 *L* 和一个上三角矩阵 *U* 的乘积，即 *A=LU*。这种分解在解线性方程组、求矩阵的逆等计算中有着重要的作用。

在 MATLAB 中，实现 LU 分解的函数是 lu，它的调用格式及说明如表 3-44 所示。

表 3-44　lu 函数调用格式及说明

调用格式	说　明
[L,U] = lu(A)	对矩阵 *A* 进行 *LU* 分解，其中 *L* 为单位下三角矩阵或其变换形式，*U* 为上三角矩阵
[L,U,P] = lu(A)	对矩阵 *A* 进行 *LU* 分解，其中 *L* 为单位下三角矩阵，*U* 为上三角矩阵，*P* 为置换矩阵，满足 *LU=PA*

例 3-66：分别用 lu 函数的两种调用格式对对称正定矩阵 *A* 进行 LU 分解，比较二者的不同。

解　MATLAB 程序如下：

视频讲解

```
>> clear                % 清除工作区的变量
>> A = gallery('minij',4)   % 生成 4 阶对称正定测试矩阵 A
A =
     1     1     1     1
     1     2     2     2
     1     2     3     3
     1     2     3     4
>> [L,U]=lu(A)          % 对测试矩阵 A 进行 LU 分解，返回单位下三角矩阵和上三角矩阵
```

```
L =
    1    0    0    0
    1    1    0    0
    1    1    1    0
    1    1    1    1
U =
    1    1    1    1
    0    1    1    1
    0    0    1    1
    0    0    0    1
>> [L,U,P]=lu(A)            %  对测试矩阵 A 进行 LU 分解，返回单位下三角矩阵、上三角矩阵和置换矩阵
L =
    1    0    0    0
    1    1    0    0
    1    1    1    0
    1    1    1    1
U =
    1    1    1    1
    0    1    1    1
    0    0    1    1
    0    0    0    1
P =
    1    0    0    0
    0    1    0    0
    0    0    1    0
    0    0    0    1
```

3.6.3 LDM^T 与 LDL^T 分解

对于 n 阶方阵 A，所谓的 LDM^T 分解就是将 A 分解为三个矩阵的乘积：LDM^T，其中 L、M 是单位下三角矩阵，D 为对角矩阵。事实上，这种分解是 LU 分解的一种变形，因此这种分解可以将 LU 分解稍作修改得到，也可以根据三个矩阵的特殊结构直接计算出来。

下面，我们给出通过直接计算得到 L、D、M 的算法的源程序：

```
function [L,D,M]=ldm(A)
% 此函数用来求解矩阵 A 的 LDM'分解
% 其中，L、M 均为单位下三角矩阵，D 为对角矩阵
[m,n]=size(A);
if m~=n
    error('输入矩阵不是方阵，请正确输入矩阵！');
    return;
end
D(1,1)=A(1,1);
```

```
for i=1:n
    L(i,i)=1;
    M(i,i)=1;
end
L(2:n,1)=A(2:n,1)/D(1,1);
M(2:n,1)=A(1,2:n)'/D(1,1);

for j=2:n
    v(1)=A(1,j);
    for i=2:j
        v(i)=A(i,j)-L(i,1:i-1)*v(1:i-1)';
    end
    for i=1:j-1
        M(j,i)=v(i)/D(i,i);
    end
    D(j,j)=v(j);
    L(j+1:n,j)=(A(j+1:n,j)-L(j+1:n,1:j-1)*v(1:j-1)')/v(j);
end
```

例 3-67：利用上面的函数对测试矩阵 A 进行 LDM^T 分解。

解　MATLAB 程序如下：

```
>> clear                        % 清除工作区的变量
>> A = gallery('orthog',4)      % 生成一个严格正交 4 阶测试矩阵 A
A =
    0.3717      0.6015      0.6015      0.3717
    0.6015      0.3717     -0.3717     -0.6015
    0.6015     -0.3717     -0.3717      0.6015
    0.3717     -0.6015      0.6015     -0.3717
>> [L,D,M]=ldm(A)
% 使用函数 ldm 求解矩阵 A 的 LDM'分解，返回单位下三角矩阵 L 和 M，以及对角矩阵 D
L =
    1.0000           0           0           0
    1.6180      1.0000           0           0
    1.6180      2.2361      1.0000           0
    1.0000      2.0000      1.6180      1.0000
D =
    0.3717           0           0           0
         0     -0.6015           0           0
         0           0      1.6625           0
         0           0           0     -2.6900
M =
    1.0000           0           0           0
    1.6180      1.0000           0           0
    1.6180      2.2361      1.0000           0
```

```
    1.0000      2.0000      1.6180      1.0000
>> L*D*M'                    %  验证分解是否正确
ans =
    0.3717      0.6015      0.6015      0.3717
    0.6015      0.3717     -0.3717     -0.6015
    0.6015     -0.3717     -0.3717      0.6015
    0.3717     -0.6015      0.6015     -0.3717
```

如果 A 是非奇异对称矩阵，那么在 LDM$^\mathrm{T}$ 分解中有 $L=M$，此时 LDM$^\mathrm{T}$ 分解中的有些步骤是多余的。下面，我们给出实对称矩阵 A 的 LDL$^\mathrm{T}$ 分解的算法的源程序：

```
function [L,D]=ldl1(A)
%  此函数用来求解实对称矩阵 A 的 LDL'分解
%  其中，L 为单位下三角矩阵，D 为对角矩阵

[m,n]=size(A);
if m~=n | ~isequal(A,A')
    error('请正确输入矩阵！');
    return;
end
D(1,1)=A(1,1);
for i=1:n
    L(i,i)=1;
end
L(2:n,1)=A(2:n,1)/D(1,1);
for j=2:n
    v(1)=A(1,j);
    for i=1:j-1
        v(i)=L(j,i)*D(i,i);
    end
    v(j)=A(j,j)-L(j,1:j-1)*v(1:j-1)';
    D(j,j)=v(j);
    L(j+1:n,j)=(A(j+1:n,j)-L(j+1:n,1:j-1)*v(1:j-1)')/v(j);
end
```

例 3-68： 利用上面的函数对测试矩阵 A 进行 LDL$^\mathrm{T}$ 分解。

解　MATLAB 程序如下：

```
>> clear                      %  清除工作区的变量
>> A = gallery('orthog',4)    %  生成一个严格正交 4 阶测试矩阵 A
A =
    0.3717      0.6015      0.6015      0.3717
    0.6015      0.3717     -0.3717     -0.6015
    0.6015     -0.3717     -0.3717      0.6015
```

视频讲解

```
     0.3717     -0.6015     0.6015     -0.3717
>> [L,D]=ldl1(A)                    % 利用函数 ldll 求解矩阵 A 的 LDL'分解
                                    % 返回单位下三角矩阵 L 和对角矩阵 D
L =
     1.0000          0          0          0
     1.6180     1.0000          0          0
     1.6180     2.2361     1.0000          0
     1.0000     2.0000     1.6180     1.0000
D =
     0.3717          0          0          0
          0    -0.6015          0          0
          0          0     1.6625          0
          0          0          0    -2.6900
>> L*D*L'                           % 验证分解是否正确
ans =
     0.3717     0.6015     0.6015     0.3717
     0.6015     0.3717    -0.3717    -0.6015
     0.6015    -0.3717    -0.3717     0.6015
     0.3717    -0.6015     0.6015    -0.3717
```

3.6.4　QR 分解

矩阵 A 的 QR 分解也叫正交三角分解，即将矩阵 A 表示成一个正交矩阵 Q 与一个上三角矩阵 R 的乘积形式。这种分解在工程技术中的应用最广泛。

在 MATLAB 中，矩阵 A 的 QR 分解函数是 qr，它的调用格式及说明如表 3-45 所示。

表 3-45　qr 函数调用格式及说明

调用格式	说　明
[Q,R] = qr(A)	返回正交矩阵 Q 和上三角矩阵 R，Q 和 R 满足 $A=QR$。若 A 为 $m×n$ 矩阵，则 Q 为 $m×m$ 矩阵，R 为 $m×n$ 矩阵
[Q,R,E] = qr(A)	求得正交矩阵 Q 和上三角矩阵 R。E 为置换矩阵，它使得 R 的对角线元素按绝对值大小降序排列，满足 $AE=QR$
[Q,R] = qr(A,0)	产生矩阵 A 的"经济型"分解。若 A 为 $m×n$ 矩阵，且 $m>n$，则返回 Q 的前 n 列，R 为 $n×n$ 矩阵；否则该函数等价于[Q,R] = qr(A)
[Q,R,E] = qr(A,0)	产生矩阵 A 的"经济型"分解，E 为置换矩阵，它使得 R 的对角线元素按绝对值大小降序排列，且 A(:, E) =Q*R
R = qr(A)	对稀疏矩阵 A 进行分解，只产生一个上三角矩阵 R，R 为 $A^T A$ 的 Cholesky 分解因子，即满足 $R^T R = A^T A$
R = qr(A,0)	对稀疏矩阵 A 的"经济型"分解
[C,R]=qr(A,b)	此函数用来计算方程组 $Ax=b$ 的最小二乘解

视频讲解

例 3-69：对矩阵 $A = \begin{pmatrix} 1 & 2 & 3 & 4 \\ 2 & 5 & 7 & 8 \\ 3 & 7 & 6 & 9 \\ 4 & 8 & 9 & 1 \end{pmatrix}$ 进行 QR 分解。

解　MATLAB 程序如下：

```
>> clear                      % 清除工作区的变量
>> A=[1 2 3 4;2 5 7 8;3 7 6 9;4 8 9 1];   % 创建 4 行 4 列矩阵 A
>> [Q,R]=qr(A)               % 对矩阵 A 进行 QR 分解，并返回正交矩阵 Q 和上三角矩阵 R
Q =
   -0.1826    0.1543    0.3322   -0.9124
   -0.3651   -0.6172    0.6644    0.2106
   -0.5477   -0.4629   -0.6644   -0.2106
   -0.7303    0.6172    0.0830    0.2807
R =
   -5.4772   -11.8673   -12.9628   -9.3113
         0    -1.0801    -1.0801   -7.8695
         0         0     2.4083    0.7474
         0         0         0    -3.5795
```

下面，我们介绍在实际的数值计算中经常要用到的两个函数：qrdelete 函数与 qrinsert 函数。前者用来求当矩阵 A 去掉一行或一列时，在其原有 QR 分解的基础上更新出新矩阵的 QR 分解；后者用来求当矩阵 A 增加一行或一列时，在其原有 QR 分解的基础上更新出新矩阵的 QR 分解。例如，在编写积极集法解二次规划的算法时就要用到这两个函数，利用它们求增加或去掉某行（列）时矩阵 A 的 QR 分解要比直接应用 qr 函数节省时间[①]。

qrdelete 函数与 qrinsert 函数的调用格式及说明分别如表 3-46 和表 3-47 所示。

表 3-46　qrdelete 函数调用格式及说明

调用格式	说　明
[Q1,R1]=qrdelete(Q,R,j)	返回去掉 A 的第 j 列后，新矩阵的 QR 分解矩阵。其中，Q、R 为原来 A 的 QR 分解矩阵
[Q1,R1]=qrdelete(Q,R,j,'col')	同上
[Q1,R1]=qrdelete(Q,R,j,'row')	返回去掉 A 的第 j 行后，新矩阵的 QR 分解矩阵。其中，Q、R 为原来 A 的 QR 分解矩阵

表 3-47　qrinsert 函数调用格式及说明

调用格式	说　明
[Q1,R1]=qrinsert(Q,R,j,x)	返回在 A 的第 j 列前插入向量 x 后，新矩阵的 QR 分解矩阵。其中，Q、R 为原来 A 的 QR 分解矩阵
[Q1,R1]=qrinsert(Q,R,j,x,'col')	同上

[①] 见 P.E. Gill, G.H. Golub, W. Murray, M.A. Saunders, Methods for modifying matrix factorizations, Math. Comp. 28:506-535, 1974.

调用格式	说　明
[Q1,R1]=qrinsert(Q,R,j,x,'row')	返回在 A 的第 j 行前插入向量 x 后，新矩阵的 QR 分解矩阵。其中，Q、R 为原来 A 的 QR 分解矩阵

视频讲解

例 3-70： 对于矩阵 $A = \begin{pmatrix} 1 & 2 & 3 & 4 \\ 2 & 5 & 7 & 8 \\ 3 & 7 & 6 & 9 \\ 4 & 8 & 9 & 1 \end{pmatrix}$，去掉第 3 行，求新矩阵的 QR 分解。

解　MATLAB 程序如下：

```
>> clear                              % 清除工作区的变量
>> A=[1 2 3 4;2 5 7 8;3 7 6 9;4 8 9 1];   % 创建 4 行 4 列矩阵 A
>> [Q,R]=qr(A)                        % 对矩阵 A 进行 QR 分解，并返回正交矩阵 Q 和上三角矩阵 R
Q =
    -0.1826     0.1543     0.3322    -0.9124
    -0.3651    -0.6172     0.6644     0.2106
    -0.5477    -0.4629    -0.6644    -0.2106
    -0.7303     0.6172     0.0830     0.2807

R =
    -5.4772   -11.8673   -12.9628    -9.3113
         0    -1.0801    -1.0801    -7.8695
         0          0     2.4083     0.7474
         0          0          0    -3.5795
>> [Q1,R1]=qrdelete(Q,R,3,'row')     % 返回去掉矩阵 A 的第 3 行后新矩阵的 QR 分解矩阵
Q1 =
     0.2182    -0.1059     0.9701
     0.4364     0.8997     0.0000
     0.8729    -0.4234    -0.2425

R1 =
     4.5826     9.6016    11.5655     5.2372
          0     0.8997     2.1700     6.3511
          0          0     0.7276     3.6380
>> A(3,:)=[]                          % 删除矩阵 A 的第 3 行
A =
     1     2     3     4
     2     5     7     8
     4     8     9     1
>> Q1*R1                              % 与上面去掉第 3 行的 A 进行比较
ans =
    1.0000     2.0000     3.0000     4.0000
    2.0000     5.0000     7.0000     8.0000
    4.0000     8.0000     9.0000     1.0000
```

3.6.5　SVD 分解

奇异值分解（SVD）是现代数值分析（尤其是数值计算）的最基本和最重要的工具之一，因此在工程实际中有着广泛的应用。

所谓 SVD 分解，具体指的是将 $m \times n$ 矩阵 A 表示为 3 个矩阵乘积形式：USV^{T}。其中，U 为 $m \times m$ 酉矩阵；V 为 $n \times n$ 酉矩阵；S 为对角矩阵，其对角线元素为矩阵 A 的奇异值且满足 $s_1 \geqslant s_2 \geqslant \cdots \geqslant s_r > s_{r+1} = \cdots = s_n = 0$，$r$ 为矩阵 A 的秩。在 MATLAB 中，这种分解是通过 svd 函数来实现的。

svd 函数的调用格式及说明如表 3-48 所示。

表 3-48　svd 函数调用格式及说明

调用格式	说　明
s = svd (A)	返回矩阵 A 的奇异值向量 s
[U,S,V] = svd (A)	返回矩阵 A 的奇异值分解因子 U、S、V
[U,S,V] = svd (A,0)	返回 $m \times n$ 矩阵 A 的"经济型"奇异值分解。若 $m>n$ 则只计算出矩阵 U 的前 n 列，矩阵 S 为 $n \times n$ 矩阵；否则同[U,S,V] = svd (A)

例 3-71：求矩阵 $A = \begin{bmatrix} 1 & 2 & 3 & 4 \\ 2 & 5 & 7 & 8 \\ 3 & 7 & 6 & 9 \\ 4 & 8 & 9 & 1 \end{bmatrix}$ 的 SVD 分解。

视频讲解

解　MATLAB 程序如下：

```
>> clear                    % 清除工作区的变量
>> A=[1 2 3 4;2 5 7 8;3 7 6 9;4 8 9 1];    % 创建矩阵 A
>> r=rank(A)                % 求出矩阵 A 的秩，与奇异值分解因子 S 的非零对角元素个数一致
r =
     4
>> [U,S,V]=svd(A)           % 对矩阵 A 进行 SVD 分解，返回 A 的奇异值分解因子 U、S、V
U =
   -0.2456   -0.2080    0.3018   -0.8974
   -0.5448   -0.3165    0.6413    0.4380
   -0.6036   -0.3712   -0.7055    0.0140
   -0.5278    0.8478    0.0045   -0.0506
S =
   21.4089         0         0         0
         0    6.9077         0         0
         0         0    1.7036         0
         0         0         0    0.2024
V =
   -0.2456    0.2080   -0.3018   -0.8974
```

-0.5448	0.3165	-0.6413	0.4380
-0.6036	0.3712	0.7055	0.0140
-0.5278	-0.8478	-0.0045	-0.0506

3.6.6 舒尔（Schur）分解

舒尔分解是 Schur 于 1909 年提出的一种矩阵分解方法，它是一种典型的酉相似变换，这种变换的最大好处是能够保持数值稳定，因此它在工程计算中也是重要工具之一。

对于矩阵 $A \in C^{n \times n}$，所谓的舒尔分解，具体是指找一个酉矩阵 $U \in C^{n \times n}$，使得 $U^H A U = T$，其中 T 为上三角矩阵，称为舒尔矩阵，其对角元素为矩阵 A 的特征值。在 MATLAB 中，这种分解是通过 schur 函数来实现的。

schur 函数的调用格式如表 3-49 所示。

表 3-49　schur 函数调用格式及说明

调用格式	说　明
T = schur(A)	返回舒尔矩阵 T，若 A 有复特征值，则相应的对角元素以 2×2 的块矩阵形式给出
T = schur(A,flag)	若 A 有复特征值，则 flag='complex'，否则 flag='real'
[U,T] = schur(A,···)	返回酉矩阵 U 和舒尔矩阵 T

视频讲解

例 3-72：求矩阵 $A = \begin{pmatrix} 1 & 2 & 3 & 4 \\ 2 & 5 & 7 & 8 \\ 3 & 7 & 6 & 9 \\ 4 & 8 & 9 & 1 \end{pmatrix}$ 的舒尔分解。

解 MATLAB 程序如下：

```
>> clear                        % 清除工作区的变量
>> A=[1 2 3 4;2 5 7 8;3 7 6 9;4 8 9 1];   % 创建矩阵 A
>> [U,T]=schur(A)               % 对矩阵 A 进行舒尔分解，返回酉矩阵 U 和舒尔矩阵 T
U =
   -0.2080    0.3018   -0.8974    0.2456
   -0.3165    0.6413    0.4380    0.5448
   -0.3712   -0.7055    0.0140    0.6036
    0.8478    0.0045   -0.0506    0.5278
T =
   -6.9077         0         0         0
         0   -1.7036         0         0
         0         0    0.2024         0
         0         0         0   21.4089
>> lambda=eig(A)                % 求 A 的特征值，返回一个包含 A 的特征值的列向量
lambda =
   -6.9077
   -1.7036
```

0.2024
21.4089

对于有复特征值的矩阵，可以利用[U,T] = schur(A,'copmlex')求其舒尔分解，也可利用 rsf2csf 命令将上例中的 **U**、**T** 转化为复矩阵。下面，利用这两种方法求上例中矩阵 **A** 的舒尔分解。

例 3-73：求矩阵 $A = \begin{pmatrix} 1 & 2 & 3 & 4 \\ 2 & 5 & 7 & 8 \\ 3 & 7 & 6 & 9 \\ 4 & 8 & 9 & 1 \end{pmatrix}$ 的复舒尔分解。

视频讲解

解 MATLAB 程序如下：

```
>> clear                        % 清除工作区的变量
>> A=[1 2 3 4;2 5 7 8;3 7 6 9;4 8 9 1];   % 输入矩阵 A
>> [U,T]=schur(A,'complex')
% 求实矩阵 A 的舒尔分解，返回酉矩阵 U 和舒尔矩阵 T，T 是三角复矩阵，且具有复数特征值
U =
   -0.2080    0.3018   -0.8974    0.2456
   -0.3165    0.6413    0.4380    0.5448
   -0.3712   -0.7055    0.0140    0.6036
    0.8478    0.0045   -0.0506    0.5278
T =
   -6.9077         0         0         0
         0   -1.7036         0         0
         0         0    0.2024         0
         0         0         0   21.4089
>> [U,T]=schur(A);              % 求实矩阵 A 的舒尔分解，返回酉矩阵 U 和舒尔矩阵 T
>> [U,T]=rsf2csf(U,T)           % 将实数 Schur 形式转换为复数 Schur 形式
U =
   -0.2080    0.3018   -0.8974    0.2456
   -0.3165    0.6413    0.4380    0.5448
   -0.3712   -0.7055    0.0140    0.6036
    0.8478    0.0045   -0.0506    0.5278
T =
   -6.9077         0         0         0
         0   -1.7036         0         0
         0         0    0.2024         0
         0         0         0   21.4089
```

3.6.7 海森伯格(Hessenberg)分解

在线性代数中，海森伯格矩阵（Hessenberg）是一种特殊的方阵。对于方阵 A，若 $i > j+1$ 时，有 $a_{ij} = 0$，则称方阵 A 是上海森伯格矩阵；若 $i < j-1$ 时，有 $a_{ij} = 0$，则称方阵 A 是下海森伯格矩阵。这种矩阵在零元素所占比例及分布上都接近三角矩阵，虽然它在特征值等性质方面不如三角矩阵那样简

单,但在实际应用中,使用相似变换将一个矩阵化为海森伯格矩阵是可行的,而化为三角矩阵则不易实现,而且通过化为海森伯格矩阵来处理矩阵计算问题能够大大节省计算量,因此在工程计算中海森伯格分解也是常用的工具之一。在 MATLAB 中,可以通过 hess 函数得到矩阵的海森伯格形式。hess 函数的调用格式及说明如表 3-50 所示。

表 3-50 hess 函数调用格式及说明

调用格式	说　明
H = hess(A)	返回矩阵 A 的上海森伯格形式
[P,H] = hess(A)	返回一个上海森伯格矩阵 H 以及一个酉矩阵 P,满足:$A = PHP^{\mathrm{T}}$ 且 $P^{\mathrm{T}}P = I$
[H,T,Q,U] = hess(A,B)	对于方阵 A、B,返回上海森伯格矩阵 H,上三角矩阵 T 以及酉矩阵 Q、U,使得 $QAU=H$ 且 $QBU=T$

例 3-74:将测试矩阵 A 化为海森伯格形式,并求出变换矩阵 P。

解 MATLAB 程序如下:

```
>> clear                    %  清除工作区的变量
>> A = gallery('randhess',4)        %  生成 4×4 随机正交上海森伯格矩阵 A
A =
    0.3956    -0.7622     0.3578     0.3669
    0.9184     0.3283    -0.1541    -0.1580
         0     0.5580     0.5794     0.5941
         0          0    -0.7159     0.6982
>> [P,H]=hess(A)            %  将 A 进行海森伯格分解,返回上海森伯格矩阵 H 和酉矩阵 P
P =
     1     0     0     0
     0     1     0     0
     0     0     1     0
     0     0     0     1
H =
    0.3956    -0.7622     0.3578     0.3669
    0.9184     0.3283    -0.1541    -0.1580
         0     0.5580     0.5794     0.5941
         0          0    -0.7159     0.6982
```

第 4 章

集合

集合，简称集，是数学中一个基本概念，也是集合论的主要研究对象，在数学领域具有无可比拟的特殊地位。集合论的基本理论由德国数学家康托尔创立于 19 世纪 70 年代，到 20 世纪 20 年代已确立了其在现代数学理论体系中的基础地位。可以说，现代数学各个分支的几乎所有成果都构筑在严格的集合理论上。

集合是指具有某种特定性质的具体的或抽象的对象汇总而成的集体。其中，构成集合的这些对象则称为该集合的元素。

4.1 集 合 分 类

给定一个集合，任给一个元素，该元素或者属于或者不属于该集合，二者必居其一，不允许有模棱两可的情况出现。集合的常用表示方法如下：

☑　列举法：把集合中的元素一一列举出来，写在花括号内表示集合。

☑　描述法：把集合中元素的公共属性描述出来，写在花括号内表示集合。

常见数集的符号表示如表 4-1 所示。

表 4-1 常见数集的符号表示

数　集	自然数集	正整数集	整数集	有理数集	实数集
符　号	**N**	**N**$^+$	**Z**	**Q**	**R**

4.1.1 空集

空集是一类特殊的集合，不包含任何元素，记为 Ø，如 $\{x | x \in \mathbf{R}, x^2+1=0\}$ 就是一个空集。空集有以

下两个特点：
- ☑ 空集是任意一个非空集合的真子集。
- ☑ 空集是任何一个集合的子集。

4.1.2 子集

设 S, T 是两个集合，如果 S 的所有元素都属于 T，即 $x \in S \rightarrow x \in T$，则称 S 是 T 的子集，记为 $S \subseteq T$。其中，符号 $\subseteq$ 读作"包含于"，表示该符号左边的集合中的元素全部是该符号右边集合的元素。

对任何集合 S，都有 $S \subseteq S$，$\varnothing \subseteq S$。如果 S 是 T 的一个子集，即 $S \subseteq T$，但在 T 中至少存在一个元素 x 不属于 S，则称 S 是 T 的一个真子集，记作 $S \subsetneqq T$。

4.1.3 交集和并集

交集定义：由属于 A 且属于 B 的元素组成的集合称为集合 A 与 B 的交集，记作 $A \cap B$（或 $B \cap A$），读作" A 交 B "（或" B 交 A "），即 $A \cap B = \{x | x \in A$ 且 $x \in B\}$，如图 4-1（a）所示。

并集定义：由所有属于集合 A 或属于集合 B 的元素所组成的集合，称为集合 A 与 B 的并集记作 $A \cup B$（或 $B \cup A$），读作" A 并 B "（或" B 并 A "），即 $A \cup B = \{x | x \in A$ 或 $x \in B\}$，如图 4-1（b）所示。

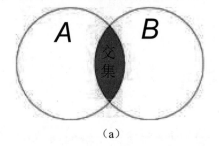
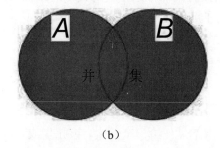

（a） （b）

图 4-1 交集与并集

若 A 包含 B，则 $A \cap B = B$，$A \cup B = A$。

集合之间的基本关系如表 4-2 所示。

表 4-2 集合之间的基本关系

关 系	表 示	
	文字语言	符号语言
相等	集合 A 等于集合 B	$A = B$
子集	集合 A 是集合 B 的子集	$A \subseteq B$
真子集	集合 A 是集合 B 的真子集	$A \subsetneqq B$
空集	空集	$\varnothing$

4.1.4　差集

图 4-2　差集

已知集合 A 和集合 B，B 是 A 的子集（元素全部来自 A），求集合 A 中的所有元素去掉集合 B 中所含元素后剩下的元素构成的集合 C 的过程称为对集合 A 与 B 求差，集合 C 称为集合 A 与 B 的差集，如图 4-2 所示。

4.2　集合操作函数

MATLAB 为集合操作提供了各种功能，如并集、交集、差集等。下面，介绍集合运算的常用函数。

4.2.1　intersect 函数

在 MATLAB 中，intersect 函数用于求解集合交集，该命令的调用格式及说明如表 4-3 所示。

表 4-3　intersect 函数调用格式及说明

调用格式	说　明
C = intersect(A,B)	设置两个集合的交集，也就是返回 A 和 B 的相同元素。返回的集合 C 中的值将会从小到大排序
C = intersect(A,B,setOrder)	以特定顺序返回交集 C。setOrder 可以是 sorted（已排序）或 stable（不变化，按与 A 中相同的顺序返回 C 中的值）
C = intersect(A,B,···,'rows') C = intersect(A,B,'rows',···)	将 A 和 B 的每一行都视为单个实体，并返回 A 和 B 的共有行，但不包含重复项，必须指定 A 和 B。rows 选项不支持元胞数组，除非其中一个输入项为分类数组或日期时间数组
[C,ia,ib] = intersect(···)	返回索引向量 ia 和 ib，即元素在 A 和 B 中的位置（Index）。一般情况下，C = A(ia) 且 C = B(ib)。如果指定了 rows 选项，则 C = A(ia,:) 且 C = B(ib,:)。如果 A 和 B 是表或时间表，则 C = A(ia,:) 且 C = B(ib,:)
[C,ia,ib] = intersect(A,B,'legacy') [C,ia,ib] = intersect(A,B,'rows','legacy')	保留 R2012b 和早期版本中 intersect 函数的行为。legacy 选项不支持分类数组、日期时间数组、持续时间数组、表或时间表

例 4-1：求解向量的交集。

解　在 MATLAB 命令行窗口中输入如下命令：

```
>> clear              % 清除工作区的变量
>> A = [1 2 3 4 5];   % 创建两个具有某些相同值的向量 A 和 B
>> B = [5 9 8 4 6];
>> C = intersect(A,B) % 查找 A 和 B 的共有值
C =
     4     5
```

视频讲解

115

视频讲解

例 **4-2**：求解向量交集的索引。

解　在 MATLAB 命令行窗口中输入如下命令：

```
>> clear                  % 清除工作区的变量
>> A = [1 2 3 4 5];       % 创建两个具有某些相同值的向量 A 和 B
>> B = [5 9 8 4 6];
% 返回 A 和 B 的共有值以及索引向量 ia 与 ib，使得 C = A(ia) 并且 C = B(ib)
>> [C,ia,ib] = intersect(A,B)
C =
      4     5
ia =
      4
      5
ib =
      4
      1
```

视频讲解

例 **4-3**：求解两个矩阵中行的交集。

解　在 MATLAB 命令行窗口中输入如下命令：

```
>> clear                  % 清除工作区的变量
>> A = [1 2 3;4 5 6;7 8 9];    % 创建两个包含共有行的矩阵 A 和 B
>> B = [9 8 7;4 5 6;3 2 1];
>> C = intersect(A,B,'rows')   % 查找 A 与 B 中行的交集
C =
      4     5     6
```

4.2.2　union 函数

在 MATLAB 中，union 函数用于求解集合的并集，该函数的调用格式及说明如表 4-4 所示。

表 4-4　union 函数调用格式及说明

调用格式	说　明
C = union(A,B)	设置两个集合的并集，返回的集合 **C** 中的值将会从小到大排序。如果 **A** 和 **B** 是表或时间表，union 函数将返回这两个表的行的并集。对于时间表，union 函数在确定相等性时会考虑行时间，并按行时间对输出时间表 **C** 进行排序
C = union(A,B,setOrder)	以特定顺序返回 **C**。setOrder 可以是 sorted（已排序）或 stable（不变化，按与 **A** 中相同的顺序返回 **C** 中的值）
C = union(A,B,…,'rows') C = union(A,B,'rows',…)	将 **A** 和 **B** 的每一行都视为单个实体，并返回 **A** 和 **B** 的共有行，不包含重复项，必须指定 **A** 和 **B**，可选择 setOrder 样式。rows 选项不支持元胞数组，除非其中一个输入项为分类数组或日期时间数组
[C,ia,ib] = union(…)	返回索引向量 ia 和 ib，即元素在 **A** 和 **B** 中的位置（Index）。一般情况下，C = A(ia)且 C = B(ib)。如果指定了 rows 选项，则 C = A(ia,:)且 C = B(ib,:)。如果 **A** 和 **B** 是表或时间表，则 C = A(ia,:)且 C = B(ib,:)
[C,ia,ib] = union(A,B,'legacy') [C,ia,ib] = union(A,B,'rows','legacy')	保留 R2012b 和早期版本中 union 函数的行为。legacy 选项不支持分类数组、日期时间数组、持续时间数组、表或时间表

例 4-4：求解向量的并集。

解　在 MATLAB 命令行窗口中输入如下函数：

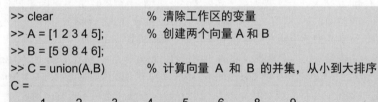

```
>> clear                 % 清除工作区的变量
>> A = [1 2 3 4 5];      % 创建两个向量 A 和 B
>> B = [5 9 8 4 6];
>> C = union(A,B)        % 计算向量 A 和 B 的并集，从小到大排序
C =
     1     2     3     4     5     6     8     9
```

例 4-5：求解两个矩阵中行的并集。

解　在 MATLAB 命令行窗口中输入如下命令：

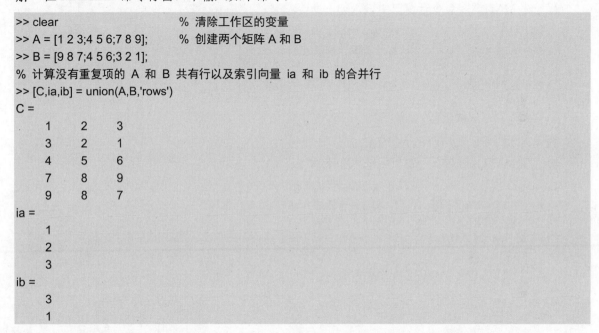

```
>> clear                      % 清除工作区的变量
>> A = [1 2 3;4 5 6;7 8 9];   % 创建两个矩阵 A 和 B
>> B = [9 8 7;4 5 6;3 2 1];
% 计算没有重复项的 A 和 B 共有行以及索引向量 ia 和 ib 的合并行
>> [C,ia,ib] = union(A,B,'rows')
C =
     1     2     3
     3     2     1
     4     5     6
     7     8     9
     9     8     7
ia =
     1
     2
     3
ib =
     3
     1
```

4.2.3　setdiff 函数

在 MATLAB 中，setdiff 函数用于求解集合的差集，该函数的调用格式及说明如表 4-5 所示。

表 4-5　setdiff 函数调用格式及说明

调用格式	说　明
C = setdiff(A,B)	设置两个集合的差集，返回 **A** 中存在但 **B** 中不存在的元素组成的集合，返回集合 **C** 中的值将会从小到大排序。如果 **A** 和 **B** 是表或时间表，将返回这两个表的行的并集。对于时间表，在确定相等性时会考虑行时间，并按行时间对输出时间表 **C** 进行排序
C = setdiff(A,B,setOrder)	以特定顺序返回 **C**。setOrder 可以是 sorted（已排序）或 stable（不变化，按与 **A** 中相同的顺序返回 **C** 中的值）

调用格式	说 明
C = setdiff(A,B,…,'rows') C = setdiff(A,B,'rows',…)	将 *A* 和 *B* 的每一行都视为单个实体，并返回 *A* 中存在但 *B* 中不存在的行，不包含重复项，必须指定 *A* 和 *B*，可选择 setOrder 样式。rows 选项不支持元胞数组，除非其中一个输入项为分类数组或日期时间数组
[C,ia] = setdiff(…)	返回索引向量 ia，即元素在 *A* 和 *B* 中的位置（Index）。一般情况下，C = A(ia)。如果指定了 rows 选项，则 C = A(ia,:)。如果 *A* 和 *B* 是表或时间表，则 C = A(ia,:)
[C,ia] = setdiff(A,B,'legacy') [C,ia] = setdiff(A,B,'rows','legacy')	保留 R2012b 和早期版本中 setdiff 函数的行为。legacy 选项不支持分类数组、日期时间数组、持续时间数组、表或时间表

例 4-6：求解向量的差集。

解 在 MATLAB 命令行窗口中输入如下命令：

```
>> clear                    % 清除工作区的变量
>> A = [1 2 3 4 5];         % 创建两个向量 A 和 B
>> B = [1 2 3];
>> C = setdiff(A,B)         % 计算向量 A 和 B 的差集
C =
     4      5
```

例 4-7：求解两个矩阵中行的差集。

解 在 MATLAB 命令行窗口中输入如下命令：

```
>> clear                      % 清除工作区的变量
>> A = [1 2 3;4 5 6;7 8 9];   % 创建两个矩阵 A 和 B
>> B = [4 5 6;3 2 1];
>> [C,ia] = setdiff(A,B,'rows')   % 查找 A 中存在，但 B 中不存在的行，以及对应的索引向量 ia
C =
     1      2      3
     7      8      9
ia =
     1
     3
```

4.2.4 setxor 函数

在 MATLAB 中，setxor 函数用于返回 *A* 和 *B* 中不相同的元素，求集合的异或值，即在并集但不在交集中的元素，如图 4-3 所示，该函数的调用格式及说明如表 4-6 所示。

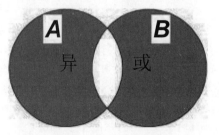

图 4-3 集合异或关系

表 4-6　setxor 函数调用格式及说明

调用格式	说　　明
C = setxor(A,B)	返回不在 **A** 和 **B** 的交集中的元素（对称差集）组成的集合 **C**，不包括重复项。**C** 中的元素出现在 **A** 或 **B** 中，但不是同时出现在二者中。**C** 中的元素是有序的，一般为从小到大排列
C = setxor(A,B,setOrder)	以特定顺序返回 **C**。setOrder 可以是 sorted（已排序）或 stable（不变化，按与 **A** 中相同的顺序返回 **C** 中的值）
C = setxor(A,B,···,'rows') C = setxor(A,B,'rows',···)	将 **A** 和 **B** 的每一行都视为单个实体，并返回在 **A** 和 **B** 中但不在二者交集中的行，不包括重复项。必须指定 **A** 和 **B**，setOrder 是可选的。rows 选项不支持元胞数组，除非其中一个输入项为分类数组或日期时间数组
[C,ia,ib] = setxor(···)	返回索引向量 ia 和 ib
[C,ia,ib] = setxor(A,B,'legacy') [C,ia,ib] = setxor(A,B,'rows','legacy')	保留 R2012b 和早期版本中 setxor 函数的行为。legacy 选项不支持分类数组、日期时间数组、持续时间数组、表或时间表

该函数类似[C,ia,ib] = intersect(A,B)。

例 4-8： 求解向量的对称差集。

解　在 MATLAB 命令行窗口中输入如下命令：

视频讲解

```
>> clear                    % 清除工作区的变量
>> A = [1 2 3 4 5];         % 创建两个向量 A 和 B
>> B = [1 2 3 2 1];
>> C= setxor(A,B)           % 返回不在 A 和 B 的交集中的值
C =
     4     5
```

例 4-9： 求解两个矩阵中行的对称差集。

解　在 MATLAB 命令行窗口中输入如下命令：

```
>> clear                    % 清除工作区的变量
>> A = [1 2 3;4 5 6;7 8 9]; % 创建两个矩阵 A 和 B
>> B = [4 5 6;3 2 1];
>> [C,ia,ib] = setxor(A,B,'rows')   % 返回在 A 和 B 中但不在二者交集中的行以及对应的索引向量 ia 和 ib
C =
     1     2     3
     3     2     1
     7     8     9
ia =
     1
     3
ib =
     2
```

视频讲解

4.3 集合元素函数

MATLAB 提供了多个函数用于对集合中的元素进行操作。

4.3.1 ismember 函数

在 MATLAB 中，ismember 函数用于判断一个集合是否为另一个集合的子集，该函数的调用格式及说明如表 4-7 所示。

表 4-7 ismember 函数调用格式及说明

调用格式	说　明
Lia = ismember(A,B)	返回一个和 A 长度相同的向量。如果 A 中某位置的元素能在 B 中找到，返回的向量中相应的位置是 1，其余位置为 0。如果 A 和 B 是表或时间表，则为每一行返回一个逻辑值。对于时间表，在确定相等性时会考虑行时间，输出一个列向量 Lia
Lia = ismember(A,B,'rows')	将 A 和 B 中的每一行视为一个实体，返回一个列向量，当 A 中的行也存在于 B 中时，返回相应位置为逻辑值 1（true），其他位置为逻辑值 0（false）。rows 选项不支持元胞数组，除非其中一个输入项为分类数组或日期时间数组
[Lia,Locb] = ismember(…)	使用上述任何语法，返回 A 的逻辑索引 Lia 和在 B 中的位置 Locb
[Lia,Locb] = ismember(…,'legacy')	保留 ismember 函数在 R2012b 和早期版本中的行为。legacy 选项不支持分类数组、日期时间数组、持续时间数组、表或时间表

例 4-10：判断查询值是否为集合元素。

解　在 MATLAB 命令行窗口中输入如下命令：

```
>> clear                    % 清除工作区的变量
>> A = [1 2 3 4 5];         % 创建两个向量 A 和 B
>> B = [1 2 3];
>> Lia = ismember(A,B)      % 确定 A 中的哪些元素同时也在 B 中
Lia =
   1×5 logical 数组
    1   1   1   0   0
```

例 4-11：判断查询值是否为集合元素，并确定共有值的索引。

解　在 MATLAB 命令行窗口中输入如下命令：

```
>> clear                    % 清除工作区的变量
>> A = [1 2 3 4 5];         % 创建两个向量 A 和 B
>> B = [1 2 3 4 5 6 7 8 9];
```

```
>> [Lia,Locb] = ismember(A,B)        % 确定 A 中的哪些元素同时也在 B 中，以及在 B 中的相应位置
Lia =
  1×5 logical  数组
   1   1   1   1   1
Locb =
     1     2     3     4     5
```

4.3.2　unique 函数

在 MATLAB 中，unique 函数用于计算并去掉集合中去掉重复的元素，显示剩余的唯一值元素集合，该函数的调用格式及说明如表 4-8 所示。

表 4-8　unique 函数调用格式及说明

调用格式	说　明
C = unique(A)	返回由 *A* 中唯一值组成的数组 *C*，并按照从小到大的顺序排序
C = unique(A,setOrder)	以特定顺序返回 *A* 的唯一值。setOrder 可以是 sorted（默认值）或 stable
C = unique(A,occurrence)	指定遇到重复值时应返回哪个索引。occurrence 可以是 first（默认值）或 last
C = unique(A,···,'rows') C = unique(A,'rows',···)	将 *A* 中的每一行视为单个实体，并按排序顺序返回 *A* 中的唯一一行
[C,ia,ic] = unique(···)	返回索引向量 ia 和 ic。其中，ia 是包含各元素在 A 中首次复现处的对应索引的列向量；ic 是 *C* 的索引列向量
[C,ia,ic] = unique(A,'legacy') [C,ia,ic] = unique(A,'rows','legacy') [C,ia,ic] = unique(A,occurrence,'legacy') [C,ia,ic] = unique(A,'rows',occurrence,'legacy')	保留 R2012b 和早期版本中 unique 函数的行为。legacy 选项不支持分类数组、日期时间数组、持续时间数组、日历持续时间数组、表或时间表

例 4-12： 计算矩阵的唯一值。

解　在 MATLAB 命令行窗口中输入如下命令：

```
>> clear                    % 清除工作区的变量
>> A=[1,2,1;4,6,4;5,9,6];   % 定义包含一个重复值的矩阵 A
>> C = unique(A)           % 按照从小到大的顺序显示 A 中的数据，不包含重复项
C =
     1
     2
     4
     5
     6
     9
```

视频讲解

例 4-13：计算矩阵的唯一值并显示索引。

解　在 MATLAB 命令行窗口中输入如下命令：

```matlab
>> clear                      % 清除工作区的变量
>> A=[1 2 1;4 6 4;5 0 6];     % 定义一个包含重复值的矩阵 A
% 按照从小到大的顺序显示 A 中的数据，不包含重复项，并返回对应的位置列向量 I 和 J
>> [B,I,J] = unique(A)
B =
     1
     2
     4
     5
     6
     9
I =
     1
     4
     2
     3
     5
     6
J =
     1
     3
     4
     2
     5
     6
     1
     3
     5
```

4.3.3　issorted 函数

在 MATLAB 中，issorted 函数确定数组是否已排序，显示剩余的唯一值元素集合，该函数的调用格式及说明如表 4-9 所示。

表 4-9　issorted 函数调用格式及说明

调用格式	说　明
TF = issorted(A)	当 *A* 中的元素按升序排列时，返回逻辑标量值 TF 为 1（true）；否则，将返回 0（false）
TF = issorted(A,dim)	当 *A* 沿维度 dim 排序时将返回 1

122

续表

调用格式	说　明
TF = issorted(⋯,direction)	当 *A* 按 direction 指定的顺序排序时，将返回 1。排序方向指定为以下值之一。 ascend：检查数据是否按升序排列。数据可以包含连续的重复元素 descend：检查数据是否按降序排列。数据可以包含连续的重复元素 monotonic：检查数据是否按降序或升序排列。数据可以包含连续的重复元素 strictascend：检查数据是否严格地按升序排列。数据不能包含重复元素或缺失元素 strictdescend：检查数据是否严格地按降序排列。数据不能包含重复元素或缺失元素 strictmonotonic：检查数据是否严格地按降序或升序排列。数据不能包含重复元素或缺失元素
TF = issorted(⋯,Name,Value)	指定用于检查排序顺序的其他参数 Name,Value
TF = issorted(A,'rows')	当矩阵第一列的元素按顺序排列时，返回 1

issorted 函数名称-值对组参数值表如表 4-10 所示

表 4-10　issorted 函数名称-值对组参数值

名　称	值	说　明
MissingPlacement	auto （默认）、first（缺失的元素必须放在最前面，才会返回 1）、last（缺失的元素必须放在最后，才会返回 1）	缺失值的位置
ComparisonMethod	auto（默认）、real（复数的实部）、abs（绝对值）	元素比较方法

例 4-14：检查矩阵是否按升序排序。

解　在 MATLAB 命令行窗口中输入如下命令：

```
>> clear                  % 清除工作区的变量
>> A=[1,2,1,4,6,4,5,9,6];  % 定义包含一个重复值的矩阵 A
>> C =issorted(A)         % 检查 A 是否按升序排序
C =
  logical
   0
```

例 4-15：向量集合运算。

解　在 MATLAB 命令行窗口中输入如下命令：

```
>> clear                  % 清除工作区的变量
>> a=1;                   % 定义变量 a 并赋值
>> A=[1 234 5];           % 定义两个向量 A 和 B
>> B=[0 257 2];
>> C=union(A,B)           % 求集合 A 与 B 的并集
C =
     0     1     2     5   234   257
>> D=intersect(A,B)       % 求集合 A 与 B 的交集
D =
  空的 1×0 double 行向量
```

```
>> E = setdiff(A,B)              % 求集合差集 A-B
E=
  1    5    234
>> F = setxor(A,B)              % 求 A 与 B 交集的异或值
F=
     0    1    2    5    234    257
>> ismember(a,A)               % 判断 a 是否属于 A
ans =
  logical
   1
>> issorted(A)                 % 判断向量是否按升序排列
ans =
  logical
   0
```

第 **5** 章

二维图形绘制

对于复杂的数值计算与符号计算，人们往往很难直接分析清楚其结果的内在本质，但如果将其中庞大的数据转换成直观图形，则会相对容易理解很多。MATLAB 提供了大量的绘图函数、命令，可以很好地将各种数据表现出来，帮助用户解决问题。

本章将介绍 MATLAB 的图形窗口和二维图形的绘制。希望通过本章的学习，读者能够掌握MATLAB 二维绘图技能及相关的图形修饰技巧。

5.1　二维曲线的绘制

二维曲线是将平面上的数据连接起来的平面图形，数据点可以用向量或矩阵来提供。MATLAB 强大的数据计算能力为绘制二维曲线提供了方便，这也是 MATLAB 相对于其他类型的科学计算软件或编程语言的显著特点。MATLAB 实现了数据结果的可视化，具有强大的图形功能。

5.1.1　绘制二维图形

MATLAB 提供了各类函数，用于绘制二维图形。

1. figure 函数

在 MATLAB 的命令行窗口中输入 "figure"，将打开一个如图 5-1 所示的图形窗口。

在 MATLAB 的命令行窗口输入绘图命令（如 plot 函数）时，系统会自动建立一个图形窗口。有时，在输入绘图命令之前已经有图形窗口打开，这时绘图命令会自动

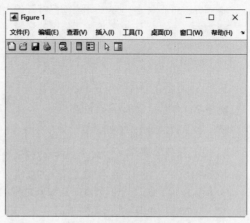

图 5-1　新建的图形窗口

将图形输出到当前窗口。当前窗口通常是最后一个使用的图形窗口，这个窗口的图形也将被覆盖，而用户往往不希望这样。学完本节内容，读者便能轻松地解决这个问题。

在 MATLAB 中，使用函数 figure 来建立图形窗口。该函数主要有下面 3 种用法：

☑ figure ：创建一个图形窗口。

☑ figure(n)：创建一个编号为 Figure(n) 的图形窗口，其中 *n* 是一个正整数，表示图形窗口的句柄。

☑ figure('PropertyName',PropertyValue,…)：对指定的属性 PropertyName，用指定的属性值 PropertyValue（属性名与属性值成对出现）创建一个新的图形窗口；对于那些没有指定的属性，则用默认值。

figure 函数产生的图形窗口的编号是在原有编号基础上加 1。如果用户想关闭图形窗口，则可以使用函数 close。如果用户不想关闭图形窗口，仅仅是想将该窗口的内容清除，则可以使用函数 clf 来实现。

另外，函数 clf(rest) 除了能够清除当前图形窗口的所有内容以外，还可以将该图形除了位置和单位属性外的其他所有属性都重新设置为默认状态。当然，也可以通过使用图形窗口中的菜单项来实现相应的功能，这里不再赘述。

2．plot 绘图函数

plot 函数是最基本的绘图函数，也是最常用的一个绘图函数。当执行 plot 函数时，系统会自动创建一个新的图形窗口。若之前已经有图形窗口打开，那么系统会将图形画在最近打开过的图形窗口上，该图形窗口中的原有图形也将被覆盖。本节将详细讲述该函数的各种用法。

plot 函数主要有下面几种使用格式：

（1）plot(x)。这个函数格式的功能如下：

☑ 当 *x* 是实向量时，则绘制出以该向量元素的下标（即向量的长度，可用 MATLAB 函数 length() 求得）为横坐标、以该向量元素的值为纵坐标的一条连续曲线。

☑ 当 *x* 是实矩阵时，按列绘制出每列元素值相对其行号的曲线，曲线数等于 *x* 的列数。

☑ 当 *x* 是复数矩阵时，按列分别绘制出以元素实部为横坐标、以元素虚部为纵坐标的多条曲线。

例 5-1：随机生成一个实方阵 *A*，并用 plot 画图函数绘制 *A* 的图像。

解 MATLAB 程序如下：

```
>> close all        % 关闭当前已打开的文件
>> clear            % 清除工作区的变量
>> a=rand(5);       % 创建一个 5 阶随机方阵 a
>> plot(a)          % 绘制二维线图
```

运行后所得的图像如图 5-2 所示。

例 5-2：绘制三角函数曲线。

解 MATLAB 程序如下：

```
>> close all        % 关闭当前已打开的文件
>> clear            % 清除工作区的变量
>> t=0:pi/100: pi;  % 创建由 0 和 π 之间的线性间隔值组成的向量 t
>> Y=cos(t).*sin(t); % 输入函数
>> plot(Y)          % 绘制图像
```

运行后所得的图像如图 5-3 所示。

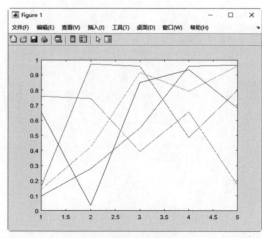

图 5-2　plot 作图

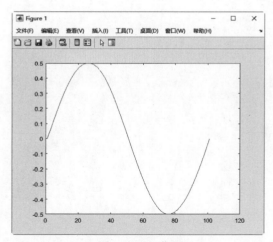

图 5-3　plot 作图

（2）plot(x,y)。这个函数格式的功能如下：

☑　当 *x*、*y* 是同维向量时，绘制以 *x* 为横坐标、以 *y* 为纵坐标的曲线。

☑　当 *x* 是向量，*y* 是有一维与 *x* 长度相等的矩阵时，绘制出多条不同颜色的曲线，曲线数等于 *y* 矩阵的另一维的维数，*x* 作为这些曲线的横坐标。

☑　当 *x* 是矩阵，*y* 是向量时，同上，但以 *y* 为横坐标。

☑　当 *x*、*y* 是同维矩阵时，以 *x* 对应的列元素为横坐标、以 *y* 对应的列元素为纵坐标分别绘制曲线，曲线数等于矩阵的列数。

例 5-3：绘制三角函数曲线。

解　MATLAB 程序如下：

```
>> close all          % 关闭当前已打开的文件
>> clear              % 清除工作区的变量
>> x=(0:pi/100: 4*pi)';  % 创建由介于 0 和 4π 之间的线性间隔值组成的列向量 x
>> Y=sin(x);          % 输入函数
>> plot(x,Y)          % 绘制图像
```

运行后所得的图像如图 5-4 所示。

（3）plot(x1,y1,x2,y2,…)。这个函数格式的功能是绘制多条曲线。在这种用法中，（*x_i*,*y_i*）必须是成对出现的，上面的命令等价于逐次执行 plot(xi,yi)命令，其中 *i*=1,2,…。

例 5-4：函数绘图。

解　MATLAB 程序如下：

```
>> close all          % 关闭当前已打开的文件
>> clear              % 清除工作区的变量
>> x=0:pi/100:2*pi;   % 创建由介于 0 和 2π 之间的线性间隔值组成的列向量 x
>> y1=2*sin(x);       % 定义函数 y1
>> y2=cos(2*x);       % 定义函数 y2
>> plot(x,y1,x,y2)    % 以 x 为横坐标，绘制函数 y1、y2 的曲线
```

视 频 讲 解

视 频 讲 解

运行后所得的图像如图 5-5 所示。

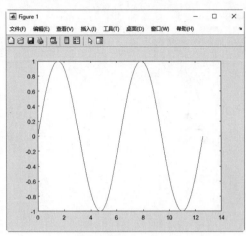

图 5-4　plot 作图

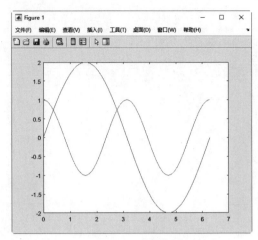

图 5-5　plot 作图

视频讲解

例 5-5：在同一个图上画出 $y = \log x$、$y = \dfrac{e^{0.1x}}{5000}$ 的图像。

解　MATLAB 程序如下：

```
>> close all          % 关闭当前已打开的文件
>> clear              % 清除工作区的变量
>> x1=linspace(1,100);  % 定义介于 1 和 100 之间的线性间隔值
>> x2=x1/10;          % 为 x2 赋值，简化函数输入
>> y1=log(x1);        % 定义第一个函数
>> y2=exp(x2)./5000;  % 定义第二个函数
>> plot(x1,y1,x2,y2)  % 绘制函数曲线
```

运行结果如图 5-6 所示。

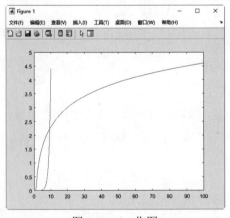

图 5-6　plot 作图

（4）plot(x,y,s)。其中 x、y 为向量或矩阵，s 为用单引号标记的字符串，用来设置所画数据点的类型、大小、颜色以及数据点之间连线的类型、粗细、颜色等。实际应用中，s 是某些字母或符号的组合，这些字母和符号会在后面进行介绍。s 可以省略，此时将由 MATLAB 系统默认设置。

（5）plot(x1,y1,s1,x2,y2,s2,…)。这种格式的用法与用法（3）相似，不同之处的是此格式有参数的控制，运行此函数等价于依次执行 plot(xi,yi,si)，其中 $i=1,2,…$。

3. fimplicit 隐函数绘图函数

如果方程 $f(x,y)=0$ 能确定 y 是 x 的函数，那么称这种方式表示的函数是隐函数。隐函数不一定能写为 $y=f(x)$ 的形式。

fimplicit 函数的主要调用格式及说明如表 5-1 所示。

表 5-1　fimplicit 函数调用格式及说明

调用格式	说　明
fimplicit(f)	在 x 默认区间 [-5, 5] 内绘制由隐函数 $f(x,y)=0$ 定义的曲线。定义的曲线改用函数句柄，例如"sin(x+y)"，改为@"(x,y)sin(x+y)"
fimplicit(f,interval)	在 interval 指定的范围内画出隐函数 $f(x,y)=0$ 的图形，将区间指定为 [xmin, xmax] 形式的二元素向量
fimplicit(ax,…)	绘制图形到由 ax 指定的坐标区中，而不是当前坐标区（GCA）。指定坐标区作为第一个输入参数
fimplicit(…,LineSpec)	指定线条样式、标记符号和线条颜色
fimplicit(…,Name,Value)	使用一个或多个名称-值对组参数指定线条属性
fp = fimplicit(…)	根据输入返回函数行对象或参数化函数行对象。使用 fp 可查询和修改线条行属性

例 5-6：绘制隐函数 $\sin(3x)-e^y=0$ 的图像。

解　MATLAB 程序如下：

```
>> close all                              % 关闭当前已打开的文件
>> clear                                  % 清除工作区的变量
>> syms x y                               % 定义符号变量 x 和 y
>> fp= fimplicit(@(x,y) sin(3*x)-exp(y)); % 绘制函数曲线，将函数对象属性赋值给 fp
>> fp.LineStyle = ':';                     % 设置曲线线型为点线
>> fp.Marker = '*';                        % 在曲线中显示标记，标记类型为六角星
```

运行结果如图 5-7 所示。

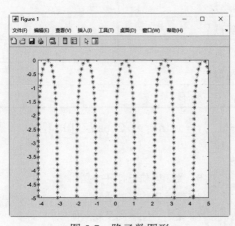

图 5-7　隐函数图形

视频讲解

4．设置曲线样式

曲线一律采用"实线"线型，不同曲线将按表 5-3 所给出的前 7 种颜色（蓝、绿、红、青、品红、黄、黑）顺序着色。

s 的合法设置参数如表 5-2～表 5-4 所示。

表 5-2　线型符号及说明

线型符号	符号含义	线型符号	符号含义
-	实线（默认值）	:	点线
--	虚线	-.	点画线

表 5-3　颜色控制字符表

字　符	色　彩	RGB 值
b(blue)	蓝色	001
g(green)	绿色	010
r(red)	红色	100
c(cyan)	青色	011
m(magenta)	品红	101
y(yellow)	黄色	110
k(black)	黑色	000
w(white)	白色	111

表 5-4　线型控制字符表

字　符	数据点	字　符	数据点
+	加号	>	向右三角形
o	小圆圈	<	向左三角形
*	星号	s	正方形
.	实点	h	正六角星
x	交叉号	p	正五角星
d	棱形	v	向下三角形
^	向上三角形		

例 5-7：用图形表示函数 $y = e^{-x}, y = x\sin x, y = 2\cos x$ 在 $[0,1]$ 区间十等分点处的值。

解　MATLAB 程序如下：

视频讲解

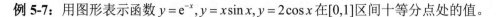

```
>> close all              % 关闭当前已打开的文件
>> clear                  % 清除工作区的变量
>> x=0:0.1:1;             % 指定绘图区间及间隔值
>> y1=exp(-x);            % 定义函数 y1
```

```
>> y2=x.*sin(x);                  % 定义函数 y2
>> y3=2*cos(x);                   % 定义函数 y3
>> plot(x,y1,'b*',x,y2,'md',x,y3,'r')  % 指定函数曲线的线型和颜色，并绘图
>> grid on                        % 显示网格
```

运行结果如图 5-8 所示。

5.1.2　多图形显示

在实际应用中，为了进行不同数据的比较，有时需要在同一个视窗下观察不同的图像，这就需要用不同的操作函数进行设置。

1．图形分割

如果要在同一图形窗口中分割出所需要的几个窗口来，可以使用 subplot 函数，它的调用格式如下：

☑　subplot(m,n,p)：将当前窗口分割成 $m \times n$ 个视图区域，并指定第 p 个视图为当前视图。

☑　subplot('position',[left bottom width height])：产生的新子区域的位置由用户指定，后面的四元组为区域的具体参数控制，宽与高的取值范围都是[0,1]。

需要注意的是，这些子图的编号是按行来排列的，例如第 s 行第 t 个视图区域的编号为 $(s-1) \times n+t$ 。如果在执行此函数之前并没有任何图形窗口被打开，那么系统将会自动创建一个图形窗口，并将其分割成 $m \times n$ 个视图区域。

在命令行窗口中输入下面的程序：

```
>> subplot(2,1,1)
>> subplot(2,1,2)
```

弹出如图 5-9 所示的图形显示窗口，在该窗口中显示两行一列两个图形。

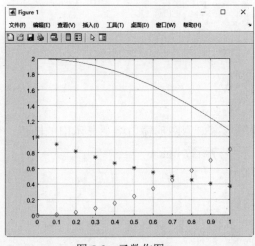

图 5-8　函数作图

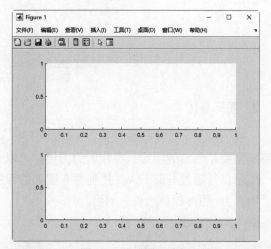

图 5-9　显示图形分割

例 5-8：显示 4×4 图形分割。

解 MATLAB 程序如下：

```
>> close all                          % 关闭当前已打开的文件
>> clear                              % 清除工作区的变量
>> t1=(0:11)/11*pi;                   % 指定绘图区间及间隔值
>> t2=(0:400)/400*pi;                 % 指定绘图区间及间隔值
>> t3=(0:50)/50*pi;                   % 指定绘图区间及间隔值
>> y1=cos(t1).*cos(5*t1);             % 定义函数 y1
>> y2=cos(t2).*cos(5*t2);             % 定义函数 y2
>> y3=cos(t3).*cos(5*t3);             % 定义函数 y3
>> subplot(2,2,1),plot(t1,y1,'r.')    % 激活 2 行 2 列图窗中的第 1 个视窗，绘制图形 1
>> title('(1)点过少的离散图形')         % 为第一个图形添加标题
>> subplot(2,2,2),plot(t1,y1,t1,y1,'r.') % 激活第 2 个视窗，绘制图形 1
>> title('(2)点过少的连续图形')         % 为第二个图形添加标题
>> subplot(2,2,3),plot(t2,y2,'r.')    % 激活第 3 个视窗，绘制图形 2
>> title('(3)点密集的离散图形')         % 为第三个图形添加标题
>> subplot(2,2,4),plot(t3,y3)         % 激活第 4 个视窗，绘制图形 3
>> title('(4)点足够的连续图形')         % 为第四个图形添加标题
```

运行结果如图 5-10 所示。

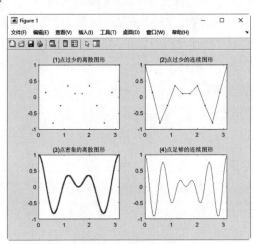

图 5-10　绘制图形

2. 图形叠加

一般情况下，绘图函数每执行一次就刷新一次当前图形窗口，图形窗口将不显示旧的图形。但若有特殊需要，在旧的图形上叠加新的图形，可以使用图形保持函数 hold。

图形保持函数 hold on/off 控制原有图形的保持与不保持。

例 5-9：图形保持函数的应用。

解 MATLAB 程序如下：

```
>> close all                          % 关闭当前已打开的文件
>> clear                              % 清除工作区的变量
>> x = linspace(-pi,pi);              % 将 x 定义为介于 –π～π 的线性间隔值
```

```
>> y1 =sin(x).*exp(x);        % 指定函数 y1
>> plot(x,y1)                 % 显示图形 1, 如图 5-11 所示
>> hold on                    % 打开保持函数
>> y2 = cos(x).*sin(x);       % 指定函数 y2
>> plot(x,y2)                 % 未输入保持关闭函数, 叠加显示图形 2, 如在图 5-12 所示
>> hold off                   % 关闭保持函数
>> y3 =2*sin(3*x);            % 指定函数 y3
>> plot(x,y3)                 % 单独显示图形 3, 如图 5-13 所示
```

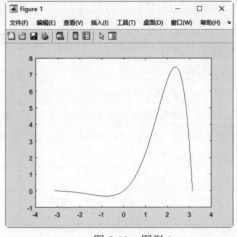

图 5-11　图形 1

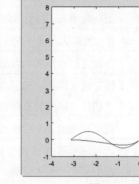

图 5-12　叠加图形

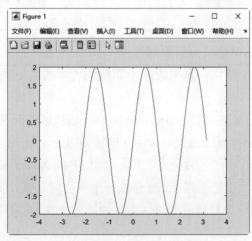

图 5-13　图形 3

5.1.3　函数图形的绘制

fplot 函数是一个专门用于画图像的函数。plot 函数也可以画一元函数图像, 两个函数的区别如下:

☑　plot 函数是依据给定的数据点来作图的, 而在实际应用中, 一般并不清楚函数的具体情况, 因此依据所选取的数据点作的图像可能会忽略真实函数的某些重要特性, 给科研工作造成不可估计的损失。

☑ fplot 函数用来指导数据点的选取，通过其内部自适应算法，它在函数变化比较平稳处所取的数据点会相对稀疏一点，在函数变化明显处所取的数据点则会自动密一些，因此用 fplot 函数所作出的图像要比用 plot 函数作出的图像光滑准确。

fplot 函数的主要调用格式及说明如表 5-5 所示。

表 5-5　fplot 函数调用格式及说明

调用格式	说　明
fplot(f,lim)	在指定的范围 lim 内画出一元函数 f 的图形
fplot(f,lim,s)	用指定的线型 s 画出一元函数 f 的图形
fplot(f,lim,n)	画一元函数 f 的图形时，至少描出 $n+1$ 个点
fplot(funx,funy)	在 t 的默认间隔[- 5, 5]上绘制由 x=funx(t)和 y=funy(t)定义的曲线
fplot(funx,funy,tinterval)	在指定的时间间隔内绘制。将间隔指定为[tmin, tmax]形式的二元向量
fplot(…,LineSpec)	指定线条样式、标记符号和线条颜色。例如，' - r'绘制一条红线。在前面语法中的任何输入参数组合之后使用此选项
fplot(…,Name,Value)	使用一个或多个名称-值对参数指定线条属性
fplot(ax,…)	绘制图形到由 ax 指定的坐标区中，而不是当前坐标区（GCA）。指定坐标区作为第一个输入参数
fp = fplot(…)	根据输入返回函数行对象或参数化函数行对象。使用 fp 可查询和修改线条属性
[X,Y] = fplot(f,lim,…)	返回横坐标与纵坐标的值给变量 X 和 Y

对于表 5-5 中的各种用法有下面几点需要说明：

☑ f 对字符向量输入的支持将在未来版本中删除，可以改用函数句柄，例如"sin(x)"，改为"@(x)sin(x)"。

☑ lim 是一个指定 x 轴范围的向量[xmin,xmax]或者 y 轴范围的向量 [ymin,ymax]。

☑ [X,Y] = fplot(f,lim,…)不会画出图形，如用户想画出图形，可用函数 plot(X,Y)。这个语法将在将来的版本中删除，取而代之的是使用 line 对象 FP 的 XData 和 YData 属性。

☑ fplot 函数中的参数 n 至少把范围 limits 分成 n 个小区间，最大步长不超过(xmax-xmin)/n。

☑ fplot 不再支持用于指定误差容限或评估点数的输入参数。若要指定评估点数，使用网格密度属性。

例 5-10： 绘制函数 $y = \cos^2(x),\ y = \cos^3(x), x \in [1,4]$ 的图像。

解 MATLAB 程序如下：

视频讲解

```
>> close all                           % 关闭当前已打开的文件
>> clear                               % 清除工作区的变量
>> subplot(2,1,1),fplot(@(x)cos(x).^2,[1,4]);    % 在第 1 个图窗中绘制指定区间的函数曲线
>> subplot(2,1,2),fplot(@(x)cos(x).^3,[1,4]);    % 在第 2 个图窗中绘制指定区间的函数曲线
```

运行结果如图 5-14 所示。

例 5-11：作出函数 $y = \sin\dfrac{1}{x}$，$x \in [0.01, 0.02]$ 的图像。

解　MATLAB 程序如下：

```
>> close all                              % 关闭当前已打开的文件
>> clear                                  % 清除工作区的变量
>> x=linspace(0.01,0.02,50);              % 将 x 定义为介于 0.01～0.02 的 50 个线性间隔值
>> y=sin(1./x);                           % 定义函数 y
>> subplot(2,1,1),plot(x,y)               % 在第 1 个视窗中以 x 为横坐标绘制 y 的图形
>> subplot(2,1,2),fplot(@(x)sin(1./x),[0.01,0.02])   % 在第 2 个视窗中绘制 y 的图形
```

运行结果如图 5-15 所示。

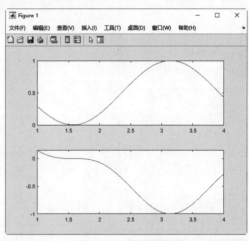

图 5-14　函数图形

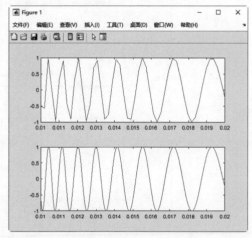

图 5-15　fplot 与 plot 的比较

注意

从图 5-15 中可以很明显地看出，fplot 函数所作的图要比用 plot 函数所作的图光滑精确。这主要是由于 plot 函数分点取得太少，也就是说对区间的划分还不够细，读者往往会以为对长度为 0.01 的区间作 50 等分的划分已经够细了，事实上这远不能精确地描述原函数。

例 5-12：绘制隐函数 $f(x) = \mathrm{e}^{2x}$，$f(x) = \mathrm{e}^{x^2}$，$f(x) = \mathrm{e}^{x^2+2x}$，$x \in (-\pi, \pi)$ 的图像。

解　MATLAB 程序如下：

```
>> close all                    % 关闭当前已打开的文件
>> clear                        % 清除工作区的变量
>> syms x                       % 定义符号变量 x
>> f=exp(x^2+2*x);              % 定义以符号变量 x 为自变量的函数表达式 f
% 将视图分为 2 行 2 列 4 个视窗，在视窗 1 中绘制函数曲线，将函数对象属性赋值给 fp
>> subplot(2,2,1),fp=fplot(@(x) exp(2*x),[-pi,pi]);
>> fp.LineStyle = '-.';         % 设置曲线线型为点画线
```

```
>> subplot(2,2,2),fp=fplot(@(x) exp(x.^2),[-pi,pi]);      % 在视窗 2 中绘制函数曲线，将函数对象属性赋值给 fp
>> fp.Color = 'r';              % 设置曲线颜色为红色
>> subplot(2,2,3),fp=fplot(@(x) exp(x.^2+2*x),[-pi,pi]); % 在视窗 3 中绘制函数曲线，将函数对象属性赋值给 fp
>> fp.Marker = 'x';             % 设置曲线标记类型为五角星
>> fp.MarkerEdgeColor = 'b';    % 设置曲线标记颜色为蓝色
>> subplot(2,2,4),fplot(f)      % 在视窗 4 中绘制函数曲线
```

运行结果如图 5-16 所示。

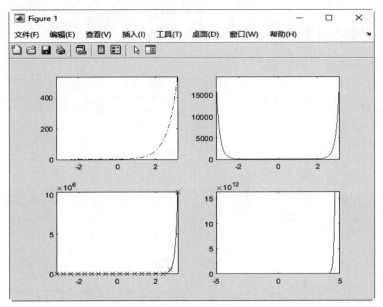

图 5-16　函数图形

📢注意

若能由函数方程 $F(x, y) = 0$ 确定 y 为 x 的函数 $y = f(x)$，即 $F(x, f(x)) \equiv 0$，就称 y 是 x 的隐函数。

视频讲解

例 5-13：将窗口分为 3 个，分别绘制下面的函数图形。

$$f(x) = \sin^2 x, f(x) = \cos^5 x, f(x) = \sin^2 x + \cos^5 x, x \in (0, 5\pi)$$

解　MATLAB 程序如下：

```
>> close all                              % 关闭当前已打开的文件
>> clear                                  % 清除工作区的变量
>> syms x                                 % 定义符号变量 x
>> subplot(1,3,1),fplot(sin(x)^2,[0,5*pi])        % 将视窗分为 1 行 3 列，在视窗 1 中绘制函数曲线
>> subplot(1,3,2),fplot(cos(x)^5,[0,5*pi])        % 在视窗 2 中绘制函数曲线
>> subplot(1,3,3),fplot(sin(x)^2+cos(x)^5,[0,5*pi]) % 在视窗 3 中绘制函数曲线
```

运行结果如图 5-17 所示。

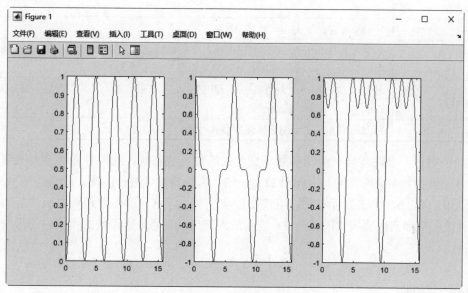

图 5-17　函数图形

5.2　图形属性设置

本节内容是学习用 MATLAB 绘图最重要的部分，也是学习后文内容的基础。本节将会详细介绍一些常用的控制参数。

5.2.1　图形放大与缩小

在工程实际中，常常需要对某个图像的局部性质进行仔细观察，可以通过 zoom 函数将局部图像进行放大，从而便于用户观察。

zoom 函数的调用格式及说明如表 5-6 所示。

表 5-6　zoom 函数调用格式及说明

调用格式	说　　明
zoom on	打开交互式图形放大功能
zoom off	关闭交互式图形放大功能
zoom out	将系统返回非放大状态，并将图形恢复原状
zoom reset	系统将记住当前图形的放大状态，作为放大状态的设置值，当使用 zoom out 或双击鼠标时，图形并不是返回到原状，而是返回 reset 时的放大状态
zoom	用于切换放大的状态：on 和 off
zoom xon	只对 x 轴进行放大

续表

调用格式	说　明
zoom yon	只对 y 轴进行放大
zoom(factor)	用放大系数 factor 进行放大或缩小，而不影响交互式放大的状态。若 factor>1，系统将图形放大 factor 倍；若 0<factor≤1，系统将图形放大 1/factor 倍
zoom(fig, option)	对窗口 fig（不一定为当前窗口）中的二维图形进行放大，其中参数 option 为 on、off、xon、yon、reset、factor 等
H=zoom(figure_handle)	返回图窗 figure_handle 的缩放模式对象

使用这个函数时，要注意当一个图形处于交互式的放大状态时，有两种方法放大图形。一种是用鼠标左键单击需要放大的部分，可使此部分放大一倍，这一操作可进行多次，直至达到 MATLAB 的最大显示比例为止（注意，单击鼠标右键，可使图形缩小一半，这一操作可进行多次，直到还原图形为止）。另一种是用鼠标拖出要放大的部分，系统将放大选定的区域。该函数的作用与图形窗口中放大图标的作用相同。

5.2.2　颜色控制

在绘图的过程中，给图形加上不同的颜色，会大大增加图像的可视化效果。在计算机中，颜色是通过对红、绿、蓝三种颜色进行适当的调配得到的。在 MATLAB 中，这种调配用一个三维向量 $[R, G, B]$ 实现（格式为[R G B]），其中 R、G、B 的值代表 3 种颜色之间的相对亮度，取值范围均在 0~1。如表 5-7 所示，列出了一些常用的颜色调配方案。

表 5-7　颜色调配表

调配矩阵	颜　色	调配矩阵	颜　色
[1 1 1]	白色	[1 1 0]	黄色
[1 0 1]	洋红色	[0 1 1]	青色
[1 0 0]	红色	[0 0 1]	蓝色
[0 1 0]	绿色	[0 0 0]	黑色
[0.5 0.5 0.5]	灰色	[0.5 0 0]	暗红色
[1 0.62 0.4]	红负色	[0.49 1 0.83]	碧绿色

在 MATLAB 中，控制及实现这些颜色调配的主要函数为 colormap，它的调用格式也非常简单，如表 5-8 所示。

表 5-8　colormap 函数调用格式及说明

调用格式	说　明
colormap([R G B])	设置当前色图为由向量（R, G, B）所调配出的颜色
colormap('default')	设置当前色图为默认颜色
cmap = colormap	获取当前色的调配矩阵

利用调配矩阵来设置颜色是很麻烦的。为了使用方便,MATLAB 提供了几种常用的色图。如表 5-9 所示,是这些色图的名称及调用函数。

表 5-9 色图及调用函数

调用函数	色图名称	调用函数	色图名称
autumn	红色黄色阴影色图	jet	hsv 的一种变形(以蓝色开始和结束)
bone	带一点儿蓝色的灰度色图	lines	线性色图
colorcube	增强立方色图	pink	粉红色图
cool	青红浓淡色图	prism	光谱色图
copper	线性铜色	spring	洋红黄色阴影色图
flag	红、白、蓝、黑交错色图	summer	绿色黄色阴影色图
gray	线性灰度色图	white	全白色图
hot	黑、红、黄、白色图	winter	蓝色绿色阴影色图
hsv	色彩饱和色图(以红色开始和结束)		

5.3 坐标系与坐标轴

在工程实际中,往往会涉及不同坐标系或坐标轴下的图像问题,一般情况下绘图函数使用的都是笛卡尔(直角)坐标系,下面简单介绍几个工程计算中常用的其他坐标系下的绘图函数。

5.3.1 坐标系的调整

MATLAB 的绘图函数可根据要绘制的曲线数据的范围自动选择合适的坐标系,使得曲线尽可能清晰地显示出来。所以,一般情况下用户不必自己选择绘图坐标系。但是有些图形,如果用户感觉自动选择的坐标系不合适,则可以利用函数 axis 选择新的坐标系。

axis 函数用于控制坐标轴的显示、刻度、长度等特征,如表 5-10 所示,为 axis 函数常用的调用格式及说明。

表 5-10 axis 函数调用格式及说明

调用格式	说　明
axis([xmin xmax ymin ymax])	设置当前坐标轴的 x 轴与 y 轴的范围
axis([xmin xmax ymin ymax zmin zmax])	设置当前坐标轴的 x 轴、y 轴与 z 轴的范围
axis([xmin xmax ymin ymax zmin zmax cmin cmax])	设置当前坐标轴的 x 轴、y 轴与 z 轴的范围以及当前颜色刻度范围
v = axis	返回一包含 x 轴、y 轴与 z 轴的刻度因子的行向量,其中 v 为一个四维或六维向量,这取决于当前坐标系为二维还是三维的

调用格式	说　明
axis auto	自动计算当前轴的范围，该函数也可针对某一个具体坐标轴使用，例如：auto x 为自动计算 x 轴的范围；auto yz 为自动计算 y 轴与 z 轴的范围
axis manual	把坐标固定在当前的范围。这样，若保持状态（hold）为 on，后面的图形仍用相同界限
axis tight	把坐标轴的范围定为数据的范围，即将三个方向上的纵横比设为同一个值
axis fill	该函数用于将坐标轴的取值范围分别设置为绘图所用数据在相应方向上的最大、最小值
axis ij	将二维图形的坐标原点设置在图形窗口的左上角，坐标轴 i 垂直向下，坐标轴 j 水平向右
axis xy	使用笛卡尔坐标系
axis equal	设置坐标轴的纵横比，使在每个方向的数据单位都相同，其中 x 轴、y 轴与 z 轴将根据所给数据在各个方向的数据单位自动调整其纵横比
axis image	效果与函数 axis equal 相同，只是图形区域刚好紧紧包围图像数据
axis square	设置当前图形为正方形（或立方体形），系统将调整 x 轴、y 轴与 z 轴，使它们有相同的长度，同时相应地自动调整数据单位之间的增加量
axis normal	自动调整坐标轴的纵横比，还有用于填充图形区域的、显示于坐标轴上的数据单位的纵横比
axis vis3d	该命令将冻结坐标系此时的状态，以便进行旋转
axis off	关闭所用坐标轴上的标记、格栅和单位标记，但保留由 text 和 gtext 设置的对象
axis on	显示坐标轴上的标记、单位和格栅
[mode,visibility,direction] = axis('state')	返回表明当前坐标轴设置属性的三个参数 mode、visibility、direction，它们的可能取值见表 5-11

表 5-11　表明当前坐标轴设置属性的参数

参　数	可能取值
mode	auto 或 manual
visibility	on 或 off
direction	xy 或 ij

视频讲解

例 5-14： 调整坐标系。

解　MATLAB 程序如下：

```
>> close all            % 关闭当前已打开的文件
>> clear                % 清除工作区的变量
>> x = 0:pi/100:2*pi;   % 创建由 0～2π 的线性分隔值组成的向量 x，元素间隔为 π/100
>> y = cos(x).^5;       % 定义以向量 x 为自变量的函数表达式 y
>> plot(x,y)            % 自动显示坐标系，如图 5-18（a）所示
>> axis([0 pi -2 2])    % 调整坐标系后的图形，如图 5-18（b）所示
```

运行结果如图 5-18 所示。

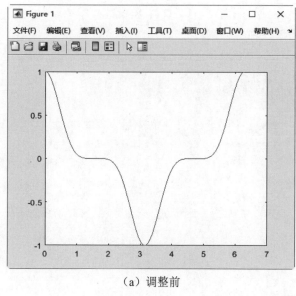
（a）调整前

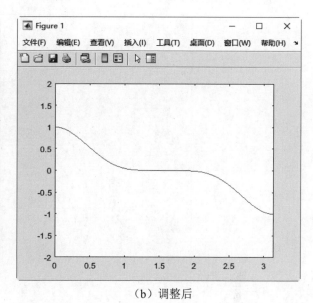
（b）调整后

图 5-18　调整坐标系

5.3.2　极坐标系下绘图

在 MATLAB 中，polar 函数可用来绘制极坐标系下的函数图像，一般可使用 polarplot 函数替代，polarplot 函数的调用格式及说明如表 5-12 所示。

表 5-12　polarplot 函数调用格式及说明

调用格式	说　明
polarplot (theta,rho)	在极坐标中绘图，theta 代表弧度，rho 代表极坐标矢径
polarplot (theta,rho,s)	在极坐标中绘图，参数 s 的内容与 plot 函数相似，表示曲线线型与颜色等

例 5-15：极坐标系下向量绘图。

解　MATLAB 程序如下：

```
>> close all              % 关闭当前已打开的文件
>> clear                  % 清除工作区的变量
>> theta = linspace(0,6*pi);   % 创建 0～6π 的向量 theta，包含 100 个元素
>> rho1 = theta/10;        % 定义以向量 x 为自变量的函数表达式 y
>> polarplot(theta,rho1)   % 在极坐标中，以 theta 为弧度、rho 为极坐标矢径绘图，曲线默认为蓝色实线
>> rho2 = theta/12;        % 定义极坐标矢径变量 rho2
>> hold on                 % 打开保持命令，叠加图形
>> polarplot(theta,rho2,'--')   % 在极坐标中以 theta 为弧度、rho2 为极坐标矢径绘图，曲线为红色虚线
>> hold off                % 关闭保持命令
```

视 频 讲 解

运行结果如图 5-19 所示。

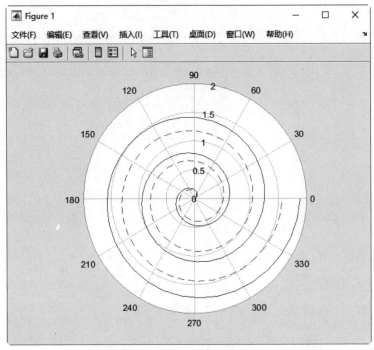

图 5-19 极坐标坐标系

5.3.3　半对数坐标系下绘图

半对数坐标系在工程中也是很常用的，MATLAB 提供的 semilogx 与 semilogy 函数可以很容易实现这种作图方式。semilogx 函数用来绘制 x 轴为半对数坐标的曲线，semilogy 函数用来绘制 y 轴为半对数坐标的曲线，它们的调用格式是一样的。以 semilogx 函数为例，其调用格式及说明如表 5-13 所示。

表 5-13　semilogx 函数调用格式及说明

调用格式	说　明
semilogx(X)	绘制以 10 为底对数刻度的 x 轴和线性刻度的 y 轴的半对数坐标曲线，若 X 是实矩阵，则按列绘制每列元素值相对其下标的曲线图；若为复矩阵，则等价于 semilogx(real(X),imag(X)) 函数
semilogx(X1,Y1,…)	对坐标对 (X_i,Y_i) $(i=1,2,…)$ 绘制所有的曲线，如果 (X_i,Y_i) 是矩阵，则以 (X_i,Y_i) 对应的行或列元素为横纵坐标绘制曲线
semilogx(X1,Y1, LineSpec,…)	对坐标对 (X_i,Y_i) $(i=1,2,…)$ 绘制所有的曲线，其中 LineSpec 是控制曲线线型、标记以及色彩的参数
semilogx(…,'PropertyName',PropertyValue,…)	对所有用 semilogx 函数生成的图形对象的属性进行设置
semilogx(ax,...)	由 ax 指定的坐标创建曲线
h = semilogx(…)	返回 line 图形句柄向量，每条线对应一个句柄

视频讲解

例 5-16：直角坐标系与半对数坐标转换。

解　MATLAB 程序如下：

```
>> close all          % 关闭当前已打开的文件
>> clear              % 清除工作区的变量
>> x = 0:60;          % 创建介于 0～60 的 60 个元素组成的向量 x，元素默认间隔为 1
>> y = sin(x).^2;     % 定义以向量 x 为自变量的函数表达式 y
>> plot(x,y)          % 在图窗 Figure1 以 x 为横坐标、以 y 为纵坐标绘制直角坐标系下的曲线
>> figure             % 新建图形窗口
>> semilogx(x,y)      % 在新图窗绘制半对数坐标下的曲线
```

运行结果如图 5-20 所示。

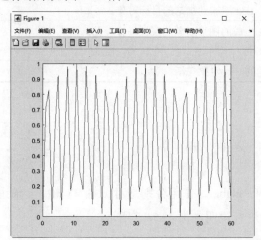
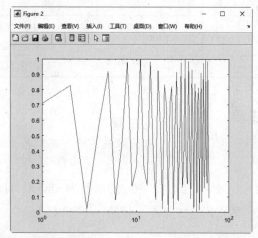

图 5-20　不同坐标系下的函数曲线

除了上面的半对数坐标绘图外，MATLAB 还提供了双对数坐标系下的绘图函数 loglog，它的调用格式如下：

☑　loglog(Y)。

☑　loglog(X1,Y1,…)。

☑　loglog(X1,Y1,LineSpec,…)。

☑　loglog(…,'PropertyName',PropertyValue,…)。

☑　loglog(ax,…)。

☑　h = loglog(…)。

格式与半对数坐标类似，这里不再赘述。

5.4　图　形　注　释

MATLAB 中提供了一些常用的图形标注函数，利用这些函数可以为图形添加标题、为图形的坐标轴添加标注、为图形添加图例，也可以把说明、注释等文本放到图形的任何位置。

143

5.4.1 注释图形标题及轴名称

在 MATLAB 绘图函数中，title 函数用于给图形对象加标题，它的调用格式及说明，如表 5-14 所示。

表 5-14　title 函数调用格式及说明

调用格式	说　明
title('text')	在当前坐标轴上方正中央放置字符串 string 作为图形标题
title(target,'text')	将标题字符串 text 添加到指定的目标对象
title('text','PropertyName',PropertyValue,…)	对由函数 title 生成的图形对象的属性进行设置，输入参数 text 为要添加的标注文本
h = title(…)	返回作为标题的 text 对象句柄

注意

利用 gcf 与 gca 可以获取当前图形窗口与当前坐标轴的句柄。

对坐标轴进行标注，相应的函数为 xlabel、ylabel、zlabel，作用分别是对 x 轴、y 轴、z 轴进行标注，它们的调用格式都是一样的，下面以 xlabel 为例进行说明，如表 5-15 所示。

表 5-15　xlabel 函数调用格式及说明

调用格式	说　明
xlabel('string')	在当前轴对象中的 x 轴上标注说明语句 string
xlabel(fname)	先执行函数 fname，再在 x 轴旁边显示返回的字符串
xlabel('text','PropertyName',PropertyValue,…)	指定轴对象中要控制的属性名和要改变的属性值，参数 text 为要添加的标注名称

例 5-17：绘制三角函数图形。

解　MATLAB 程序如下：

```
>> close all              % 关闭当前已打开的文件
>> clear                  % 清除工作区的变量
>> x=linspace(0,10*pi,100);   % 创建 0～10π 的向量 x，元素个数默认为 100
>> plot(x,cos(x).^2+sin(x))   % 绘制曲线
>> title('三角函数之和')      % 在坐标轴正上方添加标题
>> xlabel('x 坐标')          % 在 x 轴上添加标签
>> ylabel('y 坐标')          % 在 y 轴上添加标签
```

运行结果如图 5-21 所示。

视频讲解

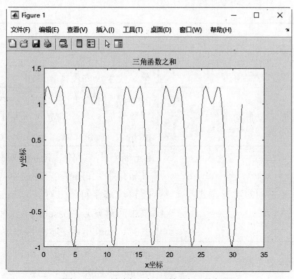

图 5-21　绘制三角函数图形并标注

5.4.2　图形标注

要给绘制的图形添加详细的标注，常用的两个函数是 text 与 gtext，它们均可以在图形的具体部位进行标注。

1. text 函数

text 函数的调用格式及说明如表 5-16 所示。

表 5-16　text 函数调用格式及说明

调用格式	说　明
text(x,y,'string')	在图形中指定的位置(x,y)上显示字符串 string
text(x,y,z,'string')	在三维图形空间中的指定位置(x,y,z)上显示字符串 string
text(x,y,z,'string','PropertyName',PropertyValue,…)	在三维图形空间中的指定位置(x,y,z)上显示字符串 string，且对指定的属性进行设置，文字属性名、含义及属性值的有效值与默认值见表 5-17
text(ax,…)	在 ax 指定的坐标区中创建文本标注
t = text(…)	返回一个或多个文本对象 t，使用 t 可以修改创建的文本对象的属性

表 5-17　text 函数属性列表

属性名	含　义	有效值	默认值
Editing	能否对文字进行编辑	on、off	off
Interpretation	tex 字符是否可用	tex、none	tex
Extent	text 对象的范围（位置与大小）	[left,bottom, width, height]	随机
HorizontalAlignment	文字水平方向的对齐方式	left、center、right	left

145

续表

属性名	含义	有效值	默认值
Position	文字范围的位置	[x,y,z]直角坐标系	[ ]（空矩阵）
Rotation	文字对象的方位角度	标量［单位为度（°）］	0
Units	文字范围与位置的单位	pixels（屏幕上的像素点）、normalized（把屏幕看成一个长、宽分别为 1 的矩形）、inches、centimeters、points、data	data
VerticalAlignment	文字垂直方向的对齐方式	normal（正常字体）、italic（斜体字）、oblique（斜角字）、top（文本外框顶上对齐）、cap（文本字符顶上对齐）、middle（文本外框中间对齐）、baseline（文本字符底线对齐）、bottom（文本外框底线对齐）	middle
FontAngle	设置斜体文字模式	normal（正常字体）、italic（斜体字）、oblique（斜角字）	normal
FontName	设置文字字体名称	用户系统支持的字体名或者字符串 FixedWidth	Helvetica
FontSize	设置文字字体大小	结合字体单位的数值	10 points
FontUnits	设置属性 FontSize 的单位	points （1 points＝1/72inches）、normalized（把父对象坐标轴作为单位长的一个整体，当改变坐标轴的尺寸时，系统会自动改变字体的大小）、inches、centimeters、pixels	points
FontWeight	设置文字字体的粗细	light（细字体）、normal（正常字体）、demi（黑体字）、bold（黑体字）	normal
Clipping	设置坐标轴中矩形的剪辑模式	on：当文本超出坐标轴的矩形时，超出的部分不显示 off：当文本超出坐标轴的矩形时，超出的部分显示	off
EraseMode	设置显示与擦除文字的模式	normal、none、xor、background	normal
SelectionHighlight	设置选中文字是否突出显示	on、off	on
Visible	设置文字是否可见	on、off	on
Color	设置文字颜色	有效的颜色值：ColorSpec	
HandleVisibility	设置文字对象句柄对其他函数是否可见	on、callback、off	on
HitTest	设置文字对象能否成为当前对象	on、off	on
Seleted	设置文字是否显示出"选中"状态	on、off	off
Tag	设置用户指定的标签	任何字符串	' '（即空字符串）
Type	设置图形对象的类型	字符串 text	

续表

属性名	含义	有效值	默认值
UserData	设置用户指定数据	任何矩阵	[]（即空矩阵）
BusyAction	设置如何处理对文字回调过程中断的句柄	cancel、queue	queue
ButtonDownFcn	设置当鼠标在文字上单击时，程序做出的反应	字符串	' '（即空字符串）
CreateFcn	设置当文字被创建时，程序做出的反应	字符串	' '（即空字符串）
DeleteFcn	设置当文字被删除（通过关闭或删除操作）时，程序做出的反应	字符串	' '（即空字符串）

表 5-15 中的这些属性及相应的值都可以通过 get 函数查看，用 set 函数进行修改。

text 函数中的 "\rightarrow" 是 TeX 字符串。在 MATLAB 中，TeX 中的一些希腊字母、常用数学符号、二元运算符号、关系符号以及箭头符号都可以直接使用。

例 5-18：绘制函数图形 $y = x^3 + e^x$ 并标注。

解　MATLAB 程序如下：

```
>> close all                    % 关闭当前已打开的文件
>> clear                        % 清除工作区的变量
>> x = linspace(-5,5);          % 创建-5～5 的向量 x，元素个数默认为 100
>> y = x.^3+exp(x);             % 定义以向量 x 为自变量的函数表达式 y
>> plot(x,y)                    % 绘制以 x 为横坐标、y 为纵坐标的蓝色实线曲线
>> xt = [-3 3];                 % 定义向量 xt，指定图形中的 x 轴标注位置
>> yt = [-24 46];               % 定义向量 yt，指定图形中的 y 轴标注位置
>> str = {'local min','local max'};   % 定义标注文本名称
>> text(xt,yt,str)              % 在[xt, yt]指定的标注位置添加文本标注
```

运行结果如图 5-22 所示。

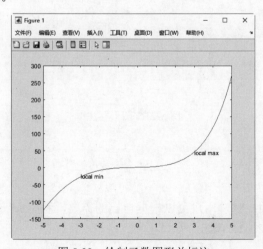

图 5-22　绘制函数图形并标注

2. gtext 函数

gtext 函数可以让鼠标在图形的任意位置进行标注。当鼠标指针进入图形窗口时，会变成一个大十字架形，等待用户的操作。它的调用格式如下：

gtext('string','property',propertyvalue,…)

调用这个函数后，图形窗口中的鼠标指针会成为十字光标，通过移动鼠标指针进行定位，即光标移到预定位置后按下鼠标左键或键盘上的任意键都会在光标位置显示指定文本"string"。由于要用鼠标操作，故该函数只能在 MATLAB 命令行窗口中使用。

例 5-19：绘制矩阵图形，并在曲线上标出红色函数名。

解 MATLAB 程序如下：

```
>> close all          % 关闭当前已打开的文件
>> clear              % 清除工作区的变量
>> A=magic(3);        % 创建魔方矩阵
>> plot(A)            % 根据矩阵绘制线条
>> gtext('magic(3)','Color','red','FontSize',14)
% 在图像上任意位置进行标注，名称为"My Plot"，标注颜色为红色，字体大小为 14
```

运行结果如图 5-23（a）所示，其中的十字形准线标记鼠标指针所在位置。单击鼠标，即可在指定位置添加标注，如图 5-23（b）所示。

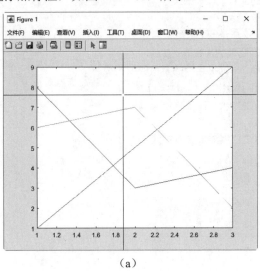
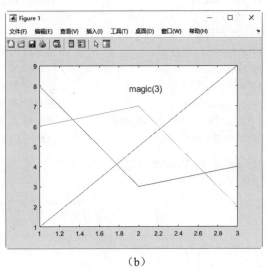

（a）　　　　　　　　　　　　　　　　　　　（b）

图 5-23　图形标注

5.4.3　图例标注

当在一幅图中出现多种曲线时，用户可以根据自己的需要，利用 legend 函数对不同的图例进行说明。它的调用格式及说明如表 5-18 所示。

表 5-18　legend 函数调用格式及说明

调用格式	说　明
legend	为每个绘制的数据序列创建一个带有描述性标签的图例
legend('string1','string2',…,Pos)	用指定的文字 string1，string2,…在当前坐标轴中对所给数据的每一部分显示一个图例
legend(subset,'string1','string2',…)	在图例的 subset 向量列出的数据序列的项中用指定的文字显示图例
legend(labels)	使用字符向量元胞数组、字符串数组或字符矩阵设置标签
legend(target,…)	在 target 指定的坐标区或图中添加图例
legend('off')	从当前的坐标轴中去除图例
legend(vsbl)	控制图例的可见性，vsbl 可设置为 hide、show 或 toggle
legend(bkgd)	删除图例背景和轮廓。bkgd 的默认值为 boxon，即显示图例背景和轮廓
legend(…,Name,Value)	使用一个或多个名称-值对组参数来设置图例属性。设置属性时，必须使用元胞数组{}指定标签
legend(…,'Location',lcn)	设置图例位置。Location 制定放置位置，包括 north、south、east、west、northeast 等
egend(…,'Orientation',ornt)	Ornt 指定图例放置方向，的默认值为 vertical，即垂直堆叠图例项；horizontal 表示并排显示图例项
lgd = legend(…)	返回 Legend 对象。可使用 lgd 在创建图例后查询和设置图例属性
lgd = legend(…)	返回 Legend 对象。可使用 lgd 在创建图例后查询和设置图例属性

例 5-20：添加绘图注释。

解　MATLAB 程序如下：

```
>> close all              % 关闭当前已打开的文件
>> clear                  % 清除工作区的变量
>> x=0:0.1:5;             % 创建 0~5 的向量 x，元素间隔为 0.1
>> y1=exp(0.5*x).*cos(2*x);   % 定义以向量 x 为自变量的函数表达式 y
>> y2=cos(x).^5;          % 定义以向量 x 为自变量的函数表达式 y
%曲线 1 是以 t 为横坐标、以 y1 为纵坐标的红色虚线；曲线 2 是以 t 为横坐标、以 y2 为纵坐标的蓝色点画线
>> plot(x,y1,'r-',x,y2,'b-.')
>> title('函数曲线');      % 为图形添加标题
>> legend('函数 1','函数 2');      % 为图形的曲线添加对应图例
>> xlabel('自变量 x');ylabel('函数值 y');      % 对 x 轴、y 轴进行标注，添加标签
>> grid on                % 显示网格线
```

在图形窗口中得到如图 5-24 所示的效果。

📢**注意**

在 MATLAB 中，汉字状态下输入的括号和标点等不被认为是命令的一部分，所以在输入命令的时候一定要在英文状态下输入完整命令。

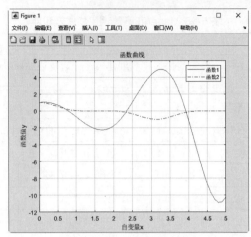

图 5-24　绘图注释函数

为了使图像的可读性更强，可以利用 grid 函数给二维或三维图形的坐标面增加网格线，它的调用格式及说明如表 5-19 所示。

表 5-19　grid 函数调用格式及说明

调用格式	说　　明
grid on	给当前的坐标轴增加网格线
grid off	从当前的坐标轴中去除网格线
grid	转换网格线的显示与否的状态
grid minor	切换改变次网格线的可见性。次网格线出现在刻度线之间。并非所有类型的图都支持次网格线
grid(axes_handle,on|off)	对指定的坐标轴 axes_handle 是否显示网格线

视频讲解

5.5　操作实例——编写一个普通话等级考试评定函数

普通话等级考试中，考试成绩若在 97~100（包括 97 和 100）分，则评定为"一级甲等"；若在 92~97（包括 92）分，则评定为"一级乙等"；若在 87~92（包括 87）分，则评定为"二级甲等"；若在 80~87（包括 80）分，则评定为"二级乙等"；若在 70~80（包括 70）分，则评定为"三级甲等"；若在 60~70（包括 60）分，则评定为"三级乙等"；若在 60 分以下，则评定为"不合格"。

操作步骤如下：

（1）创建函数文件 pst.m，程序如下：

```
function pst(Number,Name,Score)          % 函数文件定义三个输入变量
% 此函数用来评定普通话等级考试的成绩
% Name、Number、Score 为参数，需要用户输入
% Name 中的元素为学生姓名
% Number 中的元素为学生准考证号
```

```
% Score 中的元素为学分数
% 统计学生人数
n=length(Name);
%{将分数区间划开：一级甲等（97～100），一级乙等（92～97），二级甲等（87～92），二级乙等（80～
87），三级甲等（70～80），三级乙等（60～70），不合格（60 以下）%}
for i=0:20
    A_level{i+1}=97+i;
    if i<=20
        B_level{i+1}=92+i;
        if i<=20
            C_level{i+1}=87+i;
            if i<=20
                D_level{i+1}=80+i;
                if i<=20
                    E_level{i+1}=70+i;
                    if i<=20
                        F_level{i+1}=60+i;
                    end
                end
            end
        end
    end
end
% 创建存储成绩等级的数组
Level=cell(1,n);
% 创建结构体 S
S=struct('Number',Number,'Name',Name,'Score',Score,'Level',Level);
% 根据学生成绩，给出相应的等级
for i=1:n
    switch S(i).Score
        case A_level
            S(i).Level='一级甲等';        % 分数在 97～100 为 "一级甲等"
menu('S(i).Name', '普通话等级考试成绩为','一级甲等')
        case B_level
            S(i).Level='一级乙等';        % 分数在 92～97 为 "一级乙等"
        case C_level
            S(i).Level='二级甲等';        % 分数在 87～92 为 "二级甲等"
        case D_level
            S(i).Level='二级乙等';        % 分数在 80～87 为 "二级乙等"
        case E_level
            S(i).Level='三级甲等';        % 分数在 70～80 为 "三级甲等"
        case F_level
            S(i).Level='三级乙等';        % 分数在 60～70 为 "三级乙等"
        otherwise
            S(i).Level='不合格';         % 分数在 60 以下为 "不合格"
    end
```

```
end
% 显示所有学生的成绩等级评定系统
k=menu('普通话等级考试成绩查询','准考证号','姓名');
if k==1
    disp(['准考证号',blanks(12),'学生姓名',blanks(4),'成绩',blanks(8),'等级']);
for i=1:n
    disp([num2str(S(i).Number),blanks(8), num2str(S(i).Name),blanks(8),num2str(S(i).Score),blanks(8),S(i). Level]);
  end
 else
disp(['学生姓名',blanks(4),'准考证号',blanks(12),'成绩',blanks(8),'等级']);
for i=1:n
    disp([num2str(S(i).Name),blanks(8), num2str(S(i).Number),blanks(8),num2str(S(i).Score),blanks(8),S(i).Level]);
end
end
```

（2）构造一个成绩名单以及相应的分数，查看运行结果，程序如下：

```
>> close all                               % 关闭当前已打开的文件
>> clear                                    % 清除工作区的变量
>> Name={'赵一','张二','郑三','孙四','周五','钱六'};    % 定义学生名称变量 Name
>> Number={201805110101,201805110102, 201805110103, 201805110104, 201805110105, 201805110106};
                                            % 定义学生学号变量 Number
>> Score={90,48,82,99,65,100};              % 定义学生成绩变量 Score
>> pst(Number,Name,Score)
%{调用函数文件 pst，必须确保输入变量、输出变量的个数、类型与函数文件定义的相同，否则无法调用该函数
文件，出现警告与错误%}
```

弹出如图 5-25 所示的运行窗口，单击需要查询的选项按钮，显示不同的结果。

图 5-25　查询系统

选择"准考证号"，函数行窗口显示如下结果：

准考证号	学生姓名	成绩	等级
201805110101	赵一	90	二级甲等
201805110102	张二	48	不合格
201805110103	郑三	82	二级乙等
201805110104	孙四	99	一级甲等
201805110105	周五	65	三级乙等
201805110106	钱六	100	一级甲等

选择"姓名",函数行窗口显示如下结果:

学生姓名	准考证号	成绩	等级
赵一	201805110101	90	二级甲等
张二	201805110102	48	不合格
郑三	201805110103	82	二级乙等
孙四	201805110104	99	一级甲等
周五	201805110105	65	三级乙等
钱六	201805110106	100	一级甲等

(3)绘制成绩与分数线图,程序如下:

```
>> a= [Score{1} Score{2} Score{3} Score{4} Score{5} Score{6}];     %将单位性变量转换为矩阵 a
>> plot(a)                                                          % 绘制成绩图形
>> hold on                                                          % 打开保持命令
>> title('学生成绩')                                                % 添加标题
>> gtext('考试成绩','Color','red','FontSize',14)                    % 以指定格式在图窗中添加文本
>> line([0,6],[60,60],'linestyle','--','color','r');               % 绘制分数线
>> gtext('及格线','Color','b','FontSize',14)                        % 以指定格式在图窗中添加文本
```

在图形界面显示如图 5-26 所示的考试成绩显示图。

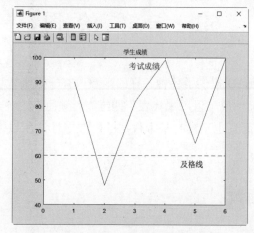

图 5-26　成绩显示图

第 **6** 章

三维图形绘制

MATLAB 三维图形绘制涉及的问题比二维图形绘图多，用于三维绘图的高级绘图函数对许多问题都设置了默认值，应尽量使用这些默认值，必要时认真阅读联机帮助文档。

6.1 三 维 绘 图

为了显示三维图形，MATLAB 提供了各种各样的函数。有一些函数可在三维空间中画线，有一些可以画曲面与线格框架。另外，颜色可以用来代表第四维。当颜色以这种方式使用时，不再具有像照片中那样显示色彩的自然属性，而且也不具有基本数据的内在属性，所以把它称为彩色。本章主要介绍三维图形的作图方法和效果。

6.1.1 三维曲线绘图函数

1. plot3 函数

plot3 函数是二维绘图函数 plot 的扩展，因此它们的调用格式也基本相同，只是在参数中多加了一个第三维的信息。例如，plot(x,y,s)与 plot3(x,y,z,s)的意义是一样的，前者绘的是二维图，后者绘的是三维图，后面的参数 *s* 也是用来控制曲线的类型、粗细、颜色等。因此，这里不再给出它的具体调用格式，读者可以按照 plot 函数的调格式来使用。

例 6-1： 绘制二维图形和三维图形。

解 MATLAB 程序如下：

视频讲解

```
>> close all          % 关闭当前已打开的文件
>> clear              % 清除工作区的变量
```

```
>> z = linspace(0,4*pi,250);        % 创建由 250 个介于 0～4π 的元素组成的向量 z
>> x = cos(2.*z);                   % 定义以向量 z 为自变量的函数表达式 x，生成向量 x
>> y = sin(2.*z) + rand(1,250);     % 定义以向量 x 为自变量的函数表达式 y，生成向量 y
>> plot(y,z)                        % 绘制二维图形，以 y 为横坐标、z 为纵坐标的蓝色实线，如图 6-1 所示
>> plot3(x,y,z)                     % 绘制三维图形，以 x 为横坐标、y 为纵坐标、z 为竖坐标的蓝色三维实
                                    % 线，如图 6-2 所示
```

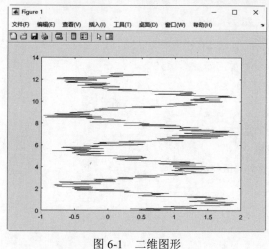

图 6-1　二维图形

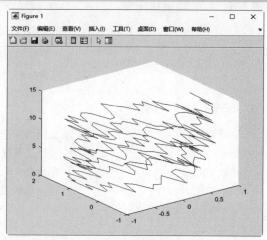

图 6-2　三维图形

2. fplot3 函数

与二维情况一样，三维绘图里也有一个参数化曲线绘图函数 fplot3，该函数的调用格式及说明如表 6-1 所示。

表 6-1　fplot3 函数调用格式及说明

调用格式	说　明
fplot3(x,y,z)	在默认区间 $[-5,5]$ 上画出空间曲线 $x = x(t)$，$y = y(t)$，$z = z(t)$ 的图形
fplot3(x,y,z,[a,b])	绘制上述参数曲线在指定区间 $[a\ b]$ 上的三维网格图
fplot3(⋯,LineSpec)	设置三维曲线线型、标记符号和线条颜色
fplot3(⋯,Name,Value)	使用一个或多个名称-值对组参数指定线条属性
fplot3(ax,⋯)	将图形绘制到 ax 指定的坐标区中，而不是当前坐标区中
fp = fplot3(⋯)	使用此对象查询和修改特定线条的属性

例 6-2：绘制三维图形。

$$\begin{cases} y_1 = \sin x \cos 2x \\ y_2 = \sin x \sin 2x, x \in [0,\pi] \\ y_3 = \sin x \cos x \end{cases}$$

解　MATLAB 程序如下：

```
>> close all        % 关闭当前已打开的文件
>> clear            % 清除工作区的变量
```

视 频 讲 解

155

视频讲解

```
>> x=0:pi/100:pi;                                    % 创建 0～π 的线性分隔值向量 x
>> plot3( sin(x).*cos(2*x), sin(x).*sin(2*x),sin(x).*cos(x))    % 绘制三维图形，轴变量均以 x 为自变量
>> title('绘制曲线')                                  % 为图形添加标题
```

执行上述程序后结果如图 6-3 所示。

例 6-3：绘制螺旋线图像。

$$\begin{cases} y_1 = \sin x \cos(10x) \\ y_2 = \sin x \sin(10x), x \in [0,\pi] \\ y_3 = \cos x \end{cases}$$

解　MATLAB 程序如下：

```
>> close all                    % 关闭当前已打开的文件
>> clear                        % 清除工作区的变量
>> t=0:pi/500:pi;               % 创建 0～π 的线性分隔值向量 t
>> xt1 = sin(t).*cos(10*t);     % 输入函数表达式
>> yt1 = sin(t).*sin(10*t);
>> zt1 = cos(t);
% 修改函数表达式的参数
>> xt2 = sin(t).*cos(12*t);
>> yt2 = sin(t).*sin(12*t);
>> zt2 = cos(t);
>> plot3(xt1,yt1,zt1,xt2,yt2,zt2)    % 在同一组坐标轴上绘制两组坐标
```

运行结果如图 6-4 所示。

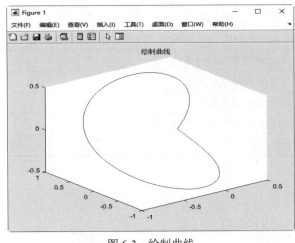

图 6-3　绘制曲线

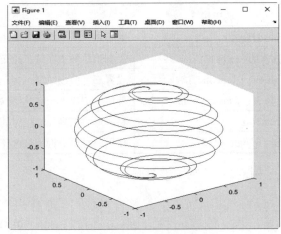

图 6-4　绘制参数曲线

3．箭头图

上面两个函数绘制的图形也可以叫作箭头图，但即将要讲的箭头图比上面两个箭头图更像数学中

的向量，即它的箭头方向表示向量的方向，箭头的长短表示向量的大小。这种图的绘制函数是 quiver 与 quiver3，前者绘制的是二维图形，后者绘制的是三维图形。它们的调用格式也十分相似，只是后者比前者多一个坐标参数，因此只介绍一下 quiver 函数的调用格式及说明，如表 6-2 所示。

表 6-2　quiver 函数调用格式及说明

调用格式	说　明
quiver(U,V)	其中 U、V 为 $m×n$ 矩阵，该函数格式的功能为在 xy 平面等距点处绘制由 U 和 V 定义的向量
quiver(X,Y,U,V)	若 X 为 n 维向量，Y 为 m 维向量，U、V 为 $m×n$ 矩阵，则绘出由 X、Y 确定的每一个点处由 U 和 V 定义的向量
quiver(⋯,scale)	自动对向量的长度进行处理，使之不会重叠。可以对 scale 进行取值。若 scale=2，则向量长度伸长 2 倍；若 scale=0，则如实绘出向量图
quiver(⋯,LineSpec)	用 LineSpec 指定的线型、符号、颜色等绘制向量图
quiver(⋯,LineSpec,'filled')	对用 LineSpec 指定的记号进行填充
quiver(⋯,'PropertyName',PropertyValue,⋯)	为该函数创建的箭头图对象指定属性名称和属性值对组
quiver(ax,⋯)	在 ax 指定的坐标区中绘制图形
h = quiver(⋯)	返回每个向量图的句柄

quiver 与 quiver3 这两个函数经常与其他的绘图函数配合使用。

例 6-4：绘制 $z = xe^{-x^2-y^2}$ 上的法线方向向量。

视频讲解

解　MATLAB 程序如下：

```
>> close all       % 关闭当前已打开的文件
>> clear           % 清除工作区的变量
>> [X,Y] = meshgrid(-2:0.25:2,-1:0.2:1);    % 通过向量定义二维网格数据 X、Y
>> Z = X.* exp(-X.^2 - Y.^2);               % 通过网格数据 X、Y 定义函数表达式 Z，得到二维矩阵 Z
>> [U,V,W] = surfnorm(X,Y,Z);               % 计算网格面坐标(X,Y,Z)处的向量分量(U,V,W)
>> subplot(1,2,1),                          % 将视图分割为 1×2 的窗口，在第 1 个窗口中绘图
>> [DX,DY] = gradient(Z,.2,.2);             % 计算 Z 矩阵 2 个维度上的二维数值梯度的 x 分量 DX 和 y 分量 DY
>> quiver(X,Y,DX,DY)                        % 根据二维坐标点(X,Y)与该坐标点的二维分量(DX,DY)绘制二维箭头图
>> title('二维法向向量图')                   % 为图形添加标题
% 在第 2 个窗口中绘图，根据三维坐标点(X,Y,Z)与该坐标点的三维分量(U,V,W)绘制三维箭头图
>> subplot(1,2,2),quiver3(X,Y,Z,U,V,W,0.5)
>> hold on                                  % 打开图形保持命令
>> surf(X,Y,Z)                              % 绘制由 X、Y 和 Z 指定的曲面
>> axis([-2 2 -1 1 -.6 .6])                 % 定义三维 X、Y、Z 坐标轴的最大值和最小值，在该区域内显示图形
>> hold off                                 % 关闭图形保持命令
>> title('三维法向向量图')                   % 为图形添加标题
```

运行结果如图 6-5 所示。

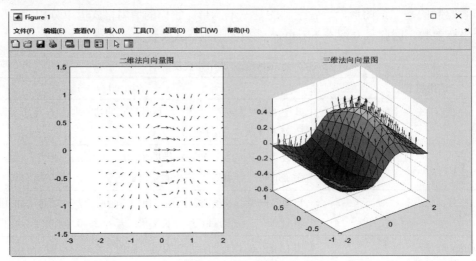

图 6-5　法向向量图

6.1.2　三维网格函数

1. mesh 函数

mesh 函数生成的是由 **X**、**Y** 和 **Z** 指定的网线面，而不是单根曲线，它的主要调用格式及说明如表 6-3 所示。

表 6-3　mesh 函数调用格式及说明

调用格式	说　明
mesh(X,Y,Z)	绘制三维网格图，颜色和曲面的高度相匹配。若 **X** 与 **Y** 均为向量，且 length(**X**)=n，length(**Y**)=m，而 [m, n]=size(**Z**)，则空间中的点 x_i, y_i, z_{ij} 为所绘曲面网线的交点；若 **X** 与 **Y** 均为矩阵，则空间中的点 x_{ij}, y_{ij}, z_{ij} 为所绘曲面的网线的交点
mesh(Z)	创建一个网格图，并将矩阵 Z 中元素的列索引和行索引用作 x 坐标和 y 坐标
mesh(Z,C)	同 mesh(Z)，只不过颜色由 C 指定
mesh(ax,⋯)	将图形绘制到 ax 指定的坐标区中
mesh(⋯, 'PropertyName',Property-Value, ⋯)	对指定的属性 PropertyName 设置属性值 PropertyValue，可以在同一语句中对多个属性进行设置
h = mesh(⋯)	返回图形对象句柄

例 6-5： 绘制函数 $z = \sin(r)/r$ 。

解　MATLAB 程序如下：

```
>> close all          % 关闭当前已打开的文件
>> clear              % 清除工作区的变量
>> [X,Y] = meshgrid(-8:.5:8);   % 通过向量定义二维网格数据 X、Y
>> R = sqrt(X.^2 + Y.^2) + eps;  % 通过网格数据 X、Y 定义函数表达式，得到二维矩阵 R
```

```
>> Z = sin(R)./R;                  % 通过二维矩阵 R 定义函数表达式，得到二维矩阵 Z
>> C = del2(Z);                    % 计算矩阵 Z 的离散拉普拉斯算子 C
>> figure                          % 打开图形窗口
% 创建由 X、Y 和 Z 指定的网格面，以线性插值方式将光源应运于各个面中，网格面的线宽为 0.3
>> mesh(X,Y,Z,C,'FaceLighting','gouraud','LineWidth',0.3)
>> title('函数曲面')                % 为图形添加标题
>> xlabel('x'),ylabel('y'),zlabel('z')   % 对 x 轴、y 轴进行标注，添加标签
```

运行结果如图 6-6 所示。

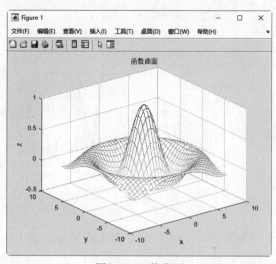

图 6-6　函数曲面

对于一个三维网格图，有时用户不想显示背后的网格，这时可以利用 hidden 函数来实现，该函数的调用格式及说明如表 6-4 所示。

表 6-4　hidden 函数调用格式及说明

调用格式	说　明
hidden on	将网格设为不透明状态
hidden off	将网格设为透明状态
hidden	在 on 与 off 之间切换

例 6-6： 绘制 $Z = \sin(x^2 + y^2), x \in [-2, 2]$ 曲面的函数。

解　利用 hidden 函数绘制两张图，一张不显示其背后的网格，一张显示其背后的网格。MATLAB 程序如下：

视频讲解

```
>> close all                       % 关闭当前已打开的文件
>> clear                           % 清除工作区的变量
>> t=-2:0.1:2;                     % 创建元素值介于-2～2 的向量 t
>> [X,Y]=meshgrid(t);             % 通过向量 t 定义二维网格矩阵 X、Y
>> Z=sin(X.^2+Y.^2);              % 通过网格数据 X、Y 定义函数表达式 Z，得到二维矩阵 Z
>> subplot(1,2,1)                  % 将视图分割为 1×2 的窗口，在第 1 个窗口中绘图
>> mesh(X,Y,Z),hidden on          % 根据 X、Y、Z 绘制三维网格面，将网格设为不透明状态
```

159

```
>> title('不显示网格')              % 为图形添加标题
>> subplot(1,2,2)                  % 在第 2 个窗口中绘图
>> mesh(X,Y,Z),hidden off          % 根据 X、Y、Z 绘制三维网格面,将网格设为透明状态
>> title('显示网格')               % 为图形添加标题
```

运行结果如图 6-7 所示。

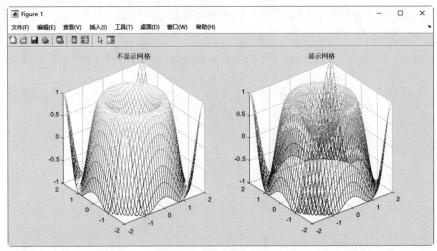

图 6-7 曲面图像

meshgrid 函数用来生成二元函数 $z = f(x,y)$ 中 xy 平面上矩形定义域中的数据点矩阵 X 和 Y, 或者是三元函数 $u = f(x,y,z)$ 中立方体定义域中的数据点矩阵 X、Y 和 Z。它的调用格式也非常简单, 如表 6-5 所示。

表 6-5   meshgrid 函数调用格式及说明

调用格式	说　明
[X,Y] = meshgrid(x,y)	向量 X 为 xy 平面上矩形定义域的矩形分割线在 x 轴的值, 向量 Y 为 xy 平面上矩形定义域的矩形分割线在 y 轴的值。输出矩阵 X 为 xy 平面上矩形定义域的矩形分割点的横坐标值矩阵, 输出矩阵 Y 为 xy 平面上矩形定义域的矩形分割点的纵坐标值矩阵
[X,Y] = meshgrid(x)	等价于形式 [X,Y] = meshgrid(x,x)
[X,Y,Z] = meshgrid(x,y,z)	向量 x 为立方体定义域在 x 轴上的值, 矩阵 y 为立方体定义域在 y 轴上的值, 向量 Z 为立方体定义域在 z 轴上的值。输出矩阵 X 为立方体定义域中分割点的 x 轴坐标值矩阵, 输出矩阵 Y 为立方体定义域中分割点的 y 轴坐标值矩阵, 输出矩阵 Z 为立方体定义域中分割点的 z 轴坐标值矩阵
[X,Y,Z] = meshgrid(x)	等价于形式 [X,Y,Z] = meshgrid(x,x,x)

例 6-7: 绘制下面函数的三维网格表面图。

$$Z = X^2 + Y^2$$

解 MATLAB 程序如下:

```
>> close all                      % 关闭当前已打开的文件
>> clear                          % 清除工作区的变量
```

```
>> x = -2:0.25:2;                    % 创建元素值介于-2～2 的向量 x，元素间隔为 0.25
>> y = x;                            % 定义以向量 x 为自变量的函数表达式 y
>> [X,Y] = meshgrid(x);              % 通过向量 x 定义二维网格矩阵 X、Y
>> Z=X.^2 + Y.^2;                    % 通过网格数据 X、Y 定义函数表达式 Z，得到二维矩阵 Z
>> surf(X,Y,Z)                       % 根据 X、Y、Z 绘制三维曲面
>> hidden on                         % 将网格设为不透明状态
>> title('带网格线的三维表面图')      % 为图形添加标题
```

运行结果如图 6-8 所示。

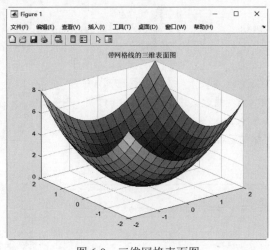

图 6-8　三维网格表面图

2．fmesh 函数

该函数用来绘制符号函数 $f(x,y)$（即 f 是关于 x、y 的数学函数的字符串表示）的三维网格图形，它的调用格式及说明如表 6-6 所示。

表 6-6　fmesh 函数调用格式及说明

调用格式	说　明
fmesh(f)	绘制 $f(x,y)$ 在系统默认区域 $x \in [-5\ \ 5], y \in [-5\ \ 5]$ 内的三维网格图
fmesh (f,[a,b])	绘制 $f(x,y)$ 在区域 $x \in (a,b)$，$y \in (a,b)$ 内的三维网格图
fmesh (f,[a,b,c,d])	绘制 $f(x,y)$ 在区域 $x \in (a,b)$，$y \in (c,d)$ 内的三维网格图
fmesh (x,y,z)	绘制参数曲面 $x = x(s,t), y = y(s,t), z = z(s,t)$ 在系统默认区域 $s \in [-5\ \ 5], t \in [-5\ \ 5]$ 内的三维网格图
fmesh (x,y,z,[a,b])	绘制上述参数曲面在 $s \in [a\ \ b], t \in [a\ \ b]$ 内的三维网格图
fmesh (x,y,z,[a,b,c,d])	绘制上述参数曲面在 $s \in [a\ \ b], t \in [c\ \ d]$ 内的三维网格图
fmesh(…,LineSpec)	设置网格的线型、标记符号和颜色
fmesh(…,Name,Value)	使用一个或多个名称-值对组参数指定网格的属性
fmesh(ax,…)	在 ax 指定的坐标区中绘制图形，而不是当前坐标区 gca 中
fs = fmesh(…)	使用 fs 来查询和修改特定曲面的属性

例 6-8： 绘制下面函数的三维网格表面图。

$$f(x,y) = e^y \sin x + e^x \cos y, -\pi < x, y < \pi$$

$$f(x,y) = x e^{-x^2-y^2}, -\pi < x, y < \pi$$

解 MATLAB 程序如下：

```
>> close all                        % 关闭当前已打开的文件
>> clear                            % 清除工作区的变量
>> syms x y                         % 定义符号变量 x 和 y
>> f=sin(x)*exp(y)+cos(y)*exp(x);   % 输入符号变量 x、y 定义的表达式 f
% 将视图分割为 1×2 的图窗，在第 1 个图窗中绘制表达式 f 的三维曲面，自变量 x、y 取值范围为(-pi,pi)
>> subplot(1,2,1) ,fmesh(f,[-pi,pi])
>> title('区间[-pi,pi]带网格线的三维表面图')    % 为图形添加标题
% 在第 2 个图窗绘制以 x、y 为自变量定义的表达式的三维曲面，自变量 x、y 取值范围为默认区间(-5,5)
>> subplot(1,2,2) ,fmesh(x,y,x.*exp(-x.^2-y.^2))
>> title('默认区间[-5,5]带网格线的三维曲线')    % 为图形添加标题
```

运行结果如图 6-9 所示。

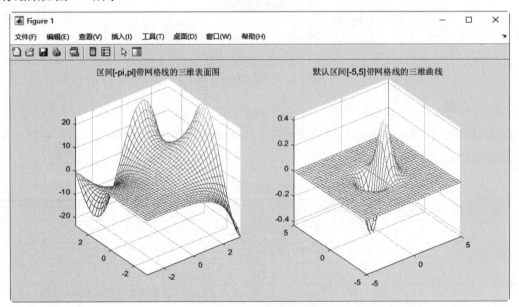

图 6-9 三维网格表面图

6.1.3 三维曲面函数

曲面图是在网格图的基础上，在小网格之间用颜色填充而得到的图形，它的一些特性正好和网格图相反。在曲面图里，线条是黑色的，线条之间有颜色；而在网格图里，线条之间是黑色的，线条有颜色。在曲面图里，人们不必考虑像网格图一样隐蔽线条，但要考虑用不同的方法对表面加色彩。

1. surf 函数

surf 函数的调用格式与 mesh 函数完全一样，这里不再赘述，读者可以参考 mesh 函数的调用格式。

例 6-9：绘制 $f(x,y) = y \sin x - x \cos y$ 的三维表面图。

解 MATLAB 程序如下：

```
>> close all              % 关闭当前已打开的文件
>> clear                  % 清除工作区的变量
>> [X,Y] = meshgrid(-3:.2:3);  % 创建元素值介于-3～3、元素间隔为 0.2 的向量，并通过该向量定义二维网格
矩阵 X、Y
>> Z = Y.*sin(X) - X.*cos(Y);  % 定义以向量 X、Y 为自变量的函数表达式 Z
>> surf(X,Y,Z)            % 根据 X、Y、Z 绘制三维曲面
>> xlabel('x')            % 对 x 轴、y 轴、z 轴进行标注，添加标签
>> ylabel('y')
>> zlabel('z')
```

运行结果如图 6-10 所示。

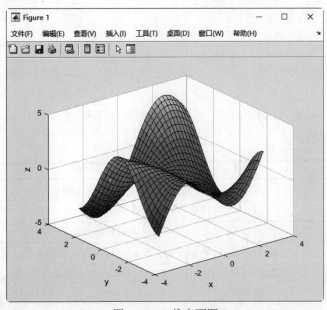

图 6-10 三维表面图

例 6-10：绘制三维陀螺锥面。

解 MATLAB 程序如下：

```
>> close all              % 关闭当前已打开的文件
>> clear                  % 清除工作区的变量
>> t1=[0:0.1:0.9];        % 创建元素值介于 0～0.9 的向量 t1，元素间隔为 0.1
>> t2=[1:0.1:2];          % 创建元素值介于 1～2 的向量 t2，元素间隔为 0.1
>> r=[t1,-t2+2];          % 创建剖面曲线向量 r
>> [X,Y,Z]=cylinder(r,30);  % 基于向量 r 定义的剖面曲线返回圆柱的 x、y 和 z 坐标
>> surf(X,Y,Z)            % 创建具有实色边和实色面的三维曲面图
```

运行结果如图 6-11 所示：

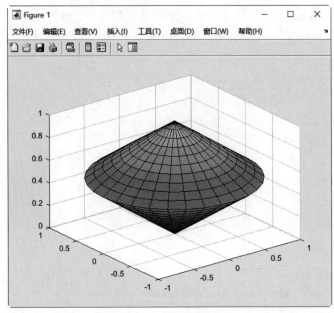

图 6-11   三维陀螺锥面

2. fsurf 函数

该函数用来绘制符号函数 $f(x,y)$（即 f 是关于 x、y 的数学函数的字符串表示）的表面图形，它的调用格式及说明如表 6-7 所示。

表 6-7   fsurf 函数调用格式及说明

调用格式	说　明
fsurf(f)	绘制 $f(x,y)$ 在系统默认区域 $x \in [-5\ \ 5], y \in [-5\ \ 5]$ 内的三维表面图
fsurf(f,[a,b])	绘制 $f(x,y)$ 在区域 $x \in (a,b)$，$y \in (a,b)$ 内的三维表面图
fsurf(f,[a,b,c,d])	绘制 $f(x,y)$ 在区域 $x \in (a,b)$，$y \in (c,d)$ 内的三维表面图
fsurf(x,y,z)	绘制参数曲面 $x = x(s,t), y = y(s,t), z = z(s,t)$ 在系统默认区域 $s \in [-5, 5], t \in [-5, 5]$ 内的三维表面图
fsurf(x,y,z,[a,b])	绘制上述参数曲面在 $x \in (a,b)$，$y \in (a,b)$ 内的三维表面图
fsurf(x,y,z,[a,b,c,d])	绘制上述参数曲面在 $x \in (a,b)$，$y \in (c,d)$ 内的三维表面图
fsurf(⋯,LineSpec)	设置线型、标记符号和曲面颜色
fsurf(⋯,Name,Value)	使用一个或多个名称-值对组参数指定曲面属性
fsurf(ax,⋯)	在 ax 指定的坐标区中绘制图形
fs = fsurf(⋯)	返回 FunctionSurface 对象或 ParameterizedFunctionSurface 对象 fs，用于查询和修改特定曲面的属性

与上面的 mesh 函数一样，surf 也有两个同类的函数：surfc 与 surfl。surfc 用来画出有基本等值线的曲面图；surfl 用来画出一个有亮度的曲面图。

视频讲解

例 6-11： 画出下面参数曲面的图像。

$$\begin{cases} x = \sin(s+t) \\ y = \cos(s+t), -\pi < s, t < \pi \\ z = s \end{cases}$$

解 MATLAB 程序如下：

```
>> close all              % 关闭当前已打开的文件
>> clear                  % 清除工作区的变量
>> syms s t               % 定义符号变量 s 和 t
>> x=sin(s+t);            % 定义以符号变量 s、t 为自变量的函数表达式 x
>> y=cos(s+t);            % 定义以符号变量 s、t 为自变量的函数表达式 y
>> z=s;                   % 定义以符号变量 s 为自变量的函数表达式 z
>> fsurf(x,y,z,[-pi,pi])  % 在自定义区间-π<s<π 和-π<t<π 绘制表达式 x、y、z 定义的曲面
>> title('符号函数曲面图') % 为曲面图形添加标题
```

运行结果如图 6-12 所示。

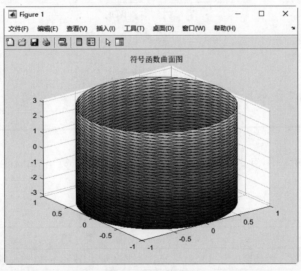

图 6-12 参数曲面

例 6-12： 绘制如下函数的三维曲面。

$$f(x, y) = \sin x + \cos y, x \in [0, 5], y \in [-5, 5]$$

视频讲解

解 MATLAB 程序如下：

```
>> close all              % 关闭当前已打开的文件
>> clear                  % 清除工作区的变量
>> f = @(x,y) sin(x)+cos(y);  % 定义以符号变量 x、y 为自变量的函数表达式 f
>> fsurf(f,[0 5 -5 5])    % 在指定区间 x∈[0,5]，y∈[-5,5]绘图
```

运行结果如图 6-13 所示。

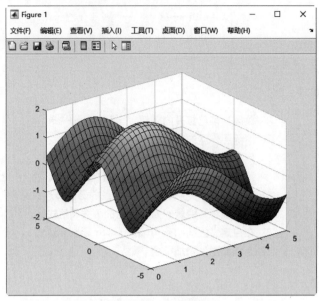

图 6-13　三维图形

技巧

　　如果想查看曲面背后图形的情况，可以在曲面的相应位置打个洞孔，即将数据设置为 NaN，所有的 MATLAB 作图函数都忽略 NaN 的数据点，在该点出现的地方会留下一个洞孔。

3．fimplicit3 函数

同二维情况一样，三维绘图里也有一个专门绘制隐函数的函数 fimplicit3，该函数的调用格式及说明如表 6-8 所示。

表 6-8　fimplicit3 函数调用格式及说明

调用格式	说　明
fimplicit3(f)	在 x 默认区间 [-5 5] 内绘制由三维隐函数 $f(x,y,z)=0$ 定义的曲线
fimplicit3(f,interval)	在 interval 指定的区间内画出三维隐函数 $f(x,y,z)=0$ 的图形，将区间指定为[xmin xmax ymin ymax zmin zmax]形式的向量
fimplicit3(ax,…)	绘制到由 ax 指定的坐标区中，而不是当前坐标区（GCA）。指定坐标区作为第一个输入参数
fimplicit3(…,LineSpec)	指定线条样式、标记符号和线条颜色
fimplicit3(…,Name,Value)	使用一个或多个名称-值对组参数指定曲面属性
fs = fimplicit3(…)	根据输入返回函数行对象或参数化函数行对象。使用 fs 查询和修改曲面的属性

例 6-13：绘制下面三维隐函数的表面图。

$$x^2 - y^2 - z^2 = 0$$

解　MATLAB 程序如下：

```
>> close all                          % 关闭当前已打开的文件
>> clear                              % 清除工作区的变量
>> fimplicit3(@(x,y,z) x.^2 - y.^2 - z.^2)   % 绘制隐函数的表面图
```

运行结果如图 6-14 所示。

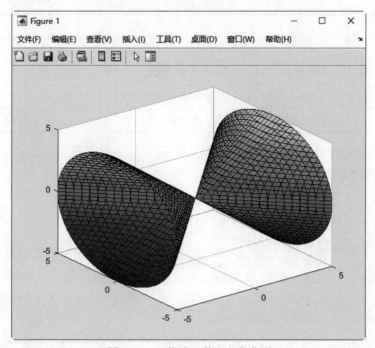

图 6-14　三维隐函数定义的曲面

6.1.4　柱面与球面

在 MATLAB 中，有专门绘制柱面与球面的函数 cylinder 与 sphere，它们的调用格式也非常简单。首先来看 cylinder 函数，它的调用格式及说明如表 6-9 所示。

表 6-9　cylinder 函数调用格式及说明

调用格式	说　明
[X,Y,Z] = cylinder	返回一个半径为 1、高度为 1 的圆柱体的 x 轴、y 轴、z 轴的坐标值，圆柱体的圆周有 20 个距离相同的点
[X,Y,Z] = cylinder(r,n)	返回一个半径为 r、高度为 1 的圆柱体的 x 轴、y 轴、z 轴的坐标值，圆柱体的圆周有指定 n 个距离相同的点
[X,Y,Z] = cylinder(r)	与 [X,Y,Z] = cylinder(r,20) 等价
cylinder(…)	没有任何的输出参量，直接画出圆柱体
cylinder(ax,…)	在 ax 指定的坐标轴上绘制圆柱体

技巧

用函数可以作棱柱的图像，例如运行 cylinder(2,6)将绘出底面为正六边形、半径为 2 的棱柱。

sphere 函数用来生成三维直角坐标系中的球面，它的调用格式及说明如表 6-10 所示。

表 6-10　sphere 函数调用格式及说明

调用格式	说　明
sphere	绘制单位球面，该单位球面由 20×20 个面组成
sphere(n)	在当前坐标系中画出由 $n×n$ 个面组成的球面
[X,Y,Z]=sphere(n)	返回 3 个 $(n+1)×(n+1)$ 的直角坐标系中的球面坐标矩阵
sphere(ax,…)	将图形绘制由 ax 指定的坐标区中，而不是在当前坐标区中创建球形

视频讲解

例 6-14：绘制设置颜色的球体。

解　MATLAB 程序如下：

```
>> close all          % 关闭当前已打开的文件
>> clear              % 清除工作区的变量
>> k = 5;             % 将变量 k 赋值为 5
>> n = 2^k-1;         % 定义以变量 k 为自变量的表达式 n
>> [x,y,z] = sphere(n);  % 在当前坐标系中画出由 n×n 个面组成的球面
>> c = hadamard(2^k);    % 创建 2^k 阶的阿达马矩阵，阿达马矩阵是由+1 和-1 元素构成的正交方阵
>> figure             % 打开图形窗口 Figure 1
>> surf(x,y,z,c);     % 绘制 x、y、z 定义的曲面图，矩阵 c 指定曲面颜色
>> colormap([1  1  0;0  1  1])   % 利用 RGB 值定义曲面的颜色图
>> axis equal                    % 设置坐标轴的纵横比，使在每个方向的数据单位都相同
>> xlabel('x-axis'),ylabel('y-axis '),zlabel('z-axis')    % 添加轴标签
```

运行结果如图 6-15 所示。

例 6-15：绘制一个变化的柱面。

解　MATLAB 程序如下：

视频讲解

```
>> close all          % 关闭当前已打开的文件
>> clear              % 清除工作区的变量
>> t=0:pi/10:2*pi;    % 创建 0～2π 的向量 t
>> [X,Y,Z]=cylinder(sin(2*t),30);   % {返回圆柱体的 x 轴、y 轴、z 轴的坐标值 X、Y、Z，圆柱体半径为以 t 为
自变量的函数表达式，创建的圆柱体半径可变、高度为 1，圆柱体的圆周有 30 个距离相同的点%}
>> surf(X,Y,Z)        % 绘制圆柱体的 x 轴、y 轴、z 轴的坐标值 X、Y、Z 定义的曲面图
>> axis square        % 设置当前图形为正方形，square 表示使用相同长度的坐标轴线。相应调整数据单
                        位之间的增量
>> xlabel('x-axis'),ylabel('y-axis '),zlabel('z-axis')     % 对 x 轴、y 轴、z 轴进行标注，添加标签
```

运行结果如图 6-16 所示。

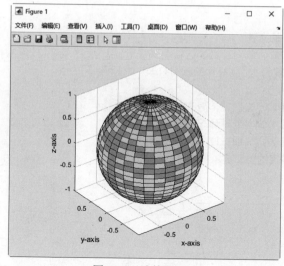

图 6-15　球体图形

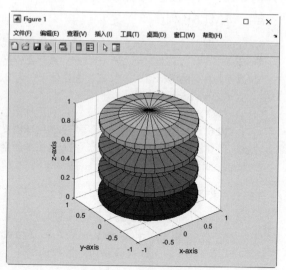

图 6-16　变化的柱面

6.1.5　散点图函数

在回归分析中，散点图是指数据点在直角坐标系平面上的分布图，通常用于比较跨类别的聚合数据。散点图中包含的数据越多，比较的效果就越好。

二维散点图主要用于展示数据的分布和聚合情况，也可以用来推导趋势公式；三维散点图主要用于在由 3 个变量确定的三维空间中研究变量之间的关系。本节主要介绍三维散点图的函数 scatter3。

scatter3 函数生成的是由向量 X、Y 和 Z 指定的网线面，而不是单根曲线，它的主要调用格式及说明如表 6-11 所示。

表 6-11　scatter3 函数调用格式及说明

调用格式	说　明
scatter3(X,Y,Z)	在 X，Y 和 Z 指定的位置显示圆圈
scatter3(X,Y,Z,S)	以 S 指定的大小绘制每个圆圈
scatter3(X,Y,Z,S,C)	用 C 指定的颜色绘制每个圆圈
scatter3(⋯,'filled')	使用前面语法中的任何输入参数组合填充圆圈
scatter3(⋯,markertype)	markertype 指定标记类型。默认情况下，散点图以圆圈显示数据点。如果在散点图中有多个序列，请考虑将每个点的标记形状更改为方形、三角形、菱形或其他形状
scatter3(⋯,Name,Value)	对指定的属性 Name 设置属性值 Value，可以在同一语句中对多个属性进行设置
scatter3(ax,⋯)	在 ax 指定的坐标区中绘制散点图
h = scatter3(⋯)	使用 h 修改散点图的属性

169

例 6-16：绘制设置颜色的散点圆柱体。

解 MATLAB 程序如下：

```
>> close all              % 关闭当前已打开的文件
>> clear                  % 清除工作区的变量
% 返回圆柱体的坐标值 X、Y、Z，圆柱体半径为 3、高度为 1，圆柱体的圆周有 30 个距离相同的点
>> [X,Y,Z]=cylinder(3,30);
>> x = [0.5*X(:); 0.75*X(:); X(:)];   % 利用球面坐标值 X 定义新球体 X 轴坐标 x
>> y = [0.5*Y(:); 0.75*Y(:); Y(:)];   % 利用球面坐标值 Y 定义新球体 Y 轴坐标 y
>> z = [0.5*Z(:); 0.75*Z(:); Z(:)];   % 利用球面坐标值 Z 定义新球体 Z 轴坐标 z
>> h = scatter3(x,y,z);               % 在 X，Y 和 Z 指定的位置显示散点
```

运行结果如图 6-17 所示。

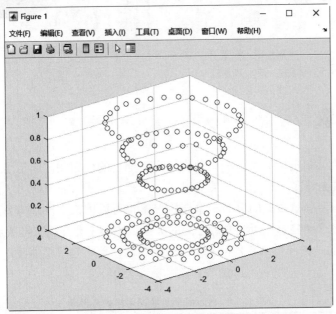

图 6-17 设置颜色的散点圆柱体

例 6-17：绘制螺旋散点图。

解 MATLAB 程序如下：

```
>> close all              % 关闭当前已打开的文件
>> clear                  % 清除工作区的变量
>> x=1:0.1:10;            % 创建 1～10 的向量 x，元素间隔为 0.1
>> y=sin(x);             % 定义以向量 x 为自变量的函数表达式 y
>> z=cos(x);             % 定义以向量 x 为自变量的函数表达式 z
>> scatter3(x,y,z,'filled')  % 在 x，y 和 z 指定的位置显示散点，并实心填充散点图中的圆圈
```

运行结果如图 6-18 所示。

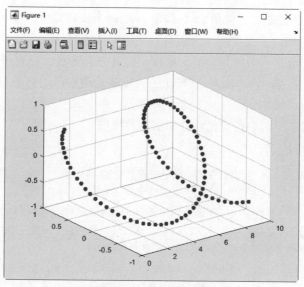

图 6-18　螺旋散点图

6.2　三维图形修饰处理

本节主要讲解一些常用的三维图形修饰处理函数，这些处理函数是三维图形里特有的。当然，5.4节所讲的二维图形修饰处理函数在三维图形里同样适用。

6.2.1　视角处理

在现实空间中，从不同角度或位置观察某一物体往往会有不同的效果，即会有"横看成岭侧成峰"的感觉。三维图形表现的正是一个空间内的图形，因此在不同视角及位置都会有不同的效果，这在工程实际中也是经常遇到的。MATLAB 提供的 view 函数能够很好地满足这种需要。

view 函数用来控制三维图形的观察点和视角，它的调用格式及说明如表 6-12 所示。

表 6-12　view 函数调用格式及说明

调用格式	说　明
view(az,el)	给三维图形设置观察点的方位角 az 与仰角 el
view([az,el])	同上
view([x,y,z])	将点(x,y,z)设置为视点
view(2)	设置默认的二维形式视点，其中 az=0，el=90°，即从 z 轴上方观看
view(3)	设置默认的三维形式视点，其中 az=-37.5°，el=30°
[az,el] = view	返回当前的方位角 az 与仰角 el
view(ax,…)	指定目标坐标区的角度

对于这个函数需要说明的是，方位角 az 与仰角 el 为两个旋转角度。做一个通过视点和 z 轴平行的平面，与 xy 平面有一条交线，该交线与 y 轴的反方向的、按逆时针方向（从 z 轴的方向观察）计算的夹角就是观察点的方位角 az。若角度为负值，则按顺时针方向计算。在通过视点与 z 轴的平面上，用一条直线连接视点与坐标原点，该直线与 xy 平面的夹角就是观察点的仰角 el。若仰角为负值，则观察点转移到曲面下面。

例 6-18： 在同一窗口中绘制半径变化的柱面的各种视图。

解 MATLAB 程序如下：

```
>> close all                    % 关闭当前已打开的文件
>> clear                        % 清除工作区的变量
>> t=0:pi/10:2*pi;              % 创建 0~2π 的向量 x，元素间隔为 π/10
%{返回圆柱体的 x 轴、y 轴、z 轴的坐标值 X、Y、Z，圆柱体半径为以 t 为自变量的函数表达式，创建的圆柱体
半径可变、高度为 1，圆柱体的圆周有 30 个距离相同的点%}
>> [X,Y,Z]=cylinder(sin(2*t),30);
>> subplot(2,2,1)              % 将视图分割为 2×2 的 4 个窗口，在第 1 个窗口中绘图
>> surf(X,Y,Z),title('三维视图')   % 为图形添加标题
>> subplot(2,2,2)              % 将视图分割为 2×2 的 4 个窗口，在第 2 个窗口中绘图
% 根据 x 轴、y 轴、z 轴的坐标值 X、Y、Z 绘制曲面图，使用 90 度的方位角和 0 度的仰角查看绘图
>> surf(X,Y,Z),view(90,0)
>> title('侧视图')             % 为图形添加标题
>> subplot(2,2,3)              % 将视图分割为 2×2 的 4 个窗口，在第 3 个窗口中绘图
% 根据 x 轴、y 轴、z 轴的坐标值 X、Y、Z 绘制曲面图，使用 0 度的方位角和 0 度的仰角查看绘图
>> surf(X,Y,Z),view(0,0)
>> title('正视图')             % 为图形添加标题
>> subplot(2,2,4)              % 将视图分割为 2×2 的 4 个窗口，在第 4 个窗口中绘图
% 根据 x 轴、y 轴、z 轴的坐标值 X、Y、Z 绘制曲面图，使用 0 度的方位角和 90 度的仰角查看绘图
>> surf(X,Y,Z),view(0,90)
>> title('俯视图')             % 为图形添加标题
```

运行结果如图 6-19 所示。

例 6-19： 在区域 $x \in [-\pi, \pi], y \in [-\pi, \pi]$ 上绘制下面函数不同视角的三维表面图。

$$f(x,y) = e^{\sin(x^2 + y^2)}$$

解 MATLAB 程序如下：

```
>> close all                    % 关闭当前已打开的文件
>> clear                        % 清除工作区的变量
>> [X,Y]=meshgrid(-pi:0.1*pi:pi);   % 创建 -π 到 π 的向量 x，元素间隔为 π/10。
>> Z=exp(sin(X.^2+Y.^2));       % 通过网格数据 X、Y 定义函数表达式 Z，得到二维矩阵 Z
>> subplot(2,2,1)              % 将视图分割为 2×2 的 4 个窗口，在第 1 个窗口中绘图
>> surf(X,Y,Z),title('三维视图')   % 为图形添加标题
>> subplot(2,2,2)              % 将视图分割为 2×2 的 4 个窗口，在第 2 个窗口中绘图
% 根据 x 轴、y 轴、z 轴的坐标值 X、Y、Z 绘制曲面图，使用 90 度的方位角和 0 度的仰角查看绘图
```

```
>> surf(X,Y,Z),view(90,0)
>> title('侧视图')                      %  为图形添加标题
>> subplot(2,2,3)                     %  将视图分割为 2×2 的 4 个窗口，在第 3 个窗口中绘图
%  根据 x 轴、y 轴、z 轴的坐标值 X、Y、Z 绘制曲面图，使用 0 度的方位角和 0 度的仰角查看绘图
>> surf(X,Y,Z),view(0,0)
>> title('正视图')                      %  为图形添加标题
>> subplot(2,2,4)                     %  将视图分割为 2×2 的 4 个窗口，在第 4 个窗口中绘图
%  根据 x 轴、y 轴、z 轴的坐标值 X、Y、Z 绘制曲面图，使用 0 度的方位角和 90 度的仰角查看绘图
>> surf(X,Y,Z),view(0,90)
>> title('俯视图')                      %  为图形添加标题
```

运行结果如图 6-20 所示。

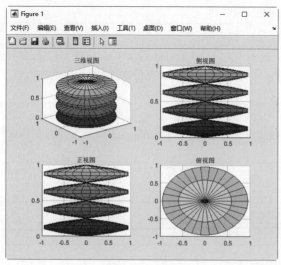

图 6-19　视图转换

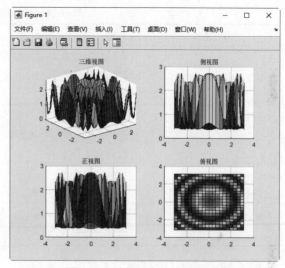

图 6-20　转换视角的三维表面图

6.2.2　颜色处理

本节针对三维图形介绍几个处理颜色的函数。

1. 色图明暗控制函数

MATLAB 中，控制色图明暗的是 brighten 函数，它的调用格式及说明如表 6-13 所示。

表 6-13　brighten 函数调用格式及说明

调用格式	说　明
brighten(beta)	增强或减小色图的色彩强度。若 0<beta<1，则增强色图强度；若−1<beta<0，则减小色图强度
brighten(map,beta)	增强或减小颜色图 map 指向的对象的色彩强度 beta
newmap=brighten(…)	返回一个比当前色图增强或减弱的新的颜色图，当前图窗不受影响

调用格式	说　明
brighten(f,beta)	该函数变换图窗 f 指定的颜色图的强度，其他图形对象（例如坐标区、坐标区标签和刻度）的颜色也会受到影响

2．色轴刻度

caxis 函数控制着对应色图的数据值的映射图。它通常将被编辑的颜色数据（CData）与颜色数据映射（CDataMapping）设置为 scaled，影响着任何表面、块、图像。该函数还改变坐标轴图形对象的属性 Clim 与 ClimMode。

caxis 函数的调用格式及说明如表 6-14 所示。

表 6-14　caxis 函数调用格式及说明

调用格式	说　明
caxis([cmin cmax])	将颜色的刻度范围设置为[cmin, cmax]。数据中小于 cmin 或大于 cmax 的，将分别映射于颜色图的第一行与最后一行；处于 cmin 与 cmax 之间的数据将线性地映射于当前色图
caxis ('auto') 或 caxis auto	让系统自动地计算数据的最大值与最小值对应的颜色范围，这是系统的默认状态。数据中的 Inf 对应于最大颜色值；–Inf 对应于最小颜色值；带颜色值设置为 NaN 的面或边界将不显示
caxis('manual') 或 caxis manual	冻结当前颜色坐标轴的刻度范围。这样，当 hold 设置为 on 时，可使后面的图形函数使用相同的颜色范围
caxis(axes_handle,…)	使用由参量 axis_handle 指定的坐标区，而非当前坐标区
cl = caxis	返回一个包含当前正在使用的颜色范围的二维向量 $c_l=[c_{min}, c_{max}]$

例 6-20： 创建一个球面，并将其颜色映射为颜色表里的颜色。

解　MATLAB 程序如下：

```
>> close all            % 关闭当前已打开的文件
>> clear                % 清除工作区的变量
>> [X,Y,Z]=sphere(16);  % 绘制由 16×16 个面组成的单位球面，返回球面上点的坐标矩阵 X、Y、Z
>> C=X.*sin(Y);         % 通过矩阵 X、Y 定义函数表达式 C，得到三维颜色矩阵 C
>> subplot(1,2,1);      % 将视图分割为 1×2 的窗口，显示视图 1
>> surf(X,Y,Z,C);       % 根据坐标值 X、Y、Z 绘制球面图，矩阵 C 指定球面的颜色
>> title('图 1');       % 为图形添加标题
>> axis equal           % 沿每个坐标轴使用相同的数据单位长度
>> subplot(1,2,2);      % 将视图分割为 1×2 的窗口，显示视图 2
>> surf(X,Y,Z,C);       % 根据坐标值 X、Y、Z 绘制球面图，矩阵 C 指定球面的颜色
>> caxis([-1 0]);       % 设置球面颜色图范围
>> title('图 2')        % 为图形添加标题
>> axis equal           % 沿每个坐标轴使用相同的数据单位长度
```

运行结果如图 6-21 所示。

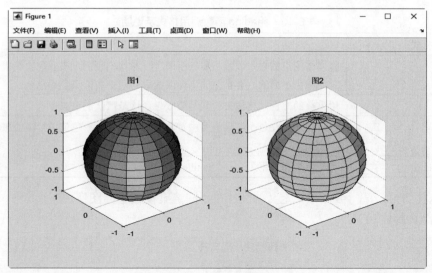

图 6-21　色轴控制图

在 MATLAB 中，还有一个显示色阶的颜色栏函数 colorbar，这个函数在图形窗口的工具条中有相应的图标。它在函数行窗口的调用格式及说明如表 6-15 所示。

表 6-15　colorbar 函数调用格式及说明

调用格式	说　明
colorbar	在当前图形窗口中显示当前色轴
colorbar(location)	设置色轴相对于坐标区的位置，包括 eastoutside（默认）、 north、south、east、west、northoutside 等
colorbar(…,Name,Value)	使用一个或多个名称-值对组参数修改颜色栏外观。包括下面的选项： Location：相对于坐标区的位置； TickLabels：刻度线标签； TickLabelInterpreter：刻度标签中字符的解释，包括 tex（默认）、latex、none； Ticks：刻度线位置； Direction：色阶的方向，normal（默认）或 reverse； FontSize：字体大小
colorbar(h,…)	在 h 指定的坐标区或图上放置一个色轴，若图形宽度大于高度，则将色轴水平放置
h=colorbar(…)	返回一个指向色轴的句柄，可以在创建颜色栏后使用此对象设置属性
colorbar('off')	删除与当前坐标区或图关联的所有颜色栏。可使用 colorbar(delete) 或 colorbar(hide) 格式
colorbar(target,'off')	删除与目标坐标区或图关联的所有颜色栏

3．颜色渲染设置

shading 函数用来控制曲面与补片等的图形对象的颜色渲染，同时设置当前坐标轴中的所有曲面与补片图形对象的属性 EdgeColor 与 FaceColor。

shading 函数的调用格式及说明如表 6-16 所示。

表 6-16　shading 函数调用格式及说明

调用格式	说　明
shading flat	使网格图上的每一线段与每一小面有一种相同颜色，该颜色由线段末端的颜色确定，或由小面的、有小型的下标或索引的四个角的颜色确定
shading faceted	用重叠的黑色网格线来达到渲染效果。这是默认的渲染模式
shading interp	该函数通过在每个线条或面中对色图的索引或真彩色值进行插值来改变线条或面中的颜色
shading(axes_handle,…)	将着色类型应用于 axes_handle 指定的坐标区中的对象

视 频 讲 解

例 6-21：观察剖面函数 $y=2+\cos x$ 定义的圆柱在不同渲染模式下的图像。

解　MATLAB 程序如下：

```
>> close all              % 关闭当前已打开的文件
>> clear                  % 清除工作区的变量
>> t = 0:pi/10:2*pi;      % 创建 0～2π 的向量 x，元素间隔为 π/10
>> subplot(131)           % 将视图划分为 1 行 3 列 3 个视窗，显示第 1 个视窗
>> cylinder(2+cos(t))     % 绘制函数定义的圆柱
>> title('镶嵌面渲染（默认）)  % 为图形添加标题
>> subplot(132)           % 显示第 2 个视窗
>> cylinder(2+cos(t))     % 绘制函数定义的圆柱
>> shading flat           % 利用网格颜色渲染图形
>> title('平面渲染')       % 为图形添加标题
>> subplot(133)           % 显示第 3 个视窗
>> cylinder(2+cos(t))     % 绘制函数定义的圆柱
>> shading interp         % 利用插值颜色渲染图形
>> title('插值渲染')       % 为图形添加标题
```

运行结果如图 6-22 所示。

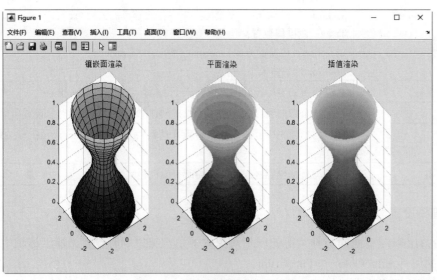

图 6-22　不同渲染模式下的图像

例 6-22：针对下面的函数比较上面 3 种调用格式得出图形的不同。

$$z = x^2 + e^{\sin y}, -10 \leqslant x, y \leqslant 10$$

解　MATLAB 程序如下：

```
>> close all                        % 关闭当前已打开的文件
>> clear                            % 清除工作区的变量
>> [X,Y]=meshgrid(-10:0.5:10);      % 创建从-10～10 的向量，向量元素间隔为 0.5，通过该向量定义二维网格
矩阵 X、Y
>> Z=X.^2+exp(sin(Y));              % 通过网格数据 X、Y 定义函数表达式 Z，得到二维矩阵 Z
>> subplot(2,2,1);                  % 将视图划分为 2 行 2 列 4 个视窗，显示第 1 个视窗
>> surf(X,Y,Z);                     % 根据 x 轴、y 轴、z 轴的坐标值 X、Y、Z 绘制曲面图
>> title('三维视图');              % 为图形添加标题
>> subplot(2,2,2), surf(X,Y,Z),shading flat;     % 根据 x 轴、y 轴、z 轴的坐标值 X、Y、Z 绘制曲面图，
利用网格颜色渲染图形
>> title('平面渲染');              % 为图形添加标题
>> subplot(2,2,3), surf(X,Y,Z),shading faceted;  % 根据 x 轴、y 轴、z 轴的坐标值 X、Y、Z 绘制曲面图，
利用黑色网格渲染图形
>> title('镶嵌面渲染');            % 为图形添加标题
>> subplot(2,2,4) ,surf(X,Y,Z),shading interp;   % 根据 x 轴、y 轴、z 轴的坐标值 X、Y、Z 绘制曲面图，
利用插值颜色渲染图形
>> title('插值渲染')               % 为图形添加标题
```

运行结果如图 6-23 所示。

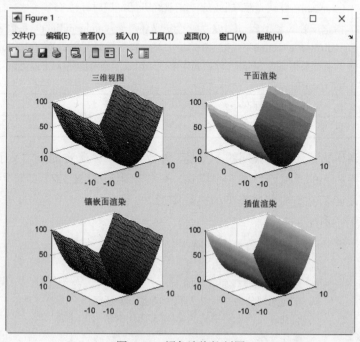

图 6-23　颜色渲染控制图

6.2.3 光照处理

在 MATLAB 中绘制三维图形时，不仅可以画出带光照模式的曲面，还能在绘图时指定光线的来源。

1. 带光照模式的三维曲面

surfl 函数用来绘制一个带光照模式的三维曲面图，该函数显示一个带阴影的曲面，结合了周围的、散射的和镜面反射的光照模式。想获得较平滑的颜色过渡，则需要使用有线性强度变化的色图（如 gray、copper、bone、pink 等）。

surfl 函数的调用格式及说明如表 6-17 所示。

表 6-17　surfl 函数调用格式及说明

调用格式	说　明
surfl(Z)	以向量 **Z** 的元素生成一个三维的、带阴影的曲面，其中阴影模式中的默认光源方位为从当前视角开始，逆时针转 45°
surfl(X,Y,Z)	以矩阵 **X**，**Y**，**Z** 生成的一个三维的、带阴影的曲面，其中阴影模式中的默认光源方位为从当前视角开始，逆时针转 45°
surfl(…,'light')	用一个 matlab 光照对象（light object）生成一个带颜色、带光照的曲面，这与用默认光照模式产生的效果不同
surfl(…,s)	指定光源与曲面之间的方位 **s**，其中 **s** 为一个二维向量[azimuth,elevation]，或者三维向量 [sx,sy,sz]，默认光源方位为从当前视角开始，逆时针转 45°
surfl(X,Y,Z,s,k)	指定反射常系数 **k**，其中 **k** 为一个定义环境光（ambient light）系数（0≤ka≤1）、漫反射（diffuse reflection）系数（0≤kb≤1）、镜面反射（specular reflection）系数（0≤ks≤1）与镜面反射亮度 Shine（以像素为单位）组成的四维向量[ka,kd,ks,shine]，默认值为 k=[0.55 0.6 0.4 10]
surfl(ax,…)	在 ax 指定的坐标区中绘制图形
h = surfl(…)	返回一个曲面图形句柄向量 **h**

对于这个函数的调用格式还需要说明的一点是，参数 **X**，**Y**，**Z** 确定的点定义了参数曲面的"里面"和"外面"，若用户想曲面的"里面"有光照模式，只要使用 surfl(X,Y,Z) 即可。

例 6-23：绘出山峰函数在有光照情况下的三维图形。

解　MATLAB 程序如下：

```
>> close all              % 关闭当前已打开的文件
>> clear                  % 清除工作区的变量
>> [x,y,z] = sphere;      % 返回 20×20 球面的坐标
>> subplot(1,2,1)         % 将视图划分为 1 行 2 列两个图窗，激活第 1 个图窗
>> surfl(x+3,y-2,z)       % 绘制外面带光照模式的、以(3,-2,0)为中心的球面
>> title('外面有光照')      % 添加标题
>> axis equal             % 沿每个坐标轴使用相同的数据单位长度
>> subplot(1,2,2)         % 激活第 2 个图窗
```

```
>> surfl(x',y',z')          %  创建里面带光照模式的、以(3,-2,0)为中心的球面
>> title('里面有光照')       %  添加标题
>> axis equal               %  沿每个坐标轴使用相同的数据单位长度
```

运行结果如图 6-24 所示。

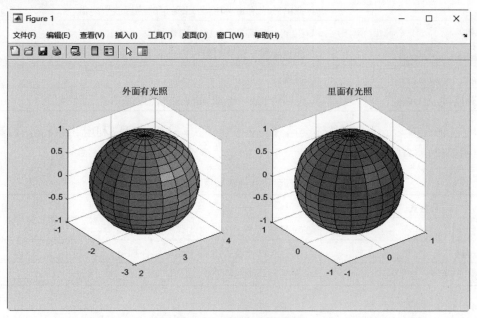

图 6-24　光照控制图比较

2. 光源位置及照明模式

在绘制带光照的三维图形时，可以利用 light 函数与 lightangle 函数确定光源位置，其中 light 函数用于在直角坐标系中创建光源对象，其调用格式及说明如表 6-18 所示。

表 6-18　light 函数调用格式及说明

调用格式	说　明
light('PropertyName',propertyvalue,…)	使用给定属性的指定值创建一个 Light 对象
light(ax,…)	在 ax 指定的坐标区中创建光源对象
handle = light(…)	返回创建的 Light 对象

光源对象有以下 3 个重要的光源对象属性：

☑　Color ：光源对象投射的光线的颜色，决定来自光源的定向光的颜色。场景中对象的颜色由对象和光源的颜色共同决定。

☑　Style ：决定光源是从指定位置向所有方向发光的点源（Style 设置为 local），还是放置在无限远处，从指定位置的方向发出平行光线的光源（Style 设置为 infinite）。

☑　Position：以坐标区数据单位指定光源的位置。在光源无限远的情况下，Position 指定光源的方向。

需要特别注意的是，这 3 个属性的位置可以互换。

lightangle 函数用于在球面坐标中创建或定位光源对象，它的调用格式及说明如表 6-19 所示。

表 6-19　lightangle 函数调用格式及说明

调用格式	说　明
lightangle(az,el)	在由方位角 az 和仰角 el 确定的位置放置光源
lightangle(ax,az,el)	在 ax 指定的坐标区上创建光源
light_handle=lightangle(az,el)	创建光源并将光对象返回为 light_handle
lightangle(light_handle,az,el)	设置由 light_handle 确定的光源位置
[az,el]=lightangle(light_handle)	返回由 light_handle 确定的光源位置的方位角和仰角

在确定了光源位置后，用户可能还会用到一些照明模式，这一点可以利用 lighting 函数实现，它主要有 3 种照明模式，如表 6-20 所示。

表 6-20　lighting 函数调用格式及说明

调用格式	说　明
lighting flat	在对象的每个面上产生均匀分布的光照
lighting gouraud	计算顶点法向量并在各个面中线性插值
lighting none	关闭光源

视频讲解

例 6-24： 球体的色彩变换。

解　MATLAB 程序如下：

```
>> close all                  % 关闭当前已打开的文件
>> clear                      % 清除工作区的变量
>> [x,y,z]=sphere(40);        % 在当前坐标系中画出由 40×40 个面组成的球面
>> colormap(jet)              % 设置颜色图，从蓝色到红色，中间经过青绿色、黄色和橙色
>> subplot(1,2,1);            % 将视图分割为 1 行 2 列 2 个视窗，显示第 1 个视窗
>> surf(x,y,z),shading interp % 根据 x 轴、y 轴、z 轴的坐标值 X、Y、Z 绘制球面图，利用插值颜色渲染图形
>> light('position',[2,-2,2],'style','local') % 创建从坐标光源位置向无限远处照射的光源
>> lighting phong             % 设置照明模式
>> axis equal                 % 沿每个坐标轴使用相同的数据单位长度
>> subplot(1,2,2)             % 显示第 2 个视窗
>> surf(x,y,z,-z),shading flat  % 根据 x 轴、y 轴、z 轴的坐标值 X、Y、Z 绘制球面图，设置球面颜色，
                              % 利用插值颜色渲染图形
>> light,lighting flat        % 创建光源对象，设置照明模式
>> light('position',[-1 -1 -2],'color','y')  % 根据坐标显示光源位置，设置光源为黄色光
>> light('position',[-1,0.5,1],'style','local','color','w')  % 创建从坐标光源位置向无限远处照射的光源，光源
                              % 颜色为白色
>> axis equal                 % 沿每个坐标轴使用相同的数据单位长度
```

运行结果如图 6-25 所示。

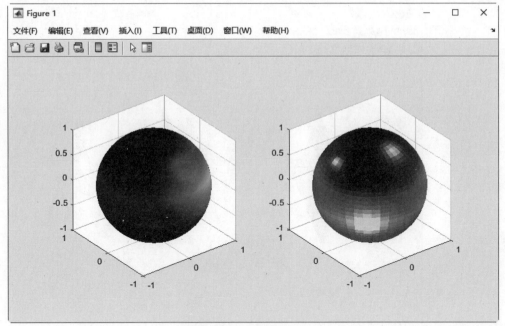

图 6-25　光源控制图比较

例 6-25：针对下面的函数，比较设置不同光照模式的图像效果。

$$z = \sqrt{x^2 + y^2}, \quad -7.5 \leqslant x, y \leqslant 7.5$$

视频讲解

解　MATLAB 程序如下：

```
>> close all                          % 关闭当前已打开的文件
>> clear                              % 清除工作区的变量
>> [X,Y]=meshgrid(-7.5:0.5:7.5);      % 创建-7.5～7.5 的向量，间隔值为 0.5，通过该向量创建网格矩阵 X、Y
>> Z=sqrt(X.^2+Y.^2);                 % 通过网格数据 X、Y 定义函数表达式 Z，得到二维矩阵 Z
>> subplot(1,2,1);                    % 将视图分割为 1×2 的 2 个窗口，显示视图 1
>> surf(X,Y,Z),shading interp         % 绘制曲面图，插值颜色渲染图形
>> light('position',[2,-2,2],'style','local')   % 创建根据坐标显示光源位置并从该位置向无限远处照射的光源
>> lighting gouraud                   % 设置照明模式
>> title('均匀光照');                  % 为图形添加标题
% 将视图分割为 1×2 的 2 个窗口，在视图 2 绘制曲面，在曲面上添加光源，设置光源为顶光
>> subplot(1,2,2), surf(X,Y,Z), shading flat
>> light,lighting flat                % 创建光源对象，选择顶光
>> light('position',[-1 -1 -2],'color','y')     % 根据坐标显示光源位置，设置光源为黄色光
% 创建根据坐标显示光源位置并从该位置向无限远处照射的光源，设置光源为黄色光
>> light('position',[-1,0.5,1],'style','local','color','w')
>> title('线性插值');                  % 为图形添加标题
```

运行结果如图 6-26 所示。

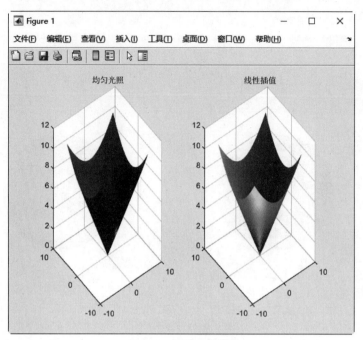

图 6-26 光照控制图

视频讲解

6.3 操作实例——绘制函数的三维视图

函数方程为 $z = \sin(x) + \cos(y), 1 \leqslant x \leqslant 10, 1 \leqslant y \leqslant 20$，绘制该函数方程的三维视图。

操作步骤如下：

（1）绘制三维图形，程序如下：

```
>> close all                % 关闭当前已打开的文件
>> clear                    % 清除工作区的变量
%{创建两个向量。1～10 的向量的元素间隔为 0.5，从 1～20 的向量选取默认元素间隔 1，通过这两个向量创建
网格矩阵 X、Y%}
>> [X,Y]=meshgrid(1:0.5:10,1:20);
>> Z=sin(X)+cos(Y);         % 通过网格数据 X、Y 定义函数表达式 Z，得到二维矩阵 Z
>> subplot(2,3,1)           % 将视图分割为 2×3 的 6 个窗口，显示视图 1
>> surf(X,Y,Z),title('主视图')   % 根据 x 轴、y 轴、z 轴的坐标值 X、Y、Z 绘制曲面图
```

运行结果如图 6-27 所示。

（2）转换视图，程序如下：

```
>> subplot(2,3,2)           % 将视图分割为 2×3 的 6 个窗口，显示视图 2
>> surf(X,Y,Z)              % 根据 x 轴、y 轴、z 轴的坐标值 X、Y、Z 绘制曲面图
>> view(20,15)             % 使用 20 度的方位角和 15 度的仰角显示图形
>> title('三维视图')        % 为图形添加标题
```

运行结果如图 6-28 所示。

（3）填充图形，程序如下：

```
>> subplot(2,3,3)        % 将视图分割为 2×3 的 6 个窗口，显示视图 3
>> colormap(hot)         % 设置颜色图样式为黑、红、黄、白色图，从黑色平滑过渡到红色、橙色和黄色的背
                           景色，然后到白色
>> hold on               % 打开图形保持命令
>> stem3(X,Y,Z,'bo')     % 绘制三维火柴杆图，设置图形线条颜色为蓝色、线条样式为小圆圈
>> view(20,15)           % 使用 20 度的方位角和 15 度的仰角显示图形
>> title('填充图')        % 为图形添加标题
```

运行结果如图 6-29 所示。

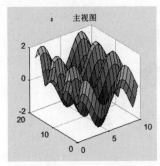
图 6-27　主视图

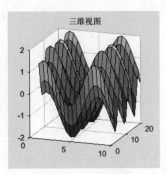
图 6-28　转换视图

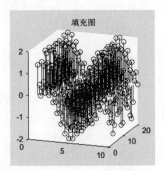
图 6-29　填充结果

（4）半透明视图，程序如下：

```
>> subplot(2,3,4)        % 将视图分割为 2×3 的 6 个窗口，显示视图 4
>> surf(X,Y,Z)           % 根据 x 轴、y 轴、z 轴的坐标值 X、Y、Z 绘制曲面图
>> view(20,15)           % 使用 20 度的方位角和 15 度的仰角查看绘图
>> shading interp        % 插值颜色渲染图形
>> alpha(0.5)            % 设置曲面图形透明度为 0.5
>> colormap(summer)      % 设置当前颜色图样式，包含绿色和黄色的阴影颜色。
>> title('半透明图')      % 为图形添加标题
```

运行结果如图 6-30 所示。

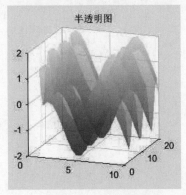
图 6-30　半透明图

（5）透视图，程序如下：

```
>> subplot(2,3,5)                          % 将视图分割为 2×3 的 6 个窗口，显示视图 5
>> surf(X,Y,Z),view(20,15)                 % 根据 x 轴、y 轴、z 轴的坐标值 X、Y、Z 绘制曲面图
>> shading interp                          % 插值颜色渲染图形
>> hold on,mesh(X,Y,Z),colormap(hot)       % 创建有实色边颜色、无面颜色的网格图，然后设置颜色图，结果如
                                              图 6-31 所示
>> hold off                                % 关闭保持命令
>> hidden off                              % 对当前网格图禁用隐线消除模式
>> axis equal                              % 沿每个坐标轴使用相同的数据单位长度
>> title('透视图')                          % 为图形添加标题
```

转换坐标系后运行结果如图 6-32 所示。

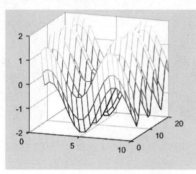
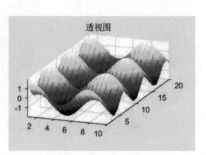

图 6-31　透视图结果　　　　　图 6-32　坐标系转换结果

（6）裁剪处理，程序如下：

```
>> subplot(2,3,6)                          % 将视图分割为 2×3 的 6 个窗口，显示视图 6
>> surf(X,Y,Z), view(20,15)                % 根据 x 轴、y 轴、z 轴的坐标值 X、Y、Z 绘制曲面图
>> ii=find(abs(X)>6|abs(Y)>6);             % 在 X、Y 中查找绝对值大于 6 的元素组成数组 ii
>> Z(ii)=zeros(size(ii));                  % 创建一个大小与 ii 相同的全零数组
% 根据 x 轴、y 轴、z 轴的坐标值 X、Y、Z 绘制曲面图，插值颜色渲染图形，然后设置颜色图
>> surf(X,Y,Z),shading interp;colormap(copper)
>> light('position',[0 -15 1]);lighting flat    % 使用光线方向为向量[0 -15 1]所定义方向的局部光源在每个面上均
                                                   匀照亮曲面图
>> material([0.8,0.8,0.5,10,0.5])          % material 函数设置被照亮对象的反射属性
>> title('裁剪图')                          % 为图形添加标题
```

运行结果如图 6-33 所示。

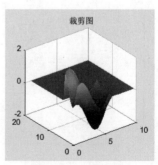

图 6-33　裁剪图

第 **7** 章

数学统计图形

数理统计是信息处理、科学决策的重要理论支持，其内容丰富、逻辑严谨、实践性强。在数学统计的应用领域，MATLAB 是一个非常重要并且方便的软件。

在 MATLAB 高级绘图函数中，有一类函数专门用于解决数学统计问题，如条形图、饼形图等，更贴合数据显示。

7.1 特 殊 图 形

为了满足用户的各种需求，MATLAB 提供了绘制条形图、面积图、饼图、阶梯图、火柴杆图等特殊图形的函数。本节将介绍这些函数的具体用法。

7.1.1 统计图形

MATLAB 提供了很多在数据统计中经常用到的图形绘制函数，本小节主要介绍几个常用函数。

1. 条形图

条形图可分为二维图形和三维图形，其中绘制二维条形图的函数为 bar（竖直条形图）与 barh（水平条形图）。它们的调用格式都是一样的，因此我们只介绍 bar 函数的调用格式及说明，如表 7-1 所示。

表 7-1   bar 函数调用格式及说明

调用格式	说　明
bar(y)	若 y 为向量，则分别显示每个分量的高度，横坐标为 1 到 length(y)；若 y 为矩阵，则 bar 把 y 分解成行向量，再分别画出，横坐标为 1 到 size(y,1)，即矩阵的行数

调用格式	说　明
bar(x,y)	在 *x* 指定的位置画出 *y*，其中 *x* 为严格单增的向量。若 *y* 为矩阵，则 bar 把矩阵分解成几个行向量，在指定的横坐标处分别画出
bar(…,width)	设置条形的相对宽度以控制组内条形的间距，默认值为 0.8。所以，若用户没有指定 *x*，则同一组内的条形有很小的间距；若设置 width 为 1，则同一组内的条形相互接触
bar(…,'style')	指定条形的排列类型，类型有 group 和 stack，其中 group 为默认的显示模式，它们的含义如下： group：若 *Y* 为 *n×m* 矩阵，则 bar 显示 *n* 组，每组有 *m* 个垂直条形图 stack：将矩阵 *Y* 的每一个行向量显示在一个条形中，条形的高度为该行向量中的分量和，其中同一条形中的每个分量用不同的颜色显示出来，从而可以显示每个分量在向量中的分布
bar(…,color)	用指定的颜色 color 显示所有的条形
bar(ax,…)	将图形绘制到 ax 指定的坐标区中
b = bar(…)	返回一个或多个 Bar 对象。如果 *y* 是向量，则创建一个 Bar 对象；如果 *y* 是矩阵，则为每个序列返回一个 Bar 对象。显示条形图后，使用 *b* 设置条形的属性

例 7-1：绘制矩阵不同样式的条形图。

解　MATLAB 程序如下：

视 频 讲 解

```
>> close all          %  关闭当前已打开的文件
>> clear              %  清除工作区的变量
>> Y=[sin(pi/3),cos(pi/4);log(3),tanh(6)];   %  创建矩阵 Y
>> subplot(2,2,1)                    %  将视图分割为 2×2 的窗口，显示视图 1
>> bar(Y)                            %  绘制矩阵 Y 的二维条形图
>> title('图 1')                      %  添加标题
>> subplot(2,2,2)                    %  将视图分割为 2×2 的窗口，显示视图 2
>> bar(Y,'histc'),title('图 2')       %  显示条形紧挨在一起的直方图，然后添加标题
>> subplot(2,2,3)                    %  将视图分割为 2×2 的窗口，显示视图 3
>> bar(Y,'hist');                    %  显示将每个条形居中置于 x 刻度上的直方图
>> title('图 3')                      %  添加标题
>> subplot(2,2,4)                    %  将视图分割为 2×2 的窗口，显示视图 4
>> b=barh(Y);                        %  绘制矩阵 Y 的二维水平条形图
>> title('图 4')                      %  添加标题
```

运行结果如图 7-1 所示。

例 7-2：绘制随机矩阵的四种颜色不同的条形图。

解　MATLAB 程序如下：

视 频 讲 解

```
>> close all                          %  关闭当前已打开的文件
>> clear                              %  清除工作区的变量
%{创建 10×1 的随机矩阵，每次生成的矩阵不同，因此结果图形不同，读者在自行运行的过程中出现与本书图形
不同的情况，是正常的%}
>> Y=rand(10,1);
```

```
>> subplot(2,2,1)                              % 将视图分割为 2×2 的窗口，显示视图 1
>> bar(Y)                                       % 绘制矩阵 Y 的二维条形图
>> title('图 1')                                 % 添加标题
>> subplot(2,2,2)                              % 将视图分割为 2×2 的窗口，显示视图 2
>> bar(Y,'EdgeColor','r','LineWidth',2),title('图 2')   % 设置条形轮廓颜色
>> subplot(2,2,3)                              % 将视图分割为 2×2 的窗口，显示视图 3
>> bar(Y,'FaceColor',[.5 0 .3]);                 % 设置条形内部颜色
>> title('图 3')                                 % 添加标题
>> subplot(2,2,4)                              % 将视图分割为 2×2 的窗口，显示视图 4
>> b=bar(Y);                                    % 绘制矩阵 Y 的二维条形图
>> b.FaceColor = 'flat';                         % 将 Bar 对象的 FaceColor 属性设置为 flat
>> b.CData(4,:) = [.2 0 .4];                     % 使用 CData 属性设置条形图第 4 条的颜色
>> b.CData(6,:) = [.5 0.1 .8];                   % 使用 CData 属性设置条形图第 6 条的颜色
>> title('图 4')                                 % 添加标题
```

运行结果如图 7-2 所示。

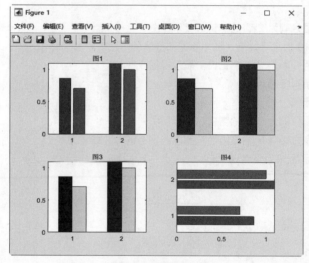

图 7-1　条形图

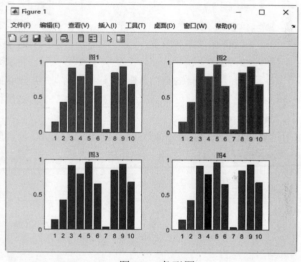

图 7-2　条形图

2．面积图

面积图强调数量随时间变化的程度，可引起人们对总值趋势的注意，应用十分广泛。在 MATLAB 中，绘制面积图的函数是 area，它的调用格式及说明如表 7-2 所示。

表 7-2　area 函数调用格式及说明

调用格式	说　　明
area(Y)	绘制向量 Y 或将矩阵 Y 中每一列作为单独曲线绘制并堆叠显示
area(X,Y)	绘制 Y 对 X 的图，并填充 0 和 Y 之间的区域。如果 Y 是向量，则将 X 指定为由递增值组成的向量，其长度等于 Y；如果 Y 是矩阵，则将 X 指定为由递增值组成的向量，其长度等于 Y 的行数
area(⋯,basevalue)	指定区域填充的基值 basevalue，默认为 0

续表

调用格式	说　明
area(…,Name,Value)	使用一个或多个名称-值对组参数修改区域图
area(ax,…)	将图形绘制到 ax 指定的坐标区中，而不是当前坐标区中
ar=area(…)	返回一个或多个 Area 对象。area 函数将为向量输入参数创建一个 Area 对象，为矩阵输入参数的每一列创建一个 Area 对象

视频讲解

例 7-3： 绘制魔方矩阵的面积图。

解　MATLAB 程序如下：

```
>> close all                              % 关闭当前已打开的文件
>> clear                                  % 清除工作区的变量
>> Y= magic(5);                           % 创建 5×5 的魔方矩阵
Y>> subplot(2,2,1)                        % 将视图分割为 2×2 的窗口，显示视图 1
>> area(Y)                                % 绘制魔方矩阵 Y 的二维面积图
>> title('图 1')                          % 添加标题
>> subplot(2,2,2)                         % 将视图分割为 2×2 的窗口，显示视图 2
>> area(Y,10),title('图 2')               % 为 y=10 的水平线与 x 轴之间的部分填色，然后添加标题
>> subplot(2,2,3)                         % 将视图分割为 2×2 的窗口，显示视图 3
>> area (Y,'FaceColor',[.5 0 .3]);        % 设置面积图颜色
>> title('图 3')                          % 添加标题
>> subplot(2,2,4)                         % 将视图分割为 2×2 的窗口，显示视图 4
>> b=area(Y, 'LineStyle',':', 'LineWidth',4);   % 绘制魔方矩阵 Y 的二维面积图，线性为冒号，线宽为 4
>> title('图 4')                          % 添加标题
```

运行结果如图 7-3 所示。

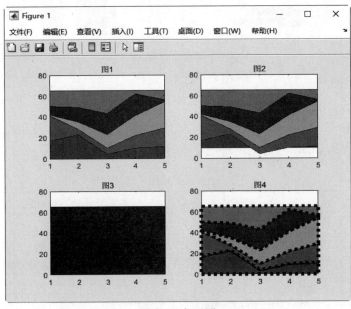

图 7-3　条形图

3. 饼图

饼图用来显示向量或矩阵中各元素所占的比率，它可以用在一些统计数据的可视化中。在二维情况下，创建饼图的函数是 pie；在三维情况下，创建饼图的函数是 pie3。二者的调用格式非常相似，因此我们只介绍 pie 函数的调用格式及说明，如表 7-3 所示。

表 7-3　pie 函数调用格式及说明

调用格式	说　　明
pie(X)	用 *X* 中的数据画一张饼图，*X* 中的每一元素代表饼图中的一部分，*X* 中的每一个元素所代表的扇形大小通过 X(i)/sum(X) 的大小来决定。若 sum(X)≤1，则 *X* 中元素的值就直接指定了饼图扇区的面积。若 sum(X)<1，则画出一张不完整的饼图
pie(X,explode)	将扇区从饼图偏移一定位置。explode 是一个与 *X* 同维的矩阵，当所有元素为零时，饼图的各个部分将连在一起组成一个圆，而其中存在非零元时，*X* 中相对应的元素在饼图中对应的扇区将向外移出一些来加以突出
pie(X,labels)	指定扇区的文本标签。*X* 必须是数值数据类型。标签数必须等于 *X* 中的元素数
pie(X,explode,labels)	偏移扇区并指定文本标签。*X* 可以是数值或分类数据类型。为数值数据类型时，标签数必须等于 *X* 中的元素数；为分类数据类型时，标签数必须等于分类数
pie(ax,…)	将图形绘制到 ax 指定的坐标区中，而不是当前坐标区（gca）中
p = pie(…)	返回一个由补片和文本图形对象组成的向量

例 7-4：抽取矩阵

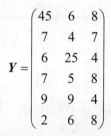

$$Y = \begin{pmatrix} 45 & 6 & 8 \\ 7 & 4 & 7 \\ 6 & 25 & 4 \\ 7 & 5 & 8 \\ 9 & 9 & 4 \\ 2 & 6 & 8 \end{pmatrix}$$

视频讲解

的第一列绘制完整的饼图、分离的饼图。

解　MATLAB 程序如下：

```
>> close all                              % 关闭当前已打开的文件
>> clear                                  % 清除工作区的变量
>> Y=[45 6 8;7 4 7;6 25 4;7 5 8;9 9 4;2 6 8];   % 输入矩阵 Y
>> Y=Y(:,1)'                              % 抽取矩阵 Y 的第一列
Y =
    45     7     6     7     9     2
>> subplot(1,3,1)                         % 将视图分割为 1×3 的窗口，显示视图 1
>> pie(Y)                                 % 绘制完整饼图
>> title('二维饼图')                       % 添加标题
>> subplot(1,3,2)                         % 将视图分割为 1×3 的窗口，显示视图 2
```

>> pie(Y,[1 1 1 1 1])	% 偏移抽取的列元素对应的扇区
>> title('分离二维饼图')	% 添加标题
>> subplot(1,3,3)	% 将视图分割为 1×3 的窗口，显示视图 3
>> p=pie(Y);	% 绘制饼图，并返回饼图中由补片和文本图形对象组成的向量
>> t = p(4);	% 获取饼图的第 4 个标签句柄
>> t.BackgroundColor = 'cyan';	% 设置标签背景底色
>> t.EdgeColor = 'red';	% 设置标签的轮廓颜色
>> t.FontSize = 14;	% 设置标签的字体大小
>> title('设置标签样式的二维饼形图')	%添加标题

运行结果如图 7-4 所示。

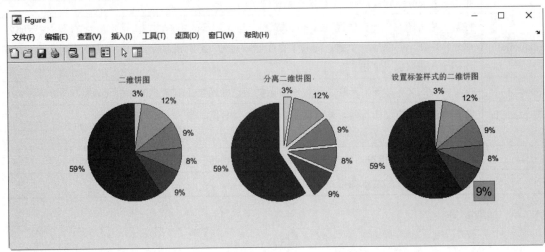

图 7-4　饼图

例 7-5： 绘制矩阵的完整饼图、部分饼图。

解　MATLAB 程序如下：

>> close all	% 关闭当前已打开的文件
>> clear	% 清除工作区的变量
>> X=[0.1 0.2 0.3 0.4];	% 创建向量 X
>> Y=X(2:4);	% 抽取向量 X 的第 2～4 个元素
>> labels = {'1','2','3','4'};	% 定义饼图标签
>> labels1 = {'1','2','3'};	% 定义分割饼图标签
>> ax1 =subplot(1,2,1);	% 创建一个坐标区对象 ax1，便于修改坐标区
% 将坐标区对象 ax1 指定为绘图函数的输入，在特定的子图中绘制带指定标签的饼图	
>> pie(ax1,X,labels)	
>> title(ax1,'完整');	% 添加标题
>> ax2 =subplot(1,2,2);	% 创建一个坐标区对象 ax2
% 将坐标区对象 ax1 指定为绘图函数的输入，在特定的子图中绘制带指定标签的分离饼图	
>> pie(ax2,Y,labels1)	
>> title(ax2,'部分');	% 添加标题

运行结果如图 7-5 所示。

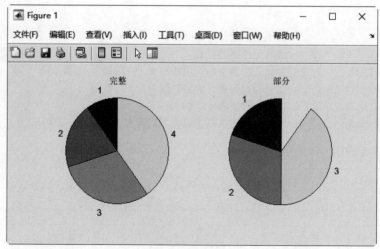

图 7-5 饼图显示

4．柱状图

柱状图是数据分析中用得较多的一种图形，例如在一些预测彩票结果的网站，把各期中奖数字记录下来，然后制成柱状图，这可以让彩民清楚地了解到各个数字在中奖号码中出现的概率。在 MATLAB 中，绘制柱状图的函数有两个：

☑ histogram 函数：绘制直角坐标系下的柱状图。

☑ polarhistogram 函数：绘制极坐标系下的柱状图。

histogram 函数的调用格式及说明如表 7-4 所示。

表 7-4 histogram 函数调用格式及说明

调 用 格 式	说 明
histogram(X)	基于 X 创建柱状图，使用均匀宽度的 bin 涵盖 X 中的元素范围并显示分布的基本形状
histogram(X,nbins)	使用标量 nbins 指定 bin 的数量
histogram(X,edges)	将 X 划分到由向量 edges 指定 bin 边界的 bin 内。除了同时包含两个边界的最后一个 bin 外，每个 bin 都包含左边界，但不包含右边界，
histogram('BinEdges',edges, 'BinCounts',counts)	指定 bin 边界和关联的 bin 计数
histogram(C)	通过为分类数组 C 中的每个类别绘制一个条形来绘制柱状图
histogram(C,Categories)	仅绘制 Categories 指定的类别的子集
histogram('Categories',Categories,'BinCounts',counts)	指定类别和关联的 bin 计数
histogram(⋯,Name,Value)	使用一个或多个名称-值对组参数设置柱状图的属性
histogram(ax,⋯)	将图形绘制到 ax 指定的坐标区中，而不是当前坐标区中
h = histogram(⋯)	返回 Histogram 对象，常用于检查并调整柱状图的属性

例 7-6： 生成 10 000 个随机数，创建柱状图并指定边界。

解 MATLAB 程序如下：

```
>> close all              % 关闭当前已打开的文件
>> clear                  % 清除工作区的变量
>> x = randn(10000,1);    % 定义正态分布的随机数据 x，该向量为 10 000 行 1 列
>> h = histogram(x);      % 绘制随机数据 x 的直方图，如图 7-6 所示
>> edges = [-10 -2:0.25:2 10];  % 定义边界矩阵 edges
>> h = histogram(x,edges);      % 绘制直方图并指定直方图边界宽度，如图 7-7 所示
```

运行结果如图 7-6 和图 7-7 所示。

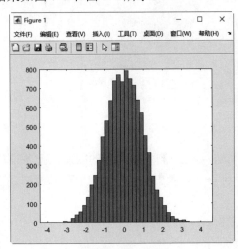

图 7-6 直方图

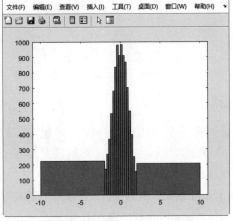

图 7-7 指定边界的直方图

polarhistogram 函数用于绘制极坐标下的柱状图，它的调用格式及说明如表 7-5 所示。

表 7-5 polarhistogram 函数调用格式及说明

调用格式	说 明
polarhistogram(theta)	显示参数 theta 的数据在 20 个区间或更少的区间内的分布，向量 theta 中的角度单位为 rad，用于确定每一区间与原点的角度，每一区间的长度反映出输入参量的元素落入该区间的个数
polarhistogram(theta,nbins)	用正整数参量 nbins 指定 bin 数目
polarhistogram('BinEdges',edges,'BinCounts',counts)	使用指定的 bin 边界和关联的 bin 计数
polarhistogram(…,Name,Value)	使用指定的一个或多个名称-值对组参数设置图形属性
polarhistogram(pax,…)	在 pax 指定的极坐标区（而不是当前坐标区）中绘制图形
h = polarhistogram(…)	返回 Histogram 对象，常用于检查并调整图形的属性

例 7-7： 绘制柱状图。

创建服从高斯分布的数据柱状图，再将这些数据分到指定范围的若干个相同的柱状图和极坐标下的柱状图中。

解　MATLAB 程序如下：

```
>> close all                    % 关闭当前已打开的文件
>> clear                        % 清除工作区的变量
>> Y=randn(10000,1);            % 定义 10 000 行 1 列的正态分布的随机向量 Y
>> subplot(1,3,1)               % 将视图分割为 1 行 3 列 3 个窗口，显示第 1 个视图
>> histogram(Y);                % 根据均匀分布的伪随机向量 Y 绘制柱状图
>> title('高斯分布柱状图')        % 添加标题
>> x=-3:0.1:3;                  % 创建-3～3 的向量 x，元素间隔为 0.1
>> subplot(1,3,2)               % 显示第 2 个视图
>> h=histogram(Y,x);            % 根据均匀分布的伪随机向量 Y 及 x 绘制柱状图
>> set(h,'FaceColor','r')       % 改变柱状图的颜色为红色
>> title('指定范围的高斯分布柱状图') % 添加标题
>> subplot(1,3,3)               % 显示第 3 个视图
>> theta=Y*pi;                  % 定义极坐标下的数据 theta
>> polarhistogram(theta);       % 极坐标下的柱状图
>> title('极坐标系下的柱状图')    % 添加标题
```

运行结果如图 7-8 所示。

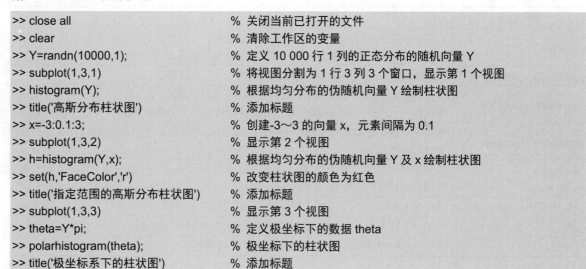

图 7-8　柱状图

7.1.2　离散数据图形

除了上面提到的统计图形外，MATLAB 还提供了一些在工程计算中常用的离散数据图形绘制函数，用来绘制误差棒图、火柴杆图与阶梯图等。下面来看一下它们的用法。

1. 误差棒图

MATLAB 中绘制误差棒图的函数为 errorbar，它的调用格式及说明如表 7-6 所示。

表 7-6   errorbar 函数调用格式及说明

调用格式	说　明
errorbar(y,err)	创建 *y* 中数据的线图，并在每个数据点处绘制一个垂直误差条。err 中的值确定数据点上方和下方的每个误差条的长度，因此总误差条长度是 err 值的两倍
errorbar(x,y,err)	绘制 *y* 对 *x* 的图，并在每个数据点处绘制一个垂直误差条
errorbar(···,ornt)	设置误差条的方向。ornt 的默认值为 vertical，绘制垂直误差条；ornt 的默认值为 horizontal，绘制水平误差条；ornt 的默认值为 both，则绘制水平和垂直误差条
errorbar(x,y,neg,pos)	在每个数据点处绘制一个垂直误差条，其中 neg 确定数据点下方的长度，pos 确定数据点上方的长度
errorbar(x,y,yneg,ypos, xneg,xpos)	绘制 *y* 对 *x* 的图，并同时绘制水平和垂直误差条。yneg 和 ypos 分别设置垂直误差条下部和上部的长度；xneg 和 xpos 分别设置水平误差条左侧和右侧的长度
errorbar(···,LineSpec)	绘制用 LineSpec 指定线型、标记符、颜色等的误差棒图
errorbar(···,Name,Value)	使用一个或多个名称-值对组参数修改线和误差条的外观
errorbar(ax,···)	在由 ax 指定的坐标区（而不是当前坐标区）中绘图

视频讲解

例 7-8： 绘制垂直和水平误差条。

解　MATLAB 程序如下：

```
>> close all                              % 关闭当前已打开的文件
>> clear                                  % 清除工作区的变量
>> x = 1:10:100;                          % 创建 1~100 的向量 x，元素间隔为 10
>> y=sin(x);                              % 定义函数表达式 y
>> err = [2 0.5 1 0.5 1 0.5 1 2 0.5 0.5]; % 定义误差棒 err
>> subplot(2,2,1),errorbar(x,y,err)       % 绘制带水平误差条的线图
>> subplot(2,2,2),errorbar(x,y,err, 'horizontal', '-s','MarkerSize',10,...
% 绘制带垂直误差条的线图，在每个数据点处显示标记
    'MarkerEdgeColor','red','MarkerFaceColor','red')
>> subplot(2,2,3),errorbar(x,y,err,'both')  % 绘制带垂直和水平误差条的线图
>> subplot(2,2,4),errorbar(x,y,err,'both','o')  % 绘制带垂直和水平误差条的线图，不显示连接数据点的线
```

运行结果如图 7-9 所示。

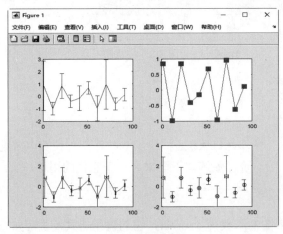

图 7-9   误差条图形

2．火柴杆图

用线条显示数据点与 x 轴的距离，用一个小圆圈（默认标记）或其他指定的标记符号与线条相连，并在 y 轴上标记数据点的值，这样的图形称为火柴杆图。在二维图形下，实现这种操作的函数是 stem，它的调用格式及说明如表 7-7 所示。

表 7-7　stem 函数调用格式及说明

调用格式	说　明
stem(Y)	如果 Y 是向量，按 Y 中元素的顺序画出火柴杆图，在 x 轴上，火柴杆之间的距离相等；若 Y 为矩阵，则把 Y 分成几个行向量，在同一横坐标的位置上画出每一个行向量元素对应的火柴杆
stem(X,Y)	在 X 指定的值位置画出向量 Y 的火柴杆图，其中 X 与 Y 为同型的向量或矩阵
stem(…,'filled')	指定是否对火柴杆末端的"火柴头"填充颜色
stem(…,LineSpec)	用参数 LineSpec 指定线型、标记符号和火柴头的颜色画火柴杆图
stem(…,Name,Value)	使用一个或多个名称-值对组参数修改火柴杆图
stem(ax,…)	将图形绘制到 ax 指定的坐标区中，而不是当前坐标区（gca）中
h = stem(…)	返回火柴杆图的 line 图形对象句柄向量

例 7-9：绘制 $y = \sin x, y = \cos x$ 的火柴杆图。

解　MATLAB 程序如下：

```
>> close all               % 关闭当前已打开的文件
>> clear                    % 清除工作区的变量
>> X = linspace(0,2*pi,50)';    % 创建 0～2π 的列向量 X，元素个数为 50
>> Y1 = sin(X);            % 定义函数表达式 Y1
>> Y2 = cos(X);            % 定义函数表达式 Y2
>> subplot(1,3,1),stem(X)       % 创建包含 50 个数据值的向量 X 的火柴杆图
>> subplot(1,3,2),stem(X,Y1,'->')   % 创建正弦函数的火柴杆图，设置线型与火柴头的形状
>> subplot(1,3,3),stem(X,Y2,':p')   % 创建余弦函数的火柴杆图，设置线型与火柴头的形状
```

运行结果如图 7-10 所示。

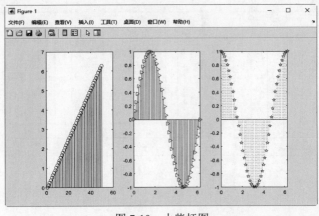

图 7-10　火柴杆图

例 7-10： 抽取矩阵

$$Y = \begin{pmatrix} 5 & 3 & 8 \\ 7 & 4 & 7 \\ 16 & 5 & 4 \\ 17 & 6 & 8 \\ 19 & 9 & 4 \\ 20 & 16 & 8 \end{pmatrix}$$

的列数据绘制火柴杆图。

解 MATLAB 程序如下：

```
>> close all                          % 关闭当前已打开的文件
>> clear                              % 清除工作区的变量
>> Y=[5 3 8;7 4 7;16 5 4;17 6 8;19 9 4;20 16 8];   % 直接创建矩阵 Y
>> Y1=Y(:,1)'                         % 抽取矩阵 Y 的第 1 列，求逆矩阵，得到行向量 Y1
Y =
       5      7     16     17     19     20
>> Y2=Y(:,2)'                         % 抽取矩阵 Y 的第 2 列，求逆矩阵，得到行向量 Y2
Y2 =
       3      4      5      6      9     16
>>   Y3=Y(:,3)'                       % 抽取矩阵 Y 的第 3 列，求逆矩阵，得到行向量 Y3
Y3 =
       8      7      4      8      4      8
>> subplot(1,3,1),stem(Y1)            % 绘制 Y1 的火柴杆图
>> subplot(1,3,2),stem(Y2,Y3)         % 绘制 Y2、Y3 的火柴杆图
>> subplot(1,3,3),stem(Y3)            % 绘制 Y3 的火柴杆图
```

运行结果如图 7-11 所示。

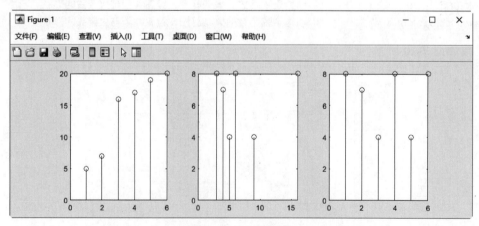

图 7-11 火柴杆图形

3. 阶梯图

阶梯图在电子信息工程以及控制技术中用得非常多。在 MATLAB 中，实现这种作图的函数是 stairs，

它的调用格式及说明如表 7-8 所示。

表 7-8　stairs 函数调用格式及说明

调用格式	说　明
stairs(Y)	用参量 Y 的元素画一线条。若 Y 为向量，则横坐标 x 的范围从 1 到 m=length(Y)；若 Y 为 $m×n$ 矩阵，则对 Y 的每一行画一线条，其中 x 的范围从 1 到 n
stairs(X,Y)	结合 X 与 Y 画阶梯图，其中要求 X 与 Y 为同型的向量或矩阵。此外，X 可以为行向量或为列向量，且 Y 为有 length（X）行的矩阵
stairs(…,LineSpec)	用参数 LineSpec 指定的线型、标记符号和颜色画阶梯图
stairs(…,Name，Value)	使用一个或多个名称-值对组参数修改阶梯图
stairs(ax,…)	将图形绘制到 ax 指定的坐标区中，而不是当前坐标区（gca）中
h = stairs(…)	返回一个或多个 Stair 对象
[xb,yb] = stairs(Y)	该函数没有画图，而是返回可以用函数 plot 画出参量 Y 的阶梯图的坐标向量 xb 与 yb
[xb,yb] = stairs(X,Y)	该函数没有画图，而是返回可以用函数 plot 画出参量 X、Y 的阶梯图的坐标向量 xb 与 yb

例 7-11：画出曲线叠加的阶梯图。

解　MATLAB 程序如下：

```
>> close all                      % 关闭当前已打开的文件
>> clear                          % 清除工作区的变量
>> x=(-1:0.05:1)';                % 创建-1～1 的列向量 x，元素间隔为 0.05
>> y =[x,x.^2,x.^3];              % 定义函数矩阵 y
>> stairs(y)                      % 绘制函数曲线的阶梯图
% 在图形中指定的位置上显示字符串标注，设置字体大小为 16
>> text(25,-0.4,'曲线叠加的阶梯图','FontSize',16)
>> legend('x','x^2','x^3')        % 在图形中添加曲线对应的图例
```

运行结果如图 7-12 所示。

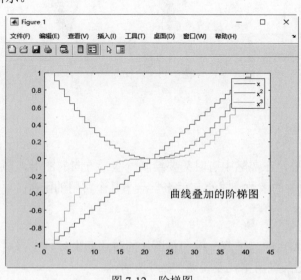

图 7-12　阶梯图

视频讲解

例 7-12：画出正弦波的阶梯图。

解　MATLAB 程序如下：

```
>> close all              % 关闭当前已打开的文件
>> clear                  % 清除工作区的变量
>> x=-2*pi:0.1*pi:2*pi;   % 创建-2π～2π 的列向量 x，元素间隔为 0.1π
>> y=sin(x);              % 定义函数 y
>> stairs(x,y)            % 绘制函数曲线的阶梯图
>> hold on                % 打开图形保持命令
>> fill(x,y,'--*')        % 绘制二维填充曲线，设置曲线线型为虚线、标记样式为星号。
>> hold off              % 关闭图形保持命令
% 在图形中指定的位置显示字符串标注，字体为斜体、字形加粗、字号为 10
>> text(3,0.6,'正弦波的阶梯图','FontAngle','italic','FontWeight', 'bold','FontSize', 10)
```

运行结果如图 7-13 所示。

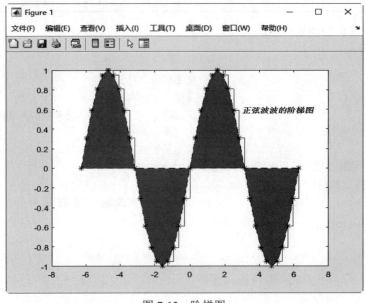

图 7-13　阶梯图

7.1.3　向量图形

由于物理等学科的需要，在实际中有时需要绘制一些带方向的图形，即向量图。对于这种图形的绘制，MATLAB 中也有相关的函数，本小节就来学一下几个常用的函数。

1. 罗盘图

罗盘图即起点为坐标原点的二维或三维向量图，同时还在坐标系中显示圆形的分隔线。实现这种作图的函数是 compass，它的调用格式及说明如表 7-9 所示。

表 7-9 compass 函数调用格式及说明

调用格式	说 明
compass(X,Y)	参量 **X** 与 **Y** 为 n 维向量，显示 n 个箭头，箭头的起点为原点，箭头的位置为[X(i),Y(i)]
compass(Z)	参量 **Z** 为 n 维复数向量，函数显示 n 个箭头，箭头起点为原点，箭头的位置为[real(Z),imag(Z)]
compass(…,LineSpec)	用参量 LineSpec 指定罗盘图的线型、标记符号、颜色等属性
compass(axes_handle,…)	将图形绘制到带有句柄 axes_handle 的坐标区中，而不是当前坐标区（gca）中
h = compass(…)	返回 line 对象的句柄给 **h**

例 7-13：绘制随机矩阵的罗盘图。

解 在 MATLAB 命令行窗口中输入如下命令：

```
>> close all          % 关闭当前已打开的文件
>> clear              % 清除工作区的变量
>> M = randn(20,20);  % 创建 20×20 正态分布的随机矩阵 M
>> Z = eig(M);        % 求矩阵 M 的特征向量
>> h=compass(Z);      % 绘制特征向量的罗盘图
>> h(1).LineStyle='-.';% 设置罗盘图第 1 个对象的线条样式为点画线
>> h(1).Marker='h';   % 设置罗盘图第 1 个对象的曲线标记样式
>> title('罗盘图')     % 添加标题
```

运行结果如图 7-14 所示

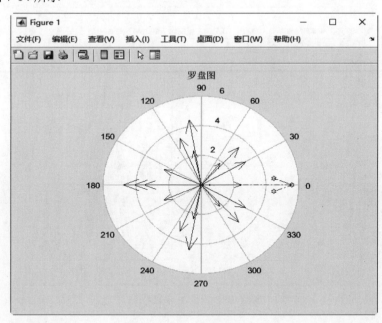

图 7-14 罗盘图

2. 羽毛图

羽毛图是在横坐标上等距地显示向量的图形，看起来就像鸟的羽毛一样。它的绘制函数是 feather，该函数调的用格式及说明如表 7-10 所示。

表 7-10　feather 函数调用格式及说明

调用格式	说　　明
feather(U,V)	显示由参量向量 U 与 V 确定的向量，其中 U 包含作为相对坐标的 x 成分，V 包含作为相对坐标的 y 成分
feather(Z)	显示复数参量向量 Z 确定的向量，等价于 feather(real(Z),imag(Z))
feather(…,LineSpec)	用参量 LineSpec 报指定的线型、标记符号、颜色等属性画出羽毛图

例 7-14： 绘制魔方矩阵的罗盘图与羽毛图。

解　在 MATLAB 命令行窗口中输入如下命令：

```
>> close all              % 关闭当前已打开的文件
>> clear                  % 清除工作区的变量
>> M= magic(10);          % 创建 10 阶魔方矩阵 M
>> subplot(1,2,1)         % 将视图分割为 1 行 2 列的 2 个窗口，显示第 1 个视图
>> compass(M)             % 绘制魔方矩阵 M 的罗盘图
>> title('罗盘图')        % 添加标题
>> subplot(1,2,2)         % 显示第 2 个视图
>> feather(M)             % 绘制魔方矩阵 M 的羽毛图
>> title('羽毛图')        % 添加标题
```

运行结果如图 7-15 所示。

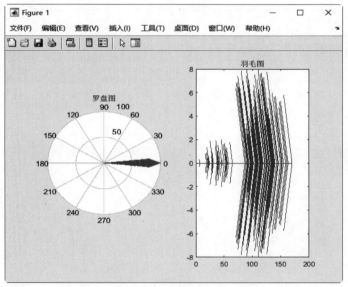

图 7-15　罗盘图与羽毛图

3. 箭头图

上面两个函数绘制的图形也可以叫作箭头图，但即将要讲的箭头图比上面两个箭头图更像数学中的向量，即它的箭头方向为向量方向，箭头的长短表示向量的大小。二维箭头图的绘制函数是 quiver，该函数的调用格式及说明，如表 7-11 所示。

表 7-11　quiver 函数调用格式及说明

调用格式	说　明
quiver(U,V)	在 xy 平面绘制由 U 和 V 定义的向量，其中 U、V 为 $m×n$ 矩阵
quiver(X,Y,U,V)	若 X 为 n 维向量，Y 为 m 维向量，U、V 为 $m×n$ 矩阵，则画出由 X、Y 确定的每一个点处由 U 和 V 定义的向量
quiver(…,scale)	自动对向量的长度进行处理，使之不会重叠。可以对 scale 进行取值。若 scale=2，则向量长度伸长 2 倍，若 scale=0，则如实画出向量图
quiver(…,LineSpec)	用 LineSpec 指定的线型、符号、颜色等画向量图
quiver(…,LineSpec,'filled')	对用 LineSpec 指定的记号进行填充
quiver(…,'PropertyName',PropertyValue,…)	为该函数创建的箭头图对象指定属性名称和属性值对组
quiver(ax,…)	将图形绘制到 ax 指定的坐标区中，而不是当前坐标区（gca）中
h = quiver(…)	返回每个向量图的句柄

例 7-15：绘制箭头图。

解　在 MATLAB 命令行窗口中输入如下命令：

```
>> close all            % 关闭当前已打开的文件
>> clear                % 清除工作区的变量
>> x = linspace(0,1,100);   % 创建 0～1 的向量 x，元素个数为 100
>> x = reshape(x,10,10);    % 将向量转换为 10×10 的矩阵
>> y = exp(x.^3+x.^2+x);    % 定义函数表达式 y
>> C=gallery('cauchy',x,y); % 创建柯西矩阵
>> u = cos(x).*y;       % 定义函数表达式 u
>> v = sin(x).*y;       % 定义函数表达式 v
>> quiver (x,y,u,v)     % 绘制箭头图
>> title('箭头图')      % 添加标题
```

运行结果如图 7-16 所示。

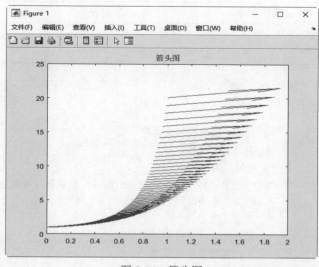

图 7-16　箭头图

7.2　三维统计图形

MATLAB 提供了绘制三维统计图形的函数，可以绘制三维条形图、三维面积图、三维饼图、三维阶梯图、三维火柴杆图等特殊图形。

7.2.1　三维条形图

绘制三维条形图的函数为 bar3（竖直条形图）与 bar3h（水平条形图），两个函数的调用格式类似，bar3 函数的调用格式及说明如表 7-12 所示。

表 7-12　bar3 函数调用格式及说明

调用格式	说　明
bar(y)	绘制三维条形图。若 *y* 为向量，则分别显示每个分量的高度，横坐标为 1 到 length(y)；若 *y* 为矩阵，则 bar 把 *y* 分解成行向量，再分别画出，横坐标为 1 到 size(y,1)，即矩阵的行数
bar(x,y)	在 *x* 指定的位置画出 *y* 中每个元素的条形图，其中 *x* 为严格单调递增的向量；若 *y* 为矩阵，则把矩阵分解成行向量，在指定的横坐标处分别画出
bar(…,width)	设置条形的相对宽度并控制组内条形的间距，默认值为 0.8。所以，若用户没有指定 x，则同一组内的条形有很小的间距；若设置 width 为 1，则同一组内的条形相互接触
bar(…,'style')	指定条形的排列类型，类型有 group 和 stack，其中 group 为默认的显示模式，它们的含义如下： group：若 *Y* 为 n×m 矩阵，则 bar 显示 *n* 组，每组有 *m* 个垂直条形图 stack：将矩阵 *Y* 的每一个行向量显示在一个条形中，条形的高度为该行向量中的分量和，其中同一条形中的每个分量用不同的颜色显示出来，从而可以显示每个分量在向量中的分布
bar(…,color)	用指定的颜色 color 显示所有的条形
bar(ax,…)	将图形绘制到 ax 指定的坐标区中
b = bar(…)	返回一个或多个 Bar 对象。如果 *y* 是向量，则创建一个 Bar 对象，如果 *y* 是矩阵，则为每个序列返回一个 Bar 对象。显示条形图后，使用 *b* 设置条形的属性

例 7-16：绘制矩阵不同样式的三维条形图。

解　MATLAB 程序如下：

```
>> close all              % 关闭当前已打开的文件
>> clear                  % 清除工作区的变量
>> Y=[5 6 8;9 4 6];       % 创建矩阵 Y
>> subplot(2,2,1)         % 将视图分割为 2 行 2 列 4 个窗口，显示第 1 个视图
>> bar3(Y)                % 绘制三维条形图
>> title('图 1')          % 添加标题
>> subplot(2,2,2)         % 显示第 1 行第 2 个视图
>> width = 0.1;           % 定义条形图条形宽度
>> bar3(Y,width),title('图 2')  % 绘制指定条形宽度的条形图
```

```
>> subplot(2,2,3)              % 显示第 2 行第 1 个视图
>> bar3(Y,'stack');            % 设置条形的排列类型为 stack，堆叠条形图
>> title('图 3')               % 添加标题
>> subplot(2,2,4)              % 显示第 2 行第 2 个视图
>> b=bar3h(Y,'r');             % 绘制水平条形图
>> title('图 4')               % 添加标题
```

运行结果如图 7-17 所示。

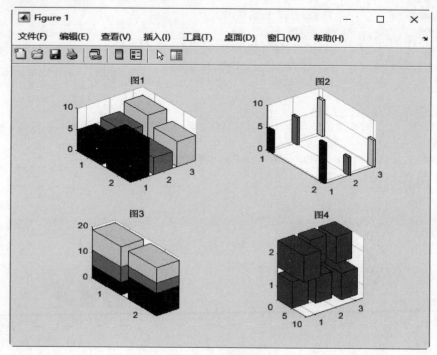

图 7-17　三维条形图

7.2.2　三维饼图

绘制三维饼图的函数为 pie3，该函数的调用格式及说明如表 7-13 所示。

表 7-13　pie3 函数调用格式及说明

调用格式	说　　明
Pie3(X)	用 X 中的数据绘制三维饼图
Pie3(X,explode)	从饼图中分离出一部分，explode 为一个与 X 同维的矩阵，当所有元素为零时，饼图的各个部分将连在一起组成一个圆，而其中存在非零元时，X 中相对应的元素在饼图中对应的扇区将向外移出一些，加以突出
pie3(axes_handle,…)	将图形绘制到句柄 axes_handle 指定的坐标区中
Pie3(…,labels)	指定扇区的文本标签。标签数必须等于 X 中的元素数
h = pie3(…)	返回图形对象句柄向量 h

例 7-17：绘制矩阵的完整饼图、分离三维饼图。

解 MATLAB 程序如下：

```
>> close all                       % 关闭当前已打开的文件
>> clear                           % 清除工作区的变量
>> X=[1 2 3 4 6 10];               % 创建矩阵 X
>> labels = {'1','2','3','4','5','6'};   % 输入饼图每个扇区的文本标签
>> subplot(1,2,1);                 % 将视图分割为 1 行 2 列 2 个窗口，显示第 1 个视图
>> pie3(X,labels)                  % 绘制带标签的饼图
>> title('原始');                  % 添加标题
>> subplot(1,2,2);                 % 显示第 2 个视图
>> pie3(X,[12 12 6 13 13 13])      % 绘制设置分离间隔的三维饼图
>> title('分离');                  % 添加标题
```

运行结果如图 7-18 所示。

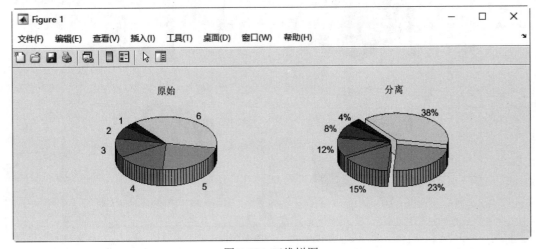

图 7-18 三维饼图

例 7-18：绘制各季度营利所占年营利总额的比率统计图。

某企业四个季度的营利额分别为 528 万元、701 万元、658 万元和 780 万元，试用条形图、饼图绘出各季度营利所占年营利总额的比率。

解 MATLAB 程序如下：

```
>> close all                       % 关闭当前已打开的文件
>> clear                           % 清除工作区的变量
>> X=[528 701 658 780];            % 直接输入矩阵 X
>> subplot(2,2,1)                  % 将视图分割为 2 行 2 列 4 个窗口，显示第 1 个视图
>> bar(X)                          % 绘制二维条形图
>> title('营利总额二维条形图')      % 添加标题
>> subplot(2,2,2)                  % 显示第 2 个视图
>> bar3(X),title('营利总额三维条形图')  % 绘制三维条形图，然后添加标题
>> subplot(2,2,3)                  % 显示第 3 个视图
>> pie(X)                          % 绘制二维饼图
```

```
>> title('营利总额二维饼图')                % 添加标题
>> subplot(2,2,4)                          % 显示第 4 个视图
>> explode=[0 0 0 1];                      % 定义饼图间隔矩阵
>> pie3(X,explode)                         % 绘制指定扇区间隔的三维饼图
>> title('营利总额三维分离饼图')            % 添加标题
```

运行结果如图 7-19 所示。

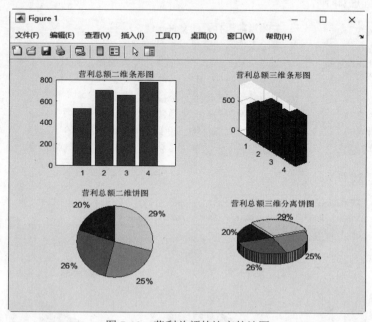

图 7-19　营利总额的比率统计图

7.2.3　三维火柴杆图

在三维情况下，绘制火柴杆图的函数为 stem3，它的调用格式及说明如表 7-14 所示。

表 7-14　stem3 函数调用格式及说明

调用格式	说　明
stem3(Z)	用火柴杆图显示 Z 中数据相对于 xy 平面的高度。若 Z 为一行向量，则 x 与 y 将自动生成，stem3 将在与 x 轴平行的方向上等距的位置上画出 Z 的元素；若 Z 为列向量，stem3 将在与 y 轴平行的方向上等距的位置上画出 Z 的元素
stem3(X,Y,Z)	在参数 X 与 Y 指定的位置上画出 Z 的元素，其中 X、Y、Z 必须为同型的向量或矩阵
stem3(⋯,'filled')	指定是否要填充火柴杆图末端的火柴头颜色
stem3(⋯,LineSpec)	用参数 LineSpec 指定的线型、标记符号和火柴头的颜色画火柴杆图
stem3(⋯,Name,Value)	使用一个或多个名称-值对组参数修改火柴杆图
stem3(ax,⋯)	在 ax 指定的坐标区中绘制图形，而不是当前坐标区（gca）中
h = stem3(⋯)	返回火柴杆图的 line 图形对象句柄

视频讲解

例 7-19： 绘制下面函数的火柴杆图。

$$\begin{cases} x = \sin t \\ y = \cos 2t \\ z = t \sin t \cos 2t \end{cases}, t \in (-20\pi, 20\pi)$$

解 MATLAB 程序如下：

```
>> close all              % 关闭当前已打开的文件
>> clear                  % 清除工作区的变量
>> t=-20*pi:pi/100:20*pi; % 创建-20π～20π 的向量 x，元素间隔为 π/100
>> x=sin(t);              % 利用参数符号 t 定义函数表达式 x
>> y=cos(2*t);            % 利用参数符号 t 定义函数表达式 y
>> z=t.*sin(t).*cos(2*t); % 利用参数符号 t 定义函数表达式 z
>> stem3(x,y,z,'fill','m') % 绘制三维火柴杆图，设置填充颜色为品红色
>> title('三维火柴杆图')   % 添加标题
```

运行结果如图 7-20 所示。

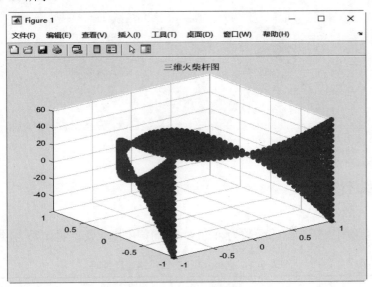

图 7-20　三维火柴杆图

视频讲解

例 7-20： 绘制 e^x、$\sin x$、$\cos x$ 的火柴杆图。

解 MATLAB 程序如下：

```
>> close all              % 关闭当前已打开的文件
>> clear                  % 清除工作区的变量
>> X = linspace(-pi/2,pi/2,40);  % 创建-π/2～π/2 的向量 X，元素个数为 40
>> Z = [exp(X);sin(X);cos(X)];   % 定义函数矩阵 Z
% 绘制函数三维火柴杆图，曲线样式为冒号，标记样式为正方形，颜色为蓝
>> stem3(Z,':diamondb')
>> title('函数的三维火柴杆图')   % 添加标题
```

运行结果如图 7-21 所示。

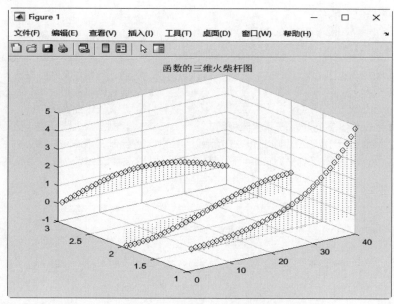

图 7-21　函数的三维火柴杆图

7.2.4　三维箭头图

三维图形箭头图的绘制函数是 quiver3，其与二维图形箭头图的绘制函数 quiver 的调用格式及说明十分相似，只是多一个坐标参数。下面介绍 quiver3 函数的调用格式及说明，如表 7-15 所示。

表 7-15　quiver3 函数调用格式及说明

调用格式	说 明
quiver3(x,y,z,u,v,w)	在确定的点处绘制向量，其方向由分量 (u,v,w) 确定。矩阵 x、y、z、u、v 和 w 必须具有相同大小并包含对应的位置和向量分量
quiver3(z,u,v,w)	在沿曲面 z 的等间距点处绘制向量，其方向由分量 (u,v,w) 确定
Quiver3(⋯,scale)	自动对向量的长度进行处理，使之不会重叠，可以对 scale 进行取值。若 scale=2，则向量长度伸长 2 倍；若 scale=0，则如实画出向量图
Quiver3(⋯,LineSpec)	用 LineSpec 指定的线型、符号、颜色等画向量图
Quiver3(⋯,LineSpec,'filled')	对用 LineSpec 指定的记号进行填充
Quiver3(⋯,'PropertyName',PropertyValue,⋯)	为该函数创建的箭头图对象指定属性名称和属性值对组
quiver3(ax,⋯)	将图形绘制到 ax 指定的坐标区中，而不是当前坐标区（gca）中
h = quiver3(⋯)	返回每个向量图的句柄

例 7-21：绘制 $z = -xe^{-x^2-y^2}$ 上的火柴杆图、法线方向向量和箭头图。

解　MATLAB 程序如下：

```
>> close all                                    % 关闭当前已打开的文件
>> clear                                         % 清除工作区的变量
>> [X,Y]=meshgrid(-2:0.5:2);                     % 通过向量定义网格数据 X、Y
>> Z=-X.*exp(-X.^2-Y.^2);                        % 通过网格数据 X、Y 定义函数表达式 Z
>> [U,V,W]= surfnorm(X,Y,Z);                     % 定义三维曲面法向量
>> subplot(1,3,1),stem3(X,Y,Z),title('三维火柴杆图')   % 绘制三维火柴杆图
>> subplot(1,3,2),surfnorm (X,Y,Z),title('三维法向量图')  % 绘制三维法向量图
>> subplot(1,3,3),quiver3(X,Y,Z,U,V,W),title('三维箭头图') % 绘制三维箭头图
```

运行结果如图 7-22 所示。

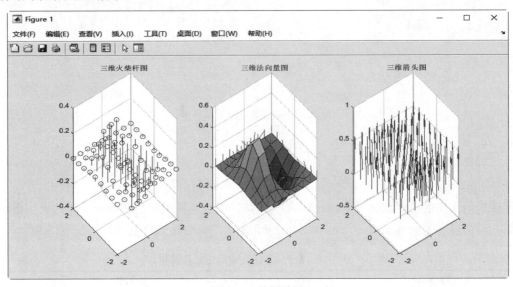

图 7-22　绘图结果

例 7-22：绘制 $Z = -X\cos Y$ 上的三维箭头图。

解　在 MATLAB 命令行窗口中输入如下命令：

```
>> close all                      % 关闭当前已打开的文件
>> clear                           % 清除工作区的变量
>> x = -3:0.5:3;                   % 创建-3～3 的向量 x, 元素间隔为 0.5
>> y = x;                          % 将向量 x 赋值给向量 y
>> [X,Y] = meshgrid(x,y);          % 通过向量 x、y 定义网格数据 X、Y
>> Z = -X.*cos(Y);                 % 通过网格数据 X、Y 定义函数表达式 Z
>> surf(X,Y,Z)                     % 根据网格数据创建三维曲面
>> hold on                         % 打开图形保持函数
>> [U,V,W] = surfnorm(Z);          % 绘制矩阵 Z 的曲面，输出三维曲面法向量 U,V,W
>> quiver3(Z,U,V,W)                % 绘制三维箭头图
>> title('三维箭头图')              % 添加标题
>> hold off                        % 关闭图形保持函数
```

运行结果如图 7-23 所示。

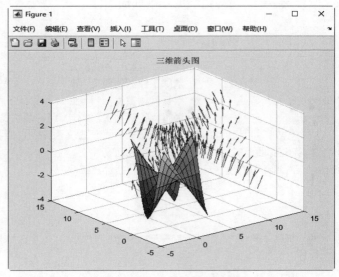

图 7-23 三维箭头图

7.2.5 三维图形等值线

在军事、地理等学科中经常会用到等值线。在 MATLAB 中，有许多绘制等值线的函数，这里我们主要介绍以下几个。

1．surfc 函数

surfc 函数用来画出有基本等值线的曲面图，它的调用格式及说明如表 7-16 所示。

表 7-16　surfc 函数调用格式及说明

调用格式	说　明
surfc(Z)	通过矩阵 Z 中的 z 分量在三维着色曲面下创建一个等值线图。高度 Z 是通过几何矩形网格定义的单值函数。Z 指定颜色数据和曲面高度，因此颜色与曲面高度成比例
surfc(Z,C)	绘制高度 Z（它是通过几何矩形网格定义的单值函数）并使用矩阵 C（假定与 Z 大小相同）为曲面着色
surfc(X,Y,Z)	使用 Z 来代表颜色数据和曲面高度。X 和 Y 是用于定义曲面的 x 和 y 分量的向量或矩阵
surfc(X,Y,Z,C)	使用 C 定义颜色
surfc(…,'PropertyName',PropertyValue)	指定曲面属性以及数据
surfc(axes_handles,…)	将图形绘制到带有句柄 axes_handle 的坐标区（gca）中
h = surfc(…)	返回图曲面和等值线对象的句柄

例 7-23：画出函数 $y = \dfrac{\sin\sqrt{x^2 + y^2}}{\sqrt{x^2 + y^2}}$ 带等值线的三维曲面图像。

解 在 MATLAB 命令行窗口中输入如下命令：

```
>> close all                          % 关闭当前已打开的文件
>> clear                              % 清除工作区的变量
>> [X,Y] = meshgrid(-8:.5:8);         % 定义网格数据
>> R = sqrt(X.^2 + Y.^2) + eps;       % 通过网格数据 X、Y 定义函数表达式 R
>> Z = sin(R)./R;                     % 通过函数表达式 R 定义函数表达式 Z
>> subplot(1,2,1), surf(X,Y,Z),title('曲面')      % 绘制三维曲面
>> subplot(1,2,2), surfc(X,Y,Z),title('等值线')   % 绘制带等值线的三维曲面
```

运行结果如图 7-24 所示。

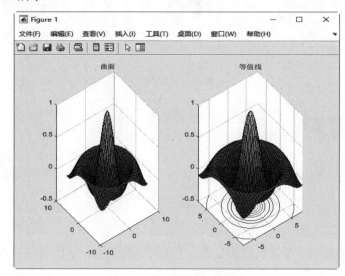

图 7-24　为曲面添加等值线

2. contour3 函数

contour3 是三维绘图中最常用的绘制等值线的函数，该函数生成一个定义在矩形格栅上曲面的三维等值线图，它的调用格式及说明如表 7-17 所示。

表 7-17　contour3 函数调用格式及说明

调用格式	说　明
contour3(Z)	画出三维空间角度观看矩阵 Z 的等值线图，其中 Z 的元素被认为是距离 xy 平面的高度，矩阵 Z 至少为 2 阶的。等值线的条数与高度是自动选择的。若[m, n]=size（Z），则 x 轴的范围为[1, n]，y 轴的范围为[1, m]
contour3(X,Y,Z)	用 X 与 Y 定义 x 轴与 y 轴的范围。若 X 为矩阵，则 X(1,:)定义 x 轴的范围；若 Y 为矩阵，则 Y(:,1)定义 y 轴的范围；若 X 与 Y 同时为矩阵，则它们必须同型；若 X 或 Y 有不规则的间距，contour3 还是使用规则的间距计算等值线，然后将数据转变给 X 或 Y

调用格式	说　明
contour3(⋯,n)	画出由矩阵 **Z** 确定的 n 条等值线的三维图
contour3(⋯,v)	在参量 v 指定的高度上画出三维等值线，当然等值线条数与向量 v 的维数相同。若想只画一条高度为 h 的等值线，则输入 contour3(Z,[h,h])
contour3(⋯, LineSpec)	用参量 LineSpec 指定的线型与颜色画等值线
contour3(⋯,Name,Value)	使用名称-值对组参数指定等值线图的属性
contour3(ax,⋯)	在 ax 指定的目标坐标区中显示等值线图
[M,h] = contour3(⋯)	画出图形，同时返回与命令 contourc 中相同的等值线矩阵 m，包含所有图形对象的句柄向量 h

例 7-24：绘制函数的等值线图。

解　MATLAB 程序如下：

```
>> close all              % 关闭当前已打开的文件
>> clear                  % 清除工作区的变量
>> t=-4:0.1:4;            % 创建-4～4 的向量 t，元素间隔为 0.1
>> [x,y]=meshgrid(t);     % 通过向量 t 定义二维网格矩阵 x、y
>> z =sqrt(x.^2+y.^2);    % 通过网格数据 x、y 定义函数表达式 z，得到二维矩阵 z
>> contour3(x,y,z);       % 在 x 轴与 y 轴的坐标范围内创建一个包含矩阵 z 的等值线的三维等值线图
>> title('函数等值线图');  % 为图形添加标题
>> xlabel('x-axis'),ylabel('y-axis '),zlabel('z-axis')        % 添加轴标签
```

运行结果如图 7-25 所示。

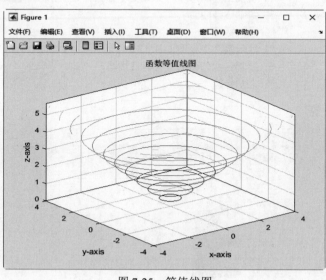

图 7-25　等值线图

3．contour 函数

contour3 函数用于绘制二维图时就等价于 contour 函数，后者用来绘制二维等值线，可以看作是一个三维曲面向 xy 平面上的投影，它的调用格式及说明如表 7-18 所示。

表 7-18　contour 函数调用格式及说明

调用格式	说　明
contour(Z)	把矩阵 Z 中的值作为一个二维函数的值，等值线是一个平面的曲线，平面的高度 v 是 MATLAB 自动选取的
contour(X,Y,Z)	指定 Z 中各值的 x 坐标和 y 坐标，Z 为相应点的高度值矩阵
contour(…,n)	画出 n 条等值线，在 n 个自动选择的层级（高度）上显示等值线
contour(…,v)	在指定的高度 v 上画出等值线，v 指定为二元素行向量 (k, k)
contour(…,LineSpec)	用参量 LineSpec 指定的线型与颜色画等值线
contour(…,Name,Value)	使用名称-值对组参数指定等值线图的属性
contour(ax,…)	在 ax 指定的目标坐标区中显示等值线图
[C,h] = contour(…)	返回等值矩阵 C 和线句柄或块句柄列向量 h，每条线对应一个句柄，句柄中的 userdata 属性包含每条等值线的高度值

视频讲解

例 7-25：绘制参数化曲面 $x = u\sin v, y = -u\cos v$ 和 $z = v$ 的二维等值线。

解　在 MATLAB 命令行窗口中输入如下命令：

```
>> close all                % 关闭当前已打开的文件
>> clear                    % 清除工作区的变量
>> [u,v]=meshgrid(-4:0.25:4);   % 通过向量定义网格数据 u、v
>> X = u.*sin(v);           % 通过网格数据 u、v 定义函数表达式 X
>> Y = -u.*cos(v);          % 通过网格数据 u、v 定义函数表达式 Y
>> Z =v;                    % 通过网格数据 v 定义函数表达式 Z
>> subplot(1,2,1);          % 将视图分割为 1 行 2 列 2 个窗口，显示第 1 个视图
>> surf(X,Y,Z);             % 绘制三维曲面
>> title('曲面图像');        % 添加标题
>> subplot(1,2,2);          % 显示第 2 个视图
>> contour(X,Y,Z);          % 绘制三维曲面的二维等值线图
>> title('二维等值线图')     % 添加标题
```

运行结果如图 7-26 所示。

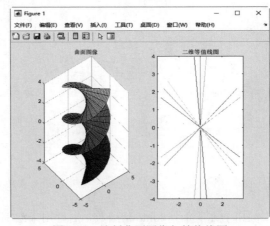

图 7-26　绘制曲面图像与等值线图

例 7-26：绘制曲面 $z = xe^{-x^2 - y^2}$ 的等值线。

解   在 MATLAB 命令行窗口中输入如下命令：

视频讲解

```
>> close all                      % 关闭当前已打开的文件
>> clear                          % 清除工作区的变量
>> [X,Y] = meshgrid(-2:0.0125:2); % 通过向量定义网格数据 X、Y
>> Z = X.*exp(-X.^2-Y.^2);        % 通过网格数据 X、Y 定义函数表达式 Z
>> subplot(1,3,1);                % 将视图分割为 1 行 3 列 3 个窗口，显示第 1 个视图
% 绘制三维曲面，设置曲面透明度为 0.8，无轮廓颜色
>> surf(X,Y,Z,'FaceAlpha',0.8,'EdgeColor','none');
>> title('曲面图像');              % 添加标题
>> subplot(1,3,2);                % 显示第 2 个视图
>> contour3(X,Y,Z,30,'LineWidth',3); % 绘制等值线线宽为 3 的曲面三维等值线
>> title('三维等值线图');          % 添加标题
>> subplot(1,3,3);                % 显示第 3 个视图
>> contour(X,Y,Z,'LineWidth',3);  % 绘制等值线线宽为 3 的曲面二维等值线
>> title('二维等值线图')          % 添加标题
```

运行结果如图 7-27 所示。

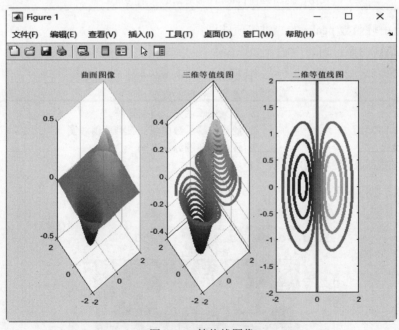

图 7-27   等值线图像

4．contourf 函数

此函数用来填充二维等值线图，即先画出不同等值线，然后将相邻的等值线之间用同一颜色进行填充，填充用的颜色决定于当前的色图颜色。

contourf 函数的调用格式及说明如表 7-19 所示。

表 7-19 contourf 函数调用格式及说明

调用格式	说明
contourf(Z)	矩阵 Z 的等值线图，其中 Z 理解成距平面 xy 的高度矩阵。Z 至少为 2 阶的，等值线的条数与高度是自动选择的
contourf(Z,n)	画出矩阵 Z 的 n 条高度不同的填充等值线
contourf(Z,v)	画出矩阵 Z 的由 v 指定高度的填充等值线图
contourf(X,Y,Z)	画出矩阵 Z 的填充等值线图，其中 X 与 Y 用于指定 x 轴与 y 轴的范围。若 X 与 Y 为矩阵，则必须与 Z 同型；若 X 或 Y 有不规则的间距，contourf 还是使用规则的间距计算等值线，然后将数据转变给 X 或 Y
contourf(X,Y,Z,n)	画出矩阵 Z 的 n 条高度不同的填充等值线，其中 X、Y 参数同上
contourf(X,Y,Z,v)	画出矩阵 Z 的由 v 指定高度的填充等值线图，其中 X、Y 参数同上
contourf(⋯,LineSpec)	用参量 LineSpec 指定的线型与颜色画等值线
contourf(⋯,Name,Value)	使用名称-值对组参数指定填充等值线图的属性
contourf(ax,⋯)	在 ax 指定的目标坐标区中显示填充等值线图
M=contourf(⋯)	返回等值线矩阵 M，其中包含每个层级的顶点的 (x, y) 坐标
[M,C] = contourf(⋯)	画出图形，同时返回与函数 contourc 中相同的等值线矩阵 M，M 也可被函数 clabel 使用，返回包含 patch 图形对象的句柄向量 C

例 7-27： 画出山峰函数 peaks 的二维等值线图。

解 在 MATLAB 命令行窗口中输入如下命令：

```
>> close all              % 关闭当前已打开的文件
>> clear                  % 清除工作区的变量
>> Z=peaks;               % 定义山峰函数，返回矩阵 Z
>> [C,h]=contourf(Z,10);  % 绘制山峰函数的填充二维等值线图
>> colormap gray;         % 设置颜色图为灰度图
>> title('二维等值线图及颜色填充')  % 添加标题
```

运行结果如图 7-28 所示。

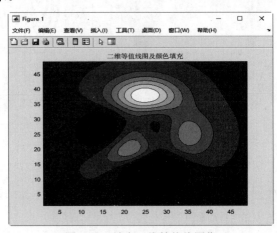

图 7-28 填充二维等值线图像

例 7-28：画出函数 $z = e^{-(x/3)^2-(y/3)^2} + e^{-(x+2)^2-(y+2)^2}$ 的填充二维等值线图。

解　在 MATLAB 命令行窗口中输入如下命令：

```
>> close all                                          % 关闭当前已打开的文件
>> clear                                              % 清除工作区的变量
>> [X,Y] = meshgrid(-5:0.01:5);                       % 通过向量定义网格数据 X、Y
>> Z = exp(-(X/3).^2-(Y/3).^2) + exp(-(X+2).^2-(Y+2).^2);   % 通过网格数据 X、Y 定义函数表达式 Z
>> contourf(X,Y,Z)                                    % 绘制函数的填充二维等值线图
>> title('填充二维等值线图')                           % 添加标题
```

运行结果如图 7-29 所示。

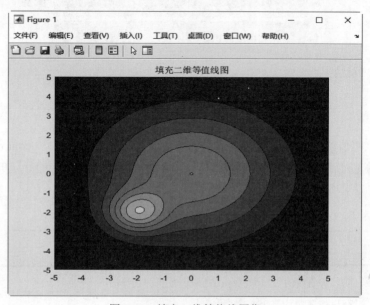

图 7-29　填充二维等值线图像

例 7-29：画出函数的填充不连续二维等值线图。

解　在 MATLAB 命令行窗口中输入如下命令：

```
>> close all                          % 关闭当前已打开的文件
>> clear                              % 清除工作区的变量
>> x = linspace(-2*pi,2*pi);          % 创建-2π～2π 的向量 x，元素个数默认为 100
>> y = linspace(0,4*pi);              % 创建 0～4π 的向量 y，元素个数默认为 100
>> [X,Y] = meshgrid(x,y);             % 通过向量 x、y 定义网格数据 X、Y
>> Z = sin(X)+cos(Y);                 % 通过网格数据 X、Y 定义函数表达式 Z
>> Z(20,:,:) = NaN;                   % 设置矩阵 Z 的第 20 行为空
>> Z(:,20) = NaN;                     % 设置矩阵 Z 的第 20 列为空
>> contourf(Z)                        % 绘制填充二维等值线图
>> title('不连续二维等值线图')         % 添加标题
```

运行结果如图 7-30 所示。

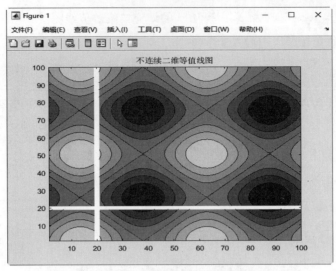

图 7-30   不连续二维等值线图像

5．contourc 函数

该函数用于计算等值线矩阵 C，该矩阵可用于函数 contour、contour3 和 contourf 等。矩阵 Z 中的数值确定平面上的等值线高度值，等值线的计算结果用由矩阵 Z 维数决定的间隔的宽度。

contourc 函数的调用格式及说明如表 7-20 所示。

表 7-20   contourc 函数调用格式及说明

调用格式	说　明
C = contourc(Z)	从矩阵 Z 中计算等值线矩阵，其中 Z 的维数至少为 2，等值线为矩阵 Z 的单元中的等值线，等值线的数目和相应的高度值是自动选择的
C = contourc(Z,n)	在矩阵 Z 中计算出 n 个高度的等值线
C = contourc(Z,v)	在矩阵 Z 中计算出给定高度向量 v 上的等值线，向量 v 的维数决定了等值线的数目。若只要计算一条高度为 a 的等值线，输入 contourc(Z,[a,a])
C = contourc(X,Y,Z)	在矩阵 Z 中，参量 X、Y 确定的坐标轴范围内计算等值线
C = contourc(X,Y,Z,n)	在矩阵 Z 中，参量 X、Y 确定的坐标范围内画出 n 条等值线
C = contourc(X,Y,Z,v)	在矩阵 Z 中，参量 X、Y 确定的坐标范围内，画在 v 指定的高度上的等值线

6．clabel 函数

clabel 函数用来在二维等值线图中添加高度标签，它的调用格式及说明如表 7-21 所示。

表 7-21   clabel 函数调用格式及说明

调用格式	说　明
clabel(C,h)	把标签旋转到恰当的角度，再插入等值线中，只有等值线之间有足够的空间时才加入，这决定于等值线的尺度，其中 C 为等值线矩阵
clabel(C,h,v)	在 v 指定的高度上添加标签

续表

调用格式	说　明
clabel(C,h,'manual')	手动设置标签。用户用鼠标左键或空格键在最接近指定的位置上放置标签，按回车键结束该操作
t = clabel(C,h,'manual')	返回为等值线添加的标签文本对象 t
clabel(C)	使用"+"号和竖直向上的文本为等值线添加标签
clabel(C,v)	在 v 指定的等值线层级上添加标签
clabel(C,'manual')	允许用户通过鼠标来给等值线贴标签
tl = clabel(…)	返回创建的文本和线条对象
clabel(…,Name,Value)	使用一个或多个名称一值对组参数修改标签外观

对于上面的调用格式，需要说明的一点是，若函数中有 h，则会对标签进行恰当的旋转，否则标签会竖直放置，且在恰当的位置显示一个"+"号。

例 7-30：绘制具有 5 个等值线的山峰函数 peaks，然后对各个等值线进行标注，并给所画的图加上标题。

视频讲解

解　在 MATLAB 命令行窗口中输入如下命令：

```
>> close all            % 关闭当前已打开的文件
>> clear                % 清除工作区的变量
>> Z=peaks;             % 定义山峰函数，返回矩阵 Z
>> [C,h]=contour(Z,5);  % 在矩阵 Z 中计算出 5 个高度的等值线
>> clabel(C,h);         % 在二维等值线图中添加高度标签
>> title('等值线的标注') % 添加标题
```

运行结果如图 7-31 所示。

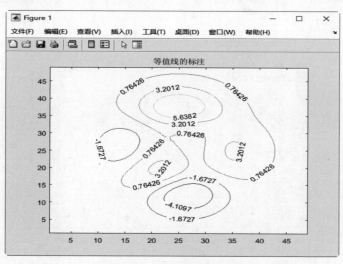

图 7-31　等值线的标注

7. fcontour 函数

该函数专门用来绘制符号函数 $f(x,y)$（即 f 是关于 x、y 的数学函数的字符串表示）在默认区间

[-5, 5]的等值线图,它的调用格式及说明如表 7-22 所示。

表 7-22　fcontour 函数调用格式及说明

调用格式	说　明
fcontour (f)	绘制 f 在系统默认的区域 $x \in (-5,5), y \in (-5,5)$ 上的等值线图
fcontour (f,[a,b])	绘制 f 在区域 $x \in (a,b), y \in (a,b)$ 上的等值线图
fcontour (f,[a,b,c,d])	绘制 f 在区域 $x \in (a,b), y \in (c,d)$ 上的等值线图
fcontour(…,LineSpec)	设置等值线的线型和颜色
fcontour(…,Name,Value)	使用一个或多个名称-值对组参数指定线条属性
fcontour(ax,…)	在 ax 指定的坐标区中绘制等值线图
fc =fcontour (…)	返回 FunctionContour 对象 fc,使用 fc 查询和修改特定 FunctionContour 对象的属性

视频讲解

例 7-31:画出下面函数的等值线图。

$$f(x,y) = \frac{\sin(x^2 + y^2)}{x^2 + y^2}, \quad -\pi < x, y < \pi$$

解　在 MATLAB 命令行窗口中输入如下命令:

```
>> close all              % 关闭当前已打开的文件
>> clear                  % 清除工作区的变量
>> syms x y               % 定义符号变量 x 和 y
>> f=sin(x^2+y^2)./(x^2+y^2);   % 通过符号变量定义函数表达式 f
>> fcontour(f,[-pi pi])   % 在指定区间绘制符号函数 f 的等值线
>> title('符号函数等值线图')   % 添加标题
```

运行结果如图 7-32 所示。

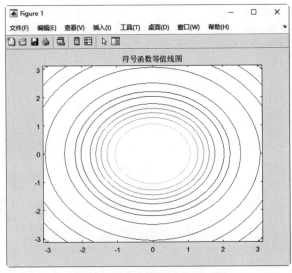

图 7-32　符号函数等值线图像

例 7-32：画出下面函数的等值线图。

$$z = e^{-x^2-y^2}, \ -\pi < x, y < \pi$$

解 在 MATLAB 命令行窗口中输入如下命令：

```
>> close all                    % 关闭当前已打开的文件
>> clear                        % 清除工作区的变量
>> syms x y                     % 定义符号变量 x 和 y
>> f =exp(-x.^2-y.^2);          % 通过符号变量定义函数表达式 f
% 在区间[-pi,pi]绘制符号函数 f 的等值线，设置线宽为 3，等值线样式为冒号
>> fcontour(f,[-pi pi],'LineWidth',3,'LineStyle',':')
>> title('符号函数等值线图')      % 添加标题
```

运行结果如图 7-33 所示。

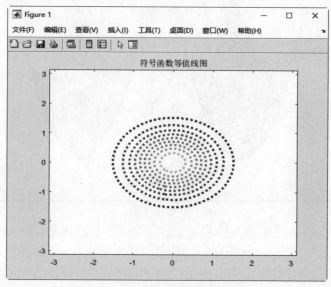

图 7-33 符号函数等值线图像

8. fsurf 函数

该函数除了用于绘制三维曲面外，还可以绘制带等值线的三维表面图。有关该函数的调用格式可以参阅上一章。

例 7-33：在区域 $x \in [-\pi, \pi], y \in [-\pi, \pi]$ 上绘制下面函数的带等值线的三维表面图。

$$f(x, y) = x^2 + y^2$$

解 在 MATLAB 命令行窗口中输入如下命令：

```
>> close all                    % 关闭当前已打开的文件
>> clear                        % 清除工作区的变量
>> syms x y                     % 定义符号变量 x 和 y
>> f=x^2+y^2;                   % 定义以符号变量 x、y 为自变量的二元函数表达式 f
>> subplot(1,2,1);             % 将视图分割为 1×2 的 2 个窗口，在第 1 个图窗中绘图
```

```
>> fsurf(f,[-pi,pi]);                      % 在 x、y 定义的区域内绘制函数 f 的三维曲面图
>> title('三维曲面不显示等值线');              % 为图形添加标题
>> subplot(1,2,2);                         % 激活第 2 个图窗
% 在 x、y 定义的区域内绘制函数的三维曲面图，并显示曲面图的等值线
>> fsurf(f,[-pi,pi],'ShowContours','on');
>> title('三维曲面显示等值线')               % 为图形添加标题
```

运行结果如图 7-34 所示。

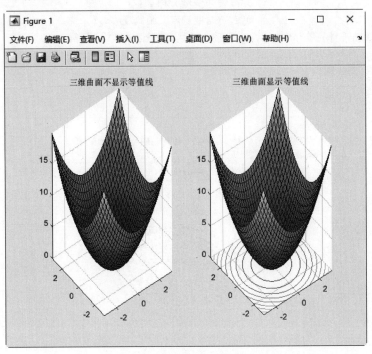

图 7-34 带等值线的三维表面图

例 7-34： 在区域 $x \in [-2\pi, 2\pi], y \in [-2\pi, 2\pi]$ 上绘制下面函数的带等值线的三维表面图与等值线图。

$$f(x, y) = y^2 + e^{\cos(2x)}$$

解 在 MATLAB 命令行窗口中输入如下命令：

```
>> close all                        % 关闭当前已打开的文件
>> clear                            % 清除工作区的变量
>> x=linspace(-2*pi,2*pi,100);      % 创建-2π～2π 的向量 x，元素个数为 100
>> y=x;                             % 定义以向量 x 为自变量的函数表达式 y
>> [X,Y]=meshgrid(x,y);             % 通过向量 x、y 定义二维网格矩阵 X、Y
>> Z=Y.^2+exp(cos(2.*X));           % 通过网格数据 X、Y 定义函数表达式 Z，得到二维矩阵 Z
>> subplot(1,2,1);                  % 将视图分割为 1×2 的 2 个窗口，在第 1 个图窗中绘图
>> surf(X,Y,Z);                     % 根据 x 轴、y 轴、z 轴的坐标值 X、Y、Z 绘制曲面图
>> title('曲面图像');               % 为图形添加标题
>> subplot(1,2,2);                  % 将视图分割为 1×2 的 2 个窗口，在第 2 个窗口中绘图
>> contour(X,Y,Z);                  % 在 x 轴、y 轴范围内绘制包含矩阵 Z 的二维值高线图
>> title('二维等值线图')            % 为图形添加标题
```

视频讲解

运行结果如图 7-35 所示。

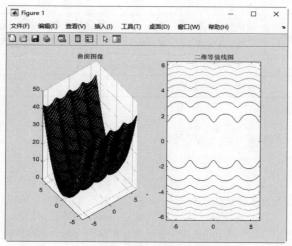

图 7-35　带等值线的三维表面图

7.3　流　场　图

流场图在军事、农业上应用广泛。在 MATLAB 中，流场图通过流锥图、流线图、流管图、流带图描绘三维向量场的流动。

7.3.1　流锥图

coneplot 函数用于在三维向量场中以圆锥体形式绘制速度向量，它以指向速度向量方向的圆锥体形式绘制速度向量，并且具有与速度向量的量级成比例的长度。它的调用格式及说明如表 7-23 所示。

表 7-23　coneplot 函数调用格式及说明

调用格式	说　明
coneplot(X,Y,Z,U,V,W,Cx,Cy,Cz)	X、Y、Z 定义向量场的坐标。U、V、W 定义向量场。C_x、C_y、C_z 定义向量场中圆锥体的位置
coneplot(U,V,W,Cx,Cy,Cz)	省略 X、Y 和 Z 参数，假定 [X,Y,Z] = meshgrid(1:n,1:m,1:p)，其中[m,n,p]= size(U)
coneplot(…,s)	自动缩放圆锥体以适应图形，按缩放因子 s 对圆锥体进行拉伸。如果未为 s 指定值，则 coneplot 使用值 1。使用 $s=0$ 绘制圆锥体，无须自动缩放
coneplot(…,color)	在向量场上插入数组 color，然后根据插入的值对圆锥体进行着色。color 数组的大小必须与 U、V、W 数组的大小相同
coneplot(…,'quiver')	绘制箭头而不是圆锥体
coneplot(…,'method')	指定要使用的插值方法。method 可以是 linear、cubic 或 nearest。linear 是默认值

调用格式	说　明
coneplot(X,Y,Z,U,V,W,'nointerp')	圆锥体在 **X**、**Y**、**Z** 定义的位置进行绘制，并根据 **U**、**V**、**W** 定位方向。数组 **X**、**Y**、**Z**、**U**、**V**、**W** 的大小必须相同。不将圆锥体的位置插入三维体中
coneplot(axes_handle,…)	将图形绘制到 ax 指定的坐标区中，而不是当前坐标区（gca）中
h = coneplot(…)	返回每个向量图的句柄

例 7-35： 绘制流锥图。

解　在 MATLAB 命令行窗口中输入如下命令：

```
>> close all                        % 关闭当前已打开的文件
>> clear                            % 清除工作区的变量
% 加载数据集。wind 包含指定向量分量的数组 u、v 和 w 以及指定坐标的数组 x、y 和 z
>> load wind
>> xmin = min(x(:));                % 确定要用于放置切片平面和指定圆锥体绘图所在位置的数据范围
>> xmax = max(x(:));
>> ymin = min(y(:));
>> ymax = max(y(:));
>> zmin = min(z(:));
>> xrange = linspace(xmin,xmax,8);          % 设置 x 和 y 的完整范围
>> yrange = linspace(ymin,ymax,8);
>> zrange = 3:4:15;                          % 设置 z 的范围为 3～15，间隔值为 4
>> [cx,cy,cz] = meshgrid(xrange,yrange,zrange);  % 指定绘制圆锥体的位置
>> figure                                   % 创建图窗口
% 绘制圆锥体，并将缩放因子设置为 5，以使圆锥体大于默认大小
>> hcone = coneplot(x,y,z,u,v,w,cx,cy,cz,5);
>> title('流锥图')                          % 添加标题
```

运行结果如图 7-36 所示。

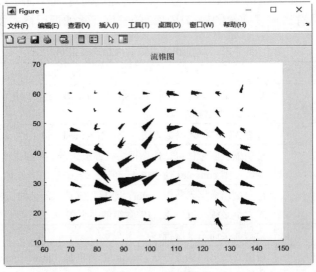

图 7-36　流锥图

7.3.2　流线图

1. stream2 函数

stream2 函数用于计算二维流线图数据，它的调用格式及说明如表 7-24 所示。

表 7-24　stream2 函数调用格式及说明

调用格式	说　明
XY=stream2 (x,y,u,v,startx,starty)	根据向量数据 u 和 v 计算流线图。x 和 y 用于定义 u 和 v 的坐标，必须是单调的，无须间距均匀；startx 和 starty 定义流线图的起始位置
XY=stream2 (u,v,startx,starty)	假定数组 x 和 y 定义为 [x,y] = meshgrid(1:n,1:m)，其中 [m,n] = size(u)
XY = stream2(⋯,options)	指定在创建流线图时使用的选项

2. stream3 函数

Stream3 函数用于计算三维流线图数据，它的调用格式及说明如表 7-25 所示。

表 7-25　stream3 函数调用格式及说明

调用格式	说　明
XY=stream3 (X,Y,Z,U,V,W,startx,starty,startz)	X、Y、Z 定义向量场的坐标。U、V、W 定义向量场。startx、starty 和 startz 定义流线图的起始位置
XY=stream3 (U,V,W,startx,starty,startz)	假定数组 X、Y 和 Z 定义为 [X,Y,Z] = meshgrid(1:N,1:M,1:P)，其中 [M,N,P] = size(U)
XY = stream3(⋯,options)	指定在创建流线图时使用的选项

3. streamline 函数

streamline 函数用于在二维、三维向量场中以线形式绘制速度向量，它以指向速度向量方向的线体形式绘制速度向量，并且具有与速度向量的量级成比例的长度。它的调用格式及说明如表 7-26 所示。

表 7-26　streamline 函数调用格式及说明

调用格式	说　明
streamline(X,Y,Z,U,V,W,startx,starty,startz)	X、Y、Z 定义向量场的坐标。U、V、W 定义向量场。startx、starty 和 startz 定义流线图的起始位置
streamline(U,V,W,startx,starty,startz)	省略 X、Y 和 Z 参数，假定 [X,Y,Z] = meshgrid(1:n,1:m,1:p)，其中 [m,n,p] = size(U)
streamline(XYZ)	假定 XYZ 是预先计算的顶点数组的元胞数组，由 stream3 生成
streamline(X,Y,U,V,startx,starty)	根据二维向量数据 U、V 绘制流线图

续表

调用格式	说　明
streamline(U,V,startx,starty)	假定数组 *X* 和 *Y* 定义为 [X,Y] = meshgrid(1:N,1:M)，其中 [M,N] = size(U)
streamline(XY)	假定 *XY* 是预先计算的顶点数组的元胞数组，由 stream2 生成
streamline(···,options)	options 定义为一个一元素向量或二元素向量，其中包含步长或步长和一条流线中的最大顶点数
streamline(axes_handle,···)	将图形绘制到句柄为 axes_handle 的坐标区对象中，而不是当前坐标区（gca）中
h = streamline(···)	返回每个向量图的句柄

例 7-36：绘制流线图。

解　在 MATLAB 命令行窗口中输入如下命令：

```
>> close all                                    % 关闭当前已打开的文件
>> clear                                        % 清除工作区的变量
% 加载数据集。wind 包含指定向量分量的数组 u、v 和 w 以及指定坐标的数组 x、y 和 z
>> load wind
>>  [sx,sy,sz] = meshgrid(80,20:10:50,0:5:15);   % 定义流线图的起始位置
>> streamline(stream3(x,y,z,u,v,w,sx,sy,sz))    % 绘制三维流线图
>> view(3);                                      % 转换为三维视图
>> title('流线图')                               % 添加标题
```

运行结果如图 7-37 所示。

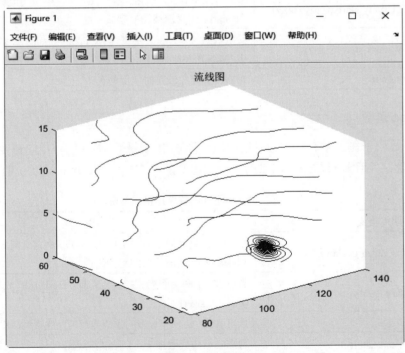

图 7-37　流线图

7.3.3　流管图

streamtube 函数用于创建三维流管图，它的调用格式及说明如表 7-27 所示。

表 7-27　streamtube 函数调用格式及说明

调用格式	说　明
streamtube(X,Y,Z,U,V,W,startx,starty,startz)	从向量三维体数据 *U*、*V* 和 *W* 绘制流管。*X*、*Y*、*Z* 定义向量场的坐标。*U*、*V*、*W* 定义向量场。startx、starty 和 startz 定义流线图的起始位置。管道的宽度与向量场的归一化散度成比例
streamtube(U,V,W,startx,starty,startz)	省略 *X*、*Y* 和 *Z* 参数，假定 [X,Y,Z] = meshgrid(1:n,1:m,1:p)，其中 [m,n,p]= size(U)
streamtube(vertices,X,Y,Z,divergence)	使用预先计算的流线图顶点和散度。由 stream3 生成流线图顶点的元胞数组 vertices。*X*、*Y*、*Z* 和 divergence 都是三维数组
streamtube(vertices,divergence)	假定 *X*、*Y* 和 *Z* 由表达式 [X,Y,Z] = meshgrid(1:n,1:m,1:p)确定，其中 [m,n,p] = size(divergence)
streamtube(vertices,width)	在向量元胞数组 width 中指定管道的宽度。vertices 和 width 的每个对应元素的大小必须相同
streamtube(vertices)	自动选择宽度
streamtube(⋯,[scale n])	按照 scale 缩放管道的宽度。默认值为 scale = 1。创建流管时，使用开始点或散度、指定 scale = 0 将禁止自动缩放。*n* 是指沿管道的周长分布的点数，默认值为 *n* = 20
streamtube(ax,⋯)	将图形绘制到 ax 坐标区中，而不是当前坐标区（gca）中
h = streamtube(⋯)	返回每个向量图的句柄

例 7-37：绘制流管图。

解　在 MATLAB 命令行窗口中输入如下命令：

```
>> close all                                    % 关闭当前已打开的文件
>> clear                                        % 清除工作区的变量
% 加载数据集。wind 包含指定向量分量的数组 u、v 和 w 以及指定坐标的数组 x、y 和 z
>> load wind
>>  [sx,sy,sz] = meshgrid(80,20:10:50,0:5:15);  % 定义流管图的起始位置
>> streamtube(stream3(x,y,z,u,v,w,sx,sy,sz))    % 绘制三维流管图
>> view(3);                                     % 转换为三维视图
>> axis tight                                   % 将坐标轴范围设置为与数据范围相同，使轴框紧密围绕数据
>> shading interp;                              % 使用插值颜色渲染图形
>> lighting gouraud                             % 添加 gouraud 光源
>> title('流管图')                               % 添加标题
```

视频讲解

运行结果如图 7-38 所示。

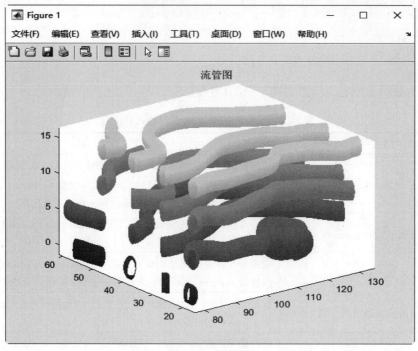

图 7-38　流管图

7.3.4　流带图

streamribbon 函数用于创建三维流带图，它的调用格式及说明如表 7-28 所示。

表 7-28　streamribbon 函数调用格式及说明

调用格式	说　明
streamribbon(X,Y,Z,U,V,W,startx,starty,startz)	从向量三维体数据 U、V 和 W 绘制流带图
streamribbon(U,V,W,startx,starty,startz)	假定 X、Y 和 Z 由表达式 [X,Y,Z] = meshgrid(1:n,1:m,1:p)确定，其中 [m,n,p] = size(U)
streamribbon(vertices,X,Y,Z,cav,speed)	使用预先计算的流线图顶点、旋转角速度和流速。vertices 是流线图顶点的元胞数组（就像由 stream3 生成一样）。X、Y、Z、cav 和 speed 是三维数组
streamribbon(vertices,cav,speed)	假定 X、Y 和 Z 由表达式 [X,Y,Z] = meshgrid(1:n,1:m,1:p)确定，其中 [m,n,p] = size(cav)
streamribbon(vertices,twistangle)	将包含向量 twistangle 的元胞数组用于条带的扭曲度（以弧度为单位）。vertices 和 twistangle 的每个对应元素的大小必须相等
streamribbon(⋯,width)	将条带的宽度设置为 width
streamribbon(axes_handle,⋯)	将图形绘制到句柄为 axes_handle 的坐标区对象中，而不是当前坐标区对象（gca）中
h = streamribbon(⋯)	将句柄（每个起始点一个句柄）向量返回到 surface 对象

例 7-38：绘制流带图。

解　在 MATLAB 命令行窗口中输入如下命令：

```
>> close all                           % 关闭当前已打开的文件
>> clear                               % 清除工作区的变量
% 加载数据集。wind 包含指定向量分量的数组 u、v 和 w 以及指定坐标的数组 x、y 和 z
>> load wind
>> [sx,sy,sz] = meshgrid(80,20:10:50,0:5:15);   % 定义流带图的起始位置
>> verts = stream3(x,y,z,u,v,w,sx,sy,sz);       % 根据向量数据 u、v 和 w 计算流带图数据
>> cav = curl(x,y,z,u,v,w);            % 计算三维向量场垂直的旋度和角速度
>> spd = sqrt(u.^2 + v.^2 + w.^2).*.1;  % 计算流速
>> streamribbon(verts,x,y,z,cav,spd);  % 根据向量三维体数据生成三维流带图
>> view(3);                            % 转换为三维视图
>> axis tight                          % 将坐标轴范围设置为与数据范围相同，使轴框紧密围绕数据
>> shading interp;                     % 使用插值颜色渲染图形
>> lighting gouraud                    % 添加 gouraud 光源，计算顶点法向量并在各个面中线性插值
>> title('流带图')                      % 添加标题
```

运行结果如图 7-39 所示。

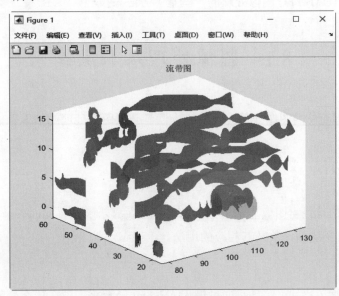

图 7-39　流带图

227

第 **8** 章

图像处理

虽然 MATLAB 是一款数学处理软件，但是该软件功能特别强大，它还可以进图像处理。本章我们就来简单介绍使用 MATLAB 进行图像处理的一些基本方法与技巧。

8.1　图像处理基本操作

MATLAB 可以进行简单的图像处理，本节将为读者介绍图像处理的基本操作。

8.1.1　图像的显示

通过 MATLAB 窗口可以将图像显示出来，常用的图像显示函数有 image 函数、imagesc 函数以及 imshow，下面将具体介绍这些函数及其相应的用法。

1．image 函数

image 函数有两种调用格式：一种是通过调用 newplot 函数来确定在什么位置绘制图像，并设置相应轴对象的属性；另一种是不调用任何函数，直接在当前窗口中绘制图像，这种用法的参数列表只能包括属性名称及相应的值。该函数的调用格式及说明如表 8-1 所示。

表 8-1　image 函数调用格式及说明

命令格式	说　明
image(C)	将矩阵 C 中的值以图像形式显示出来
image(x,y,C)	指定图像位置，其中 x、y 为二维向量，分别定义了 x 轴与 y 轴的范围

命令格式	说　明
image(…, Name,Value)	在绘制图像前需要调用 newplot 函数，后面的参数定义了属性名称及相应的值
image(ax, …)	在由 ax 指定的坐标区中创建图像，而不是在当前坐标区 (gca) 中
handle = image(…)	返回所生成的图像对象的柄

例 8-1：将矩阵转换为图像。

解　MATLAB 程序如下：

视频讲解

```
>> close all                                          % 关闭当前已打开的文件
>> clear                                              % 清除工作区的变量
>> x = [15 58];                                       %定义二元素向量 x、y，指定两个边角位置
>> y = [3 26];
>> C = [10 20 40 60;160 180 200 220;80 100 120 140];  % 定义矩阵
>> image(x,y,C)          % 在 x、y 指定的位置将矩阵 C 中的数据显示为图像
>> colorbar              % 显示色轴
```

运行结果如图 8-1 所示。

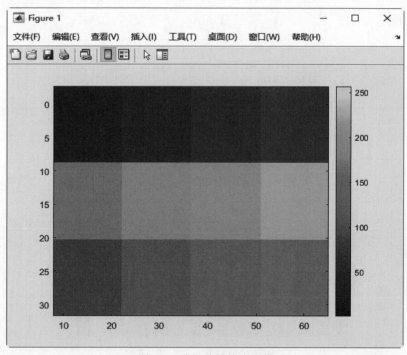

图 8-1　将矩阵转换为图像

2. imagesc 函数

imagesc 函数与 image 函数非常相似，主要的区别是它可以自动调整值域范围。它的调用格式及说明如表 8-2 所示。

表 8-2　imagesc 函数调用格式及说明

调用格式	说　明
imagesc(C)	将矩阵 **C** 中的值以图像形式显示出来
imagesc(x,y,C)	其中 *x*、*y* 为二维向量，分别定义了 *x* 轴与 *y* 轴的范围
imagesc(…,'PropertyName', PropertyValue)	使用一个或多个名称-值对组参数指定图像属性
imagesc(…, clims)	其中 clims 为二维向量，它限制了 **C** 中元素的取值范围
imagesc (ax,…)	在 ax 指定的坐标区创建图像，而不是在当前坐标区（gca）
h = imagesc(…)	返回生成的图像对象的句柄

例 8-2：将全零矩阵转换为图像。

解　MATLAB 程序如下：

```
>> close all        % 关闭当前已打开的文件
>> clear            % 清除工作区的变量
>> A=zeros(3);      % 创建一个 3 阶全零矩阵 A
>> imagesc(A)       % 将矩阵 A 中的值以图像形式显示出来
>> colorbar         % 显示色轴
>> axis off         % 关闭坐标系
```

运行结果如图 8-2 所示。

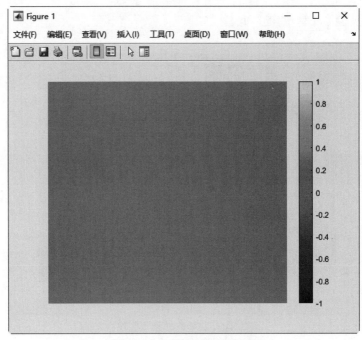

图 8-2　将全零矩阵转换为图像

3．imshow 函数

在实际应用中，另一个经常用到的图像显示函数是 imshow 函数，其常用的调用格式及说明如表 8-3 所示。

表 8-3　imshow 函数调用格式及说明

调用格式	说　明
imshow(I)	显示灰度图像 I
imshow(I, [low high])	显示灰度图像 I，其值域为[low, high]
imshow(RGB)	显示真彩色图像
imshow (I,[])	显示灰度图像 I，I 中的最小值显示为黑色，最大值显示为白色
imshow(BW)	显示二进制图像
imshow(X,map)	显示索引色图像，X 为图像矩阵，map 为调色板
himage = imshow(…)	返回所生成的图像对象的柄
imshow(filename)	显示 filename 文件中的图像
imshow(…,Name, Value)	根据参数及相应的值显示图像

例 8-3：图片的显示。

解　MATLAB 程序如下：

```
>> imshow('scenery.jpg')     %显示当前文件夹目录下的图片文件 scenery.jpg
```

运行结果如图 8-3 所示。

图 8-3　显示图片

注意

需要显示的图片必须在工作路径下，否则无法查找到。

8.1.2　图像的读写

对于 MATLAB 支持的图像文件，MATLAB 提供了相应的读写函数，下面简单介绍这些函数的基本用法。

1．用 imread 函数读入图像

在 MATLAB 中，imread 函数用来读入各种图像文件，它的调用格式及说明如表 8-4 所示。

表 8-4　imread 函数调用格式及说明

调用格式	说　明
A=imread(filename)	从 filename 指定的文件中读取图像，如果 filename 为多图像文件，则 imread 读取该文件中的第一个图像
A=imread(filename, fmt)	其中参数 fmt 用来指定图像的格式，图像格式可以与文件名写在一起，默认的文件目录为当前工作目录
A=imread(…, idx)	读取多帧图像文件中的一帧，idx 为帧号。仅适用于 GIF、PGM、PBM、PPM、CUR、ICO、TIF 和 HDF4 文件
A=imread(…, Name,Value)	使用一个或多个名称-值对参数以及前面语法中的任何输入参数来指定格式特定的选项，名称-值对组参数如表 8-5 所示
[A, map]=imread(…)	将 filename 中的索引图像读入 A，并将其关联的颜色图读入 map。图像文件中的颜色图值会自动重新调整到范围 [0,1] 中
[A, map, alpha]=imread(…)	在[A, map]=imread(…)的基础上还返回图像透明度，仅适用于 PNG、CUR 和 ICO 文件。对于 PNG 文件，返回 alpha 通道（如果存在）

对于图像数据 A，以数组的形式返回，具体形式如下：

☑　如果文件包含灰度图像，则 A 为 $m×n$ 数组。

☑　如果文件包含索引图像，则 A 为 $m×n$ 数组，其中的索引值对应于 map 中该索引处的颜色。

☑　如果文件包含真彩色图像，则 A 为 $m×n×3$ 数组。

☑　如果文件是一个包含使用 CMYK 颜色空间的彩色图像的 TIFF 文件，则 A 为 $m×n×4$ 数组。

表 8-5　名称-值对组参数表

属性名	说　明	参数值
Frames	要读取的帧（GIF 文件）	一个正整数、整数向量或 all。如果指定值 3，将读取文件中的第三个帧。指定 all，则读取所有帧并按其在文件中显示的顺序返回这些帧
PixelRegion	要读取的子图像（JPEG2000 文件）	指定为包含 PixelRegion 和 {rows,cols} 形式的元胞数组的逗号分隔对组
ReductionLevel	降低图像分辨率（JPEG2000 文件）	0（默认）和非负整数

续表

属性名	说　明	参数值
BackgroundColor	背景色（PNG 文件）	none、整数或三元素整数向量。如果输入图像为索引图像，BackgroundColor 的值必须为[1,P]范围中的一个整数，其中 P 是颜色图长度；如果输入图像为灰度，则 BackgroundColor 的值必须为[0,1]范围中的整数；如果输入图像为 RGB，则 BackgroundColor 的值必须为三元素向量，其中的值介于[0,1]范围内
Index	要读取的图像（TIFF 文件）	包含 Index 和正整数的逗号分隔对组
Info	图像的相关信息（TIFF 文件）	包含 Info 和 imfinfo 函数返回的结构体数组的逗号分隔对组
PixelRegion	区域边界（TIFF 文件）	{rows,cols}形式的元胞数组

例 8-4： 显示搜索路径下的孔雀图片。

解　MATLAB 程序如下：

```
>> close all              % 关闭当前已打开的文件
>> clear                  % 清除工作区的变量
>> A=imread('peacock.jpg');   % 读取当前路径下的图片 peacock.jpg
>> imshow(A)              % 显示图片
```

运行结果如图 8-4 所示。

图 8-4　显示孔雀图片

2. 用 read 函数读入图像

在 MATLAB 中，read 函数用来读入数据存储中的数据，它的调用格式及说明如表 8-6 所示。

表 8-6　read 函数调用格式及说明

调用格式	说　明
C = read(ds)	返回数据存储中的数据
[data,info] = read(ds)	有关 info 中提取的数据的信息，包括元数据

视频讲解

例 8-5：显示内存中的图像。

解　MATLAB 程序如下：

```
>> close all                                              % 关闭当前已打开的文件
>> clear                                                  % 清除工作区的变量
>> imds = imageDatastore({'office_5.jpg','lighthouse.png'});   % 创建一个包含 2 个图像的 ImageDatastore 对象
>> img = read(imds);                                      % 读取 ImageDatastore 对象中的图像
>> imshow(img)                                            % 显示 ImageDatastore 对象中的图像
```

运行结果如图 8-5 所示。

图 8-5　显示内存中的图像

3．用 readall 函数读入全部图像

在 MATLAB 中，readall 函数用来读入数据存储中的所有数据，它的调用格式及说明如表 8-7 所示。

表 8-7　readall 函数调用格式及说明

调用格式	说　明
data = readall(ds)	返回 ds 指定的数据存储中的所有数据。如果数据存储中的数据不能全部载入内存，readall 将返回错误

视频讲解

例 8-6：读取内存中的图像数据。

解　MATLAB 程序如下：

```
>> close all                                              % 关闭当前已打开的文件
>> clear                                                  % 清除工作区的变量
>> ds = imageDatastore({'office_5.jpg','lighthouse.png'});    % 创建一个包含 2 个图像的 ImageDatastore 对象
>> img = readall(ds)                                      % 获取存储图形的所有数据
```

```
img =
   2×1 cell 数组
      {600×903×3 uint8}
      {640×480×3 uint8}
```

4．从数据存储读入指定的图像

在 MATLAB 中，readimage 函数用来从数据存储读取指定的图像，与 read 函数相比，它不能读取数据存储之外的图像，除非将图像复制到数据存储的路径下，调用格式及说明如表 8-8 所示。

表 8-8　readimage 函数调用格式及说明

调用格式	说　明
img = readimage(imds,I)	从数据存储 imds 读取第 I 个图像文件并返回图像数据 img
[img,fileinfo] = readimage(imds,I)	返回一个结构体 fileinfo，其中包含两个文件信息字段：Filename　从中读取图像文件的名称；FileSize 读取图像文件的大小（以字节为单位）

例 8-7：显示内存中的图像。

解　MATLAB 程序如下：

```
>> close all                    % 关闭当前已打开的文件
>> clear                        % 清除工作区的变量
>> imds = imageDatastore({'toysflash.png','flamingos.jpg'})   % 创建一个包含 2 个图像的 ImageDatastore 对象
imds =
   ImageDatastore - 属性:

                            Files: {
                                   'C:\Program Files\Polyspace\R2020a\toolbox\images\imdata\toysflash.png';
                                   'C:\Program Files\Polyspace\R2020a\toolbox\images\imdata\flamingos.jpg'
                                   }
                          Folders: {
                                   'C:\Program Files\Polyspace\R2020a\toolbox\images\imdata'
                                   }
         AlternateFileSystemRoots: {}
                         ReadSize: 1
                           Labels: {}
            SupportedOutputFormats: [1×5 string]
             DefaultOutputFormat: "png"
                          ReadFcn: @readDatastoreImage
>> img = readimage(imds,1);     % 读取 ImageDatastore 对象中的第 1 个图形
>> imshow(img)                  % 显示图像 1，如图 8-6（a）所示
>> img = readimage(imds,2);     % 读取 ImageDatastore 对象中的第 2 个图形
>> imshow(img)                  % 显示图像 2，如图 8-6（b）所示
```

运行结果如图 8-6 所示。

（a）　　　　　　　　　　　（b）

图 8-6　显示图片

5．从坐标轴取得图像数据

在 MATLAB 中，getimage 函数用于读取来自坐标轴的数据，其调用格式及说明如表 8-9 所示。

表 8-9　getimage 函数调用格式及说明

调用格式	说　明
I = getimage(h)	返回图像对象 h 中包含的第 1 个图像数据
[x,y,I] = getimage(h)	返回 x 和 y 方向上的图像范围
[…,flag] = getimage(h)	返回指示 h 包含的图像类型的标志
[…] = getimage	返回当前轴对象的信息

视频讲解

例 8-8：创建 64 位颜色表。

解　MATLAB 程序如下：

```
>> close all          % 关闭当前已打开的文件
>> clear              % 清除工作区的变量
>> imshow onion.png   % 显示内存中的文件 onion.png，结果如图 8-7 所示
>> I = getimage;      % 创建包含图像数据的矩阵 I
>> size(I)            % 返回 I 各个维度的长度
ans =
   135    198      3
```

6．图像写入函数

在 MATLAB 中，imwrite 函数用来写入各种图像文件，它的调用格式及说明如表 8-10 所示。

表 8-10　imwrite 函数调用格式及说明

调用格式	说　明
imwrite(A, filename)	将图像的数据 A 写入文件 filename 中，并从扩展名推断出文件格式

续表

调用格式	说　明
imwrite(A, map, filename)	将图像矩阵 A 中的索引图像以及颜色映像矩阵写入文件 filename 中
imwrite(⋯, Name, Value)	使用一个或多个名称-值对组参数，以指定 GIF、HDF、JPEG、PBM、PGM、PNG、PPM 和 TIFF 文件输出的其他参数
imwrite(⋯, fmt)	以 fmt 指定的格式写入图像，无论 filename 中的文件扩展名如何

利用 imwrite 函数保存图像时，需要注意以下几点：

☑ 如果 A 的数据类型为 uint8，MATLAB 默认输出 unit8 的数据类型。

☑ 如果 A 属于数据类型 uint16 且输出文件格式支持 16 位数据（JPEG、PNG 和 TIFF），则 imwrite 将输出 16 位的值。如果输出文件格式不支持 16 位数据，则 imwrite 返回错误。

☑ 如果 A 是灰度图像或者属于数据类型 double 或 single 的 RGB 彩色图像，则 imwrite 假设动态范围是 [0,1]，并在将其作为 8 位值写入文件之前自动按 255 缩放数据。如果 A 中的数据是 single，则在将其写入 GIF 或 TIFF 文件之前将 A 中的数据转换为 double。

☑ 如果 A 属于 logical 数据类型，则 imwrite 会假定数据为二值图像并将数据写入位深度为 1 的文件（如果格式允许）。BMP、PNG 或 TIFF 格式以输入数组形式接受二值图像。

例 8-9：读取图片并转换图片格式。

解　MATLAB 程序如下：

视频讲解

```
>> close all                        % 关闭当前已打开的文件
>> clear                            % 清除工作区的变量
>> A=imread('dish.jpg');            % 读取当前文件夹目录下的一个 24 位 PNG 图像
>> imshow(A)                        % 显示图像
>> imwrite(A,'dish_b.bmp','bmp');   % 将图像 dish.jpg 以名称 dish_b 保存到当前文件夹目录下，格式为.bmp
```

如图 8-8 所示，是运行上述程序显示的图片。

图 8-7　图片显示

图 8-8　显示图片

237

例 8-10： 显示二进制图像。

解 MATLAB 程序如下：

```
>> close all                                          % 关闭当前已打开的文件
>> clear                                              % 清除工作区的变量
>> [X,map] =imread('animals.gif',1);                 % 读取图像文件 animals.gif 的第 1 帧
>> subplot(1,3,1),imshow(X,map),title('第 1 帧索引图像')  % 显示第 1 帧带有颜色图的索引图像
>> [X,map]=imread('animals.gif',2);                  % 读取图像文件 animals.gif 的第 2 帧
>> subplot(1,3,2),imshow(X,map),title('第 2 帧索引图像')  % 显示第 2 帧带有颜色图的索引图像
>> A=imread('animals.gif',3);                        % 读取图像文件 animals.gif 的第 3 帧
>> subplot(1,3,3),imshow(A),title('第 3 帧灰度图像')     % 显示第 3 帧的灰度图像
>> imwrite(A,'animals.bmp','bmp');                   % 将图像转换为 BMP 图像格式保存到当前目录下
```

如图 8-9 所示，是运行上述程序显示的图片。

图 8-9　显示图片

例 8-11： 创建不同格式图像。

解 MATLAB 程序如下：

```
>> close all                                          % 关闭当前已打开的文件
>> clear                                              % 清除工作区的变量
>> [X,map] =imread('canoe.tif');                     % 读取 tif 图像文件
>> subplot(2,2,1),imshow(X,map),title('原图')          % 显示 tif 图像
>> A=imread('canoe.tif','PixelRegion',{[1 2],[3 4]}); % 读取 tif 图像数据的第 1 和第 2 行以及第 3 和第
                                                         4 列界定的区域
>> subplot(2,2,2),imshow(A),title('显示部分区域')        % 显示图像部分区域
% 将 tif 图像转换为 jpg 图像格式,设置压缩文件的质量为 5，质量较低，压缩率较高
>> imwrite(X,map,'canoe.jpg', 'Quality',5);
>> B=imread('canoe.jpg');                            % 读取 jpg 图像
>> subplot(2,2,3),imshow(B),title('转换格式后的图像')     % 显示 jpg 图像
>> imwrite(X,map,'canoe.gif','BackgroundColor',5);   % 将图像转换为 gif 图像格式，降低图像分辨率
>> C=imread('canoe.gif');                            % 读取图像数据
>> subplot(2,2,4),imshow(C),title('降低分辨率')         % 显示图像
```

运行结果如图 8-10 所示。

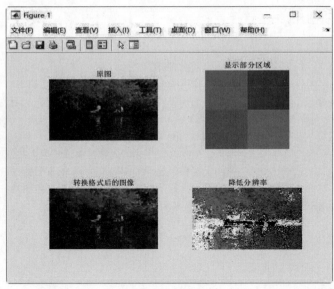

图 8-10　显示图片

8.1.3　图像格式的转换

MATLAB 支持的图像格式有*.bmp、*.cur、*.gif、*.hdf、*.ico、*.jpg、*.pbm、*.pcx、*.pgm、*.png、*.ppm、*.ras、*.tiff 以及*.xwd。对于这些格式的图像文件，MATLAB 提供了相应的转换函数，下面简单介绍这些函数的基本用法。

1．RGB 图像转换为索引图像

在 MATLAB 中，rgb2ind 函数用来将 RGB 图像转换为索引图像，它的调用格式及说明如表 8-11 所示。

表 8-11　rgb2ind 函数的调用格式及说明

调用格式	说　明
[X,cmap] =rgb2ind(RGB,Q)	使用具有 Q（必须小于或等于 65,536）种量化颜色的最小方差量化和抖动将 RGB 图像转换为索引图像 X，并返回关联颜色图 cmap
X = rgb2ind(RGB, inmap)	使用反色映射算法和抖动将 RGB 图像转换为索引图像 X，指定颜色图为 inmap
[X,cmap] = rgb2ind(RGB, tol)	使用均匀量化和抖动将 RGB 图像转换为索引图像 X。cmap 最多包含 $(floor(1/tol)+1)^3$ 种颜色；tol 必须介于 0.0 和 1.0 之间
…= rgb2ind(…,dithering)	启用或禁用抖动

注意

合成图像 X 中的值是色彩映射图的索引，不应用于数学处理，例如过滤操作。

例 8-12：缩放并索引图片。

解 MATLAB 程序如下：

```
>> close all              % 关闭当前已打开的文件
>> clear                  % 清除工作区的变量
>> RGB = imread('scenery.jpg');  % 读取并显示当前文件夹目录下的真彩色 jpg 图像
>> figure                 % 创建图窗
>> imagesc(RGB)           % 显示读入的图像
>> axis image             % 沿每个坐标区使用相同的数据单位长度，并使坐标区框紧密围绕数据
>> axis off               % 关闭坐标系，显示如图 8-11 所示的真彩色图片
>> zoom(2)                % 放大图片，显示如图 8-12 所示的真彩色图片
>> [IND,map] = rgb2ind(RGB,32);  % 将 RGB 转换为 32 种颜色的索引图片
>> figure                 % 创建图窗
>> imagesc(IND)           % 显示索引图片，如图 8-13 所示
```

运行结果如图 8-11～图 8-13 所示。

图 8-11 真彩色图片

图 8-12 放大后的图片

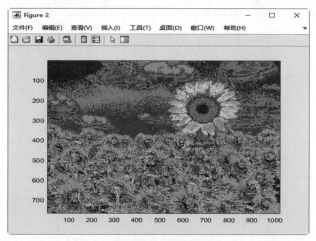

图 8-13 索引图像

2. 索引图像转换为 RGB 图像

在 MATLAB 中，ind2rgb 函数用于将索引图像转换为 RGB 图像，它的调用格式及说明如表 8-12 所示。

表 8-12　ind2rgb 函数调用格式及说明

调用格式	说　明
RGB = ind2rgb(X,map)	将索引图像 X 和对应的颜色图 map 转换为真彩色 RGB 图像

索引图像 X 是由整数组成的 $m×n$ 数组。颜色图 map 是一个三列值数组，元素值范围为[0，1]。颜色图的每一行都是一个三元素 RGB 数组，它指定了彩色图像单一颜色（红色、绿色和蓝色）的成分。

3. 索引图像函数

在 MATLAB 中，cmunique 函数用来消除颜色图中的重复颜色，将灰度或真彩色图像转换为索引图像，它的调用格式及说明如表 8-13 所示。

表 8-13　cmunique 函数调用格式及说明

调用格式	说　明
[Y,newmap] = cmunique(X,map)	返回索引图像 Y 和关联的颜色图 newmap
[Y,newmap] = cmunique(RGB)	将真彩色图像 RGB 转换为索引图像 Y 及其关联的颜色图 newmap
[Y,newmap] = cmunique(I)	将灰度图像 I 转换为索引图像 Y 及其关联的颜色图 newmap

输入图像可以是 uint 8、uint 16 或 double 类。如果 newmap 的长度小于或等于 256，则输出图像 Y 的类别为 uint 8。如果 newmap 的长度大于 256，则 Y 为 double 类。

例 8-13：对比并保存转换图片格式。

解　MATLAB 程序如下：

```
>> close all                    % 关闭当前已打开的文件
>> clear                        % 清除工作区的变量
>> X = magic(4);                % 创建 4 阶魔方矩阵，定义图像文件参数
% 使用 gray 函数创建两个相同的包含八项的颜色图。然后串联这两个颜色图，创建一个包含 16 项的颜色图 map
>> map = [gray(8); gray(8)];
>> figure                       % 创建图窗
>> image(X)                     % 将矩阵数据转换为图片
>> axis off                     % 关闭坐标系
>> colormap(map)                % 将颜色图 map 设置为当前颜色图
>> title('X and map')           % 添加标题
>> imwrite(X,'map1.bmp','bmp'); % 将图像保存成.bmp 格式
>> [Y,newmap] = cmunique(X, map); % 返回索引图像和管理的颜色图 newmap
>> figure                       % 创建图窗
>> image(Y)                     % 将矩阵数据转换为图片
```

```
>> axis off                        % 关闭坐标系
>> colormap(newmap)                % 将颜色图 newmap 设置为当前颜色图
>> title('Y and newmap')           % 添加标题
>> imwrite(Y,'map2.bmp','bmp');     % 将图像保存成.bmp 格式
```

运行结果如图 8-14 所示。

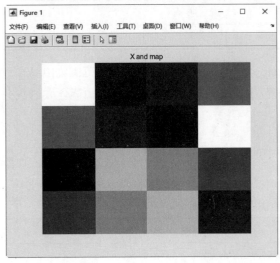 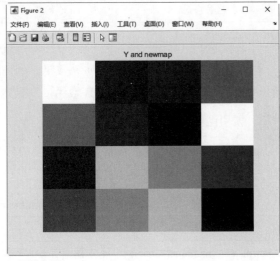

图 8-14　图片信息

8.1.4　图像信息查询

在利用 MATLAB 进行图像处理时，可以利用 imfinfo 函数查询图像文件的相关信息。这些信息包括文件名、文件最后一次修改的时间、文件大小、文件格式、文件格式的版本号、图像的宽度与高度、每个像素的位数以及图像类型等。该函数具体的调用格式及说明如表 8-14 所示。

表 8-14　imfinfo 函数调用格式及说明

调用格式	说　明
info=imfinfo(filename,fmt)	查询图像文件 filename 的信息，fmt 为文件格式
info=imfinfo(filename)	查询图像文件 filename 的信息

例 8-14：图像的修改及信息查询。

解　MATLAB 程序如下：

```
>> close all              % 关闭当前已打开的文件
>> clear                  % 清除工作区的变量
>> subplot(1,3,1)         % 将视图分割为 1 行 3 列 3 个视窗，显示第 1 个视图
>> I=imread('car.jpg ');  % 读入图像文件 car.jpg
>> imshow(I,[0 80])       % 在指定范围[0, 80]内显示灰度图像
>> subplot(1,3,2)         % 显示第 2 个视图
```

视频讲解

242

```
>> imshow('car.jpg ');              % 显示图像 car.jpg
>> zoom(2)                          % 使用缩放因子 2 放大图像
>> subplot(1,3,3)                   % 显示第 3 个视图
>> imshow('car.jpg')                % 显示图像 car.jpg
>> zoom(4)                          % 使用缩放因子 4 放大图像
>> info=imfinfo('car.jpg')          % 查询图像文件 car.jpg 的信息
info =
    包含以下字段的 struct:
            Filename: 'C:\Program Files\Polyspace\R2020a\bin\car.jpg'
        FileModDate: '11-Jan-2017 17:02:31'
            FileSize: 24279
              Format: 'jpg'
      FormatVersion: ''
              Width: 500
              Height: 375
            BitDepth: 24
          ColorType: 'truecolor'
    FormatSignature: ''
    NumberOfSamples: 3
        CodingMethod: 'Huffman'
      CodingProcess: 'Sequential'
            Comment: {}
```

上述程序中，用 3 个视窗分别显示指定范围[0, 80]内的灰度图像及两次修改后的图像的结果如图 8-15 所示。

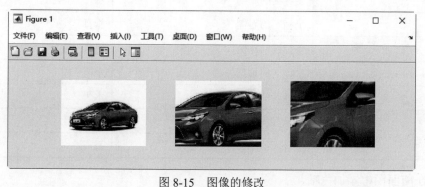

图 8-15　图像的修改

8.2　图像的显示函数

图像的显示包括色轴的显示、颜色图的设置、亮度的设置、图像的排列与图像的纹理显示等。

8.2.1　图像色轴显示

在 MATLAB 中，利用 colorbar 函数显示图像色轴，该函数调用格式及说明如表 8-15 所示。

表 8-15　colorbar 函数调用格式及说明

调用格式	说　明
colorbar	在当前轴或图表的右侧显示垂直色轴
colorbar(location)	在特定位置显示色轴，location 的取值如表 8-16 所示。要注意的是，并非所有类型的图像都支持修改色轴位置
colorbar(…,Name,Value)	使用一个或多个名称-值对组参数修改色轴外观
c = colorbar(…)	返回色轴对象。创建色轴后，可以使用此对象设置属性
colorbar(target,…)	在 target 指定的坐标区或图上添加一个色轴
colorbar('off')	删除与当前轴或图表相关联的色轴
colorbar(target,'off')	删除与 target 指定的轴或图表相关联的色轴

表 8-16　location 取值

值	表示的位置	表示的方向
north	坐标区的顶部	水平
south	坐标区的底部	水平
east	坐标区的右侧	垂直
west	坐标区的左侧	垂直
northoutside	坐标区的顶部外侧	水平
southoutside	坐标区的底部外侧	水平
eastoutside	坐标区的右外侧（默认值）	垂直
westoutside	坐标区的左外侧	垂直

例 8-15： 在曲面图中添加色轴。

解　MATLAB 程序如下：

```
>> close all          % 关闭当前已打开的文件
>> clear              % 清除工作区的变量
>> surf(peaks);       % 绘制山峰曲面图
>> colorbar('southoutside')   % 在绘图下方添加一个水平色轴
```

运行结果如图 8-16 所示。

例 8-16：添加色轴，并设置文本标签属性。

视频讲解

解　MATLAB 程序如下：

```
>> close all                       % 关闭当前已打开的文件
>> clear                           % 清除工作区的变量
>> [X,Y] = meshgrid(-3:6/17:3);    % 通过向量定义网格数据 X、Y
>> XX = 2*X.*Y;                    % 通过网格数据 X、Y 定义函数表达式 XX
>> YY = X.^2 - Y.^2;               % 通过网格数据 X、Y 定义函数表达式 YY
>> A= [1:18;18:-1:1];              % 创建矩阵 A
>> C1 = repmat(A,9,1);            % 重组矩阵 A，创建颜色矩阵 C1
>> pcolor(XX,YY,C1);              % 绘制伪彩色图
>> C2=colorbar                     % 添加色轴
>> C2.Label.String = 'My Colorbar Label';  % 添加色轴的文本说明
>> C2.Label.FontSize = 12;         % 更改字体大小
```

运行结果如图 8-17 所示。

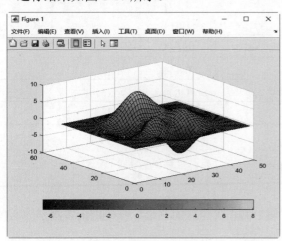

图 8-16　添加水平色轴

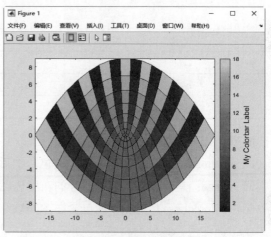

图 8-17　设置色轴属性

8.2.2　颜色图设置

1．用 colormap 函数设置当前颜色图

在 MATLAB 中，colormap 函数用于查看并设置当前颜色图，它的调用格式及说明如表 8-17 所示。

表 8-17　colormap 函数调用格式及说明

调用格式	说　明
colormap map	将当前图窗的颜色图设置为预定义的颜色图之一
colormap(map)	将当前图窗的颜色图设置为 map 指定的颜色图
colormap(target,map)	为 target 指定的图窗、坐标区或图形设置颜色图，而不是为当前图窗设置颜色图

续表

调用格式	说　明
cmap = colormap	返回当前图窗的颜色图，形式为由 RGB 三元组组成的三列矩阵。返回的值都在区间[0,1]内，如表 8-18 所示
cmap = colormap(target)	返回 target 指定的图窗、坐标区或图的颜色图

如果为图窗 Figure 设置了颜色图，图窗中的坐标区和图将使用相同的颜色图。新颜色图的长度（颜色数）与当前颜色图相同，该函数不能为颜色图指定自定义长度。

表 8-18　RGB 三元组值

颜色	RGB 三元组
黄色	[1 1 0]
品红色	[1 0 1]
青蓝色	[0 1 1]
红色	[1 0 0]
绿色	[0 1 0]
蓝色	[0 0 1]
白色	[1 1 1]
黑色	[0 0 0]

MATLAB 中预定义的颜色图有以下几种：

- ☑　autumn：从红色平滑变化到橙色，然后到黄色。
- ☑　bone：具有较高的蓝色成分的灰度色图。
- ☑　colorcube：尽可能多地包含在 RGB 颜色空间中的正常空间的颜色，可提供更多级别的灰色、纯红色、纯绿色和纯蓝色。
- ☑　cool：从青绿色平滑变化到品红色。
- ☑　copper：从黑色平滑变化到亮铜色。
- ☑　flag：包含红色、白色、绿色和黑色。
- ☑　gray：返回线性灰度色图。
- ☑　hot：从黑色平滑变化到红色、橙色和黄色的背景色，然后到白色。
- ☑　hsv：从红色变化到黄色、绿色、青绿色、品红色，返回到红色。
- ☑　jet：从蓝色变化到红色，中间经过青绿色、黄色和橙色。
- ☑　lines：产生由坐标轴的 ColorOrder 属性产生的颜色以及灰色的背景色组成的色图。
- ☑　pink：柔和的桃红色。
- ☑　prism：重复红色、橙色、黄色、绿色、蓝色和紫色这六种颜色的光谱交错色图。
- ☑　spring：从品红色平滑变化到黄色。
- ☑　summer：从绿色平滑变化到黄色。

- ☑ white：全白的单色色图。
- ☑ winter：从蓝色平滑变化到绿色。

例 8-17：创建 hsv 颜色图。

解　MATLAB 程序如下：

```
>> close all                      %  关闭当前已打开的文件
>> clear                          %  清除工作区的变量
>> [I,map]=imread('trees.tif');   %  读取内存中的图像
>> figure,image(I),colormap(map); %  显示索引图，设置颜色图
>> axis off                       %  关闭坐标轴
>> axis image                     %  根据图像大小显示图像
%  创建一个 hsv 颜色图，具有 128 种颜色。如果不指定大小，MATLAB 创建与当前色图大小相同的色图
>> figure, image(I),colormap(hsv(128))
>> axis off                       %  关闭坐标轴
>> axis image                     %  根据图像大小显示图像
```

运行结果如图 8-18 所示。

 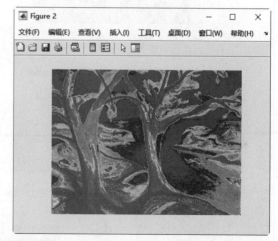

图 8-18　图片显示

例 8-18：设置图像颜色图中的颜色。

解　MATLAB 程序如下：

```
>> close all                         %  关闭当前已打开的文件
>> clear                             %  清除工作区的变量
>> [I,map]=imread('forest.tif');     %  读取内存中的图像
>> figure(1),image(I),colormap(map); %  显示索引图，设置当前颜色图
>> axis off                          %  关闭坐标轴
>> axis image                        %  根据图像大小显示图像
>> figure(2),image(I),colormap(cool);%  显示索引图，设置当前颜色图从青绿色平滑变化到品红色
>> axis off                          %  关闭坐标轴
>> axis image                        %  根据图像大小显示图像
```

```
>> figure(3),image(I),colormap(gray);        % 显示索引图，设置当前颜色图为线性灰度色图
>> axis off                                  % 关闭坐标轴
>> axis image                                % 根据图像大小显示图像
% 显示索引图，设置当前颜色图为重复红色、橙色、黄色、绿色、蓝色和紫色的光谱交错色图
>> figure(4),image(I),colormap(prism);
>> axis off                                  % 关闭坐标轴
>> axis image                                % 根据图像大小显示图像
```

运行结果如图 8-19 所示。

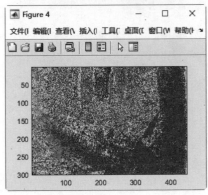

图 8-19　图片显示

2. 用 imagesc 函数缩放颜色

前文已经提到，imagesc 函数可以自动调整值域范围，调整图像颜色显示，它的调用格式及说明已由表 8-2 给出。

例 8-19：将单位矩阵转换为图片。

解　MATLAB 程序如下：

```
>> close all                          % 关闭当前已打开的文件
>> clear                              % 清除工作区的变量
>> A=30*eye(3);                       % 定义颜色矩阵 A 为 3 阶单位矩阵
>> subplot(1,2,1),image(A),axis image        % 在分割后的第 1 个视窗显示图像
>> colorbar                           % 显示色轴
```

视频讲解

```
% {在分割后的第 2 个视窗显示使用经过标度映射的颜色的图像，A 中的最小值映射到颜色图中的第一种颜色，
最大值映射到最后一种颜色%}
>> subplot(1,2,2),imagesc(A),axis image
>> colorbar                    % 显示色轴
```

运行结果如图 8-20 所示。

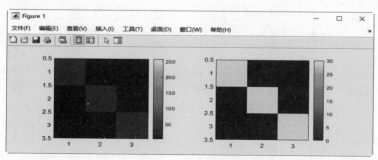

图 8-20   缩放图形颜色

使用 imagesc 函数可以缩放颜色矩阵，将值的范围缩放到当前颜色图的完整范围，与使用 image(C,'CDataMapping','scaled')的效果相同。

例 8-20：缩放索引图片颜色。

解   MATLAB 程序如下：

```
>> close all                   % 关闭当前已打开的文件
>> clear                       % 清除工作区的变量
>> C = [11 55 88 120];          % 定义索引颜色矩阵 C
>> subplot(1,3,1),image(C),colorbar    % 在分割后的第 1 个视窗显示颜色表
>> title('颜色表图片')         % 添加标题
% 在第 2 个视窗显示颜色表，将 CDataMapping 属性设置为 'scaled'，将值的范围缩放到当前颜色图的完整范围
>> subplot(1,3,2),image(C,'CDataMapping','scaled'),colorbar
>> title('缩放当前颜色图')     % 添加标题
>> subplot(1,3,3),imagesc(C),colorbar    % 在第 3 个视窗显示标识颜色表图片
>> title('缩放颜色的图像')     % 添加标题
```

运行结果如图 8-21 所示。

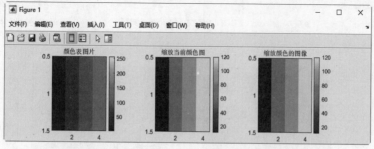

图 8-21   缩放索引图片

3. 用 imapprox 函数近似处理索引图像

在 MATLAB 中，imapprox 函数通过减少颜色数量来近似处理索引图像，将图像转换为索引图像它

的调用格式及说明及说明如表 8-19 所示。

表 8-19　imapprox 函数调用格式及说明

调用格式	说　明
[Y,newmap] = imapprox(X,map,Q)	使用具有 Q 种量化颜色的最小方差量化法来近似表示索引图像 X 和关联颜色图 map 中的颜色。imapprox 返回索引图像 Y 和颜色图 newmap
[Y,newmap] = imapprox(X,map,tol)	使用容差为 tol 的均匀量化法来近似表示索引图像 X 和关联颜色图 map 中的颜色
Y = imapprox(X,map,inmap)	使用基于颜色图 inmap 的逆颜色图映射法来近似表示索引图像 X 和关联颜色图 map 中的颜色。逆颜色图算法会在 inmap 中查找与 map 中的颜色最匹配的颜色
⋯ = imapprox(⋯,dithering)	指定为 dither 或 nodither，启用或禁用抖动。抖动以损失空间分辨率为代价来提高颜色分辨率

视频讲解

例 8-21：将 RGB 图像转换为索引图像。

解　MATLAB 程序如下：

```
>> close all                    % 关闭当前已打开的文件
>> clear                        % 清除工作区的变量
%{将内存中的图像读取到工作区，数据显示为 double 二维矩阵 X 与颜色图 double 二维矩阵 map，还包括图像
标题矩阵 caption%}
>> load trees;
>> subplot(1,2,1), imshow(X,map),title('原图');       % 在第 1 个视窗中通过图像数据矩阵 X 与颜色图矩阵 map
                                                        绘制 RGB 图像
%{生成新图像 j 及其关联的颜色图 newmap，选择 nodither，不执行抖动,将原始图像中的每种颜色映射到新颜色
图中最接近的颜色%}
>> [J,newmap] = imapprox(X,map,'nodither');
>> subplot(1,2,2), image(J),title('索引图');          % 在第二个视窗显示索引图，然后添加标题
>> axis off                     % 关闭坐标系
>> axis image                   % 图形区域紧贴图像数据
```

运行结果如图 8-22 所示。

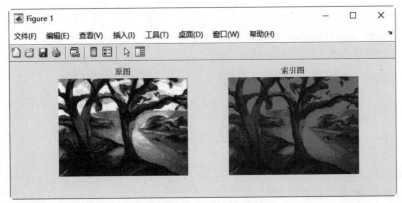

图 8-22　图片显示

注意

image 函数只用于索引图像的显示，imshow 函数用于所有格式图像的显示。

4. 用 cmpermute 函数转换图像

在 MATLAB 中，cmpermute 函数将灰度或真彩色图像转换为索引图像，重新排列颜色图中的颜色，它的调用格式及说明如表 8-20 所示。

表 8-20　cmpermut 函数调用格式及说明

调用格式	说　明
[Y,newmap] = cmpermute(X,map)	随机对颜色图 map 中的颜色重新排序以生成一个新的颜色图 newmap。图像 Y 和关联的颜色图 newmap 生成与 X 和 map 相同的图像
[Y,newmap] = cmpermute(X,map,index)	使用排序矩阵（例如 sort 的第二个输出）来在新颜色图中定义颜色的顺序

例 8-22： 重排图像颜色。

解　MATLAB 程序如下：

视频讲解

```
>> close all                                    % 关闭当前已打开的文件
>> clear                                         % 清除工作区的变量
>> load earth                                    % 读取内存中的图像
>> ntsc = rgb2ntsc(map);                         % 将 RGB 转换为 NSTC
>> [dum,index] = sort(ntsc(:,3));                % 对图像数据进行排序
% 将灰度或真彩色图像转换为索引图像，按照排序后的颜色图序列 index 重新排列颜色图中的颜色
>> [J,newmap] = cmpermute(X,map,index);
>> subplot(1,2,1),image(X), colormap(newmap),title('原图');
>> axis off                                      % 关闭坐标系
>> axis image                                    % 图形区域紧贴图像数据
>> subplot(1,2,2),image(J),colormap(map),title('索引图');  % 显示重拍颜色图的索引图
>> axis off                                      % 关闭坐标系
>> axis image                                    % 图形区域紧贴图像数据
```

运行结果如图 8-23 所示。

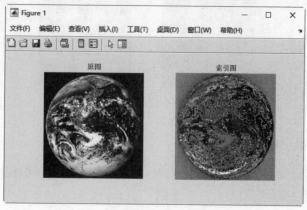

图 8-23　图片显示

5．用 cmunique 函数转换图像

在 MATLAB 中，cmunique 函数将灰度或真彩色图像转换为索引图像，消除颜色图中的重复颜色，它的调用格式及说明如表 8-21 所示。

表 8-21　cmunique 函数调用格式及说明

调用格式	说　明
[Y,newmap] = cmunique(X,map)	从颜色图 map 中删除重复的行以生成新颜色图 newmap
[Y,newmap] = cmunique(RGB)	将真彩色图像 RGB 转换为索引图像 Y 及其关联的颜色图 newmap。返回的颜色图是图像的可能的最小颜色图
[Y,newmap] = cmunique(I)	将灰度图像 *I* 转换为索引图像 *Y* 及其关联的颜色图 newmap

例 8-23：消除图像颜色图中的重复颜色。

解　MATLAB 程序如下：

```
>> close all                 % 关闭当前已打开的文件
>> clear                     % 清除工作区的变量
%{将内存中的图像读取到工作区，数据显示为 double 二维矩阵 X 与颜色图 double 二维矩阵 map，还包括图像标题矩阵 caption%}
>> load mandrill
>> subplot(1,2,1),image(X),colormap(map),title('原图');
>> axis off                  % 关闭坐标系
>> axis image                % 图形区域紧贴图像数据
>> [Y,newmap] = cmunique (X,map);
>> subplot(1,2,2),image(Y),title('重排颜色图');
>> axis off                  % 关闭坐标系
>> axis image                % 图形区域紧贴图像数据
```

运行结果如图 8-24 所示。

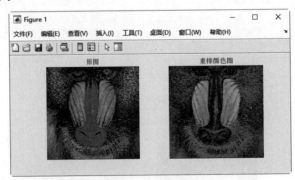

图 8-24　图片显示

6．用 dither 函数转换图像

在 MATLAB 中，dither 函数通过抖动提高表观颜色分辨率，并将图像转换为索引图像或二值图像。它的调用格式及说明如表 8-22 所示。

表 8-22　dither 函数调用格式及说明

调用格式	说明
X = dither(RGB,map)	通过抖动颜色图 map 中的颜色创建 RGB 图像的索引图像近似值
X = dither(RGB,map,Qm,Qe)	指定要沿每个颜色轴为逆向颜色图使用的量化位数 Qm，以及用于颜色空间误差计算的量化位数 Qe
BW = dither(I)	通过抖动将灰度图像 I 转换为二值（黑白）图像 BW

例 8-24：将 RGB 图像转换为二值图像。

解　MATLAB 程序如下：

视 频 讲 解

```
>> close all                              % 关闭当前已打开的文件
>> clear                                  % 清除工作区的变量
>> I= imread('fruits.jpg');               % 将文件中的 RGB 图像读取到工作区中
>> J=rgb2gray(I);                         % 把 RGB 图像转化成灰度图像
>> subplot(1,3,1),imshow(I),title('RGB 图');   % 显示 RGB 图像
>> subplot(1,3,2),imshow(J),title('灰度图');   % 显示灰度图像
>> M = dither(J);                         % 将图像转换为二值图像
>> subplot(1,3,3),imshow(M),title('二值图');   % 显示二值图像
```

运行结果如图 8-25 所示。

图 8-25　图片显示

8.2.3　预览图片

在 MATLAB 中，preview 函数可用于实现通过实时视频数据预览图像等功能，其调用格式及说明如表 8-23 所示。

表 8-23　preview 函数调用格式及说明

调用格式	说明
preview(obj)	创建一个显示视频输入对象 obj 的实时视频数据的视频预览窗口。窗口还显示每个帧的时间戳、视频分辨率以及 obj 的当前状态。视频预览窗口显示 100%放大的视频数据。预览图像的大小由视频输入对象 ROIPosition 属性的值决定
preview(obj,himage)	在句柄 himage 指定的图像对象中显示视频输入对象 obj 的实时视频数据
himage = preview(…)	返回包含预览数据的图像对象句柄 himage

例 8-25： 预览图像。

解 MATLAB 程序如下：

```
>> close all                              % 关闭当前已打开的文件
>> clear                                  % 清除工作区的变量
>> imds = imageDatastore({'fruits.jpg'}); % 读取内存中的图像文件,创建一个包含图像数据集合的数
                                            据存储 imds

>> imshow(preview(imds));                 % 显示图像的预览图，imds 是 ImageDatastore 格式，
imshow 函数不能直接读取
```

运行结果如图 8-26 所示。

图 8-26　显示图片

8.2.4　图像的缩放

在 MATLAB 中，可以设置图形与图像的缩放。缩放图像时，可按照图像的缩放倍数、根据行列数或插值的方法进行缩放，还可以设置缩放后图像的大小，从而达到调整图像大小的目的。

1. 根据行列数或插值的方法调整图像大小

在 MATLAB 中，imresize 函数用来调整图像大小，它的调用格式及说明如表 8-24 所示。

表 8-24　imresize 函数调用格式及说明

调用格式	说　明
B = imresize(A,scale)	将图像 *A* 的长宽大小缩放 scale 倍之后，返回图像 *B*。如果 scale 在 [0, 1] 范围，则 *B* 比 *A* 小。如果 scale 大于 1，则 *B* 比 *A* 大
B = imresize(A,[numrows numcols])	返回图像 *B*，其行数和列数由二元素向量(numrows, numcols)指定
[Y,newmap] = imresize(X,map,···)	调整索引图像 *X* 的大小，其中 map 是与该图像关联的颜色图。返回经过优化的新颜色图（newmap）和已调整大小后的图像

续表

调用格式	说　明
⋯ = imresize(⋯,method)	指定使用的插值方法 method。默认情况下，使用双三次插值
⋯ = imresize(⋯,Name,Value)	返回调整大小后的图像，其中名称-值对组参数控制大小调整操作的各个方面，参数表如表 8-25 所示

表 8-25　imresize 函数名称-值对组参数表

属性名	说　明	参数值
Antialiasing	缩小图像时消除锯齿	true、false
Colormap	返回优化的颜色图	optimized （默认）、original
Dither	执行颜色抖动	true （默认）、false
Method	插值方法	bicubic （默认）、字符向量、元胞数组
OutputSize	输出图像的大小	二元素数值向量
Scale	大小调整缩放因子	正数值标量、由正值组成的二元素向量

例 8-26：缩放图像。

解　在 MATLAB 命令行窗口中输入如下命令：

视频讲解

```
>> close all                    % 关闭当前已打开的文件
>> clear                        % 清除工作区的变量
>> I = imread('picture.jpg');   % 将当前路径下的图像读取到工作区中
>> J = imresize(I,0.1,'nearest');   % 采用最近邻插值（nearest）将图像的长宽缩小为原图的 0.1
>> K = imresize(I,0.3, 'bilinear');  % 采用双线性插值将图像的长宽缩小为原图的 0.3
>> M = imresize(I,0.5,'bicubic');   % 采用默认的双三次插值将图像的长宽缩小为原图的 0.5
>> figure,imshow(I);title('原图');   % 显示图像
>> figure,imshow(J);title('最近邻插值')
>> figure,imshow(K);title('双线性插值')
>> figure,imshow(M);title('双三次插值')
```

运行结果如图 8-27 所示。

例 8-27：水平合成图片。

第 1 张图片 flower.jpg 的尺寸为 180*240*3，第 2 张图片 fish.jpg 的尺寸为 240×300×3，生成图片 c=[a;b]。

视频讲解

解　在 MATLAB 命令窗口中输入如下命令：

```
>> close all                    % 关闭当前已打开的文件
>> clear                        % 清除工作区的变量
>> I = imread('flower.jpg');    % 将分辨率为 240×180 的图像 1 加载到工作区
>> J = imread('fish.jpg');      % 将分辨率为 300×240 的图像 2 加载到工作区
>> J = imresize(J,[180 NaN]);   % 调整图像大小，将其中一幅图缩小或放大，让两幅图大小相等或者行数相等
>> K = [I J];                   % 水平合成图片
>> imshow(K)                    % 显示图片
```

运行结果如图 8-28 所示。

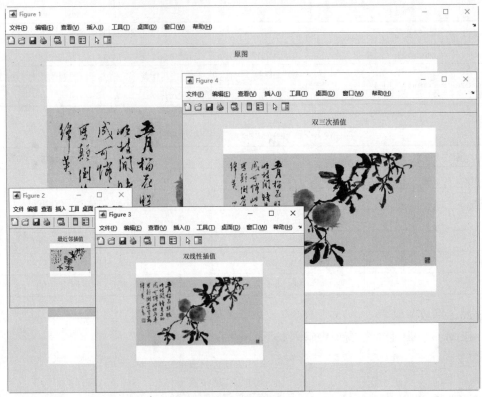

图 8-27　显示图像

图 8-28　显示图像

2．根据图像大小缩放图像

在 MATLAB 中，truesize 函数用来调整图像显示尺寸，该函数的调用格式及说明如表 8-26 所示。

表 8-26　truesize 函数调用格式及说明

调用格式	说　明
truesize(fig,[mrows ncols])	将 fig 中图像的显示尺寸调整为[mrows, ncols]，单位为像素
truesize(fig)	调整显示尺寸，使每个图像像素覆盖一个屏幕像素。如果未指定图形，truesize 会调整当前图形的显示大小

例 8-28：调整图像大小。

解　MATLAB 程序如下：

```
>> close all                              % 关闭当前已打开的文件
>> clear                                  % 清除工作区的变量
>> A = imread('bears.jpg');               % 读取图像
>> figure,imshow(A),title('RGB 图像')      % 显示图像，然后添加标题
>> figure,imshow(A),title('调整图像大小')    % 显示图像，然后添加标题
>> truesize([200 100]);                   % 调整图像大小
```

运行结果如图 8-29 所示。

8.2.5　图像亮度显示

1. rgb2lightness 函数

在 MATLAB 中，利用 rgb2lightness 函数将 RGB 颜色值转换为亮度值，该函数的调用格式及说明如表 8-27 所示。转换后的亮度与 CIE 1976 L*a*b*颜色空间中的 L*分量相同。

表 8-27　rgb2lightness 函数调用格式及说明

调用格式	说　明
lightness = rgb2lightness(rgb)	将 RGB 颜色值 rgb 转换为亮度值

图 8-29　显示图片

例 8-29：转换图像亮度。

解　MATLAB 程序如下：

```
>> close all                                     % 关闭当前已打开的文件
>> clear                                         % 清除工作区的变量
>> I= imread('winne.jpg');                       % 将当前路径下的图像读取到工作区
>> subplot(1,2,1),imshow(I),title('原始 RGB 图像')   % 显示图像并添加标题
>> J = rgb2lightness(I);                          % 将 RGB 颜色值转换为亮度值
>> subplot(1,2,2),imshow(J,[]),title('不含颜色组件的图像') % 显示图像并添加标题
```

运行结果如图 8-30 所示。

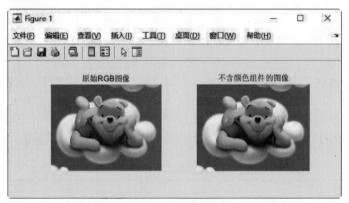

图 8-30　图像显示

2. brighten 函数

在 MATLAB 中，brighten 函数可以实现对图片明暗的控制，它的调用格式及说明如表 8-28 所示。

表 8-28　brighten 函数调用格式及说明

调用格式	说　明
brighten(beta)	beta 是一个定义于[-1,1]区间的数值，其中 beta 在[0,1]范围的色图较亮
brighten(map,beta)	变换指定为 map 的颜色图的强度
newmap = brighten(…)	返回调整后的颜色图
brighten(f,beta)	变换为图窗 f 指定的颜色图的强度。其他图形对象（例如坐标区、坐标区标签和刻度）的颜色也会受到影响

例 8-30：控制图像明暗。

解　MATLAB 程序如下：

```
>> close all          % 关闭当前已打开的文件
>> clear              % 清除工作区的变量
% {将内存中的图像读取到工作区中，数据显示为 double 二维矩阵 X 与颜色图 double 二维矩阵 map，还包括图
像标题矩阵 caption%}
>> load cape;
```

```
% 显示图像，然后添加标题
>> figure;image(X);colormap(map);title('原图')
>> axis off                    % 关闭坐标系
>> axis image                  % 根据图像大小显示图像
% 绘制索引图，设置颜色图为蓝色变换 jet，增强亮度显示
>> figure;image(X);colormap jet;brighten(0.5);title('颜色图 jet，亮度增强')
>> axis off                    % 关闭坐标系
>> axis image                  % 根据图像大小显示图像
% 绘制索引图，设置颜色图为蓝色变换 jet，降低亮度显示
>> figure;image(X);colormap jet;brighten(-0.5);title('颜色图 jet，亮度降低')
>> axis off                    % 关闭坐标系
>> axis image                  % 根据图像大小显示图像
```

运行结果如图 8-31 所示。

图 8-31　图片显示

8.2.6　图像边界设置

在 MATLAB 中，padarray 函数用来填充图像边界，它的调用格式及说明如表 8-29 所示。

表 8-29　padarray 函数调用格式及说明

调用格式	说　　明
B = padarray(A,padsize)	*A* 为输入图像，*B* 为填充后的图像，padsize 给出了填充的行数和列数，通常用[r c]来表示
B = padarray(A,padsize,padval)	padval： symmetric 表示图像大小通过围绕边界进行镜像反射来扩展； replicate 表示图像大小通过复制外边界中的值来扩展； circular 表示图像大小通过将图像看成是一个二维周期函数的一个周期来进行扩展
B = padarray(…,direction)	direction： pre 表示在每一维的第一个元素前填充； post 表示在每一维的最后一个元素后填充； both 表示在每一维的第一个元素前和最后一个元素后填充，此项为默认值

259

padval 和 direction 分别表示填充方法和方向。若参量中不包括 direction，则默认值为 both；若参量中不包含 padval，则默认用零来填充；若参量中不包括任何参数，则默认填充为零且方向为 both。在计算结束时，图像会被修剪成原始大小。

例 8-31：设置图像边界。

解 MATLAB 程序如下：

```
>> close all                                      % 关闭当前已打开的文件
>> clear                                          % 清除工作区的变量
>> A = imread('juice.jpg');                       % 读取图像
>> B = padarray(A,[100 100]);                     % 扩充图像边界
>> C = padarray(A,[200 200],'symmetric');         % 扩充图像边界
>> subplot(1,3,1),imshow(A), title('原图')         % 显示原图
>> subplot(1,3,2),imshow(B),title('扩展填充边界')   % 显示扩展边界的图像 B
>> subplot(1,3,3),imshow(C),title('镜向对称填充边界') % 显示扩展边界的图像 C
```

运行结果如图 8-32 所示。

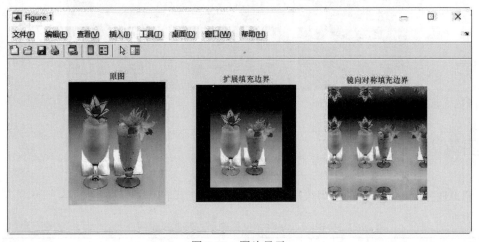

图 8-32　图片显示

8.2.7　纹理映射

纹理特征是图像的重要特征之一，其本质是刻图像素的邻域灰度空间分布规律，由于它在模式识别和计算机视觉等领域已经取得了丰富的研究成果，因此可以借用到图像分类中。

在 MATLAB 中，warp 函数用来将图像显示到纹理映射表面，它的调用格式及说明如表 8-30 所示。

表 8-30　warp 函数调用格式及说明

调用格式	说　明
warp(X,map)	在矩形表面上以纹理贴图的形式显示带有颜色贴图的索引图像
warp(I,n)	将具有 n 个级别的强度图像 I 显示为图像的纹理贴图

续表

调用格式	说　明
warp(BW)	将二值图像 BW 显示为图像的纹理贴图
warp(RGB)	将真彩色图像 RGB 显示为图像的纹理贴图
warp(Z,…)	在曲面 Z 上显示图像的纹理贴图
warp(X,Y,Z,…)	在曲面上显示图像的纹理贴图,坐标矩阵的大小不需要与图像的大小相匹配
h = warp(…)	返回纹理映射表面的句柄

例 8-32：基于亮度的扭曲灰度图像。

解　MATLAB 程序如下：

```
>> close all                              % 关闭当前已打开的文件
>> clear                                  % 清除工作区的变量
>> I= imread('trees.tif');                % 读取图像
>> subplot(1,2,1),imshow(I), title('原图')   % 显示原图
>> subplot(1,2,2), warp(I,I,128); title('纹理贴图')  % 在高度等于图像强度的表面上扭曲图像
```

运行结果如图 8-33 所示。

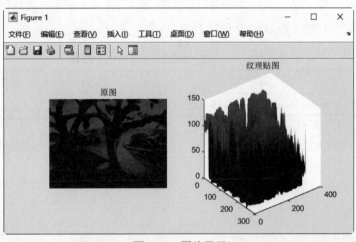

图 8-33　图片显示

8.2.8　显示多幅图像

1. 图像拼贴

Montage 法语音译为蒙太奇,在电影中是指通过镜头的有机组合,使视频产生连贯性以及新的意境效果的剪辑手法。多个镜头通过不同的组合可以产生不同的意境,从而达到不同的效果,所以运用蒙太奇的手段可以表达不同的故事内容,使故事更有逻辑性、思想性和节奏性。

蒙太奇一般包括画面剪辑和画面合成两方面,简述如下：

☑　画面合成：将许多画面或图样并列或叠化在一起,进而形成一个统一的图画作品。

☑ 画面剪辑：将一系列在不同地点、从不同距离和角度、以不同方法拍摄的镜头排列组合起来，叙述情节，刻画人物。

在 MATLAB 中，montage 函数用来在矩形框中同时显示多幅图像，并将多个图像帧显示为矩形蒙太奇，重新进行拼贴，它的调用格式及说明如表 8-31 所示。

表 8-31　montage 函数调用格式及说明

调用格式	说　明
montage(I)	显示多帧图像数组 *I* 的所有帧。默认情况下，将图像排列成一个正方形
montage(imagelist)	显示单元格数组 imagelist 中指定的图像，组合图像可以是不同类型和大小
montage(filenames)	显示图像的蒙太奇
montage(imds)	显示在图像数据存储 imds 中指定的图像的矩形蒙太奇
montage(…,map)	将所有灰度图像和二进制图像（使用前面的任何语法指定）视为索引图像，并使用指定的颜色映射图显示它们。如果使用文件名或图像数据存储指定图像，则映射将覆盖图像文件中存在的任何内部颜色贴图。montage 不会修改 RGB 图像的颜色映射
montage(…,Name,Value)	使用名称-值对组参数自定义图像矩形蒙太奇
img = montage(…)	返回包含所有显示帧的单个图像对象的句柄

montage 函数名称-值对组参数表如表 8-32 所示。

表 8-32　montage 函数名称-值对组参数表

属性名	说　明	参数值
BackgroundColor	背景颜色，指定为 MATLAB 颜色规范蒙太奇函数用这种颜色填充所有空格，	black（默认）、[R G B]、短名称、长名称
BorderSize	每个缩略图周围的填充边框	[0 0]（默认）、非负整数、1×2 非负整数向量
DisplayRange	显示范围	1×2 向量
Indices	要显示的帧	正整数数组
Parent	图像对象的父级	轴
Size	图像的行数和列数	二元向量
ThumbnailSize	缩略图的大小	第 1 个图像的完整大小（默认）、二元素向量

例 8-33：图像矩形蒙太奇。

解　MATLAB 程序如下：

```
>> close all                          % 关闭当前已打开的文件
>> clear                              % 清除工作区的变量
>> img1= imread('winne.jpg');         % 将当前路径下的图像读取到工作区
>> subplot(1, 2, 1),montage(img1)     % 在矩形框中同时显示多幅图像
>> subplot(1, 2, 2),montage(img1,'size',[2 1])  % 在矩形框中同时显示多幅图像，设置为 2 行 1 列
```

运行结果如图 8-34 所示。

图 8-34　图片显示

2. 图像组合成块

在 MATLAB 中，imtile 函数用来将多个图像帧组合为一个矩形分块图，它的调用格式及说明如表 8-33 所示。

表 8-33　imtile 函数调用格式及说明

调用格式	说　明
out = imtile(filenames)	返回包含 filenames 中指定的图像的分块图。如果该文件不在当前文件夹或 MATLAB 路径下的文件夹中，需指定完整路径名。filenames 是 $n×1$ 或 $1×n$ 字符串数组、字符向量或字符向量元胞数组
out = imtile(I)	返回包含多帧图像数组 I 的所有帧的分块图
out = imtile(images)	返回包含元胞数组 images 中指定的图像的分块图
out = imtile(imds)	返回包含 ImageDatastore 对象 imds 中指定的图像的分块图
out = imtile(X,map)	将 X 中的所有灰度图像视为索引图像，并将指定的颜色图 map 应用于所有帧
out = imtile(⋯,Name,Value)	根据可选参数名称-值对组的值返回一个自定义分块图

默认情况下，imtile 函数将图像大致排成一个方阵，也可以使用可选参数进行更改形状，图像可以具有不同大小和类型。另外，需要特别注意以下 3 点：

☑　如果输入空数组元素，则显示空白图块。

☑　如果指定索引图像，则将文件中存在的颜色图转换为 RGB。

☑　如果图像之间存在数据类型不匹配，则需要进行数据类型转换，即使用 im2double 函数将所有图像重新转换为 double。

imtile 函数名称-值对组参数表如表 8-34 所示。

表 8-34　imtile 函数名称-值对组参数

属性名	说　明	参数值
BackgroundColor	背景颜色	black （默认）、MATLAB ColorSpec

续表

属性名	说　明	参数值
BorderSize	每个缩略图周围的填充边框	[0 0]（默认）、数值标量或 1×2 向量
Frames	包含的帧	图像总数（默认）、数值数组、逻辑值
GridSize	缩略图的行数和列数	图像网格形成正方形（默认）、二元素向量
ThumbnailSize	缩略图的大小	第 1 个图像的完整大小（默认）、二元素向量

视频讲解

例 8-34：检查图像的排列。

解　MATLAB 程序如下：

```
>> close all                                   % 关闭当前已打开的文件
>> clear                                        % 清除工作区的变量
>> load flujet                                  % 将内存中的图像加载到工作区
>> out = imtile(X, map);                        % 创建一个分块图
>> subplot(1, 2, 1),imshow(out)                 % 显示该分块图
>> out1 = imtile(out,'Frames',1:3,'GridSize',[1 3]);   % 创建包含前 3 个图像帧的分块图，1 行 3 列
>> subplot(1, 2, 2),imshow(out1)                % 显示该分块图
```

运行结果如图 8-35 所示。

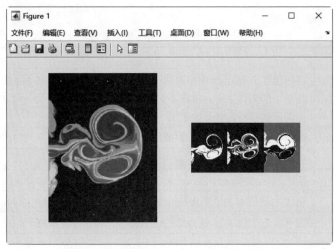

图 8-35　图片显示

3．图像成对显示

在 MATLAB 中，imshowpair 函数用来比较图像的不同。它成对显示图片，创建一个复合 RGB 图像，具体调用格式及说明如表 8-35 所示。

表 8-35　imshowpair 函数调用格式及说明

调用格式	说　明
obj = imshowpair(A,B)	创建一个复合 RGB 图像，显示覆盖在不同色带中的 *A* 和 *B*
obj = imshowpair(A,RA,B,RB)	使用 RA 和 RB 中提供的空间参考信息显示图像 *A* 和 *B* 之间的差异，RA 和 RB 是空间参照对象

续表

调用格式	说　明
obj = imshowpair(⋯,method)	使用 method 指定的可视化方法创建一个复合 RGB 图像，method 可取值为 falsecolor（默认）、blend、diff、montage，表 8-36 给出了参数选项的具体说明
obj = imshowpair(⋯,Name,Value)	指定具有一个或多个名称—值对参数的附加选项

表 8-36　重叠图像的可视化方法

值	说　明
falsecolor	创建一个复合 RGB 图像，显示覆盖在不同色带中的 *A* 和 *B*。合成图像中的灰色区域显示两个图像具有相同强度的位置。洋红色和绿色区域显示强度不同的地方。这是默认方法
blend	使用 alpha 混合覆盖 *A* 和 *B*，是一种混合透明处理类型
checkerboard	从 *A* 和 *B* 创建具有交替矩形区域的图像
diff	从 *A* 和 *B* 创建不同的图像
montage	将 *A* 和 *B* 放在同一张图像中的相邻位置

例 8-35：剪辑图像。

解　MATLAB 程序如下：

视频讲解

```
>> close all              % 关闭当前已打开的文件
>> clear                  % 清除工作区的变量
>> I = imread('cat.jpg');  % 将当前路径下的图像读取到工作区，显示为三维 uint8 矩阵 I
>> J= imresize (I,0.5);    % 对矩阵 I 进行缩放，新矩阵 J 的行列数为 I 的一半
>> subplot(1,2,1),imshow(I), title('原图')      % 显示图像
>> subplot(1,2,2),imshowpair(I,J,'montage')     % 剪辑显示图像
>> axis square,title('剪辑图像')                % 设置当前图像为正方形
```

运行结果如图 8-36 所示。

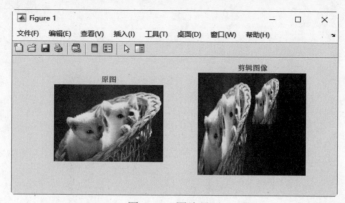

图 8-36　图片显示

265

例 8-36：将灰度图像转换为二值图像。

解 MATLAB 程序如下：

```
>> close all                   % 关闭当前已打开的文件
>> clear                       % 清除工作区的变量
>> I=imread('moon.tif');       % 读取灰度图，数据显示为 uint8 二维矩阵 I
>> J=imbinarize (I);           % 使用阈值化将二维矩阵 I 转化为二值图像，阈值默认值为 0.5
>> imshowpair(I,J,'montage')   % 使用 montage 的可视化方法创建一个复合 RGB 图像
>> title('原图(左)      使用 0.5 作为灰度阈值时的二值图像(右)');      % 添加标题
```

运行结果如图 8-37 所示。

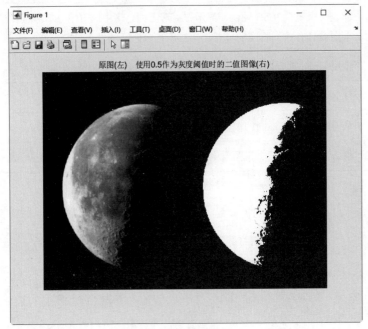

图 8-37　图片显示

第 *9* 章

字符串设计

在数学、物理学等学科及工程应用中，经常会遇到符号运算的问题。MATLAB 提供了强大的符号运算功能，可使用符号或数值表达式进行不同的运算。本章就来详细讲解符号运算的基本函数及其应用。

9.1　符号与多项式

符号运算是 MATLAB 数值计算的扩展，在运算过程中以符号表达式或符号矩阵为运算对象，实现了符号计算和数值计算的相互结合，使应用更灵活。

9.1.1　字符串

字符和字符串运算是各种高级语言必不可少的部分。MATLAB 作为一种高级的数字计算语言，同样具有丰富的字符和字符串运算功能，特别是增加了符号运算工具箱（Symbolic toolbox）之后，MATLAB 的字符串函数的功能进一步得到增强。而且，现在的字符串运算已不再是简单的字符串运算，而是 MATLAB 符号运算表达式的基本构成单元。

1. 字符串的生成

（1）直接赋值生成。在 MATLAB 中，所有的字符串都使用单引号设定后输入或赋值（input 函数除外）。在 MATLAB 中，字符串与字符数组基本上是等价的。可以用函数 size 来查看数组的维数。字符串的每个字符（包括空格）都是字符数组的一个元素。

视频讲解

例 9-1： 利用单引号生成字符串示例。

解 MATLAB 程序如下：

```
>> close all                    % 关闭当前已打开的文件
>> clear                        % 清除工作区的变量
>> s='MATLAB 2020 Functions'    % 将字符串赋值给数组 s
s =
    'MATLAB 2020 Functions'
>> size(s)                      % 查看 s 相应维度的长度
ans =
     1    21
>> s(13)                        % 查看 s 的第 13 个元素
ans =
    'F'
```

（2）由函数 char 生成字符数组。在 MALTAB 中，可以使用函数 char 直接生成字符串数组。

例 9-2： 用函数 char 来生成字符数组示例。

解 MATLAB 程序如下：

视频讲解

```
>> close all                    % 关闭当前已打开的文件
>> clear                        % 清除工作区的变量
>> s=char('s','y','m','b','l','i','c')    % 使用函数 char 生成字符数组
s =
  7×1 char 数组
    's'
    'y'
    'm'
    'b'
    'l'
    'i'
    'c'
>> s'                           % 将数组转置
ans =
  'symblic'
```

例 9-3： 用函数 char 生成时间数组示例。

解 在 MATLAB 命令行窗口中输入如下命令：

```
>> close all                    % 关闭当前已打开的文件
>> clear                        % 清除工作区的变量
%{用指定值的小时、分钟和秒数组创建 1 行 3 列的持续时间数组，以固定长度为单位表示经过的时间%}
>> D = hours(23:25) + minutes(8) + seconds(1.2345)
D =
  1×3 duration 数组
   23.134 小时   24.134 小时   25.134 小时
>> C = char(D)                  % 用函数 char 将时间数组 D 转换成字符数组
C =
```

视频讲解

3×8 char 数组
    '23.134 小时'
    '24.134 小时'
    '25.134 小时'

2. 数值数组和字符串之间的转换

数值数组和字符串之间的转换，可由表 9-1 中的函数实现。

表 9-1 数值数组合字符串之间的转换函数及说明

函数名	说　明	函数名	说　明
num2str	数字转换成字符串	str2num	字符串转换为数字
in2str	整数转换成字符串	spintf	将格式数据写成字符串
mat2str	矩阵转换成字符串	sscanf	在格式控制下读字符串

例 9-4： 数字数组和字符串转换示例。

解　MATLAB 程序如下：

```
   >> close all            % 关闭当前已打开的文件
>> clear                   % 清除工作区的变量

>> x=[1:5]                 % 创建一个数字数组 x
x =
     1    2    3    4    5
>> y=num2str(x)            % 将数字数组 x 转换为字符串
y =
   '1  2  3  4  5'
>> x*2                     % 将数值数组中的各元素乘以 2
ans =
     2    4    6    8    10
% 将 y 中的每个字符（包括空格）转换为对应的数值，与 2 相乘。相邻的两个元素之间有两个空格
>> y*2
ans =
 1 至 11 列
   98   64   64   100   64   64   102   64   64   104   64
 12 至 13 列
   64   106
```

注意

数值数组转换成字符数组后，虽然表面上形式相同，但它此时的元素是字符而非数字，因此要使字符数组能够进行数值计算，应先将它转换成数值数组。

3. 字符串操作

MATLAB 对字符的串操作与 C 语言完全相同，如表 9-2 所示。

表 9-2　字符串操作函数及说明

函数名	说　明	函数名	说　明
strcat	水平串联字符串	strrep	以其他串代替此串
strvcat	垂直链接串	strtok	寻找串中记号
strcmp	比较串	upper	转换串为大写
strncmp	比较串的前 n 个字符	lower	转换串为小写
findstr	在其他串中找此串	blanks	生成空串
strjust	证明字符数组	deblank	移去串内空格

视频讲解

例 9-5：字符串操作示例。

解　MATLAB 程序如下：

```
>> close all                    % 关闭当前已打开的文件
>> clear                        % 清除工作区的变量
>> s1 = 'Good ';                % 创建字符串 s1
>> s2 = 'Morning';              % 创建字符串 s2
>> s = [s1 s2]                  % 创建矩阵 s
s =
    'Good Morning'
>> strcat(s1,s2)                % 将两个字符串水平串联成一个字符串
ans =
    'GoodMorning'
>> strvcat(s1,s2)               % 将两个字符串垂直链接
ans =
  2×7 char  数组
    'Good   '
    'Morning'
% 将第一个参数字符串"Morning"中出现的所有"Morning"都替换为"Evening"
>> s2=strrep('Morning','Morning', 'Evening ')
s2 =
    'Evening '
>> strcat(s1,s2)               % 将两个字符串水平串联成一个字符串
ans =
    'GoodEvening'
>> lower(s1)                   % 将字符串 s1 中的字符转换为小写
ans =
    'good '
```

9.1.2　单元型变量

　　单元型变量是以单元为元素的数组，每个元素称为单元，每个单元可以包含其他类型的数组，如实数矩阵、字符串、复数向量等。单元型变量通常由"{}"创建，其数据通过数组下标来引用。

1. 单元型变量的创建

单元型变量的定义有两种方式：一种是用赋值语句直接定义；另一种是由 cell 函数预先分配存储空间，然后对单元的元素逐个赋值。

（1）赋值语句直接定义。在直接赋值过程中，与在矩阵的定义中使用中括号不同，单元型变量的定义需要使用大括号，而元素之间由逗号隔开。

例 9-6：创建一个 1×4 的单元型数组。

解　MATLAB 程序如下：

视频讲解

```
>> close all                % 关闭当前已打开的文件
>> clear                    % 清除工作区的变量
>> A=[1 2;3 4];             % 创建 2 行 2 列的矩阵 A
>> B=3+2*i;                 % 创建变量 B，赋值为复数
>> C='efg';                 % 创建变量 C，赋值为字符串
>> D=2;                     % 创建变量 D，赋值为数值
>> E={A,B,C,D}              % 定义单元型数组
E =
1×4 cell  数组
    {2×2 double}    {[3.0000 + 2.0000i]}    {'efg'}    {[2]}
```

MATLAB 语言会根据显示的需要决定是将单元元素完全显示，还是只显示存储量来代替。

（2）对单元的元素逐个赋值。该方法的操作方式是先预分配单元型变量的存储空间，然后对变量中的元素逐个进行赋值。实现预分配存储空间的函数是 cell。

上面例子中的单元型变量 *E* 还可以由以下方式定义：

```
>> close all                % 关闭当前已打开的文件
>> clear                    % 清除工作区的变量
>> E=cell(1,3);             % 创建由空矩阵构成的 1×3 单元型数组
>> E{1,1}=[1:4];            % 将行向量赋值给第 1 个元素
>> E{1,2}=5+6*i;            % 将复数赋值给第 2 个元素
>> E{1,3}=2;                % 将数值赋值给第 3 个元素
>> E                        % 查看单元型数组
E=
  1×3 cell  数组
    {1×4 double}    {[5.0000 + 6.0000i]}    {[2]}
```

2. 单元型变量的引用

单元型变量的引用应当采用大括号作为下标的标识，而小括号作为下标标识符则只显示该元素的压缩形式。

例 9-7：单元型变量的引用示例。

解　MATLAB 程序如下：

视频讲解

```
>> close all                % 关闭当前已打开的文件
>> clear                    % 清除工作区的变量
```

```
>> E=cell(2,3);              % 创建由空矩阵构成的 2×3 单元型数组
>> E{1,1}=[2:4];             % 将行向量赋值给第 1 个元素
>> E{1}                      % 查看单元型数组的第 1 个元素
ans =
      2     3     4
>> E(1)                      % 查看单元数组第 1 个元素的压缩形式
ans =
1×1 cell 数组
    {1×3 double}
```

3. 有关单元型变量的 MATLAB 函数

MATLAB 语言中有关单元型变量的函数及说明如表 9-3 所示。

表 9-3　MATLAB 语言中有关单元型变量的函数表及说明

函数名	说　明
cell	生成单元型变量
cellfun	对单元型变量中的元素应用函数
celldisp	显示单元型变量的内容
cellplot	用图形显示单元型变量的内容
num2cell	将数值转换成单元型变量
deal	输入输出处理
cell2struct	将单元型变量转换成结构型变量
struct2cell	将结构型变量转换成单元型变量
iscell	判断是否为单元型变量
reshape	改变单元数组的结构

视频讲解

例 9-8：判断例 9-7 的 **E** 中的元素是否为逻辑变量。

解　MATLAB 程序如下：

```
>> close all               % 关闭当前已打开的文件
>> clear                   % 清除工作区的变量
>> E=cell(1,3);            % 创建由空矩阵构成的 1×3 单元型数组
>> E{1,1}=[2 8 5];         % 将行向量赋值给第 1 个元素
>> E{1,2}=5+6*i;           % 将复数赋值给第 2 个元素
>> E{1,3}=3;               % 将数值赋值给第 3 个元素
>> cellfun('islogical',E)  % 对单元型数组中的元素应用函数 islogical，判断输入是否为逻辑变量
ans =
1×3 logical 数组
     0     0     0
>> cellplot(E)             % 用图形显示单元型变量的内容
```

图像显示单元型变量 **E** 的内容的结果如图 9-1 所示。

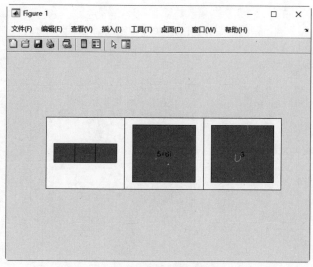

图 9-1　图形显示单元型变量的内容

9.1.3　结构型变量

1．结构型变量的创建和引用

结构型变量是根据属性名（field）组织起来的不同数据类型的集合，它的任何一个属性可以包含不同的数据类型，如字符串、矩阵等。结构型变量用函数 struct 来创建，其调用格式及说明如表 9-4 所示。

结构型变量数据通过属性名来引用。

表 9-4　struct 函数调用格式及说明

调用格式	说　明
s = struct	创建一个标量（1×1）结构体，不含任何字段
s = struct(field,value)	创建具有指定字段和值的结构体数组
s = struct(field1,value1,···,fieldN,valueN)	创建包含多个字段的结构体数组
s = struct([])	创建不包含任何字段的空（0×0）结构体
s = struct(obj)	创建包含与 obj 的属性对应的字段名称和值的标量结构体

例 9-9： 创建一个结构型变量。

解　MATLAB 程序如下：

视频讲解

```
>> close all                        % 关闭当前已打开的文件
>> clear                            % 清除工作区的变量

% 创建包含两个字段和对应值的结构体数组 student
>> student=struct('name',{'Wang', 'Li'},'Age',{20,23})
student =
包含以下字段的 1×2 struct 数组:
    name
```

273

```
        Age
>> student(1)                        % 引用结构型数组的第 1 个数据
ans =
包含以下字段的  1×2 struct  数组:
    name: 'Wang'
        Age: 20
>> student(2)                        % 引用结构型数组的第 2 个数据
ans =
包含以下字段的  1×2 struct  数组:
    name: 'Li'
        Age: 23
>> student(2).name                   % 通过属性名引用结构型变量的数据
包含以下字段的  1×2 struct  数组:
ans =
'Li'
```

2．结构型变量的相关函数

MATLAB 语言中有关结构型变量的函数及说明如表 9-5 所示。

表 9-5　MATLAB 语言有关结构型变量的函数

函数名	说　　明
struct	创建结构型变量
fieldnames	得到结构型变量的属性名
getfield	得到结构型变量的属性值
setfield	设定结构型变量的属性值
rmfield	删除结构型变量的属性
isfield	判断是否为结构型变量的属性
isstruct	判断是否为结构型变量

9.1.4　多项式的构造及运算

多项式运算是数学中最基本的运算之一。在高等代数中，多项式一般可表示为

$$f(x) = a_0 x^n + a_1 x^{n-1} + \cdots + a_{n-1} x + a_n$$

为了方便，人们常常将多项式用其系数向量来表示，即

$$p = \left(a_0, a_1, \cdots, a_{n-1}, a_n \right)$$

在 MATLAB 中，正是用系数向量来表示多项式的。

1．多项式的构造

由以上分析可知，多项式可以用它的系数向量表示，因此构造多项式最简单的方法就是直接输入

系数向量。这种方法可通过函数 poly2sym 来实现，其调用格式为

$$poly2sym(p)$$

其中，**p** 为多项式的系数向量。

例 9-10：直接用向量构造多项式示例。

解 MATLAB 程序如下：

视频讲解

```
>> close all                % 关闭当前已打开的文件
>> clear                    % 清除工作区的变量
>> 'a*x.^n+b*x.^(n-1)'      % 使用单引号直接创建多项式
ans =
a*x.^n+b*x.^(n-1)
>> p=[8 6 0 -5 4];          % 创建多项式的系数向量
>> poly2sym(p)              % 通过系数向量构造多项式
ans =
8*x^4 + 6*x^3 - 5*x + 4
```

另外，也可以用多项式的根来生成多项式。这种方法先调用 poly 函数生成系数向量，再调用 poly2sym 函数生成多项式。

例 9-11：由根构造多项式示例。

解 MATLAB 程序如下：

视频讲解

```
>> close all                % 关闭当前已打开的文件
>> clear                    % 清除工作区的变量
>> root=[-2 4+3i 4-3i];     % 创建多项式的根向量
>> p=poly(root)             % 根据根向量生成多项式的系数向量
p =
1    -6    9    50
>> poly2sym(p)              % 通过系数向量构造多项式
ans =
x^3 - 6*x^2 + 9*x + 50
```

2．多项式运算

（1）多项式四则运算。多项式的四则运算是指多项式的加、减、乘、除运算。需要注意的是，相加、减的两个向量必须大小相等。阶次不同时，低阶多项式必须用零填补，使其与高阶多项式有相同的阶次。多项式的加、减运算直接用"+""−"来实现。多项式的乘法用函数 conv(p1,p2) 来实现，相当于执行两个数组的卷积。多项式的除法用函数 deconv(p1,p2) 来实现，相当于执行两个数组的解卷。

例 9-12：多项式的四则运算示例。

解 在 MATLAB 命令行窗口中输入以下命令：

视频讲解

```
>> close all                % 关闭当前已打开的文件
>> clear                    % 清除工作区的变量
>> p1=[2 3 4 0 -2];         % 创建多项式的系数向量 p1
>> p2=[0 0 8 -5 6];         % 创建多项式的系数向量 p2
>> p=p1+p2                  % 两个多项式的系数向量相加
```

```
p =
        2       3      12      -5       4
>> poly2sym(p)              % 通过系数向量 p 构造多项式
ans =
2*x^4+3*x^3+12*x^5-5*x+4
>> q=conv(p1,p2)            % 计算两个多项式系数向量的卷积，等价于两个多项式相乘
q =
        0       0      16      14      29      -2       8      10     -12
>> poly2sym(q)              % 通过系数向量 q 构造多项式
ans =
16*x^6+14*x^5+29*x^4-2*x^3+8*x^2+10*x-12
>> deconv(p,p1)            % 向量 p 表示的多项式与向量 p1 表示的多项式相除
ans =
        1
```

（2）多项式导数运算。多项式导数运算用函数 polyder 实现，其调用格式为

$$polyder(p)$$

其中，**p** 为多项式的系数向量。

例 9-13：多项式导数运算示例。

解 在 MATLAB 命令行窗口中输入以下命令：

```
>> close all               % 关闭当前已打开的文件
>> clear                   % 清除工作区的变量
>> q=polyder([2 5 -9 0 3])   % 返回指定的系数向量表示的多项式的导数多项式的系数向量
q =
        8      15     -18       0
>> poly2sym(q)              % 通过系数向量 q 构造多项式
ans =
8*x^3 + 15*x^2 - 18*x
```

（3）估值运算。多项式估值运算用函数 polyval 和 polyvalm 来实现，调用格式及说明如表 9-6 所示。

表 9-6　多项式估值函数及说明

调用格式	说　明
polyval(p,s)	**p** 为多项式系数向量，**s** 为向量，按数组运算规则来求多项式的值
polyvalm(p,s)	**p** 为多项式系数向量，**s** 为方阵，按矩阵运算规则来求多项式的值

例 9-14：求多项式 $f(x) = 2x^5 + 5x^4 + 4x^2 + x + 4$ 在 $x=2$、5 处的值。

解 MATLAB 程序如下：

```
>> close all               % 关闭当前已打开的文件
>> clear                   % 清除工作区的变量
```

```
>> p1=[2 5 0 4 1 4];        % 创建多项式系数向量
>> h=polyval(p1,[2 5])      % 计算多项式在点 2 和 5 处的值
h =
          166        9484
```

（4）求根运算。多项式求根运算调用函数 roots。

例 9-15：多项式求根运算示例。

解 MATLAB 程序如下：

视频讲解

```
>> close all            % 关闭当前已打开的文件
>> clear                % 清除工作区的变量
>> p1=[8 4 -2 3 0 7];   % 创建多项式系数向量 p1
>> r=roots(p1)          % 以列向量的形式返回 p1 表示的多项式的根
r =
  -1.2683 + 0.0000i
   0.7133 + 0.6072i
   0.7133 - 0.6072i
  -0.3292 + 0.8233i
  -0.3292 - 0.8233i
```

3. 多项式曲线拟合

多项式曲线拟合用 polyfit 函数实现，其调用格式及说明如表 9-7 所示。

表 9-7　polyfit 函数调用格式及说明

调用格式	说　明
p=polyfit(x,y,n)	用最小二乘法对已知数据 x、y 进行拟合，以求得 n 阶多项式的系数向量
[p,S]=polyfit(x,y,n)	p 为拟合多项式系数向量，S 为拟合多项式系数向量的信息结构
[p,S,mu] = polyfit(x,y,n)	在上一语法的基础上还返回包含中心化值和缩放值的二元素向量 mu

例 9-16：用 5 阶多项式对 $(0, \pi/2)$ 上的正弦函数进行最小二乘拟合。

解 MATLAB 程序如下：

视频讲解

```
>> close all            % 关闭当前已打开的文件
>> clear                % 清除工作区的变量
>> x=0:pi/20:pi/2;      % 指定区间向量 x
>> y=sin(x);            % 指定以 x 为自变量的函数表达式
>> a=polyfit(x,y,5);    % 返回 5 阶多项式的系数向量 a
>> y1=polyval(a,x);     % 计算系数向量 a 表示的多项式在 x 的每个点处的值
% 使用红色圆圈绘制多项式的原始曲线；使用蓝色短画线绘制多项式拟合生成的曲线
>> plot(x,y,'ro',x,y1,'b--')
```

运算结果如图 9-2 所示。

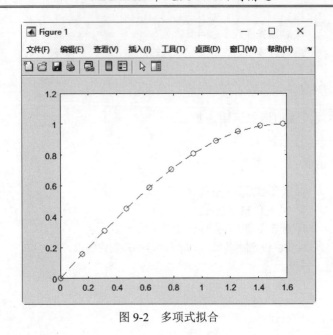

图 9-2　多项式拟合

由图 9-2 可知，多项式拟合生成的图形与原始曲线可很好地吻合，这说明多项式的拟合效果很好。

9.2　符　号　运　算

在数学、物理学等学科及工程应用中经常遇到符号运算的问题。符号运算是 MATLAB 数值计算的扩展，在运算过程中以符号表达式或符号矩阵为运算对象，运算对象是一个字符，数字也被当作字符来处理。符号运算允许用户获得任意精度的解，在计算过程中解是精确的，只有在最后转化为数值解时才会出现截断误差，能够保证计算精度。同时，符号运算可以把符号表达式转化为数值形式，也能把数值形式转化为符号表达式，实现了符号计算和数值计算的相互结合，使应用更灵活。MATLAB 的符号运算是通过集成在 MATLAB 中的符号运算工具箱（Symbolic Math Toolbox）来实现的。

9.2.1　符号表达式的生成

在 MATLAB 符号运算工具箱中，符号表达式是代表数字、函数和变量的 MATLAB 字符串或字符串数组，它不要求变量要有预先确定的值，不再使用单引号括起来的表达方式。MATLAB 在内部把符号表达式表示成字符串，以与数字相区别。符号表达式的创建可使用以下两种方法。

1. 用 sym 函数生成符号表达式

在 MATLAB 可以自行确定变量类型的情况下，可以不用 sym 函数来显式地生成符号表达式。在某些情况下，特别是建立符号数组时，必须用 sym 函数来将字符串转换成符号表达式。

例 9-17：生成符号函数示例。

解　MATLAB 程序如下：

视频讲解

```
>> close all              % 关闭当前已打开的文件
>> clear                  % 清除工作区的变量
>> h = @(x)(exp(x^2)-sin(x));  % 返回以 x 为自变量的符号函数的句柄 h

>> f=sym(h)               % 根据句柄创建符号函数
f =
exp(x^2) - sin(x)
```

例 9-18：生成符号矩阵示例。

解　MATLAB 程序如下：

视频讲解

```
>> close all              % 关闭当前已打开的文件
>> clear                  % 清除工作区的变量
>> A = sym('a', [1 3])    % 用自动生成的元素创建 1×3 的符号矩阵 A
A =
[ a1, a2, a3]
>> B = sym('b', [3 3])    % 用自动生成的元素创建 3×3 的符号矩阵 B
B =
[ b1_1, b1_2, b1_3]
[ b2_1, b2_2, b2_3]
[ b3_1, b3_2, b3_3]
```

2．用 syms 函数生成符号表达式

用 syms 函数只能生成符号函数，而不能用来生成符号方程。

例 9-19：生成符号函数示例。

解　MATLAB 程序如下：

视频讲解

```
>> close all              % 关闭当前已打开的文件
>> clear                  % 清除工作区的变量
   >> syms x y            % 定义符号变量 x 和 y
>> f=sin(x)+cos(y)        % 定义以符号变量 x 和 y 为自变量的符号表达式
f =
cos(y) + sin(x)
```

9.2.2　符号表达式的运算

在 MATLAB 符号运算工具箱中，符号表达式的运算主要是通过符号函数进行的。所有的符号函数作用到符号表达式和符号数组，返回的仍是符号表达式或符号数组（即字符串）。可以运用 MATLAB 中的函数 isstr 来判断返回表达式是字符串还是数字。如果是字符串，isstr 返回 1，否则返回 0。符号表达式的运算主要包括以下 3 种。

1．提取分子、分母

如果符号表达式是有理分数的形式，则可通过函数 numden 提取符号表达式中的分子和分母。numden 函数可将符号表达式合并、有理化，并返回所得到的分子和分母。numden 函数的调用格式及说明如表 9-8 所示。

表 9-8　numden 函数调用格式及说明

调用格式	说　明
[n,d]=numden(a)	提取符号表达式 a 的分子和分母，并将其存放在 n 和 d 中

例 9-20：提取符号表达式分子和分母示例。

解　MATLAB 程序如下：

```
>> close all            % 关闭当前已打开的文件
>> clear                % 清除工作区的变量
>> syms a x b           % 定义符号变量 a、x 和 b
>> f=a*x^2+b*x/(a-x);   % 定义符号表达式
>> [n,d]=numden(f)      % 提取符号表达式的分子和分母
n =
x*(a^2*x-a*x^2+b)
d =
a-x
```

2．符号表达式的基本代数运算

符号表达式的加、减、乘、除、幂运算与一般的数值运算一样，分别用"+""-""*""/""^"来进行运算。

例 9-21：符号表达式的基本代数运算示例。

解　MATLAB 程序如下：

```
>> close all            % 关闭当前已打开的文件
>> clear                % 清除工作区的变量
>> f=sym('x');          % 定义符号变量 x 和符号表达式 f
>> syms x               % 定义符号变量 x
>> g=x^2;               % 计算符号变量的幂
>> f+g                  % 两个符号表达式求和
ans =
x^2 + x
>> f*g                  % 两个符号表达式相乘
ans =
x^3
>> f^g                  % 符号表达式的幂运算
ans =
x^(x^2)
>> f/g                  % 符号表达式的除法运算
ans =
1/x
```

3．符号表达式的高级运算

符号表达式的高级运算主要是指符号表达式的反函数运算和求表达式的符号和。

（1）反函数运算。在 MATLAB 中，符号表达式的反函数运算主要是通过函数 finverse 来实现的。finverse 函数的调用格式及说明如表 9-9 所示。

表 9-9　finverse 函数调用格式及说明

调用格式	说　　明
g=finverse(f)	返回符号函数 f 的反函数，其中 f 是一个符号函数表达式，其变量为 x。求得的反函数是一个满足 $g(f(x))=x$ 的符号函数
g=finverse(f,v)	返回自变量为 v 的符号函数 f 的反函数，求反函数 g 是一个满足 $g(f(v))=v$ 的符号函数。当 f 包含不止一个变量时，往往用这种调用格式

视频讲解

例 9-22： 反函数运算示例。

解　MATLAB 程序如下：

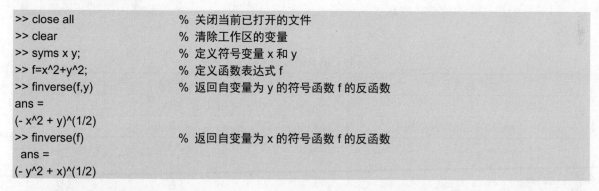

```
>> close all              % 关闭当前已打开的文件
>> clear                  % 清除工作区的变量
>> syms x y;              % 定义符号变量 x 和 y
>> f=x^2+y^2;             % 定义函数表达式 f
>> finverse(f,y)          % 返回自变量为 y 的符号函数 f 的反函数
ans =
(- x^2 + y)^(1/2)
>> finverse(f)            % 返回自变量为 x 的符号函数 f 的反函数
 ans =
(- y^2 + x)^(1/2)
```

（2）求表达式的符号和。在 MATLAB 中，求表达式的符号和主要通过函数 symsum 实现。symsum 函数的调用格式及说明如表 9-10 所示。

表 9-10　symsum 函数调用格式及说明

调用格式	说　　明
symsum(f,k)	返回 $\sum\limits_{k} f(k)$ 的结果
symsum(f,k,a,b)	返回 $\sum\limits_{a}^{b} f(k)$ 的结果

例 9-23： 求表达式符号和的示例。

$$F_1 = \sum_{k=0}^{10} k^2, \ F_2 = \sum_{k=1}^{\infty} \frac{x}{k!}, \ F_3 = \sum_{k} 2^k$$

视频讲解

解　MATLAB 程序如下：

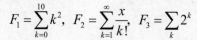

```
>> close all                     % 关闭当前已打开的文件
>> clear                         % 清除工作区的变量
```

```
>> syms k x                          % 定义符号变量 k 和 x
>> f1=symsum(k^2,k,0,10)             % 求符号表达式 f1 在指定区间的和
f1 =
385
>> f2=symsum(x/factorial(k),k,1,inf) % 求符号表达式 f2 在指定区间的和
f2 =
x*(exp(1) - 1)
>> f3=symsum(2^k,k)                   % 求符号表达式 f3 的不定和
f3 =
2^k
```

9.2.3 符号与数值间的转换

1. 将符号表达式转换成数值表达式

将符号表达式转换成数值表达式主要通过函数 eval 实现。eval 函数的调用格式及说明如表 9-11 所示。

表 9-11 eval 函数调用格式及说明

调用格式	说　明
eval(expression)	计算 expression 中的 MATLAB 代码
[output1,…,outputN] = eval(expression)	在指定的变量中返回 expression 的输出

注意

　　在大多数情况下，使用 eval 函数的效率低于使用其他 MATLAB 函数和语言构造的效率，生成的代码可能更难阅读和调试。有关 eval 函数的替代方法，请参阅 MATLAB 官方帮助文档。

例 9-24：用 eval 函数生成 4 阶希尔伯特（Hilbert）矩阵。

解　MATLAB 程序如下：

```
>> close all        % 关闭当前已打开的文件
>> clear            % 清除工作区的变量
>> n=4;             % 定义矩阵阶数
>> t='1/(i+j-1)';   % 定义字符变量 t
>> a=zeros(n);      % 创建 n 阶全零矩阵 a
>> for i=1:n        % 将 t 中的内容转换为数值表达式，依次赋值给矩阵中的各个元素
     for j=1:n
         a(i,j)=eval(t);
     end
end
>> a
a=
```

视频讲解

1.0000	0.5000	0.3333	0.2500
0.5000	0.3333	0.2500	0.2000
0.3333	0.2500	0.2000	0.1667
0.2500	0.2000	0.1667	0.1429

2．将数值表达式转换成符号表达式

将数值表达式转换成符号表达式主要是通过函数 sym 来实现的。sym 函数还可以用于创建符号矩阵，其调用格式及说明如表 9-12 所示。

例 9-25： 将数值表达式转换成符号表达式示例。

解 MATLAB 程序如下：

视 频 讲 解

```
>> close all         % 关闭当前已打开的文件
>> clear             % 清除工作区的变量
>> p=1.74;           % 为变量 p 赋值
>> q=sym(p)          % 将数值 p 转换为符号
q =
87/50
```

另外，函数 poly2sym 可以实现将 MATLAB 等价系数向量转换成它的符号表达式。

例 9-26： poly2sym 函数使用示例。

解 在 MATLAB 命令行窗口中输入以下命令：

视 频 讲 解

```
>> close all         % 关闭当前已打开的文件
>> clear             % 清除工作区的变量
>> a=[6 0 -4 5];     % 定义系数向量 a
>> p=poly2sym(a)     % 将系数向量 a 表示的表达式转换为符号表达式
p =
6*x^3 - 4*x + 5
```

9.3 符 号 矩 阵

符号矩阵中的元素是任何不带等号的符号表达式，各符号表达式的长度可以不同。符号矩阵中以空格或逗号分隔的元素指定的是同行不同列的元素，而以分号分隔的元素指定的是不同行的元素。

9.3.1 创建符号矩阵

创建符号矩阵有以下 3 种方法。

1．直接输入

直接输入符号矩阵时，符号矩阵的每一行都要用方括号括起来，而且要保证同一列的各行元素字符串的长度相同，因此在较短的字符串中要插入空格来补齐长度，否则程序将会报错。

2. 用 sym 函数创建符号矩阵

用这种方法创建符号矩阵，矩阵元素可以是任何不带等号的符号表达式，各矩阵元素之间用逗号或空格分隔，各行之间用分号分隔，各元素字符串的长度可以不相等。sym 函数常用的调用格式及说明如表 9-12 所示。

表 9-12　sym 函数调用格式及说明

调用格式	说　　明
sym('x')	创建符号变量 x
sym('a', [n1 ⋯ nM]	创建一个符号数组，充满自动生成的元素
sym('A' n)	创建一个 $n×n$ 符号矩阵，充满自动生成的元素
sym('a',n)	创建一个由 n 个自动生成的元素组成的符号数组
sym(⋯,set)	通过 set 设置符号表达式的格式，%d 表示用元素的索引替换格式字符向量中的后缀，以生成元素名称
sym(num)	将 num 指定的数字或数字矩阵转换为符号数字或符号矩阵
sym(num,flag)	使用 flag 指定的方法将浮点数转换为符号数，可设置为 r（有理模式）（默认）、d（十进制模式）、e（估计误差模式）、f（浮点到有理模式）
sym(strnum)	将 strnum 指定的字符向量或字符串转换为精确符号数
symexpr = sym(h)	从与函数句柄相关联的匿名 MATLAB 函数创建符号表达式或矩阵 symexpr

例 9-27：创建符号矩阵。

解　MATLAB 程序如下：

视频讲解

```
>> close all              % 关闭当前已打开的文件
>> clear                  % 清除工作区的变量
>> x = sym('x');          % 创建变量 x、y
>> y = sym('y');
>> a=[x+y,x;y,y+5]         % 创建 2×2 的符号矩阵 a
a =
[ x + y,       x]
[      y, y + 5]
>> a = sym('a', [1 4])     % 用自动生成的元素创建 1×4 符号向量
a =
[ a1, a2, a3, a4]
% 用自动生成的元素创建 2×4 符号向量，生成的元素的名称使用格式字符串作为第一个参数
>> a = sym('x_%d', [2 4])
a =
[ x_11, x_12, x_13, x_14]
[ x_21, x_22, x_23, x_24]
>> a(1)                    % 使用标准访问元素的索引方法引用第 1 个元素
ans =
x_11
>> a(2:3)                  % 使用标准访问元素的索引方法引用第 2 个到第 3 个元素
```

```
ans =
[ x_21, x_12]
```

创建符号表达式，首先创建符号变量，然后使用变量进行操作。在表 9-13 中列出了符号表达式的常见格式与易错写法。

表 9-13　符号表达式的常见格式与易错写法

正确格式	错误格式
syms x; x + 1	sym('x + 1')
exp(sym(pi))	sym('exp(pi)')
syms f(var1,⋯,varN)	f(var1,⋯,varN) = sym('f(var1,⋯,varN)')

例 9-28：计算不同精度的 π 值。

解　MATLAB 程序如下：

视频讲解

```
>> close all              % 关闭当前已打开的文件
>> clear                  % 清除工作区的变量
>> pi                     % 查看预定义变量 pi 的值
ans =
    3.1416
>> vpa(pi)                % 使用可变精度浮点运算（VPA）计算 pi 的值，默认是 32 位有效数字
ans =
3.1415926535897932384626433832795
>> digits(10)             % 将 vpa 计算的精度设置为 10
>> vpa(pi)                % 使用新的精度 10 计算 pi 的值
ans =
3.141592654
>> r = sym(pi)            % 将变量 pi 转换为符号变量
r =
pi
>> f = sym(pi,'f')        % 将浮点数转换为符号数字，并返回一个精确的有理数
f =
884279719003555/281474976710656
>> d = sym(pi,'d')        % 使用十进制模式将浮点数转换为符号数字
d =
3.1415926535897931159979634685442
>> e = sym(pi,'e')        % 使用估值误差模式将浮点数转换为符号数字
e =
pi - (198*eps)/359
```

例 9-29：根据不同的函数表达式创建符号矩阵。

解　MATLAB 程序如下：

视频讲解

```
>> close all              % 关闭当前已打开的文件
>> clear                  % 清除工作区的变量
```

```
>> sm=['[1/(a+b),x^3    ,cos(x)]';'[log(y) ,abs(x),c     ]']        % 创建符号矩阵 sm
sm =
2×23 char 数组
    '[1/(a+b),x^3    ,cos(x)]'
    '[log(y) ,abs(x),c     ]'
 >> a=['[   sin(x),        cos(x)]';'[exp(x^2),log(tanh(y))]']       % 创建符号矩阵 a
 a =
2×23 char 数组
    '[   sin(x),      cos(x)]'
    '[exp(x^2),log(tanh(y))]'
>> A=[sin(pi/3),cos(pi/4);log(3),tanh(6)]                % 创建矩阵 A
A =
0.8660    0.7071
1.0986    1.0000
>> B=sym(A)              % 将矩阵 A 转换为符号矩阵
B =
[                              3^(1/2)/2,                        2^(1/2)/2]
[ 2473854946935173/2251799813685248, 2251772142782799/2251799813685248]
```

3. 数值矩阵转化为符号矩阵

在 MATLAB 中，数值矩阵不能直接参与符号运算，所以必须先转化为符号矩阵。这一转化可以由 sym 函数实现，其调用格式及说明见表 9-12。

例 9-30：数值矩阵转换为符号矩阵示例。

解　MATLAB 程序如下：

```
>> close all              % 关闭当前已打开的文件
>> clear                  % 清除工作区的变量
>> a=[-pi 0 pi/2 pi];     % 定义一个数值矩阵 a
>> syms x                 % 定义符号变量 x
>> f=sin(x)               % 定义符号表达式 f
f =
sin(x)
>> A=sym(a)               % 将数值矩阵 a 转换为符号矩阵 A
A =
[ -pi, 0, pi/2, pi]
>> A+f                    % 符号矩阵的加法运算
ans =
 [ sin(x) - pi, sin(x), pi/2 + sin(x), pi + sin(x)]
```

9.3.2　符号矩阵的其他运算

符号矩阵可以进行转置、求逆等运算，但 MATLAB 运算函数与数值矩阵的相关函数不同。

符号矩阵的其他运算函数及说明如表 9-14 所示。

表 9-14　符号矩阵的其他运算函数及说明

函　数	说　明
"·'" 或函数 transpose	符号矩阵的转置运算
determ 或 det	符号矩阵的行列式运算
inv	符号矩阵的求逆运算
rank	符号矩阵的求秩运算
eig、eigensys	符号矩阵的求特征值、特征向量运算
svd、singavals	符号矩阵的求奇异值运算
jordan	符号矩阵的求若尔当（Jordan）标准形运算

例 9-31： 符号矩阵的其他运算示例。

解　MATLAB 程序如下：

视频讲解

```
>> close all          % 关闭当前已打开的文件
>> clear              % 清除工作区的变量
>> A = sym('A',[4 4]) % 用自动生成的元素创建 4×4 符号矩阵 A
A =
[ A1_1, A1_2, A1_3, A1_4]
[ A2_1, A2_2, A2_3, A2_4]
[ A3_1, A3_2, A3_3, A3_4]
[ A4_1, A4_2, A4_3, A4_4]
>> A.'                % 求矩阵 A 的转置
ans =
[ A1_1, A2_1, A3_1, A4_1]
[ A1_2, A2_2, A3_2, A4_2]
[ A1_3, A2_3, A3_3, A4_3]
[ A1_4, A2_4, A3_4, A4_4]
>> transpose(A)       % 使用函数求矩阵 A 的转置
ans =
[ A1_1, A2_1, A3_1, A4_1]
[ A1_2, A2_2, A3_2, A4_2]
[ A1_3, A2_3, A3_3, A4_3]
[ A1_4, A2_4, A3_4, A4_4]
>> det(A)             % 求符号矩阵 A 的行列式
ans =
A1_1*A2_2*A3_3*A4_4 - A1_1*A2_2*A3_4*A4_3 - A1_1*A2_3*A3_2*A4_4 + A1_1*A2_3*A3_4*A4_2 +
A1_1*A2_4*A3_2*A4_3 - A1_1*A2_4*A3_3*A4_2 - A1_2*A2_1*A3_3*A4_4 + A1_2*A2_1*A3_4*A4_3 +
A1_2*A2_3*A3_1*A4_4 - A1_2*A2_3*A3_4*A4_1 - A1_2*A2_4*A3_1*A4_3 + A1_2*A2_4*A3_3*A4_1 +
A1_3*A2_1*A3_2*A4_4 - A1_3*A2_1*A3_4*A4_2 - A1_3*A2_2*A3_1*A4_4 + A1_3*A2_2*A3_4*A4_1 +
A1_3*A2_4*A3_1*A4_2 - A1_3*A2_4*A3_2*A4_1 - A1_4*A2_1*A3_2*A4_3 + A1_4*A2_1*A3_3*A4_2 +
A1_4*A2_2*A3_1*A4_3 - A1_4*A2_2*A3_3*A4_1 - A1_4*A2_3*A3_1*A4_2 + A1_4*A2_3*A3_2*A4_1
>> inv(A)             % 符号矩阵 A 的求逆运算
```

```
[   (A2_2*A3_3*A4_4 - A2_2*A3_4*A4_3 - A2_3*A3_2*A4_4 + A2_3*A3_4*A4_2 + A2_4*A3_2*A4_3 -
A2_4*A3_3*A4_2)/(A1_1*A2_2*A3_3*A4_4 - A1_1*A2_2*A3_4*A4_3 - A1_1*A2_3*A3_2*A4_4 +
A1_1*A2_3*A3_4*A4_2 + A1_1*A2_4*A3_2*A4_3  -
...
>> rank(A)                        % 符号矩阵 A 的求秩运算
ans =
    4
```

9.3.3 符号多项式的简化

在 MATLAB 符号运算工具箱中，还提供了关于符号矩阵因式分解、展开、合并、简化及通分等符号操作函数。

1. 因式分解

符号矩阵因式分解通过函数 factor 来实现，其调用格式及说明如表 9-15 所示。

表 9-15 factor 函数调用格式

调用格式	说 明
f = factor(x)	返回 x 的所有不可约因子向量 f。如果 x 是整数，factor 返回 x 的素数因子分解。如果 x 是符号表达式，factor 返回 x 的质因子表达式
f = factor (x, vars)	返回因子的数组 f，其中 vars 表示指定的变量
F = factor(···,Name,Value)	用由包含一个或多个的"名称-值"对组参数指定附加选项。FactorMode 是指因式分解模式，可选值为 rational（有理数上的因式分解）（默认）、real（实数值因式分解）、complex（复数值因式分解）、full（全因式分解）。

视频讲解

输入变量 x 可以是整数也可以是多项式，还可以是符号矩阵。

例 9-32：求解 $f = x^3 + y^3 - 1$ 的因式分解。

解　MATLAB 程序如下：

```
>> close all                      % 关闭当前已打开的文件
>> clear                          % 清除工作区的变量
>> syms x                         % 定义符号变量 x
>> f=factor((x+1)^3+x^5-1)        % 求解多项式的因式分解
f =
[ x, x^4 + x^2 + 3*x + 3]
```

为了分解大于 2^{25} 的整数，可使用 factor(sym('N'))。

例 9-33：求解整数的质因数。

解　MATLAB 程序如下：

```
>> factor(sym('12345678901234567890'))      % 求解整数的质因数
 ans =
[ 2, 3, 3, 5, 101, 3541, 3607, 3803, 27961]
```

视频讲解

2. 符号矩阵的展开

对符号矩阵各元素的符号表达式的展开可以通过函数 expand 来实现，其调用格式及说明如表 9-16 所示。

表 9-16　expand 函数调用格式及说明

调用格式	说　明
expand(S)	对符号矩阵的各元素的符号表达式进行展开
expand(S,Name,Value)	使用由一个或多个名称-值对组参数设置展开选项

视频讲解

此函数经常用在多项式的表达式中，也常用在三角函数、指数函数、对数函数的展开中。

例 9-34：练习幂函数多项式 $y = (x+3)^4 + \cos^3(x+1)$ 的展开。

解　MATLAB 程序如下：

```
>> close all                    % 关闭当前已打开的文件
>> clear                        % 清除工作区的变量
>> syms x                       % 定义符号变量 x
>> expand((x+3)^4+(cos(x+1))^3) % 展开多项式
ans =
108*x + cos(1)^3*cos(x)^3 - sin(1)^3*sin(x)^3 + 54*x^2 + 12*x^3 + x^4 + 3*cos(1)*sin(1)^2*cos(x)*sin(x)^2 -
3*cos(1)^2*sin(1)*cos(x)^2*sin(x) + 81
```

3. 符号简化

符号简化可以通过函数 simplify 实现，其调用格式及说明如表 9-17 所示。

表 9-17　simplify 函数调用格式及说明

调用格式	说　明
simplify(expr)	执行 expr 的代数简化。expr 可以是矩阵或符号变量组成的函数多项式
simplify(expr,Name,Value)	使用名称-值对组参数设置选项。可设置的选项包括： All：等效结果的选项，可选值为 false（默认）、true Criterion：简化标准，可选值为 default（默认）、preferReal IgnoreAnalyticConstraints：简化规则，可选值为 false（默认）、true Seconds：简化过程的时间限制，可选值为 Inf（默认）、positive number Steps：简化步骤的数量，可选值为 1（默认）、positive number

视频讲解

例 9-35：幂函数多项式 $y = x^3 + \cos^2 x + 5x^2 \sin^2 x$ 的简化。

解　MATLAB 程序如下：

```
>> close all                        % 关闭当前已打开的文件
>> clear                            % 清除工作区的变量
>> syms x                           % 定义符号变量 x
>> simplify(x^3+cos(x)^2+5*x^2*sin(x)^2)  % 多项式的代数简化
ans =
5*x^2*sin(x)^2 - sin(x)^2 + x^3 + 1
```

9.4　多元函数分析

本节主要对 MATLAB 求解多元函数偏导问题以及求解多元函数最值的函数进行介绍。

9.4.1　雅可比矩阵

雅可比矩阵是一阶偏导数以一定方式排列成的矩阵，MATLAB 中用来求解偏导数的函数是 jacobian。jacobian 函数的调用格式及说明如表 9-18 所示。

表 9-18　jacobian 函数调用格式及说明

调用格式	说　　明
jacobian (f,v)	计算数量或向量 f 对向量 v 的雅可比(Jacobi)矩阵。当 f 是标量的时候，实际上计算的是 f 的转置梯度；当 v 是数量的时候，实际上计算的是 f 的偏导数

根据方向导数的定义，多元函数沿方向 v 的方向导数可表示为该多元函数的梯度点乘单位向量 v，即方向导数可以用 jacobian · v 来计算。

视频讲解

例 9-36：计算 $f(x,y,z) = \begin{pmatrix} xyz \\ y \\ x+z \end{pmatrix}$ 的雅可比矩阵。

解　MATLAB 程序如下：

```
>> clear                      % 清除工作区的变量
>> syms x y z                 % 定义符号变量 x、y、z
>> f=[x*y*z;y;x+z];           % 定义符号向量 f
>> v=[x,y,z];                 % 定义符号向量 v
>> jacobian(f,v)              % 计算向量 f 对向量 v 的 Jacobi 矩阵
ans =
[ y*z,  x*z,  x*y]
[   0,    1,    0]
[   1,    0,    1]
```

视频讲解

例 9-37：计算向量 $[x^2y, x\sin(y)]$ 相对于 x 的雅可比矩阵与导数。

解　MATLAB 程序如下：

```
>> clear                              % 清除工作区的变量
>> syms x y z                         % 定义符号变量 x、y、z
>> jacobian([x^2*y, x*sin(y)], x)     % 求指定向量相对于 x 的雅可比矩阵
ans =
 2*x*y
 sin(y)
>> diff([x^2*y, x*sin(y)], x)         % 求指定向量相对于 x 的导数
```

```
ans =
[ 2*x*y, sin(y)]
```

9.4.2 实数矩阵的梯度

MATLAB 有专门求解梯度的函数 gradient，可对实数矩阵求梯度。gradient 函数的调用格式及说明如表 9-19 所示。

表 9-19 gradient 函数调用格式及说明

调用格式	说　明
FX=gradient (F)	计算对水平方向的梯度
[FX,FY]=gradient (F)	计算矩阵 F 的三维数值梯度的 x 和 y 分量，其中 F_x 为 x 方向梯度，F_Y 为 y 方向梯度。点之间的间距默认为 1
[FX,FY,FZ,…,FN] = gradient(F)	计算 F 的数值梯度的 N 个分量，F 是一个 N 维数组
[···]=gradient (F,h)	使用 h 作为每个方向上的点之间的均匀间距，可以指定上述语法中的任何输出参数
[···]=gradient (F, hx,hy,hz,…,hN)	为 F 的每个维度的间距指定 N 个间距参数

例 9-38：计算 $xe^{-x^2-y^2}$ 的方向导数，绘制等值线和向量图。

解　MATLAB 程序如下：

视频讲解

```
>> close all              % 关闭当前已打开的文件
>> clear                  % 清除工作区的变量
>> x = -2:0.2:2;          % 定义介于-2～2、间隔值为 0.2 的线性分隔值组成的向量 x
>> y = x';                % 将向量 x 转置并赋值给 y
>> z = x .* exp(-x.^2 - y.^2);   % 定义表达式 z
% 计算 z 的数值梯度，各个方向的间隔为 1，并返回水平方向和垂直方向的梯度
>> [px,py] = gradient(z);
>> figure                 % 创建一个图窗
>> contour(x,y,z)         % 通过指定 z 中各值的 x 和 y 坐标，创建一个包含 z 的等值线的等值线图
>> hold on                % 保留当前坐标区中的绘图
>> quiver(x,y,px,py)      % 在 x 和 y 中每个对应元素对组所指定的坐标处绘制向量 px 和 py 的箭头图
>> hold off               % 关闭图窗保持命令
```

运行结果如图 9-3 所示。

例 9-39：计算 $z = xe^x + \sin(y^2 - x^2 + 5)$ 的数值梯度，并绘制等值线和向量图。

解　MATLAB 程序如下：

视频讲解

```
>> close all              % 关闭当前已打开的文件
>> clear                  % 清除工作区的变量
>> v = -10:0.5:10;        % 定义介于-10～10，间隔值为 0.5 的线性分隔值组成的向量 v
>> [x,y] = meshgrid(v);   % 基于向量 v 中包含的坐标返回二维网格坐标
>> z = x .*exp(x)+sin(y.^2-x.^2+5);      % 定义表达式 z
% 指定水平方向和垂直方向的求导间距均为 0.2,计算 z 各个位置的梯度值
```

```
>> [px,py] = gradient(z,0.2,0.2);
>> contour(v,v,z), hold on, quiver(v,v,px,py), hold off        %  绘制等值线和向量图
```

最终绘制的等值线和向量图如图 9-4 所示。

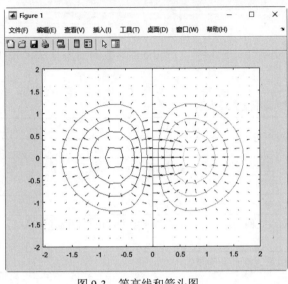

图 9-3　等高线和箭头图

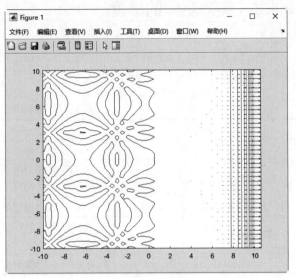

图 9-4　数值梯度表

视频讲解

9.5　综合实例——电路问题

矩阵分析在工程计算等各个领域都有着重要的应用。图 9-5 为某个电路的网格图，其中 $R_1 = 1$，$R_2 = 2$，$R_3 = 4$，$R_4 = 3$，$R_5 = 1$，$R_6 = 5$，$E_1 = 41$，$E_2 = 38$，利用基尔霍夫定律求解电路中的电流 I_1、I_2、I_3。

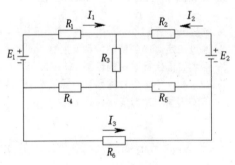

图 9-5　电路网格图

基尔霍夫定律说明：电路网格中，任意单向闭路的电压和为零。据此对图 9-5 所示的网格电路分析可得线性方程组

$$\begin{cases} (R_1 + R_3 + R_4)I_1 + R_3 I_2 + R_4 I_3 = E_1 \\ R_3 I_1 + (R_2 + R_3 + R_5)I_2 - R_5 I_3 = E_2 \\ R_4 I_1 - R_5 I_2 + (R_4 + R_5 + R_6)I_3 = 0 \end{cases}$$

将电阻及电压相应的取值代入，可得该线性方程组的系数矩阵及右端常数项构成的列向量分别为

$$A = \begin{pmatrix} 8 & 4 & 3 \\ 4 & 7 & -1 \\ 3 & -1 & 9 \end{pmatrix}, \quad b = \begin{pmatrix} 41 \\ 38 \\ 0 \end{pmatrix}$$

显然，系数矩阵 A 是一个对称正定矩阵（读者可以通过 eig 函数来验证），因此可以利用楚列斯基 (Cholesky)分解求这个线性方程组的解，具体操作如下：

```
>> close all                % 关闭当前已打开的文件
>> clear                    % 清除工作区的变量
>> A=[8 4 3;4 7 -1;3 -1 9]; % 输入方程组的系数矩阵 A
>> b=[41 38 0];             % 输入方程组的右端列向量 b
>> I=solvelineq(A,b,'CHOL') % 利用源文件中附带的自定义函数 solvelineq 求解线性方程组
I =
    4.0000
    3.0000
   -1.0000
```

我们发现其中的 I_3 是负值，这说明电流的方向与图 9-5 中箭头方向相反。

对于这个例子，我们也可以利用 MATLAB 将 I_1、I_2、I_3 的具体表达式写出来，具体的操作步骤如下：

```
>> syms R1 R2 R3 R4 R5 R6 E1 E2                           % 定义符号变量
>> A=[R1+R3+R4 R3 R4;R3 R2+R3+R5 -R5;R4 -R5 R4+R5+R6];    % 输入方程组的系数矩阵 A
>> b=[E1 E2 0];                                           % 输入方程组的右端列向量 b
>> I=inv(A)*b                                             % 计算方阵 A 的逆矩阵与向量 b 的乘积
I =
 (conj(E1)*(R2*R4 + R2*R5 + R3*R4 + R2*R6 + R3*R5 + R3*R6 + R4*R5 + R5*R6))/(R1*R2*R4 + R1*R2*R5
+ R1*R3*R4 + R1*R2*R6 + R1*R3*R5 + R2*R3*R4 + R1*R3*R6 + R1*R4*R5 + R2*R3*R5 + R2*R3*R6 +
R2*R4*R5 + R1*R5*R6 + R2*R4*R6 + R3*R4*R6 + R3*R5*R6 + R4*R5*R6) - (conj(E2)*(R3*R4 + R3*R5 +
R3*R6 + R4*R5))/(R1*R2*R4 + R1*R2*R5 + R1*R3*R4 + R1*R2*R6 + R1*R3*R5 + R2*R3*R4 + R1*R3*R6 +
R1*R4*R5 + R2*R3*R5 + R2*R3*R6 + R2*R4*R5 + R1*R5*R6 + R2*R4*R6 + R3*R4*R6 + R3*R5*R6 +
R4*R5*R6)
 (conj(E2)*(R1*R4 + R1*R5 + R1*R6 + R3*R4 + R3*R5 + R3*R6 + R4*R5 + R4*R6))/(R1*R2*R4 + R1*R2*R5
+ R1*R3*R4 + R1*R2*R6 + R1*R3*R5 + R2*R3*R4 + R1*R3*R6 + R1*R4*R5 + R2*R3*R5 + R2*R3*R6 +
R2*R4*R5 + R1*R5*R6 + R2*R4*R6 + R3*R4*R6 + R3*R5*R6 + R4*R5*R6) - (conj(E1)*(R3*R4 + R3*R5 +
R3*R6 + R4*R5))/(R1*R2*R4 + R1*R2*R5 + R1*R3*R4 + R1*R2*R6 + R1*R3*R5 + R2*R3*R4 + R1*R3*R6 +
R1*R4*R5 + R2*R3*R5 + R2*R3*R6 + R2*R4*R5 + R1*R5*R6 + R2*R4*R6 + R3*R4*R6 + R3*R5*R6 +
R4*R5*R6)
(conj(E2)*(R1*R5 + R3*R4 + R3*R5 + R4*R5))/(R1*R2*R4 + R1*R2*R5 + R1*R3*R4 + R1*R2*R6 + R1*R3*R5
+ R2*R3*R4 + R1*R3*R6 + R1*R4*R5 + R2*R3*R5 + R2*R3*R6 + R2*R4*R5 + R1*R5*R6 + R2*R4*R6 +
R3*R4*R6 + R3*R5*R6 + R4*R5*R6) - (conj(E1)*(R2*R4 + R3*R4 + R3*R5 + R4*R5))/(R1*R2*R4 + R1*R2*R5
+ R1*R3*R4 + R1*R2*R6 + R1*R3*R5 + R2*R3*R4 + R1*R3*R6 + R1*R4*R5 + R2*R3*R5 + R2*R3*R6 +
R2*R4*R5 + R1*R5*R6 + R2*R4*R6 + R3*R4*R6 + R3*R5*R6 + R4*R5*R6)
```

第*10*章

微分方程

　　微分方程在物理学和工程技术中有着重要应用，它是描述动态系统最常用的数学工具，很多问题都可以用微分方程的形式建立数学模型，因此微分方程的求解具有很实际的意义。本章将详细介绍用MATLAB 求解微分方程的方法与技巧。

10.1　微分方程基本求解函数

　　微分方程是数学的重要分支之一，大致与微积分同时产生，并随实际需要而发展。在高等数学中，将含自变量、未知函数和它的微商（或偏微商）的方程称为常（或偏）微分方程，如 $\dfrac{\mathrm{d}y}{\mathrm{d}x}=2x$、$\dfrac{\mathrm{d}s}{\mathrm{d}t}=0.4$ 都是微分方程。一般地，未知函数是一元函数的，叫作常微分方程；未知函数是多元函数的，叫作偏微分方程。微分方程有时也简称方程。

　　在 MATLAB 中，实现微分方程求解的函数是 dsolve，它的调用格式及说明如表 10-1 所示。

表 10-1　dsolve 函数调用格式及说明

调用格式	说　明
S = dsolve(eqn)	求解常微分方程，eqn 是一个使用 diff 和 "==" 表示微分方程的符号方程
S = dsolve(eqn,cond)	用初始条件或边界条件求解常微分方程
S = dsolve(eqn,cond,Name,Value)	使用一个或多个名称-值对组参数指定附加选项
Y = dsolve(eqns)	求解常微分方程组，并返回包含解的结构数组。结构数组中的字段数量对应系统中独立变量的数量
Y = dsolve(eqns,conds)	用初始条件或边界条件 conds 求解常微分方程组 eqns

续表

调用格式	说　明
Y = dsolve(eqns,conds,Name,Value)	使用一个或多个名称-值对组参数指定附加选项
[y1,…,yN] = dsolve(eqns)	求解常微分方程组，并将解分配给变量
[y1,…,yN] = dsolve(eqns,conds)	用初始条件或边界条件 conds 求解常微分方程组 eqns
[y1,…,yN] = dsolve(eqns,conds,Name,Value)	使用一个或多个名称-值对组参数指定附加选项

例 10-1：求解微分方程 $\begin{cases} \mathrm{d}x = y \\ \mathrm{d}y = -x \end{cases}$。

解　MATLAB 程序如下：

视频讲解

```
>> close all                        % 关闭当前已打开的文件
>> clear                            % 清除工作区的变量
>> syms x(t) y(t)                   % 定义符号函数 x(t)和 y(t)
>> eqns=[diff(x,t)==y,diff(y,t)==-x];  % 输入微分方程组
>> S=dsolve(eqns)                   % 求解微分方程组
S =
  包含以下字段的 struct:
    y: [1x1 sym]
    x: [1x1 sym]
>> disp(' ')                        % 显示空值

>> disp(['微分方程组的解',blanks(2),'x',blanks(22),'y'])%显示指定的内容
微分方程的解   x                    y
>> disp([S.x,S.y])                  % 显示方程的解
[ C1*cos(t) + C2*sin(t), C2*cos(t) - C1*sin(t)]
```

例 10-2：求微分方程 $y'^2 + 5y' - xy = 0$ 的通解。

解　MATLAB 程序如下：

视频讲解

```
>> clear all                        % 清除工作区的变量
>> syms y(x)                        % 定义符号函数 y(x)
>> eqn=diff(y,x,2)+5*diff(y,x)-x*y==0;  % 定义符号表达式
>> y=dsolve(eqn)                    % 求解微分方程
y =
    (C1*airy(0, x + 25/4))/exp(5*x)^(1/2) + (C2*airy(2, x + 25/4))/exp(5*x)^(1/2)
```

例 10-3：求微分方程 $xy'' - 5y' + x^3 = 0$ 在 $y(1)=0$、$y(5)=0$ 时的解，并绘制解的曲线。

解　MATLAB 程序如下：

视频讲解

（1）求方程的解。

```
>> close all                        % 关闭当前已打开的文件
>> clear                            % 清除工作区的变量
>> syms y(x)                        % 定义符号函数 y(x)
```

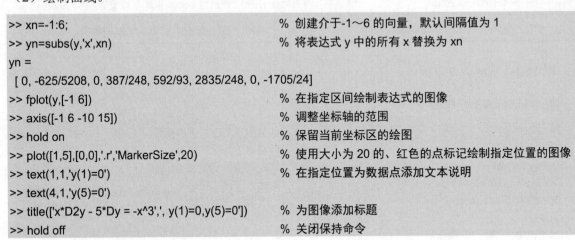

```
>> eqn=x*diff(y,x,2)-5*diff(y,x)+x^3==0;          % 定义符号表达式
>> y=dsolve(eqn,'y(1)=0,y(5)=0','x')              % 求解微分方程
y =
- (13*x^6)/2604 + x^4/8 - 625/5208
```

（2）绘制曲线。

```
>> xn=-1:6;                                       % 创建介于-1~6 的向量，默认间隔值为 1
>> yn=subs(y,'x',xn)                              % 将表达式 y 中的所有 x 替换为 xn
yn =
 [ 0, -625/5208, 0, 387/248, 592/93, 2835/248, 0, -1705/24]
>> fplot(y,[-1 6])                                % 在指定区间绘制表达式的图像
>> axis([-1 6 -10 15])                            % 调整坐标轴的范围
>> hold on                                        % 保留当前坐标区的绘图
>> plot([1,5],[0,0],'.r','MarkerSize',20)         % 使用大小为 20 的、红色的点标记绘制指定位置的图像
>> text(1,1,'y(1)=0')                             % 在指定位置为数据点添加文本说明
>> text(4,1,'y(5)=0')
>> title(['x*D2y - 5*Dy = -x^3',', y(1)=0,y(5)=0'])  % 为图像添加标题
>> hold off                                       % 关闭保持命令
```

绘图结果如图 10-1 所示。

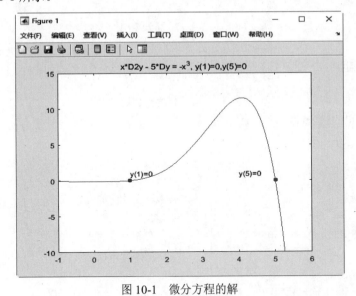

图 10-1　微分方程的解

10.2　常微分方程的数值解法

常微分方程的常用数值解法主要是欧拉（Euler）方法和龙格-库塔（Runge-Kutta）方法等。

10.2.1　欧拉（Euler）方法

从积分曲线的几何解释出发，推导出了欧拉公式 $y_{n+1}=y_n+hf(x_n,y_n)$。MATLAB 没有专门的使用欧拉方法进行常微分方程求解的函数，下面是根据欧拉公式编写的 M 文件 euler.m：

```
function [x,y]=euler(f,x0,y0,xf,h)
n=fix((xf-x0)/h);
y(1)=y0;
x(1)=x0;
for i=1:n
    x(i+1)=x0+i*h;
    y(i+1)=y(i)+h*feval(f,x(i),y(i));
end
```

将该文件复制到当前文件夹路径下，方便读者运行书中实例时调用。

例 10-4：求解初值问题 $\begin{cases} y'=y-\dfrac{2x}{y},0<x<1 \\ y(0)=1 \end{cases}$ 。

视频讲解

解　MATLAB 程序如下：

首先，将方程建立为一个 M 文件 qj.m：

```
function f=qj(x,y)               % 声明函数
f=y-2*x/y;                       % 创建以 x、y 为自变量的符号表达式 f
```

在命令行窗口中输入以下命令：

```
>> close all                     % 关闭当前已打开的文件
>> clear                         % 清除工作区的变量
>> [x,y]=euler(@qj,0,1,1,0.1)    % 调用自定义的函数计算微分方程数值解
x =
         0    0.1000    0.2000    0.3000    0.4000    0.5000    0.6000    0.7000    0.8000
    0.9000    1.0000
y =
    1.0000    1.1000    1.1918    1.2774    1.3582    1.4351    1.5090    1.5803    1.6498
    1.7178    1.7848
```

为了验证该方法的精度，求出该方程的解析解为 $y=\sqrt{1+2x}$，在 MATLAB 中求解结果如下：

```
>> y1=(1+2*x).^0.5              % 计算方程的解析解 y1
y1 =
    1.0000    1.0954    1.1832    1.2649    1.3416    1.4142    1.4832    1.5492    1.6125
    1.6733    1.7321
```

通过图像来显示精度：

```
>> plot(x,y,x,y1,'--')          % 使用默认的蓝色实线绘制方程数值解的图像；使用短画线绘制方程解析解的图像
```

图像如图 10-2 所示。

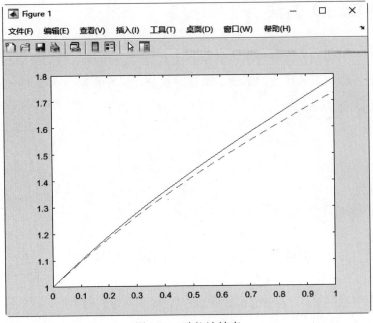

图 10-2　欧拉法精度

从图 10-2 中可以看出，欧拉方法的精度还不够高。

为了提高精度，人们建立了一个预测-校正系统，也就是所谓的改进的欧拉方法，公式为

$$\begin{cases} y_p = y_n + hf(x_n, y_n) \\ y_c = y_n + hf(x_{n+1}, y_n) \\ y_{n+1} = \dfrac{1}{2}(y_p + y_c) \end{cases}$$

利用改进的欧拉方法，可以编写以下的 M 文件 adeuler.m：

```
function [x,y]=adeuler(f,x0,y0,xf,h)
n=fix((xf-x0)/h);
x(1)=x0;
y(1)=y0;
for i=1:n
    x(i+1)=x0+h*i;
    yp=y(i)+h*feval(f,x(i),y(i));
    yc=y(i)+h*feval(f,x(i+1),yp);
    y(i+1)=(yp+yc)/2;
end
```

例 10-5：使用改进的欧拉方法求解初值问题 $\begin{cases} y' = y - \dfrac{2x}{y} , 0 < x < 1 \\ y(0) = 1 \end{cases}$。

视频讲解

解　MATLAB 程序如下：

首先，将方程建立一个 M 文件 qj2.m：

```
function f=qj2(x,y)              % 声明函数
f=y-2*x/y;                      % 创建以 x、y 为自变量的符号表达式 f
```

在命令行窗口中输入以下命令：

```
>> close all                    % 关闭当前已打开的文件
>> clear                        % 清除工作区的变量
>> [x,y]=adeuler(@qj2,0,1,1,0.1)  % 求积分曲线上的数值解
x =
         0    0.1000    0.2000    0.3000    0.4000    0.5000    0.6000    0.7000    0.8000
0.9000    1.0000
y =
    1.0000    1.0959    1.1841    1.2662    1.3434    1.4164    1.4860    1.5525    1.6165
1.6782    1.7379
>> y1=(1+2*x).^0.5              % 求解析值
y1 =
    1.0000    1.0954    1.1832    1.2649    1.3416    1.4142    1.4832    1.5492    1.6125
1.6733    1.7321
```

通过图像来显示精度：

```
>> plot(x,y,x,y1,'--')          % 绘制积分曲线与解析曲线
```

图像如图 10-3 所示。从图 10-3 中可以看到，改进的欧拉方法比欧拉方法要优秀，数值解曲线和解析解曲线基本能够重合。

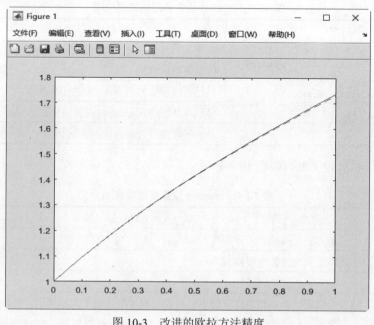

图 10-3　改进的欧拉方法精度

10.2.2　龙格-库塔（Runge-Kutta）方法

1．龙格-库塔（R-K）方法的常用函数

龙格-库塔（R-K）方法是求解常微分方程的经典方法，MATLAB 提供了多个采用该方法的函数，如表 10-2 所示。

表 10-2　RungeKutta 函数

求解器函数	问题类型	说　明
ode23	非刚性	二阶、三阶 R-K 函数，求解非刚性微分方程的低阶方法
ode45		四阶、五阶 R-K 函数，求解非刚性微分方程的中阶方法
ode113		求解非刚性微分方程的变阶方法
ode15s	刚性	采用多步法求解刚性方程，精度较低
ode23s		采用单步法求解刚性方程，速度比较快
ode23t		用于解决难度适中的问题
ode23tb		用于解决难度较大的问题，对于系统中存在常量矩阵的情况很有用
ode15i	完全隐式	用于解决完全隐式问题 $f(t,y,y')=0$ 和微分指数为 1 的微分代数方程（DAE）

odeset 函数为 ODE 和 PDE 求解器创建或修改 options 结构体，其调用格式及说明如表 10-3 所示。

表 10-3　odeset 函数调用格式及说明

调用格式	说　明
options = odeset('name1',value1,'name2',value2,...)	创建一个参数结构，对指定的参数名进行设置，未设置的参数将使用默认值
options = odeset(oldopts,'name1',value1,...)	对已有的参数结构 oldopts 进行修改
options = odeset(oldopts,newopts)	将已有参数结构 oldopts 完整转换为 newopts
odeset	显示所有参数的可能值与默认值

options 具体的设置参数及说明如表 10-4 所示。

表 10-4　options 设置参数及说明

参　数	说　明
RelTol	求解方程允许的相对误差
AbsTol	求解方程允许的绝对误差
Refine	与输入点相乘的因子
OutputFcn	一个带有输入函数名的字符串，将在求解函数的每一步被调用，可选值为 odephas2（二维相位图）、odephas3（三维相位图）、odeplot（解图形）、odeprint（中间结果）

参　数	说　明
OutputSel	整型变量，定义应传递的元素，尤其是传递给 OutputFcn 的元素
Stats	若为 on，统计并显示计算过程中的资源消耗
Jacobian	若要编写 ODE 文件返回 dF/dy，设置为 on
Jconstant	若 df/dy 为常量，设置为 on
Jpattern	若要编写 ODE 文件返回带零的稀疏矩阵并输出 dF/dy，设置为 on
Vectorized	若要编写 ODE 文件返回[F(t,y1) F(t,y2)…]，设置为 on
Mass	若要编写 ODE 文件返回 M 和 M(t)，设置为 on
MassConstant	若矩阵 M(t)为常量，设置为 on
MaxStep	定义算法使用的区间长度上限
MStateDependence	质量矩阵的状态依赖性，可选值为 weak（默认）、none、strong
MvPattern	质量矩阵的稀疏模式
InitialStep	定义初始步长，若给定区间太大，算法就使用一个较小的步长
MaxOrder	定义 ode15s 的最高阶数，应为 1～5 的整数
BDF	若要倒推微分公式，设置为 on，仅供 ode15
NormControl	若要根据"norm(e)<=max(Reltol*norm(y),Abstol)"来控制误差，设置为 on
NonNegative	非负解分量

2. 龙格-库塔（R-K）方法解非刚性问题

例 10-6：计算二氧化碳的百分比。

某厂房容积为 45m×15m×6m。经测定，空气中含有 0.2%的二氧化碳。开动通风设备，以 360m³/s 的速度输入含有 0.05%的二氧化碳的新鲜空气，同时又排出同等数量的车间内空气。计算 30min 后车间内空气中二氧化碳的百分比。

视频讲解

解　设在时刻 t 车间内二氧化碳的百分比为 $x(t)\%$，时间经过 dt 之后，车间内二氧化碳浓度改变量为 $45\times15\times6\times dx\% = 360\times0.05\%\times dt - 360\times x\%\times dt$，得到初值问题

$$\begin{cases} dx = \dfrac{4}{45}(0.05 - x)dt \\ x(0) = 0.2 \end{cases}$$

接下来求解上述初值问题。首先，创建 M 文件 co2.m：

```
function co2=co2(t,x)          % 声明函数
co2=4*(0.05-x)/45;            % 定义函数表达式
```

在命令行窗口中输入以下命令：

```
>> close all                  % 关闭当前已打开的文件
>> clear                      % 清除工作区的变量
>> [t,x]=ode45('co2',[0,1800],0.2)    % 求微分方程 co2 从 0～1800 的积分，初始条件为 0.2
t =                           % 求值点列向量
```

```
1.0e+003 *
         0
    0.0008
    0.0015
    0.0023
    0.0030
    0.0054
    ...
    1.7793
    1.7897
    1.8000
x =                              %  解数组
    0.2000
    0.1903
    0.1812
    0.1727
    0.1647
    0.1424
    ...
    0.0500
    0.0500
    0.0500
```

通过上述运算可以得到, 在 30min 也就是 1800s 之后, 车间内二氧化碳百分比为 0.05%。最后, 绘制二氧化碳的百分比变化图:

```
>>   plot(t,x)                  %  根据解 x 中的数据及其对应求值点绘制二维线图
```

二氧化碳百分比的变化如图 10-4 所示。

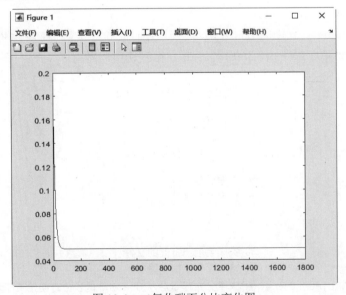

图 10-4　二氧化碳百分比变化图

视频讲解

例 10-7：利用 R-K 方法求解方程 $\begin{cases} y' = 2t \\ y(0) = 0 \end{cases}, 0 < x < 5$ 。

解　MATLAB 程序如下：

```
>> close all                          % 关闭当前已打开的文件
>> clear                              % 清除工作区的变量
>> tspan = [0 5];                     % 定义积分区间
>> y0 = 0;
>> [t,y] = ode45(@(t,y) 2*t, tspan, y0)   % 求微分方程在积分区间上的积分，初始条件为 0
t =                                   % 求值点列向量
         0
    0.1250
    0.2500
    0.3750
    0.5000
    ...
    4.5000
    4.6250
    4.7500
    4.8750
    5.0000
y =                                   % 解数组
         0
    0.0156
    0.0625
    0.1406
    0.2500
    ...
   20.2500
   21.3906
   22.5625
   23.7656
   25.0000
```

绘图观察其计算精度：

```
>> plot(t,y,'-o')          % 使用蓝色虚线，根据解 y 中的数据及其对应求值点绘制二维线图，标记为圆圈
```

运行得到如图 10-5 所示的图像。

例 10-8：利用 R-K 方法求解方程 $\begin{cases} y' = y - \dfrac{2x}{y}, 0 < x < 1 \\ y(0) = 1 \end{cases}$ 。

视频讲解

解 首先，将方程建立为一个 M 文件 rk2.m：

```
function   f=rk2(x,y)              % 声明函数
f=y-2*x/y;                         % 定义微分方程的表达式
```

计算数值解：

```
>> close all                      % 关闭当前已打开的文件
>> clear                          % 清除工作区的变量
>> [t,x]=ode45(@rk2,[0,1],1)      % 求微分方程在积分区间[0,1]上的积分，初始条件为1
t =                               % 求值点列向量
         0
    0.0250
    0.0500
    ...
    0.9500
    0.9750
    1.0000
x =                               % 解数组
    1.0000
    1.0247
    1.0488
    ...
    1.7029
    1.7176
    1.7321
```

计算解析解：

```
>> y1=(1+2*t).^0.5                % 计算方程的解析解
y1 =
    1.0000
    1.0247
    1.0488
    ...
    1.7029
    1.7176
    1.7321
```

绘图观察其计算精度：

```
>> plot(t,x,t,y1,'o')             % 在求值点分别绘制数值解（默认蓝色实线）和解析解的图像（圆形标记）
```

运行得到图 10-6 所示的图像。从结果和图 10-6 中可以看到，R-K 方法的计算精度很优秀，数值解和解析解的曲线完全重合。

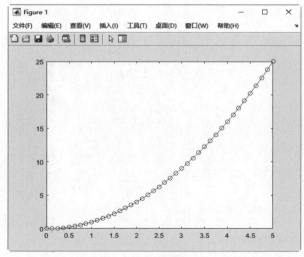

图 10-5　方程的解

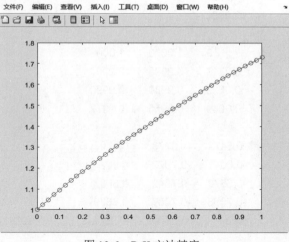

图 10-6　R-K 方法精度

视 频 讲 解

例 10-9： 在[0, 12]内求解下列方程组。

$$\begin{cases} y_1' = y_2 y_3, \ y_1(0) = 0 \\ y_2' = -y_1 y_3, \ y_2(0) = 1 \\ y_3' = -0.51 y_1 y_2, \ y_3(0) = 1 \end{cases}$$

解　首先，创建要求解的方程组的 M 文件 rigid.m：

```
function dy = rigid(t,y)              % 声明函数
dy = zeros(3,1);                      % 创建一个 3 行 1 列的全零矩阵，用于存储方程组
dy(1) = y(2) * y(3);                  % 定义第 1 个方程
dy(2) = -y(1) * y(3);                 % 定义第 2 个方程
dy(3) = -0.51 * y(1) * y(2);          % 定义第 3 个方程
```

在 MATLAB 命令行窗口中对计算用的求解器的误差限进行设置，并解方程组：

```
>> close all                          % 关闭当前已打开的文件
>> clear                              % 清除工作区的变量
% 设置相对误差容限为正标量 1e-4，绝对误差容限为向量[1e-4 1e-4 1e-5]
>> options = odeset('RelTol',1e-4,'AbsTol',[1e-4 1e-4 1e-5]);
% 在指定的误差阈值内求微分方程组在积分区间[0,12]上的积分，初始条件为[0 1 1]
>> [T,Y] = ode45('rigid',[0 12],[0 1 1],options)
   T =                                % 求值点
        0
   0.0317
   0.0634
   0.0951
   ...
  11.7710
  11.8473
```

305

```
        11.9237
        12.0000
Y =                                          % 解数组
             0    1.0000    1.0000
        0.0317    0.9995    0.9997
        0.0633    0.9980    0.9990
        0.0949    0.9955    0.9977
        ...
       -0.5472   -0.8373    0.9207
       -0.6041   -0.7972    0.9024
       -0.6570   -0.7542    0.8833
       -0.7058   -0.7087    0.8639
>> plot(T,Y(:,1),'-',T,Y(:,2),'-.',T,Y(:,3),'.')     % 绘制方程组解的曲线
```

方程组解的曲线如图 10-7 所示。

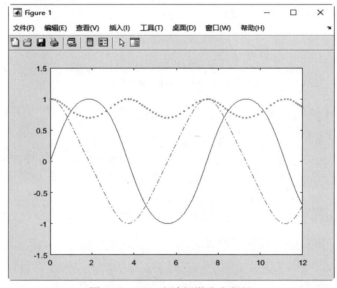

图 10-7　R-K 方法解微分方程组

3．龙格-库塔（R-K）方法解刚性问题

用微分方程描述一个变化过程时，往往会遇到一个变化过程又包含着多个相互作用但变化速度相差悬殊的子过程，这类过程就认为具有刚性，而描述这类过程的微分方程初值问题则被称为刚性问题。刚性问题常见于化学反应、自动控制等领域。MATLAB 提供了多个利用龙格-库塔（R-K）方法解刚性问题的函数，我们在表 10-2 中已经进行了简要介绍，下面通过一个实例来体验如何对刚性问题进行求解。

例 10-10：求解方程 $y'' + 1000(y^2 - 1)y' + y = 0$，初值为 $y(0) = 2, y'(0) = 0$。

解　这是一个处在松弛振荡状态的范德波尔（Van Der Pol）方程。首先要将该方程进行标准化处理，令 $y_1 = y, y_2 = y'$，有

视频讲解

$$\begin{cases} y_1' = y_2, \ y_1(0) = 2 \\ y_2' = 1000(1 - y_1^2)y_2 - y_1, \ y_2(0) = 0 \end{cases}$$

建立该方程组的 M 文件 vdp1000.m：

```
function dy = vdp1000(t,y)              % 声明函数
dy = zeros(2,1);                        % 创建一个 2 行 1 列的全零矩阵，用于存储微分方程组
dy(1) = y(2);                           % 定义第 1 个方程
dy(2) =1000*(1 - y(1)^2)*y(2) - y(1);   % 定义第 2 个方程
```

使用 ode15s 函数进行求解：

```
>> close all                           % 关闭当前已打开的文件
>> clear                               % 清除工作区的变量
>> [T,Y] = ode15s(@vdp1000,[0 3000],[2 0]);   % 求微分方程组在积分区间[0, 3000]上的积分，初始条件为[2 0]
>> plot(T,Y(:,1),'-o')                 % 使用带圆圈标记的线条绘制解的图像
```

方程组的解的曲线如图 10-8 所示。

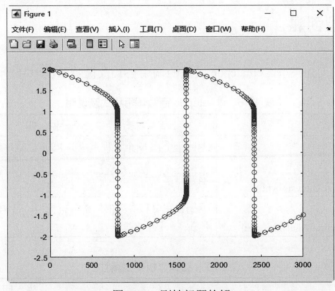

图 10-8　刚性问题的解

10.3　PDE 模型方法

在 MATLAB 中，求解偏微分方程（PED）问题时，通常会用到 PDE 模型函数（PDEModel），PDEModel 对象包含有关 PDE 问题的信息：方程数量、几何形状、网格和边界条件。

系统自带的 PDEModel 对象文件保存在路径"X:\Program Files\Polyspace\R2020a\toolbox\pde"下，其中，X 为 MATLAB 的安装盘符。

PDEModel 对象函数名称及说明如表 10-5 所示。

表 10-5　PDEModel 对象函数

函数名称	说　明
applyBoundaryCondition	将边界条件添加到 PDEModel 容器中
generateMesh	生成三角形或四面体网格
geometryFromEdges	创建二维几何图形
geometryFromMesh	从网格创建几何图形
importGeometry	从 STL 数据导入几何图形
setInitialConditions	给出初始条件或初始解
specifyCoefficients	指定 PDE 模型中的特定系数
solvepde	求解 PDEModel 中指定的 PDE
solvepdeeig	求解 PDEModel 中指定的 PDE 特征值问题

10.3.1　PDE 模型创建

通过 createpde 函数创建模型，createpde 函数的调用格式及说明如表 10-6 所示。

表 10-6　createpde 函数调用格式及说明

调用格式	说　明
model = createpde(N)	返回一个由 N 个方程组成的 PDE 模型对象
thermalmodel = createpde('thermal',ThermalAnalysisType)	返回指定分析类型的热分析模型
structuralmodel = createpde('structural',StructuralAnalysisType)	返回指定分析类型的结构分析模型，结构分析类型属性如表 10-7 所示

表 10-7　结构分析类型属性

	属性名	说　明
static analysis 静态分析	static-solid	创建一个结构模型，用于实体（3－D）问题的静态分析
	static-planestress	创建用于平面应力问题静态分析的结构模型
	static-planestrain	创建用于平面应变问题静态分析的结构模型
transient analysis 瞬态分析	transient-solid	创建用于固体（3－D）问题瞬态分析的结构模型
	transient-planestress	创建用于平面应力问题瞬态分析的结构模型
	transient-planestrain	创建用于平面应变问题瞬态分析的结构模型
model-solid 模态分析	model-solid	创建用于实体（3－D）问题模态分析的结构模型
	model-planestress	创建用于平面应力问题模态分析的结构模型
	model-planestrain	创建用于平面应变问题模态分析的结构模型

例 10-11: 为 3 个方程创建一个 PDE 模型。

解 在命令行窗口输入如下命令:

视频讲解

```
>> close all                % 关闭当前已打开的文件
>> clear                    % 清除工作区的变量
>> model = createpde(3)     % 创建一个由 3 个方程组成的 PDE 模型对象
model =
  PDEModel - 属性:
             PDESystemSize: 3
           IsTimeDependent: 0
                  Geometry: []
        EquationCoefficients: []
         BoundaryConditions: []
          InitialConditions: []
                      Mesh: []
             SolverOptions: [1×1 PDESolverOptions]
```

例 10-12: 创建用于求解平面应变(2 - D)问题的模态分析结构模型。

解 在命令行窗口输入如下命令:

视频讲解

```
>> modalStructural = createpde('structural','modal-planestrain')   % 创建用于平面应变问题模态分析的结构模型
modalStructural =
  StructuralModel - 属性:
            AnalysisType: 'modal-planestrain'
                Geometry: []
        MaterialProperties: []
        BoundaryConditions: []
                    Mesh: []
```

10.3.2 网格图

本小节介绍创建网格数据、绘制网格图的函数。

1. generateMesh 函数

通过 generateMesh 函数可实现创建三角形或四面体网格,generateMesh 函数的调用格式及说明如表 10-8 所示。

表 10-8 generateMesh 函数调用格式及说明

调用格式	说 明
generateMesh(model)	创建网格并将其存储在模型对象中。模型必须包含几何图形。其中 model 可以是一个分解几何矩阵,还可以是 M 文件
generateMesh(model,Name,Value)	在上面命令功能的基础上加上属性设置,表 10-9 给出了属性名及相应的属性值
mesh = generateMesh(…)	使用前面的任何语法将网格返回到 MATLAB 工作区

表 10-9　generateMesh 属性

属　性　名	属　性　值	默　认　值	说　明
GeometricOrder	quadratic|linear	quadratic	元素的几何秩序
Hmax	正实数	估计值	边界的最大尺寸
Hgrad	区间[1,2]上的	1.5	网格增长比率
Hmin	非负实数	估计值	边界的最小尺寸

 注意

创建网格数据的函数 initmesh、优化的函数 jigglemesh、加密的函数 refinemesh 的功能可能与旧工作流不兼容，均使用 generateMesh 函数替代。

2．pdeplot 函数

在得到网格数据后，可以利用 pdeplot 函数来绘制三角形网格图。pdeplot 函数的调用格式及说明如表 10-10 所示。

表 10-10　pdeplot 函数调用格式及说明

调用格式	说　明
pdeplot(model,'XYData', results.ModeShapes.ux)	绘制二维结构模态分析模型的模态位移的 x 分量
pdeplot (model)	绘制模型中指定的网格
pdeplot (mesh)	绘制定义为 PDEModel 类型的二维模型对象的网格属性的网格
pdeplot (nodes,elements)	绘制由节点和元素定义的二维网格
pdeplot (model,u)	用网格图绘制模型或三角形数据 u，仅适用于二维几何图形
pdeplot (…, Name, Value)	通过参数来绘制网格
pdeplot (p,e,t)	绘制由网格数据 p、e、t 指定的网格图
h= pdeplot(…)	绘制由网格数据，并返回一个轴对象句柄

3．pdeplot3D 函数

在得到网格数据后，可以利用 pdeplot3D 函数来绘制三维网格图。pdeplot3D 函数的调用格式如表 10-11 所示。

表 10-11　pdeplot3D 函数调用格式及说明

调用格式	说　明
pdeplot3D (model)	绘制模型中指定的三维模型网格
pdeplot3D (mesh)	绘制定义为 PDEModel 类型的三维模型对象的网格属性的网格
pdeplot3D (nodes,elements)	绘制由节点和元素定义的三维网格图
pdeplot3D (…, Name, Value)	通过参数来绘制三维网格
h= pdeplot3D ()	使用前面的任何语法返回绘图的句柄

例 10-13: 绘制不同网格数的网格图。

解 在命令行窗口输入如下命令:

```
>> close all                              % 关闭当前已打开的文件
>> clear                                  % 清除工作区的变量
>> model = createpde(1);                  % 创建一个 PDE 模型对象,方程的数量为 1
>> importGeometry(model,'BracketTwoHoles.stl');  % 导入两孔托架模型
>> generateMesh(model)                    % 创建模型网格
ans =
   FEMesh - 属性:
             Nodes: [3×10003 double]
          Elements: [10×5774 double]
     MaxElementSize: 9.7980
     MinElementSize: 4.8990
      MeshGradation: 1.5000
     GeometricOrder: 'quadratic'
>> subplot(1,2,1),pdeplot3D(model),title('默认网格数网格图');  % 绘制模型并添加标题
>> generateMesh(model,'Hmax',5)           % 创建最大网格边长度为 5 的网格
ans =
   FEMesh - 属性:
             Nodes: [3×66965 double]
          Elements: [10×44080 double]
     MaxElementSize: 5
     MinElementSize: 2.5000
      MeshGradation: 1.5000
     GeometricOrder: 'quadratic'
>> subplot(1,2,2),pdeplot3D(model), title('最大网格边长度为 5 的网格图');  % 绘制模型网格并添加标题
```

运行结果如图 10-9 所示。

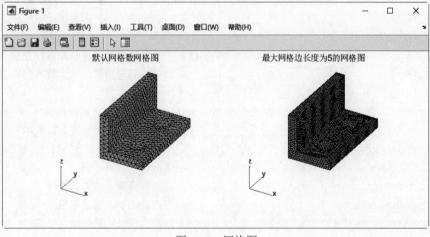

图 10-9 网格图

4. pdemesh 函数

在得到网格数据后，可以利用 pdemesh 函数来绘制三角形网格图。pdemesh 函数的调用格式及说明如表 10-12 所示。

表 10-12　pdemesh 函数调用格式及说明

调用格式	说　明
pdemesh(model)	绘制包含在 PDEModel 类型的二维或三维模型对象中的网格
pdemesh(mesh)	绘制定义为 PDEModel 类型的二维或三维模型对象的网格属性的网格
pdemesh(nodes,elements)	绘制由节点和元素定义的网格
pdemesh(model,u)	用网格图绘制模型或三角形数据 u，仅适用于二维几何图形
pdemesh (···, Name, Value)	通过参数来绘制网格
pdemesh(p,e,t)	绘制由网格数据 p、e、t 指定的网格图
pdemesh(p,e,t,u)	用网格图绘制节点或三角形数据 u。若 u 是列向量，则组装节点数据；若 u 是行向量，则组装三角形数据
h= pdemesh(···)	使用前面的任何语法返回绘图的句柄

例 10-14：绘制 L 形膜的网格图。

解　在命令行窗口输入如下命令：

```
>> close all                      % 关闭当前已打开的文件
>> clear                          % 清除工作区的变量
>> model = createpde;             % 创建一个 PDE 模型对象，方程的数量为 1
>> geometryFromEdges(model,@lshapeg);   % 根据指定模型表示的二维几何图形创建模型对象的几何图形
>> mesh=generateMesh(model);      %生成模型网格数据
>> subplot(2,3,1),pdemesh(model),title('模型网格图')% 绘制模型网格
>> subplot(2,3,2), pdemesh(mesh),title('网格数据网格图')% 使用网格数据绘制网格图
>> subplot(2,3,3), pdemesh(mesh.Nodes,mesh.Elements),title('元素节点网格图')   % 使用网格的节点和元素
>> subplot(2,3,4), pdemesh(model,'NodeLabels','on'),title('节点网格图')   % 显示节点标签
>> xlim([-0.4,0.4])                      % 调整坐标轴范围，放大特定节点
>> ylim([-0.4,0.4])
>> subplot(2,3,5),pdemesh(model,'ElementLabels','on') ,title('元素网格图')% 显示元素标签
>> xlim([-0.4,0.4])                      % 调整坐标轴范围，放大特定元素
>> ylim([-0.4,0.4])
>> applyBoundaryCondition(model,'dirichlet','Edge',1:model.Geometry.NumEdges,'u',0);
                                 % 在所有边缘设置狄利克雷条件
>> specifyCoefficients(model,'m',0,'d',0, 'c',1, 'a',0,'f',1);   % 指定 PDE 模型表示的微分方程的系数
>> subplot(2,3,6),generateMesh(model);   % 生成模型网格数据
>> results = solvepde(model);            % 求解模型表示的微分方程
>> u = results.NodalSolution;            % 节点处的解向量或数组
>> pdemesh(model,u) ,title('边界三角网格图')   % 绘制模型节点处解的网格图
```

运行结果如图 10-10 所示。

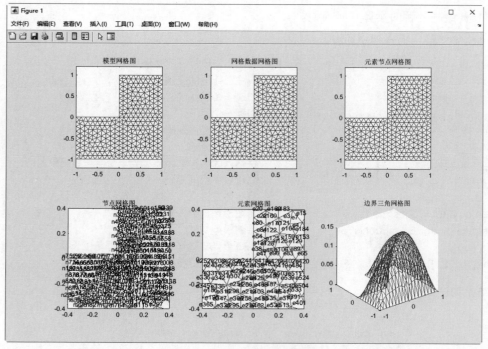

图 10-10　L 形膜的网格图

10.3.3　几何图形

1．geometryFromEdges 函数

使用 geometryFromEdges 函数创建二维几何图形，geometryFromEdges 函数的调用格式及说明如表 10-13 所示。

表 10-13　geometryFromEdges 函数调用格式及说明

调用格式	说　明
geometryFromEdges(model,g)	将"g"中描述的几何图形添加到模型容器中
pg = geometryFromEdges(model,g)	将模型文件、几何图形返回到 MATLAB 工作区

2．pdegplot 函数

pdegplot 函数用于绘制 PDE 中的几何形状，它的调用格式及说明如表 10-14 所示。

表 10-14　pdegplot 函数调用格式及说明

调用格式	说　明
pdegplot(g)	绘制指定的几何文件 g 中的几何图形
pdegplot(g,Name,Value)	绘制几何图形，并使用名称-值对组参数设置几何图形的属性
h = pdegplot(⋯)	使用前面的任一种语法，并返回图形句柄

例 10-15： 绘制分解的实体几何模型。

解 在命令行窗口输入如下命令：

```
>> close all                                    % 关闭当前已打开的文件
>> clear                                         % 清除工作区的变量
>> model = createpde;                            % 创建一个默认的 PDE 模型，方程数量为 1
>> R1 = [3,4,-1,1,1,-1,0.5,0.5,-0.75,-0.75]';    % 创建一个矩形
>> gm = [R1];                                     % 创建几何描述矩阵
>> sf = 'R1';                                     % 创建集合公式
>> ns = char('R1');                               % 将输入的字符数组转换为单个字符数组中的行
>> ns = ns';                                      % 创建名字空间矩阵
>> g = decsg(gm,sf,ns);                           % 将实体二维几何矩阵分解成满足集合公式的最小区域
>> geometryFromEdges(model,g);                    % 将图形数据导入模型
>> pdegplot(model,'EdgeLabels','on')              % 绘制模型文件
>> axis equal                                     % 沿每个坐标轴使用相同的数据单位长度
>> xlim([-1.1,1.1])                               % 调整 x 轴坐标范围
```

运行结果如图 10-11 所示。

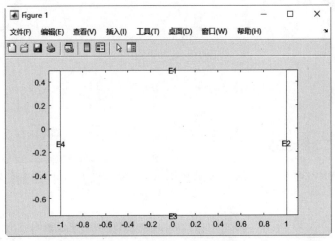

图 10-11　分解的实体几何模型

3. geometryFromMesh 函数

可使用 geometryFromMesh 函数从网格创建几何图形，geometryFromMesh 函数的调用格式及说明如表 10-15 所示。

表 10-15　geometryFromMesh 函数调用格式及说明

调用格式	说　明
geometryFromMesh(model,nodes,elements)	通过参数设置网格节点和元素属性，在模型中创建几何形状。elements 指定为具有 3、4、6 或 10 行的整数矩阵，列数取决于网格中的元素数量
geometryFromMesh(model,nodes,elements,ElementIDToRegionID)	创建多域几何体，ElementIDToRegionID 为网格的每个元素指定子域 ID
[G,mesh] = geometryFromMesh(model,nodes,elements)	返回模型中的几何图形的句柄 G

例 10-16：绘制四面体网格模型。

解　在命令行窗口输入如下命令：

```
>> close all                              % 关闭当前已打开的文件
>> clear                                  % 清除工作区的变量
>> load tetmesh                           % 加载四面体网格到工作区，包含数据 X、tet
>> nodes = X';                            % 输入网格节点值
>> elements = tet';                       % 输入网格元素值，是一个整数矩阵
>> model = createpde();                   % 创建模型文件
>> geometryFromMesh(model,nodes,elements);% 将带节点、元素信息的图形数据导入模型中
>> pdegplot(model,'EdgeLabels','on')      % 绘制模型，显示数据 X、tet
```

运行结果如图 10-12 所示。

4．importGeometry 函数

可使用 importGeometry 函数从 STL 数据中导入二维或三维几何图形，importGeometry 函数的调用格式及说明如表 10-16 所示。

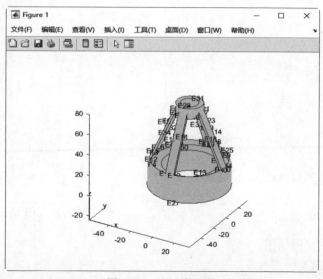

图 10-12　四面体网格

表 10-16　importGeometry 函数调用格式及说明

调用格式	含 义
importGeometry(model,geometryfile)	从指定的 STL 几何文件创建几何体，并将几何体包含在模型容器中
gd = importGeometry(model,geometryfile)	将模型文件、几何图形返回到 MATLAB 工作区

例 10-17：绘制四面体。

解　在命令行窗口输入如下命令：

```
>> close all                % 关闭当前已打开的文件
>> clear                    % 清除工作区的变量
>> model = createpde;       % 创建一个默认的 PDE 模型，方程数量为 1
```

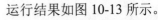

```
>> importGeometry (model,'Tetrahedron.stl')    % 将图形数据导入模型
>> pdegplot(model,'EdgeLabels','on')           % 绘制模型文件，显示边标签
```

运行结果如图 10-13 所示。

例 **10-18**：板孔固件的网格图形。

解　在命令行窗口输入如下命令：

```
>> close all                                        % 关闭当前已打开的文件
>> clear                                            % 清除工作区的变量
>> model = createpde(1);                            % 创建一个由 1 个方程构成的 PDE 模型对象
>> importGeometry(model,'PlateHoleSolid.stl');      % 导入 MATLAB 内置的模型文件
>> pdegplot(model,'FaceLabels','on','FaceAlpha',0.5)  % 绘制模型中指定的网格，并显示面标签
```

运行结果如图 10-14 所示。

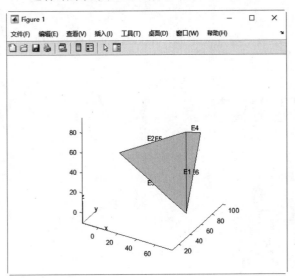

图 10-13　四面体

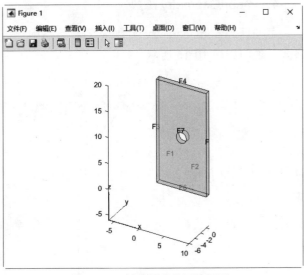

图 10-14　板孔固件的网格图形

例 **10-19**：绘制热传导网格图。

解　在命令行窗口输入如下命令：

```
>> close all                                     % 关闭当前已打开的文件
>> clear                                         % 清除工作区的变量
>> thermalmodel = createpde('thermal','transient');   % 创建热分析模型，分析类型为瞬态分析
>> SQ1 = [3; 4; 0; 3; 3; 0; 0; 0; 3; 3];         % 创建一个矩形
>> D1 = [2; 4; 0.5; 1.5; 2.5; 1.5; 1.5; 0.5; 1.5; 2.5];   % 创建一个多边形
>> gd = [SQ1 D1];        % 将形状数组 SQ1 和 D1 作为矩阵中的列，创建几何描述矩阵
>> sf = 'SQ1+D1';        % 创建集合公式，是一个包含形状名称的字符串，对两个集合进行并集运算
>> ns = char('SQ1','D1');   % 将输入的字符数组转换为单个字符数组中的行
>> ns = ns';             % 创建名字空间矩阵，是一个将 gd 中的列与 sf 中的变量名相关联的文本矩阵
>> dl = decsg(gd,sf,ns);  % 将几何描述矩阵 gd 分解为几何矩阵 dl，并返回满足集合公式 sf 的最小区域
>> geometryFromEdges(thermalmodel,dl);          % 将 dl 作为二维几何边界添加到模型中
>> pdegplot(thermalmodel,'EdgeLabels','on','FaceLabels','on')   % 绘制模型网格图，并显示边界标签和面标签
>> xlim([-1.5 4.5])                              % 设置 x 轴的范围
```

```
>> ylim([-0.5 3.5])                    % 设置 y 轴的范围
>> axis equal                          % 沿每个坐标轴使用相同的数据单位长度
```

运行结果如图 10-15 所示。

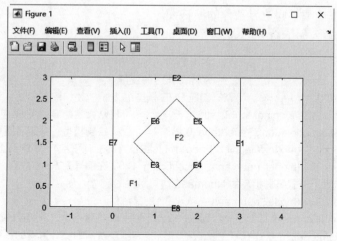

图 10-15　热传导网格图

10.3.4　边界条件

本小节讲解边界条件的设置。边界条件的一般形式为

$$hu = r$$
$$n \cdot (c \otimes \nabla u) + qu = g + h' \mu$$

其中，符号 $n \cdot (c \otimes \nabla u)$ 表示 $N \times 1$ 矩阵，其第 i 行元素为

$$\sum_{j=1}^{n} \left(\cos(\alpha)c_{i,j,1,1}\frac{\partial}{\partial x} + \cos(\alpha)c_{i,j,1,2}\frac{\partial}{\partial y} + \sin(\alpha)c_{i,j,2,1}\frac{\partial}{\partial x} + \sin(\alpha)c_{i,j,2,2}\frac{\partial}{\partial y} \right) u_j$$

$n = (\cos\alpha, \sin\alpha)$ 是外法线方向。

可使用 applyBoundaryCondition 函数创建边界条件，applyBoundaryCondition 函数的调用格式及说明如表 10-17 所示。

表 10-17　applyBoundaryCondition 函数调用格式及说明

调用格式	说　明
applyBoundaryCondition(model,'dirichlet',RegionType, RegionID,Name,Value)	向模型中添加 Dirichlet 边界条件
applyBoundaryCondition(model,'neumann', RegionType,RegionID,Name,Value)	将 Neumann 边界条件添加到模型中
applyBoundaryCondition(model,'mixed', RegionType,RegionID,Name,Value)	为偏微分方程组中的每个方程添加单独的边界条件

视频讲解

调用格式	说 明
bc = applyBoundaryCondition(…)	返回边界条件对象

例 10-20：绘制阻尼挂载不同边界条件的网格图。

解 在命令行窗口输入如下命令：

```
>> close all                  % 关闭当前已打开的文件
>> clear                      % 清除工作区的变量
>> model = createpde(1);      % 创建 PDE 模型
>> importGeometry(model,'DampingMounts.stl');        % 从指定的 STL 数据中导入几何图形
>> pdegplot(model,'FaceLabels','on','FaceAlpha',0.2) % 绘制模型，并查看面标签，如图 10-16 所示
>> applyBoundaryCondition(model,'dirichlet','Face',1:4,'u',0);   % 在编号为 1～4 的面上设置 Dirichlet 条件
>> applyBoundaryCondition(model,'neumann','Face',5:8,'g',1);% 在编号为 5～8 的面上设置 Neumann 边界条件
% 在编号为 9～12 的面上设置符号相反的 Neumann 边界条件
>> applyBoundaryCondition(model,'neumann','Face',9:12,'g',-1);
>> applyBoundaryCondition(model,'dirichlet','Face',13:16,'r',1);% 在编号为 13～16 的面上设置 Dirichlet 条件
>> specifyCoefficients(model,'m',0,'d',0,'c',1,'a',0,'f',0); %指定模型表示的微分方程的系数
>> generateMesh(model);       % 生成模型网格数据
>> results = solvepde(model); % 求解模型表示的微分方程
>> u = results.NodalSolution; % 网格节点处的解向量或数组
>> pdeplot3D(model,'ColorMapData',u)  % 绘制解的三维表面网格图
```

运行结果如图 10-17 所示。

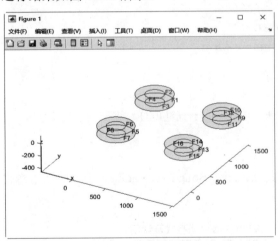

图 10-16　模型的面标签

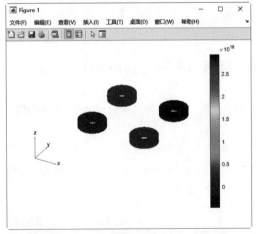

图 10-17　阻尼挂载不同边界条件的网格图

视频讲解

10.4　操作实例——带雅克比矩阵的非线性方程组求解

本节介绍带有稀疏雅克比矩阵的非线性方程组的求解。下面的例子中，问题的维数为 1000。目标是求满足 $F(x) = 0$ 的 x。

设 $n=1000$，求下列非线性不等式组的解

$$\begin{cases} F_1(x) = 3x_1 - 2x_1^2 - 2x_2 + 1 \\ F_i(x) = 3x_i - 2x_i^2 - x_{i-1} - 2x_{i+1} + 1 \\ F_n(x) = 3x_n - 2x_n^2 - x_{n-1} + 1 \end{cases}$$

为了求解大型方程组 $\boldsymbol{F}(\boldsymbol{x}) = \boldsymbol{0}$，可以使用函数 fsolve。

求解步骤如下：

（1）建立目标函数和雅克比矩阵文件 nlsf1.m：

```
function [F,J] = nlsf1(x);
%  本文件定义目标方程组 F 和雅克比矩阵 J
n = length(x);
F = zeros(n,1);
i = 2:(n-1);
F(i) = (3-2*x(i)).*x(i)-x(i-1)-2*x(i+1)+ 1;
F(n) = (3-2*x(n)).*x(n)-x(n-1) + 1;
F(1) = (3-2*x(1)).*x(1)-2*x(2) + 1;
%  如果 nargout > 1，计算雅克比矩阵
if nargout > 1              %  函数输出参数的数目大于 1，创建稀疏矩阵
    d = -4*x + 3*ones(n,1); D = sparse(1:n,1:n,d,n,n);
    c = -2*ones(n-1,1); C = sparse(1:n-1,2:n,c,n,n);
    e = -ones(n-1,1); E = sparse(2:n,1:n-1,e,n,n);
    J = C + D + E;
end
```

将 nlsf1.m 文件保存在 MATLAB 的搜索路径下。

（2）在命令行窗口中初始化各个输入参数：

```
>> close all                                           %  关闭当前已打开的文件
>> clear                                               %  清除工作区的变量
>> xstart = -ones(1000,1); %创建 1000×1 的全-1 矩阵作为初始点
>> fun = @nlsf1;                                       %  调用自定义函数 nlsf1
>> options =optimset('Display','iter','LargeScale','on','Jacobian','on'); %  创建优化选项，设置每次迭代时显示输出
```

（3）调用函数求解问题：

```
>> [x,fval,exitflag,output] = fsolve(fun,xstart,options) %  求解带有优化选项的方程组
```

Iteration	Func-count	f(x)	Norm of step	First-order optimality	Trust-region radius
0	1	1011		19	1
1	2	774.963	1	10.5	1
2	3	343.695	2.5	4.63	2.5
3	4	2.93752	5.20302	0.429	6.25
4	5	0.000489408	0.590027	0.0081	13
5	6	1.62688e-11	0.00781347	3.01e-06	13
6	7	6.70321e-26	1.41828e-06	5.85e-13	13

Equation solved.

fsolve completed because the vector of function values is near zero
as measured by the value of the function tolerance, and
the problem appears regular as measured by the gradient.

<stopping criteria details>

x =   % 方程组的解

   -0.5708
   -0.6819
   -0.7025
   -0.7063
   -0.7070
   -0.7071
   -0.7071
   -0.7071
   -0.7071
   -0.7071
    ...
   -0.7071
   -0.7070
   -0.7068
   -0.7064
   -0.7051
   -0.7015
   -0.6919
   -0.6658
   -0.5960
   -0.4164
fval =   % 目标函数值
    1.0e-12 *

   -0.0033
   -0.0075
   -0.0067
   -0.0047
    ...
   -0.0846
   -0.1565
   -0.1319
   -0.0187
exitflag =   % 求解终止的原因
    1   % 求解完成，一阶最优性很小

```
output =                    %  优化过程的相关信息
    包含以下字段的  struct:
        iterations: 6
        funcCount: 7
        algorithm: 'trust-region-dogleg'
    firstorderopt: 5.8543e-13
            message: '↵Equation solved.↵↵fsolve completed because the vector of function values is near zero↵
as measured by the value of the function tolerance, and↵the problem appears regular as measured by the
gradient.↵↵<stopping criteria details>↵↵Equation solved. The sum of squared function values, r = 6.703212e-26,
is less than↵sqrt(options.FunctionTolerance) = 1.000000e-03. The relative norm of the gradient of r, 5.854315e-
13, is less than options.OptimalityTolerance = 1.000000e-06.↵↵'
```

第11章

文件 I/O

文件操作与管理是软件开发的重要环节，数据存储、参数输入、系统管理都离不开文件的建立、操作和维护。MATLAB 为文件的操作与管理提供了一组高效的函数集。

MATLAB 提供了多种方式导入数据和导出数据。从磁盘读入文件或将数据输入工作空间称为读取数据，又叫导入数据；将工作空间的变量存储到磁盘文件中称为存写数据，又叫导出数据。

11.1 文 件 路 径

任何一个文件的操作（如文件的打开、创建、读写、删除、复制等），都需要确定文件在磁盘中的位置。MATLAB 与 C 语言一样，也是通过文件路径（文件夹位置）来定位文件的。不同的操作系统对路径的格式有不同的规定，但大多数操作系统都支持所谓的树状目录结构，即有一个根目录（Root），在根目录下，可以存在文件和子目录（Sub Directory），子目录下又可以包含各级子目录及文件。

路径下的实际目录取决于文件的格式。

在 Windows 系统下，一个有效的路径格式是

$$drive :\backslash<dir\cdots>\backslash<file\ or\ dir>$$

其中，drive 是文件所在的逻辑驱动器盘符，其后必须加分号，<dir…>是文件或目录所在的各级子目录，<file or dir>是所要操作的文件或目录名。MATLAB 的路径输入必须满足这种格式要求。

当前文件夹是 MATLAB 用于查找文件的参考位置。该文件夹也可称为当前目录、当前工作文件夹或现有工作目录。

在 MATLAB 中，除了可以利用"当前文件夹"工具栏查看当前文件夹，还可以执行命令，更改或显示当前文件夹。

11.1.1 显示搜索路径

MATLAB 的操作是在它的搜索路径（包括当前路径）中进行的，如果调用的函数在搜索路径之外，MATLAB 就会认为该函数不存在。初学者往往会遇到这种问题，明明自己编写的函数在某个路径下，但 MATLAB 就是报告此函数不存在。其实，只要把程序所在的目录扩展成为 MATLAB 的搜索路径就可以了。

搜索路径是文件系统中所有文件夹的子集。MATLAB 使用搜索路径来高效地定位用于 MathWorks 产品的文件。

在 MATLAB 中，默认的搜索路径是其主安装目录和所有工具箱的目录，用户可以通过 path 函数来对搜索路径进行操作，该函数的调用格式及说明如表 11-1 所示。

表 11-1 path 函数调用格式及说明

调用格式	说 明
path	显示 MATLAB 搜索路径，该路径存储在 pathdef.m 中
path(newpath)	将搜索路径更改为 newpath
path(oldpath,newfolder)	将 newfolder 文件夹添加到搜索路径的末尾
path(newfolder,oldpath)	将 newfolder 文件夹添加到搜索路径的开头
p = path(…)	以字符向量形式返回 MATLAB 搜索路径

例 11-1：显示 MATLAB 的搜索路径。

解 MATLAB 程序如下：

视 频 讲 解

```
>> path        % 输入搜索路径的命令
    MATLABPATH

    C:\Users\Administrator\Documents\MATLAB
    C:\Program Files\Polyspace\R2020a\bin\yuanwenjian\matlabfile
    C:\Program Files\Polyspace\R2020a\toolbox\matlab\capabilities
    C:\Program Files\Polyspace\R2020a\toolbox\matlab\datafun
    C:\Program Files\Polyspace\R2020a\toolbox\matlab\datatypes
    C:\Program Files\Polyspace\R2020a\toolbox\matlab\elfun
    C:\Program Files\Polyspace\R2020a\toolbox\matlab\elmat
    C:\Program Files\Polyspace\R2020a\toolbox\matlab\funfun
...
    C:\Program Files\Polyspace\R2020a\toolbox\rtw\targets\xpc\target\build\xpcblocks
    C:\Program Files\Polyspace\R2020a\toolbox\rtw\targets\xpc\target\build\xpcobsolete
    C:\Program Files\Polyspace\R2020a\toolbox\rtw\targets\xpc\xpc\xpcmngr
    C:\Program Files\Polyspace\R2020a\toolbox\rtw\targets\xpc\xpcdemos
```

在命令行窗口输入命令 pathtool 进入搜索路径设置对话框，如图 11-1 所示。单击"添加文件夹"

按钮，或者单击"添加并包含子文件夹"按钮，进入文件夹浏览对话框。前者只把某一目录下的文件包含进搜索范围而忽略子目录，后者将子目录也包含进来。最好选后者，以避免一些可能的错误。

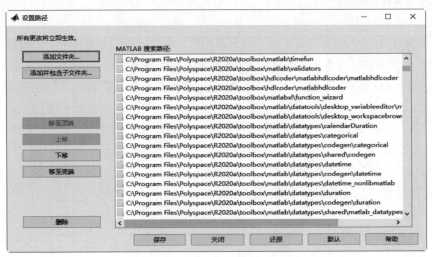

图 11-1   "设置路径"对话框

在文件夹浏览对话框中，选择一个已存在的文件夹，或者新建一个文件夹，然后在"设置路径"对话框中单击"保存"按钮就可以将该文件夹保存进搜索路径。

在 MATLAB 中，userpath 函数用于查看或更改默认用户工作文件夹，该函数的调用格式及说明如表 11-2 所示。

表 11-2   userpath 函数调用格式及说明

调用格式	说　明
userpath	返回搜索路径上的第一个文件夹，指定为字符向量
userpath(newpath)	将搜索路径上的第一个文件夹设置为 newpath
userpath('reset')	将搜索路径上的第一个文件夹设置为平台的默认文件夹
userpath('clear')	立即从搜索路径中删除第一个文件夹

例 11-2：查看 userpath 文件夹。

解　MATLAB 程序如下：

视频讲解

```
>> close all          % 关闭当前已打开的文件
>> clear              % 清除工作区的变量
>> pwd                % 显示当前路径
ans =
    'C:\Program Files\Polyspace\R2020a\bin'
>> userpath           % 返回搜索路径上的第一个文件夹
ans =
    'C:\Users\Administrator\Documents\MATLAB'
```

在 MATLAB 中，pathsep 函数用于显示带分隔符的搜索路径，该函数的调用格式及说明如表 11-3 所示。

表 11-3 pathsep 函数调用格式及说明

调用格式	说 明
c = pathsep	返回适用于当前平台的搜索路径分隔符

11.1.2 搜索路径文件夹

搜索路径上的文件夹顺序十分重要。当在搜索路径上的多个文件夹中出现同名文件时，MATLAB 将使用搜索路径中最靠前的文件夹中的文件。

在 MATLAB 中，addpath 函数用于从搜索路径中添加文件夹，不仅可以添加搜索目录，还可以设置新目录的位置。该函数的调用格式及说明如表 11-4 所示。

表 11-4 addpath 函数调用格式及说明

调用格式	说 明
addpath(folderName1,…,folderNameN)	将指定的文件夹添加到当前搜索路径的顶层
addpath(folderName1,…,folderNameN,position)	将指定的文件夹添加到 position 指定的搜索路径的顶面或底层。-begin 将指定文件夹添加到搜索路径的顶层。-end 将指定文件夹添加到搜索路径的底层
addpath(…,'-frozen')	为所添加的文件夹禁用文件夹更改检测
oldpath = addpath(…)	返回在添加指定文件夹之前的路径

例 11-3：添加新的搜索路径。

解 MATLAB 程序如下：

视 频 讲 解

```
>> close all                          % 关闭当前已打开的文件
>> clear                              % 清除工作区的变量
>> addpath('c:\MATLAB\work','-end')   % 将新目录添加到整个搜索路径的末尾
>> path                               % 显示搜索路径
    MATLABPATH
    C:\Users\Administrator\Documents\MATLAB
    C:\Program Files\Polyspace\R2020a\bin\yuanwenjian\matlabfile
    C:\Program Files\Polyspace\R2020a\toolbox\matlab\capabilities
    C:\Program Files\Polyspace\R2020a\toolbox\matlab\datafun
    C:\Program Files\Polyspace\R2020a\toolbox\matlab\datatypes
    ...
    C:\Program Files\Polyspace\R2020a\toolbox\rtw\targets\xpc\xpc\xpcmngr
    C:\Program Files\Polyspace\R2020a\toolbox\rtw\targets\xpc\xpcdemos
    C:\MATLAB\work
>> addpath('c:\MATLAB\work','-begin')  % 将新目录添加到整个搜索路径的开始
>> path                                % 显示搜索路径
MATLABPATH
    C:\MATLAB\work
    C:\Users\Administrator\Documents\MATLAB
```

C:\Program Files\Polyspace\R2020a\bin\yuanwenjian\matlabfile
…

在 MATLAB 中，savepath 函数用于保存当前搜索路径，该函数的调用格式及说明如表 11-5 所示。

表 11-5　savepath 函数调用格式及说明

调用格式	说　明
savepath	将当前 MATLAB 搜索路径保存到当前文件夹的现有 pathdef.m 文件中。如果当前文件夹中没有 pathdef.m 文件，则 savepath 将搜索路径保存到当前路径上的第一个 pathdef.m 文件中。如果当前路径上不存在此文件，则 savepath 会将搜索路径保存到 MATLAB 在启动时查找的 pathdef.m 文件中
savepath folderName/pathdef.m	将当前搜索路径保存到 folderName 指定的文件夹中的 pathdef.m 中。如果不指定 folderName，则 savepath 会将 pathdef.m 保存到当前文件夹中
status = savepath(…)	当 savepath 函数操作成功时，status 输出为 0，否则输出为 1

在 MATLAB 中，rmpath 函数用于从搜索路径中删除文件夹，该函数的调用格式及说明如表 11-6 所示。

表 11-6　rmpath 函数调用格式及说明

调用格式	说　明
rmpath(folderName)	从搜索路径中删除指定文件夹。其中，folderName 表示文件夹名称

例 11-4： 从搜索路径中删除文件夹。

解　MATLAB 程序如下：

视频讲解

```
>> close all              % 关闭当前已打开的文件
>> clear                  % 清除工作区的变量
>> mkdir yuanwenjian      % 在当前目录下中创建名称为 yuanwenjian 的文件夹
% 将新目录添加到整个搜索路径的开始
>> addpath('C:\Program Files\Polyspace\R2020a\bin\yuanwenjian')
>> path                                                          % 显示搜索路径
        MATLABPATH
    C:\Program Files\Polyspace\R2020a\bin\yuanwenjian
    C:\Users\Administrator\Documents\MATLAB
...
>> rmpath('    C:\Program Files\Polyspace\R2020a\bin\yuanwenjian')   % 删除目录文件夹
>> path                                                          % 显示搜索路径
        MATLABPATH
    C:\Users\Administrator\Documents\MATLAB
...
```

在 MATLAB 中，genpath 函数用于生成路径名称，输出由 MATLAB 所有搜索路径连接而成的长字符串，该函数的调用格式及说明如表 11-7 所示。

表 11-7　genpath 函数调用格式及说明

调用格式	说　明
p = genpath	返回一个包含路径名称的字符向量
p = genpath(folderName)	返回一个包含路径名称的字符向量，该路径名称中包含 folderName 以及 folderName 下的多级子文件夹

在 MATLAB 中，what 函数列出当前文件夹的路径以及在当前文件夹中找到的与 MATLAB 相关的所有文件和文件夹，该函数的调用格式及说明如表 11-8 所示。

表 11-8　what 函数调用格式及说明

调用格式	说　明
what	列出文件夹中的 MATLAB 文件。这里列出的文件包括 MATLAB 程序文件（.m 和 .mlx）、MAT 文件、Simulink 模型文件（.mdl 和 .slx）、MEX 文件、MATLAB App 文件(.mlapp)、P 文件以及所有的类文件夹和包文件夹
what folderName	列出 folderName 的路径、文件和文件夹信息。folderName 指定为字符向量或字符串标量。对于本地文件夹，不需要给出文件夹的完整路径
s = what(…)	返回结构体数组形式的结果

例 11-5：列出路径、文件和文件夹信息。

解　MATLAB 程序如下：

```
>> close all            % 关闭当前已打开的文件
>> clear                % 清除工作区的变量
>> what project         % 列出 project 文件夹中的 MATLAB 文件和文件夹
文件夹  C:\Program Files\Polyspace\R2020a\toolbox\matlab\project 中的 P-files
currentProject  openProject      openmlproj
文件夹  C:\Program Files\Polyspace\R2020a\toolbox\matlab\project 中的 Packages
matlab
```

在 MATLAB 中，which 函数显示当前文件夹的路径以及在当前文件夹中找到的相应文件的完整路径，该函数的调用格式及说明如表 11-9 所示。

表 11-9　which 函数调用格式及说明

调用格式	说　明
which item	显示 item 的完整路径

如果 item 是一个重载的函数或方法，则"which item"只返回找到的第一个函数或方法的路径。

例 11-6：列出完整路径。

解　MATLAB 程序如下：

```
>> close all            % 关闭当前已打开的文件
>> clear                % 清除工作区的变量
>> which onion.png      % 列出搜索路径下 onion.png 文件的完整路径
C:\Program Files\Polyspace\R2020a\toolbox\images\imdata\onion.png
```

11.2　文件夹的管理

一般情况下，MATLAB 函数在处理文件时，输入参数始终为接受这些文件的完整路径。为确保 MATLAB 能够找到需要的文件，可以构造并传递完整路径，将当前文件夹更改至正确的文件夹，或是将所需文件夹添加到路径。

11.2.1　当前文件夹管理

在 MATLAB 中，cd 函数用于更改当前文件夹，修改文件路径，该函数的调用格式及说明如表 11-10 所示。

表 11-10　cd 函数调用格式及说明

调用格式	说　明
cd	显示当前文件夹
cd newFolder	将当前文件夹更改为 newFolder。文件夹更改是全局性的
oldFolder = cd(newFolder)	将现有的当前文件夹返回给 oldFolder，然后将当前文件夹更改为 newFolder

例 11-7： 使用完整路径和相对路径更改当前文件夹。

解　MATLAB 程序如下：

视频讲解

```
>> close all                                    % 关闭当前已打开的文件
>> clear                                         % 清除工作区的变量
>> cd                                            % 显示当前目录文件夹
C:\Program Files\Polyspace\R2020a\bin
>> cd 'C:\Program Files\Polyspace\R2020a\bin\ywj'   % 更改当前路径
>> cd ..\..                                      % 更改当前目录文件夹，当前文件夹的上一级的上一级
>> cd                                            % 显示当前目录文件夹
C:\Program Files\Polyspace\R2020a
```

在 MATLAB 中，pwd 函数用于确定当前文件夹，与 cd 函数不同的是，该函数还可存储路径，该函数调的用格式及说明如表 11-11 所示。

表 11-11　pwd 函数调用格式及说明

调用格式	说　明
pwd	显示当前文件夹
currentFolder = pwd	返回当前文件夹的路径

例 11-8： 显示文件路径。

解　MATLAB 程序如下：

```
>> close all            % 关闭当前已打开的文件
>> clear               % 清除工作区的变量
>> pwd                 % 显示当前目录文件夹，在工作区中存储路径变量
ans =
    'C:\Program Files\Polyspace\R2020a\bin\ywj'
>> newpath=pwd         % 将当前路径变量赋值给变量 newpath
newpath =
    'C:\Program Files\Polyspace\R2020a\bin\ywj'
```

在 MATLAB 中，dir 函数用于列出文件夹内容，该函数的调用格式及说明如表 11-12 所示。

表 11-12　dir 函数调用格式及说明

调用格式	说　明
dir	列出当前文件夹中的文件和文件夹
dir name	列出与 name 匹配的文件和文件夹。如果 name 为 dir 所列出文件夹的内容，则使用绝对或相对路径名称指定 name。name 参数的文件名可以包含 * 通配符，路径名称可以包含 * 和 ** 通配符。与 ** 通配符相邻的字符必须为文件分隔符
listing = dir(name)	返回 与 name 匹配的文件和文件夹的属性

在 MATLAB 中，ls 函数可以列出文件夹内容，用法与 dir 函数基本相同。其中，list = ls(name) 返回当前文件夹中与指定 name 匹配的文件和文件夹的名称。

例 11-9： 列出与指定名称匹配的文件。

解　MATLAB 程序如下：

```
>> close all            % 关闭当前已打开的文件
>> clear               % 清除工作区的变量
>> dir *.jpg            % 列出当前目录下所有以 .jpg 为后缀的文件
bears.jpg    cat.jpg     flower.jpg   juice.jpg    scenery.jpg
beast.jpg    fish.jpg    fruits.jpg   picture.jpg  winne.jpg
>> cd ..                % 当前目录上移一级
>> ls ywj               % 列出文件夹 ywj 中的所有文件和文件夹
.                  beast.jpg          format_data_files   pst.m
..                 cat.jpg            fruits.jpg          scenery.jpg
animals.bmp        fish.jpg           juice.jpg           winne.jpg
animals.gif        flower.jpg         nlsf1.m
bears.jpg          format_data.html   picture.jpg
```

11.2.2　创建文件夹

在 MATLAB 中，mkdir 函数用于新建文件夹。若创建的文件夹已经存在，则 MATLAB 发出警告的

消息；若操作失败，则 mkdir 函数会向命令行窗口发出错误的消息。该函数的调用格式及说明如表 11-13 所示。

表 11-13　mkdir 函数调用格式及说明

调用格式	说　明
mkdir folderName	创建文件夹 folderName
mkdir parentFolder folderName	在 parentFolder 中创建 folderName。如果 parentFolder 不存在，MATLAB 创建该文件夹
status = mkdir(…)	创建指定的文件夹，并在操作成功或文件夹已存在时返回状态 status 的值为 1
[status,msg] = mkdir(…)	返回发生的任何警告或错误的消息文本 msg
[status,msg,msgID] = mkdir(…)	返回发生的任何警告或错误的消息 ID

视频讲解

例 11-10：在当前路径下创建指定名称的文件夹。

解　MATLAB 程序如下：

```
>> close all        % 关闭当前已打开的文件
>> clear            % 清除工作区的变量
>> mkdir newfile    % 在当前目录下创建名称为 newfile 的文件夹
```

运行上述程序后，在当前目录下显示新建的文件夹。

使用 mkdir 函数新建文件夹后，使用 isfolder 函数可检查位于指定路径或当前文件夹中的文件夹是否存在，返回结果为逻辑值。如果是指定路径或当前文件夹中的文件夹，返回 1，否则返回 0。

例 11-11：确定已在当前路径下创建指定名称的文件夹。

解　MATLAB 程序如下：

```
>> close all            % 关闭当前已打开的文件
>> clear                % 清除工作区的变量
>> mkdir newfolder      % 在当前目录下创建名称为 newfolder 的文件夹
>> isfolder('newfolder')  % 检查 newfolder 是否为文件夹
ans =
  logical
   1
```

11.2.3　删除文件夹

在 MATLAB 中，rmdir 函数用于删除文件夹，它的调用格式及说明如表 11-14 所示。

表 11-14　rmdir 函数调用格式及说明

调用格式	说　明
rmdir folderName	将从当前文件夹中删除文件夹 folderName
rmdir folderNames	删除 folderName 中的所有子文件夹和文件

调用格式	说 明
status = rmdir(⋯)	删除指定的文件夹，并在操作成功时返回状态 status 的值为 1
[status,msg] = rmdir(⋯)	返回发生的任何警告或错误的消息文本 msg
[status,msg,msgID] = rmdir(⋯)	返回发生的任何警告或错误的消息 ID

这里需要特别指出的是，使用 rmdir 删除的文件夹无法恢复。

例 11-12： 在当前文件夹中创建文件夹、删除文件夹。

解 MATLAB 程序如下：

视频讲解

```
>> close all        % 关闭当前已打开的文件
>> clear            % 清除工作区的变量
>> mkdir matlab     % 在当前文件夹中创建名为 matlab 的文件夹
>> rmdir matlab     % 在当前文件夹中删除名为 matlab 的文件夹
```

11.2.4 移动或复制文件夹

1．移动文件夹

在 MATLAB 中，movefile 函数用于移动或重命名文件或文件夹，它的调用格式及说明如表 11-15 所示。

表 11-15 movefile 函数调用格式及说明

调用格式	说 明
movefile source	将 source 文件或文件夹移动到当前文件夹中
movefile source destination	将 source 文件或文件夹移动到 destination
movefile source destination f	执行移动操作，无论 destination 是否可写
status = movefile (⋯)	移动指定的文件或文件夹，并在操作成功时返回状态 status 的值为 1
[status,msg] =movefile (⋯)	返回发生的任何警告或错误的消息文本 msg
[status,msg,msgID] = movefile(⋯)	返回发生的任何警告或错误的消息 ID

2．复制文件夹

在 MATLAB 中，copyfile 函数用于复制文件或文件夹，它的调用格式及说明如表 11-16 所示。

表 11-16 copyfile 函数调用格式及说明

调用格式	说 明
copyfile source	将 source 文件或文件夹复制到当前文件夹中
copyfile source destination	将 source 文件或文件夹复制到 destination。如果 source 是文件，则 destination 可以是文件或文件夹；如果 source 是文件夹，则 destination 必须是文件夹；如果 source 是文件夹或指定了的多个文件，而 destination 不存在，则 copyfile 将创建 destination
copyfile source destination f	执行复制操作，无论 destination 是否可写

调用格式	说 明
status = copyfile (…)	移动指定的文件或文件夹，并在操作成功时返回状态 status 的值为 1
[status,msg] =copyfile (…)	返回发生的任何警告或错误的消息文本 msg
[status,msg,msgID] = copyfile(…)	返回发生的任何警告或错误的消息 ID

例 11-13：在当前文件夹中创建文件夹副本。

解　MATLAB 程序如下：

```
>> close all              % 关闭当前已打开的文件
>> clear                  % 清除工作区的变量
>> mkdir file_1           % 在当前目录下中创建名称为 file_1 的文件夹
>> copyfile file_1 file_2 % 在当前文件夹中创建 file_1 文件夹的副本，并为其指定名称 file_2。
```

11.3　打开和关闭文件

对文件进行操作，首先要打开文件，对文件操作完成后，应及时关闭文件。本节介绍在 MATLAB 中使用函数打开和关闭文件的操作。

11.3.1　打开文件

无论是要读写 ASCII 码文件还是二进制文件，都必须先将其打开。在 MATLAB 中，默认情况下，fopen 函数用于打开文件（以二进制格式打开文件）或获得有关打开文件的信息，它的调用格式及说明如表 11-17 所示。

表 11-17　fopen 函数调用格式及说明

调用格式	说 明
fileID = fopen(filename)	打开文件名为 filename 的文件，以二进制读取形式进行访问，并返回等于或大于 3 的整数文件标识符。MATLAB 保留文件标识符 0、1 和 2 分别用于标准输入、标准输出（屏幕）和标准错误
fileID = fopen(filename,permission)	permission 指定访问类型的文件，如表 11-18 所示
fileID = fopen(filename,permission, machinefmt,encodingIn)	使用 machinefmt 参数另外指定在文件中读写字节或位时的顺序，如表 11-19 所示。可选的 encodingIn 参数指定与文件相关联的字符编码方案，如表 11-20 所示
[fileID,errmsg] = fopen(…)	如果 fopen 打开文件失败，返回一条因系统而异的错误消息；否则，返回空字符向量 errmsg
fIDs = fopen('all')	返回包含所有打开文件的文件标识符的行向量。向量中元素的数量等于打开文件的数量
filename = fopen(fileID)	返回上一次调用 fopen 在打开 fileID 指定的文件时所使用的文件名。输出文件名将解析到完整路径

调用格式	说　明
[filename,permission,machinefmt, encodingOut] = fopen(fileID)	返回上一次调用 fopen 在打开指定文件时所使用的权限、计算机格式以及编码。如果是以二进制格式打开的文件，则 permission 会包含字母 b。encodingOut 输出是一个标准编码方案名称

这里需要强调的是，如果 fopen 无法打开文件，则 fileID 为-1。

表 11-18　permission 文件访问类型变量及说明

符号变量	说　明
r	打开要读取的文件
w	打开或创建要写入的新文件。放弃现有内容（如果有）
a	打开或创建要写入的新文件。追加数据到文件末尾
r+	打开要读写的文件
w+	打开或创建要读写的新文件。放弃现有内容（如果有）
a+	打开或创建要读写的新文件。追加数据到文件末尾
A	打开文件以追加（但不自动刷新）当前输出缓冲区
W	打开文件以写入（但不自动刷新）当前输出缓冲区

如果要以文本格式打开文件，需要注意下面几点：

☑　将字母 t 附加到 permission 参数，例如 rt 或 wt+。

☑　读取操作如果遇到回车符后加换行符 (\r\n)，则会从输入中删除回车符。

☑　写入操作在输出中的任何换行符之前插入一个回车符。

如果不指定编码方案，fopen 将使用系统的默认编码方案打开文件并进行处理。在 MATLAB 中写入文件，则以文本模式打开或创建新文件，然后在记事本或不会将\n 识别为换行符序列的任意文本编辑器中打开该文件。写入文件时，用\r\n 结束每行。

表 11-19　machinefmt 读取或写入字节或位的顺序变量

符号变量	说　明
n 或 native	系统字节排序方式（默认）
b 或 ieee-be	Big-endian 排序
l 或 ieee-le	Little-endian 排序
s 或 ieee-be.l64	Big-endian 排序，64 位长数据类型
a 或 ieee-le.l64	Little-endian 排序，64 位长数据类型

默认情况下，对新建的文件使用 little-endian 排序方式进行排序，现有二进制文件可以使用 big-endian 或 little-endian 排序方式。

表 11-20　encodingIn 字符编码方案名称

符号变量	说　明	适用范围
Big5	ISO-8859-1	windows-874
Big5-HKSCS	ISO-8859-2	windows-949
CP949	ISO-8859-3	windows-1250
EUC-KR	ISO-8859-4	windows-1251
EUC-JP	ISO-8859-5	windows-1252
EUC-TW	ISO-8859-6	windows-1253
GB18030	ISO-8859-7	windows-1254
GB2312	ISO-8859-8	windows-1255
GBK	ISO-8859-9	windows-1256
IBM866	ISO-8859-11	windows-1257
KOI8-R	ISO-8859-13	windows-1258
KOI8-U	ISO-8859-15	US-ASCII
	Macintosh	UTF-8
	Shift_JIS	

11.3.2　关闭文件

在 MATLAB 中，fclose 函数用于关闭一个或所有打开的文件，它的调用格式及说明如表 11-21 所示。

表 11-21　fclose 函数调用格式及说明

调用格式	说　明
fclose(fileID)	关闭打开的文件
fclose('all')	关闭所有打开的文件
status = fclose(…)	当关闭操作成功时，返回 status 0。否则，返回 −1

例 11-14： 在当前路径下创建文件夹并关闭。

解　MATLAB 程序如下：

```
>> close all                          % 关闭当前已打开的文件
>> clear                              % 清除工作区的变量
>> fileID = fopen('mytxt.txt','w');   % 创建并打开新文件 mytxt.txt
>> fclose(fileID);                    % 关闭该文件
```

视频讲解

11.3.3　文件属性

在 MATLAB 中，isfile 函数用于检查指定路径或当前文件夹中的文件是否存在，该函数运行结果为逻辑值 logical，是指定路径或当前文件夹中的文件返回 1，否则返回 0。

例 11-15：确定指定路径下的文件是否存在。

解　MATLAB 程序如下：

视频讲解

```
>> close all            % 关闭当前已打开的文件
>> clear                % 清除工作区的变量
>> mkdir newfolder      % 在当前目录下中创建名称为 newfolder 的文件夹
>> isfile('newfolder')  % 检查 newfolder 是否为文件
ans =
  logical
   0
>> isfile('myfile1.txt')    % 检查 myfile1.txt 是否为文件，如果为文件且存在，则返回逻辑值 1，否则返回 0
ans =
  logical
   1
```

在 MATLAB 中，fileparts 函数用于获取文件名的组成部分，它的调用格式及说明如表 11-22 所示。

表 11-22　fileparts 函数调用格式及说明

调用格式	说　明
[filepath,name,ext] = fileparts(filename)	返回指定文件的路径名称、文件名和扩展名。fileparts 仅解析指定的 filename，不会验证文件是否存在

例 11-16：显示当前路径下创建文件的信息。

解　MATLAB 程序如下：

视频讲解

```
>> close all                    % 关闭当前已打开的文件
>> clear                        % 清除工作区的变量
>> file = 'C:\Program Files\Polyspace\R2020a\toolbox\images\imdata\yellowlily.jpg'; % 定义文件变量
>> [filepath,name,ext] = fileparts(file)        % 获取文件变量中文件名的组成部分
filepath =
    'C:\Program Files\Polyspace\R2020a\toolbox\images\imdata'
name =
    'yellowlily'
ext =
    '.jpg'
```

在 MATLAB 中，fullfile 函数用于从各个部分构建完整文件名，它的调用格式及说明如表 11-23 所示。

表 11-23 fullfile 函数调用格式及说明

调用格式	说明
f = fullfile(filepart1,···,filepartN)	根据指定的文件夹和文件名构建完整的文件设定

视频讲解

例 11-17：创建完整的文件路径。

解 MATLAB 程序如下：

```
>> close all                                    % 关闭当前已打开的文件
>> clear                                         % 清除工作区的变量
>> f = fullfile('myfolder','mysubfolder','myfile.m')   % 根据字符向量返回文件的完整路径
f =
    'myfolder\mysubfolder\myfile.m'
```

在 MATLAB 中，表 11-24 中的函数用来构建完整文件名。

表 11-24 构建完整文件名的函数及说明

函 数	说 明
filesep	显示包含文件分隔符的完整的文件名
fileattrib	设置或者获取文件或文件夹的属性
exist	检查变量、脚本、函数、文件夹或类的存在情况
type	显示文件内容
visdiff	比较两个文件或文件夹

11.4 文件内的位置控制

在 MATLAB 中，包含一个基于位置信息对文件进行操作控制的函数，用于实现读取行和在文件内移动的功能。

11.4.1 读取行

在 MATLAB 中，使用 fgetl 函数读取文件中的行，并删除换行符。fgetl 函数的调用格式及说明如表 11-25 所示。

表 11-25 fgetl 函数调用格式及说明

调用格式	说 明
tline =fgetl(fileID)	返回指定文件中的下一行，并删除换行符

例 11-18：文件的读取。

解　在 MATLAB 命令行窗口中输入如下命令：

```
>> close all              % 关闭当前已打开的文件
>> clear                  % 清除工作区的变量
>> fid = fopen('q.m')     % 打开文件 q.m，并返回等于或大于 3 的整数文件标识符
fid =
      3
>> fgetl(fid)             % 使用 fgetl 读取文件的第 1 行
ans =
      'close all'
>> fclose(fid);           % 关闭文件
>> fgetl(fid)             % 使用 fgetl 读取关闭文件的第 1 行
错误使用 fgets
文件标识符无效。使用 fopen 生成有效的文件标识符
出错 fgetl (line 32)
[tline,lt] = fgets(fid);
```

在 MATLAB 中，使用 fgets 函数读取文件中的行，并保留换行符。fgets 函数的调用格式及说明如表 11-26 所示。

表 11-26　fgets 函数调用格式及说明

调用格式	说　明
tline = fgets(fileID)	读取指定文件中的下一行内容，并包含换行符
tline = fgets(fileID,nchar)	返回下一行中的最多 nchar 个字符
[tline,ltout] = fgets(…)	返回行终止符 ltout

例 11-19：读取文件。

解　在 MATLAB 命令行窗口中输入如下命令：

```
>> close all              % 关闭当前已打开的文件
>> clear                  % 清除工作区的变量
>> fid = fopen('sky.txt');  % 打开文件 sky.txt
>> line_ex = fgetl(fid)   % 读取文件中的行，并删除换行符
line_ex =
    'The shooting star swished'
>> frewind(fid);          % 再次读取文件的第 1 行，将文件位置指示器移动到打开文件的开头
>> line_in = fgets(fid)   % 读取文件的第 1 行，读取时包含换行符
line_in =
    'The shooting star swished'
```

11.4.2　位置移动

在 MATLAB 中，frewind 函数用于将文件位置指示器移动到打开文件的开头，它的调用格式及说

明如表 11-27 所示。

表 11-27　frewind 函数调用格式及说明

调用格式	说　明
frewind(fileID)	将文件位置指针设置到文件的开头

例 11-20： 移动文件位置指针示例。

解　在 MATLAB 命令行窗口中输入如下命令：

```
>> close all                                  % 关闭当前已打开的文件
>> clear                                      % 清除工作区的变量
>> fid = fopen('stars.txt')                   % 打开文件
fid =
     3
>> fgetl(fid)                                 % 使用 fgetl 读取文件的第 1 行
ans =
    'Ah! why, because the dazzling sun'
>> fgetl(fid)                                 % 读取文件的第 2 行
ans =
    'Restored our Earth to joy,'
>> fgetl(fid)                                 % 读取文件的第 3 行
ans =
    'Have you departed, every one,'
>> frewind(fid)                               % 将文件位置指针设置到文件的开头
>> fgetl(fid)                                 % 读取文件
ans =
    'Ah! why, because the dazzling sun'       % 读取文件第 1 行
>> fclose(fid);                               % 关闭文件
```

在 MATLAB 中，ftell 函数用于将文件位置指示器移动到打开文件中的当前位置，它的调用格式及说明如表 11-28 所示。

表 11-28　ftell 函数调用格式及说明

调用格式	说　明
Position=ftell (fileID)	返回指定文件中位置指针的当前位置

例 11-21： 查询文件中的位置指针。

解　在 MATLAB 命令行窗口中输入如下命令：

```
>> close all                  % 关闭当前已打开的文件
>> clear                      % 清除工作区的变量
>> fid = fopen('stars.txt')   % 打开文件
fid =
```

```
       3
>> ftell(fid)                    % 查询当前位置
ans =
       0
>> fgetl(fid)                    % 使用 fgetl 读取文件的第 1 行
ans =
    'Ah! why, because the dazzling sun'
>> ftell(fid)                    % 返回位置指针的当前位置
ans =
      35
>> fclose(fid);                  % 关闭文件
```

在 MATLAB 中，fseek 函数用于将文件位置指示器移动到文件中的指定位置，它的调用格式及说明如表 11-29 所示。

表 11-29　fseek 函数调用格式及说明

调用格式	说　明
fseek(fileID, offset, origin)	在指定文件中设置文件位置指示符相对于 origin 的 offset 字节数。Origin（起始位置）参数设置为 bof 或-1：文件的开头；cof 或 0：文件中的当前位置；eof 或 1：文件的结尾
status = fseek(…)	显示操作状态。当操作成功时，返回 0；否则返回-1

例 11-22： 将文件位置指针移到指定位置。

解　在 MATLAB 命令行窗口中输入如下命令：

```
>> close all                     % 关闭当前已打开的文件
>> clear                         % 清除工作区的变量
>> fid = fopen('stars.txt');     % 打开文件
>> ftell(fid)                    % 查询文件位置指针的当前位置
ans =
       0
>> t=fgetl(fid)                  % 读取文件的第 1 行
t =
    'Ah! why, because the dazzling sun'
>> ftell(fid)                    % 查询当前位置
ans =
      35
>> fseek(fid,12,'bof');          % 将位置指针移到 bof 指定的文件开头，并移动 12 字节数
>> fgetl(fid)                    % 读取新位置的第 1 行
ans =
    'ause the dazzling sun'
>> fclose(fid);                  % 关闭文件
```

视频讲解

11.5 读/写二进制文件

磁盘用固定的字节数保存包括整数在内的二进制数据。例如，以二进制格式存储 0～40 亿的任何一个数，如 1、1000 或 1000000，每个数字占用 4 个字节的空间。

二进制文件可用来保存数值数据并访问文件中的指定数字，或随机访问文件中的数字。与人可识别的文本文件不同，二进制文件只能通过机器读取。二进制文件是存储数据最为紧凑和快速的格式。在二进制文件中可使用多种数据类型，但这种情况并不常见。

二进制文件占用较少的磁盘空间，且存储和读取数据时无须在文本表示与数据之间进行转换，因此二进制文件效率更高。二进制文件可在 1 字节磁盘空间上表示 256 个值。除扩展精度和复数外，二进制文件中含有数据在内存中存储格式的映像。因为二进制文件的存储格式与数据在内存中的格式一致，无须转换，所以读取文件的速度更快。

文本文件和二进制文件均为字节流文件，以字符或字节的序列对数据进行存储。

文件 I/O 函数可在二进制文件中进行读取、写入操作。如需在文件中读写数字数据，或创建在多个操作系统上使用的文本文件，可考虑用二进制文件函数。

11.5.1 读二进制文件

在 MATLAB 中，使用 fread 函数读取二进制文件中的数据，fread 函数的调用格式及说明如表 11-30 所示。

表 11-30 fread 函数调用格式及说明

调用格式	说　明
A = fread(fileID)	将打开的二进制文件中的数据读取到列向量 A 中，并将文件指针定位在文件结尾标记处
A = fread(fileID,sizeA)	将文件数据读取到维度为 sizeA 的数组 A 中，并将文件指针定位到最后读取的值之后
A = fread(fileID,sizeA,precision)	根据 precision 描述的格式和大小解释文件中的值
A = fread(fileID,sizeA,precision,skip)	在读取文件中的每个值之后将跳过 skip 指定的字节或位数
A = fread(fileID,sizeA,precision,skip,machinefmt)	另外指定在文件中读取字节或位时的顺序
[A,count] = fread(…)	返回 fread 读取到 A 中的字符数

11.5.2 写二进制文件

在 MATLAB 中，使用 fwrite 函数将数据写入二进制文件，fwrite 函数的调用格式及说明如表 11-31 所示。

表 11-31　fwrite 函数调用格式及说明

调用格式	说明
fwrite(fileID,A)	将数组 *A* 的元素按列顺序以 8 位无符号整数的形式写入一个二进制文件
fwrite(fileID,A,precision)	按照 precision 说明的形式和大小写入 *A* 中的值
fwrite(fileID,A,precision,skip)	在写入每个值之前跳过 skip 指定的字节数或位数
fwrite(fileID,A,precision,skip,machinefmt)	指定将字节或位写入文件的顺序
count = fwrite(A)	返回 *A* 中 fwrite 已成功写入文件的元素数

例 11-23：创建全 1 矩阵文件。

解　在 MATLAB 命令行窗口中输入如下命令：

视频讲解

```
>> close all                         % 关闭当前已打开的文件
>> clear                             % 清除工作区的变量
>> fileID = fopen('doubledata.bin','w');   % 创建一个名为 doubledata.bin 的文件
>> fwrite(fileID,ones(3),'double');  % 添加 3 阶全 1 矩阵数据
>> fclose('all');                    % 关闭文件
>> fileID = fopen('doubledata.bin'); % 打开文件
>> A = fread(fileID,[3 3],'double')  % 将文件中的数据读取到 3×3 数组 A
A =
    1    1    1
    1    1    1
    1    1    1
>> fclose('all');                    % 关闭文件
```

例 11-24：写入二进制文件。

解　在 MATLAB 命令行窗口中输入如下命令：

视频讲解

```
>> close all                         % 关闭当前已打开的文件
>> clear                             % 清除工作区的变量
>> fileID = fopen('uint8.bin','w');  % 创建并打开名称为 uint8.bin 的文件
>> fwrite(fileID,[1:9]);             % 将从 1～9 的整数以 8 位无符号整数的形式写入
>> fwrite(fileID,magic(5),'integer*4');    % 在文件中添加 5 阶魔方矩阵数据
>> fprintf(fileID,'%6s\r\n','将 uint8 数据写入二进制文件');   % 将数据写入文本文件
>> fclose(fileID);                   % 关闭文件
```

11.6　读/写文本文件

文本文件是最便于使用和共享的文件，几乎适用于任何计算机。许多基于文本的程序可读取基于文本的文件。

如果需要通过其他应用程序访问数据，如文字处理或电子表格应用程序，可将数据存储在文本文件中。如果需要将数据存储在文本文件中，使用字符串函数可将所有的数据转换为文本字符串。文本

文件可包含不同数据类型的信息。

如果数据本身不是文本格式（如图形或图表数据），由于数据的 ASCII 码表示通常要比数据本身大，因此文本文件要比二进制和数据记录文件占用更多内存。例如，将-123.4567 作为单精度浮点数保存时只需 4 个字节，如使用 ASCII 码表示，需要 9 个字节，每个字符占用一个字节。

另外，很难随机访问文本文件中的数值数据。尽管字符串中的每个字符占用一个字节的空间，但是将一个数字表示为字符串所需的空间通常是不固定的。

将数值数据保存在文本文件中，可能会影响数值精度。计算机将数值保存为二进制数据，而通常情况下数值以十进制的形式写入文本文件。因此，将数据写入文本文件时，可能会丢失数据精度。二进制文件中并不存在这种问题。

文件 I/O 函数可在文本文件和电子表格文件中读取或写入数据。

11.6.1 读文本文件

在 MATLAB 中，fscanf 函数用于读取文本文件中的数据，该函数的调用格式及说明如表 11-32 所示。

表 11-32　fscanf 函数调用格式及说明

调用格式	说　明
A = fscanf(fileID,formatSpec)	将打开的文本文件中的数据读取到列向量 *A* 中，并根据 formatSpec 指定的格式解释文件中的值
A = fscanf(fileID,formatSpec,sizeA)	将文件数据读取到维度为 sizeA 的数组 *A* 中，并将文件指针定位到最后读取的值之后。sizeA 必须为正整数或采用 [m n] 的形式，其中 *m* 和 *n* 为正整数
[A,count] = fscanf(…)	返回 fscanf 读取到 *A* 中的字段数 count

例 11-25：将文件内容读取到列向量中。

解　创建文本文件 read_ex.txt，输入数据，以空格或制表符分隔，如图 11-2 所示。

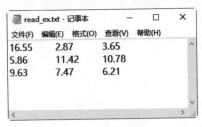

图 11-2　文本文件

在 MATLAB 命令行窗口输入如下命令：

```
>> close all                    % 关闭当前已打开的文件
>> clear                        % 清除工作区的变量
>> fileID = fopen('read_ex.txt','r');   % 打开要读取的文本文件
```

```
>> A=fscanf(fileID,'%f\n')              %  读取文本文件中的浮点数数据
A =
    16.5500
     2.8700
     3.6500
     5.8600
    11.4200
    10.7800
     9.6300
     7.4700
     6.2100
>> fclose(fileID);                      %  关闭文件
```

11.6.2　写文本文件

在 MATLAB 中，使用 fprintf 函数将数据写入文本文件。fprintf 函数的调用格式及说明如表 11-33 所示。

表 11-33　fprintf 函数调用格式及说明

调用格式	说　明
fprintf(fileID,formatSpec,A1,…,An)	按列顺序将 formatSpec 应用于数组 A_1, A_2, …, A_n 的所有元素，并将数据写入一个文本文件
fprintf(formatSpec,A1,…,An)	设置数据的格式并在屏幕上显示结果
nbytes = fprintf(…)	返回 fprintf 所写入的字节数

例 11-26：输出文本值。

解　在 MATLAB 命令行窗口中输入如下命令：

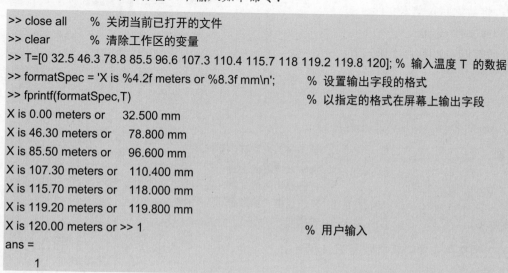

```
>> close all      %  关闭当前已打开的文件
>> clear          %  清除工作区的变量
>> T=[0 32.5 46.3 78.8 85.5 96.6 107.3 110.4 115.7 118 119.2 119.8 120]; %  输入温度 T 的数据
>> formatSpec = 'X is %4.2f meters or %8.3f mm\n';     %  设置输出字段的格式
>> fprintf(formatSpec,T)                               %  以指定的格式在屏幕上输出字段
X is 0.00 meters or   32.500 mm
X is 46.30 meters or   78.800 mm
X is 85.50 meters or   96.600 mm
X is 107.30 meters or   110.400 mm
X is 115.70 meters or   118.000 mm
X is 119.20 meters or   119.800 mm
X is 120.00 meters or >> 1                             %  用户输入
ans =
     1
```

注意

%4.2f 指定输出中每行的第 1 个值为浮点数，字段宽度为四位，包括小数点后的两位数。%8.3f 指定输出中每行的第 2 个值为浮点数，字段宽度为八位，包括小数点后的三位数。\n 为新起一行的控制字符。表 11-34 显示了要将数值和字符数据格式化为文本的转换字符。

表 11-34　转换字符

值类型	转　换	详细信息
有符号整数	%d 或%i	以 10 为基数
无符号整数	%u	以 10 为基数
	%o	以 8 为基数（八进制）
	%x	以 16 为基数（十六进制），小写字母 a~f
	%X	与 %x 相同，大写字母 A~F
浮点数	%f	定点记数法（使用精度操作符指定小数点后的位数）
	%e	指数记数法，例如 3.141593e+00（使用精度操作符指定小数点后的位数）
	%E	与 %e 相同，但为大写，例如 3.141593E+00（使用精度操作符指定小数点后的位数）
	%g	更紧凑的 %e 或 %f，不带尾随零（使用精度操作符指定有效数字位数）
	%G	更紧凑的 %E 或 %f，不带尾随零（使用精度操作符指定有效数字位数）
字符或字符串	%c	单个字符
	%s	字符向量或字符串数组。输出文本的类型与 formatSpec 的类型相同

读取操作如果遇到回车符后加换行符 (\r\n)，则会从输入中删除回车符，写入操作在输出中的任何换行符之前插入一个回车符。

例 11-27：将数据写入文本文件。

解　创建 txt 文件 cos.txt。

输入下面的数据（如图 11-3 所示）：

```
x = 0:.1:1;
A = [x^2;cos(x)];
```

在 MATLAB 命令行窗口输入如下程序：

```
>> close all                          % 关闭当前已打开的文件
>> clear                              % 清除工作区的变量
>> fileID = fopen('cos.txt','a');     % 打开要写入的文件，在文件末尾追加数据
>> fprintf(fileID,'%6s %12s\n','x','cos(x)');   % 以指定格式将数据写入文件
>> fclose(fileID);                    % 关闭文件
```

运行后的文本文件添加的数据如图 11-4 所示。

视频讲解

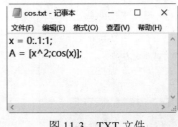

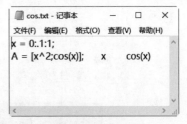

图 11-3　TXT 文件 　　　　　　　　　图 11-4　追加数据

11.7　导　入　数　据

导入数据意味着从外部文件加载数据。MATLAB 导入文件数据采用何种函数取决于文件的格式，一般根据以下标准确定使用的文件格式：

☑ 如需在其他应用程序（如 Microsoft Excel）中访问这些数据，使用最常见且便于存取的文本文件。

☑ 如需随机读写文件或读取速度及磁盘空间有限，使用二进制文件。在磁盘空间利用和读取速度方面二进制文件优于文本文件。

在 MATLAB 中，importdata 函数允许加载不同格式的各种数据文件。它的调用格式及说明如表 11-35 所示。

表 11-35　importdata 函数调用格式及说明

调用格式	说　　明
A = importdata(filename)	从文件 filename 中将数据加载到数组 **A** 中
A = importdata('-pastespecial')	从系统剪贴板而不是文件加载数据
A = importdata(…,delimiterIn)	将 delimiterIn 解释为 ASCII 文件 filename 或剪贴板数据中的列分隔符。可以将 delimiterIn 与以上语法中的任何输入参数结合使用
A = importdata(…,delimiterIn,headerlinesIn)	从 ASCII 文件 filename 或剪贴板加载数据，并读取从第 headerlinesIn+1 行开始的数值数据
[A,delimiterOut,headerlinesOut] = importdata(…)	使用先前语法中的任何输入参数，在 delimiterOut 中额外返回检测到的输入 ASCII 文件中的分隔符，以及在 headerlinesOut 中返回检测到的标题行数

例 11-28：加载并显示图像文件。

解　MATLAB 程序如下：

视 频 讲 解

```
>> close all              % 关闭当前已打开的文件
>> clear                  % 清除工作区的变量
>> filename = 'yellowlily.jpg';   % 将 MATLAB 内置的图像文件保存在 filename 中
>> A = importdata(filename);      % 将 filename 中的数据存储到内存中
>> image(A);              % 显示内存中矩阵 A 对应的图像文件
```

运行结果如图 11-5 所示。

图 11-5　显示图片

11.8　读/写视频文件

视频文件格式是指视频保存的一种格式,视频是现在多媒体计算机系统中的重要内容。在 MATLAB 中，要读取视频文件、写入视频文件、显示视频文件信息，就必须使对应的 MATLAB 程序能够识别视频文件格式（例如 AVI），可以访问能够对文件中所存储的视频数据进行解码的编解码器，通过 MATLAB 窗口可以将视频文件显示出来，并可以对视频文件的一些基本信息进行查询。下面，我们将具体介绍 MATLAB 读、写视频文件的相应方法。

11.8.1　读视频文件

MATLAB 利用 VideoReader 函数读取视频文件，VideoReader 支持的文件格式视平台而异，对文件扩展名没有任何限制，支持的视频文件格式及说明如表 11-36 所示。

表 11-36　VideoReader 函数支持的视频文件格式及说明

平　　台	文件格式
所有平台	AVI，包括未压缩、索引、灰度和 Motion JPEG 编码的视频（.avi）
	Motion JPEG 2000（mj2）

平 台	文件格式
所有 Windows	MPEG-1 (.mpg)
	Windows Media 视频（.wmv、.asf、.asx）
	Microsoft DirectShow 支持的任何格式
Windows 7 或更高版本	MPEG-4，包括 H.264 编码视频（.mp4、.m4v）
	Apple QuickTime Movie (.mov)
	Microsoft Media Foundation 支持的任何格式
Macintosh	QuickTime Player 支持的大多数格式，包括：MPEG-1 (.mpg)、MPEG-4、Apple QuickTime Movie (.mov)、3GPP、3GPP2、AVCHD、DV 等。注意：对于 OS X Yosemite（10.10 版）和更高版本来说，使用 VideoWriter 编写的 MPEG-4/H.264 文件能正常播放，但显示的帧速率不精确
Linux	GStreamer 1.0 或更高版本的已安装插件支持的任何格式，包括 Ogg Theora (.ogg)

VideoReader 函数支持的视频文件的信息中的对象的属性及说明如表 11-37 所示。

表 11-37　VideoReader 函数支持的视频文件的信息中的对象的属性及说明

属 性	说 明
BitsPerPixel	视频数据的每个像素的位数
CurrentTime	要读取的视频帧的时间戳
Duration	文件的长度
FrameRate	每秒的视频帧数
Height	视频帧的高度
Name	文件名
NumberOfFrames	视频流中的帧数
Path	视频文件的完整路径
Tag	常规文本
UserData	用户定义的数据
VideoFormat	视频格式的 MATLAB 表示
Width	视频帧的宽度

VideoReader 函数的调用格式及说明如表 11-38 所示。

表 11-38　VideoReader 函数调用格式及说明

调用格式	说 明
v = VideoReader(filename)	创建对象 v，用于从名为 filename 的文件读取视频数据
v = VideoReader(filename,Name,Value)	使用名称-值对组参数设置属性 CurrentTime、Tag 和 UserData。可以指定多个名称-值对组参数。将每个属性名称和后面的值用单引号括起来

VideoReader 函数的对象函数及说明如表 11-39 所示。

表 11-39　VideoReader 函数对象函数及说明

函数名称	说　明
read	从文件中读取视频帧数据
VideoReader.getFileFormats	VideoReader 支持的文件格式
readFrame	从视频文件中读取视频帧
hasFrame	确定帧是否可供读取

视频讲解

例 11-29：读取视频。

解　MATLAB 程序如下：

```
>> close all                    % 关闭当前已打开的文件
>> clear                        % 清除工作区的变量
>> v = VideoReader('traffic.avi');   % 读取视频文件 traffic.avi
while hasFrame(v)               % 读取所有视频帧
    video = readFrame(v);
end
>> whos video                   % 显示变量
  Name        Size          Bytes  Class    Attributes
  video      120x160x3       57600  uint8
```

例 11-30：在特定时间开始读取视频。

解　MATLAB 程序如下：

```
>> close all                        % 关闭当前已打开的文件
>> clear                            % 清除工作区的变量
%{CurrentTime 表示要读取的视频帧的时间戳，以距视频文件开头的秒数形式指定为数值标量。CurrentTime 的
值介于零和视频持续时间之间%}
>> VideoReader('rhinos.avi','CurrentTime',1.2)
ans =
  VideoReader - 属性:
    常规属性:
            Name: 'rhinos.avi'
            Path: 'C:\Program Files\Polyspace\R2020a\toolbox\images\imdata'
        Duration: 7.6000
     CurrentTime: 1.2000
       NumFrames: 114

    视频属性:
           Width: 320
          Height: 240
       FrameRate: 15
     BitsPerPixel: 24
      VideoFormat: 'RGB24'
```

视频讲解

11.8.2 写视频文件

MATLAB 利用 VideoWriter 函数写视频文件，使用 VideoWriter 对象根据数组或 MATLAB 影片创建一个视频文件。该对象包含有关视频的信息以及控制输出视频的属性。可以使用 VideoWriter 函数创建 VideoWriter 对象，指定其属性，然后使用对象函数写入视频。

VideoWriter 函数的调用格式及说明如表 11-40 所示。

表 11-40　VideoWriter 函数调用格式及说明

调用格式	说　明
v = VideoWriter(filename)	创建一个 VideoWriter 对象，以将视频数据写入采用 Motion JPEG 压缩技术的 AVI 文件
v = VideoWriter(filename,profile)	应用一组适合特定文件格式的属性

VideoWriter 函数支持的视频文件的文件类型及说明如表 11-41 所示。

表 11-41　Video Writer 函数支持的视频文件类型及说明

profile 值	说　明
Archival	采用无损压缩的 Motion JPEG 2000 文件
Motion JPEG AVI	使用 Motion JPEG 编码的 AVI 文件
Motion JPEG 2000	Motion JPEG 2000 文件
MPEG-4	使用 H.264 编码的 MPEG-4 文件（Windows 7 或更高版本或者 Mac OS X 10.7 及更高版本的系统）
Uncompressed AVI	包含 RGB24 视频的未压缩 AVI 文件
Indexed AVI	包含索引视频的未压缩 AVI 文件
Grayscale AVI	包含灰度视频的未压缩 AVI 文件

VideoWriter 函数支持的视频文件的信息中的对象的属性及说明如表 11-42 所示。

表 11-42　VideoWriter 函数支持的视频文件信息中的对象的属性及说明

属　性	说　明
ColorChannels	颜色通道数
Colormap	视频文件的颜色信息
CompressionRatio	目标压缩比
Duration	输出文件的持续时间
FileFormat	要写入的文件的类型
Filename	文件名

属 性	说 明
FrameCount	帧数
FrameRate	视频播放的速率
Height	每个视频帧的高度
LosslessCompression	无损压缩
MJ2BitDepth	Motion JPEG 2000 文件的位深度，范围是 [1,16] 的整数
Path	视频文件的完整路径
Quality	视频质量，默认为 75，范围是[0,100] 的整数
VideoBitsPerPixel	每像素位数
VideoCompressionMethod	视频压缩的类型
VideoFormat	视频格式的 MATLAB 表示
Width	视频帧的宽度

VideoWriter 函数的对象函数及说明如表 11-43 所示。

表 11-43 对象函数及说明

函数名称	说 明
open	打开文件以写入视频数据，在调用 open 后，无法更改帧速率或画质设置
close	写入视频数据之后关闭文件
writeVideo	将视频数据写入文件
VideoWriter.getProfiles	VideoWriter 支持的描述文件和文件格式

例 11-31：从动画创建 AVI 文件。

解 MATLAB 程序如下：

```
>> close all                                % 关闭当前已打开的文件
>> clear                                     % 清除工作区的变量
>> Z = peaks;                                % 创建 49×49 矩阵 Z
>> surf(Z);                                  % 将 Z 中元素的列索引和行索引用作 x 坐标和 y 坐标创建曲面图
>> axis tight manual                         % 将坐标轴范围设置为数据范围，并冻结坐标轴范围
>> set(gca,'nextplot','replacechildren');    % 设置坐标区和图窗属性，以生成视频帧
>> v = VideoWriter('peaks.avi');             % 创建 AVI 动画
>> open(v);                                  % 打开动画对象
>> for k = 1:20
    surf(sin(2*pi*k/20)*Z,Z)
    frame = getframe(gcf);
    writeVideo(v,frame);                     % 生成一组帧，从图窗中获取帧，然后将每一帧写入文件
```

视频讲解

```
end
>> close(v);                      % 关闭视频文件
```

运行得到的视频文件截取的帧如图 11-6 所示。

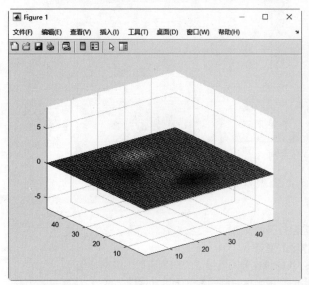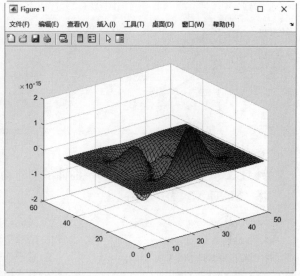

图 11-6　视频帧

例 11-32：生成板凳面动画。

解　MATLAB 程序如下：

视频讲解

```
>> close all                      % 关闭当前已打开的文件
>> clear                          % 清除工作区的变量
>> x=-4:0.25:4;                   % 创建介于-4~4、间隔值为 0.25 的线性分隔值组成的向量 x
>> y=x;                           % 将向量 x 赋值给 y
>> [X,Y]=meshgrid(x,y);           % 基于向量 x 和 y 返回二维网格坐标
>> Z=-X.^4-Y.^4;                  % 创建函数表达式 Z
>> mesh(Z)                        % 创建网格图
>> grid on                        % 显示网格
>> set(gca,'nextplot','replacechildren');   % 设置坐标区和图窗属性，以生成视频帧
>> v = VideoWriter('helix.avi');  % 创建 avi 动画文件，创建 VideoWriter 对象
>> open(v);                       % 打开动画对象
>> for i = 1:20
        mesh((-1).^i*Z,Z);        % 曲面上下翻转
        frame = getframe(gcf);
        writeVideo(v,frame);      % 生成一组帧，从图窗中获取帧，然后将每一帧写入文件
end
>> close(v);                      % 关闭视频文件
```

运行得到的视频文件截取的帧如图 11-7 所示。

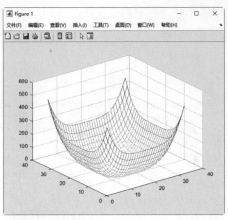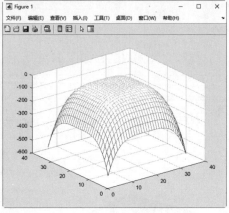

图 11-7　视频帧

例 11-33：生成函数 $z=\sin x+\cos y$ 曲面的创建动画，调整视频播放速度。

解　MATLAB 程序如下：

```
>> close all                          % 关闭当前已打开的文件
>> clear                              % 清除工作区的变量
>> [x,y]=meshgrid(1:0.1:10);          % 基于 1~10 的线性分隔值组成的向量获取二维网格坐标
>> surf(x,y,sin(x)+cos(x));           % 基于指定的二维坐标绘制函数的三维曲面图
>> grid on                            % 显示网格
>> v = VideoWriter('huitu.avi');      % 创建 VideoWriter 对象，以将视频数据写入 AVI 文件
>> open(v);                           % 打开动画对象
>> for i = 1:100
    surf(pi*i/100*x,pi*i/50*y,sin(pi*i/100*x)+cos(pi*i/100*y));   % 绘制曲面图
    V.FrameRate =2-i/30;              % 显示帧速度
    frame = getframe(gcf);            % 捕获当前坐标区作为影片帧
    writeVideo(v,frame);              % 将每一帧写入视频文件
end
>> close(v);                          % 关闭视频文件
```

运行结果如图 11-8 所示。

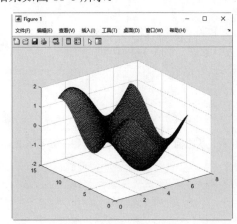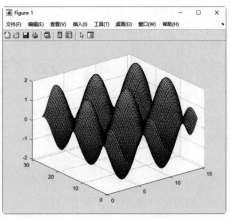

图 11-8　运行结果

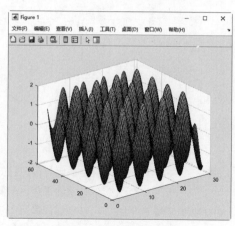

图 11-8 运行结果（续）

11.8.3 视频信息查询

在利用 MATLAB 进行视频处理时，可以利用 mmfileinfo 函数查询视频文件的相关信息。这些信息包括文件名、文件的路径、文件大小等，该函数具体的调用格式及说明如表 11-44 所示。

表 11-44 mmfileinfo 函数调用格式及说明

调用格式	说 明
info=mmfileinfo(filename)	查询视频文件 filename 的信息，返回结构体 info，其字段包含有关 filename 所标识的多媒体文件内容的信息，filename 指定为字符向量

例 11-34：查询视频文件信息。

解 MATLAB 程序如下：

视频讲解

```
>> close all                  % 关闭当前已打开的文件
>> clear                      % 清除工作区的变量
>> info= mmfileinfo ('traffic.avi')   % 查询视频文件 traffic.avi 的信息
info =
  包含以下字段的 struct:
    Filename: 'traffic.avi'
        Path: 'C:\Program Files\Polyspace\R2020a\toolbox\images\imdata'
    Duration: 8
       Audio: [1×1 struct]
       Video: [1×1 struct]
>> audio = info.Audio         % 文件中音频数据信息的结构体
audio =
  包含以下字段的 struct:
            Format: ''
    NumberOfChannels: []
>> video = info.Video         % 文件中视频频数据信息的结构体
```

```
video =
  包含以下字段的 struct:
    Format: 'MP42'
    Height: 120
    Width: 160
```

例 11-35： 将图像转换为视频文件，并查询视频文件的信息。

解 MATLAB 程序如下：

视 频 讲 解

```
>> close all                                          %  关闭当前已打开的文件
>> clear                                              %  清除工作区的变量
>> v = VideoWriter('sevilla.avi','Uncompressed AVI');  %  创建包含 RGB24 视频的未压缩 AVI 文件
>> A = imread('sevilla.jpg');                         %  创建一个包含来自示例静态图像数据的数组
>> imshow(A);                                         %  显示图片
>> open(v);                                           %  打开动画对象
>> writeVideo(v,A)                                    %  将 A 中的图像写入视频文件
>> close(v)                                           %  关闭视频
>> info= mmfileinfo ('sevilla.avi')
info =
  包含以下字段的 struct:
    Filename: 'sevilla.avi'
        Path: 'C:\Program Files\Polyspace\R2020a\bin\ywj'
    Duration: 0.0333
       Audio: [1×1 struct]
       Video: [1×1 struct]
>> audio = info.Audio                                 %  文件中音频数据信息的结构体
audio =
  包含以下字段的 struct:
             Format: ''
    NumberOfChannels: []
>> video = info.Video                                 %  文件中视频频数据信息的结构体
video =
  包含以下字段的 struct:
    Format: 'RGB 24'
    Height: 900
    Width: 1600
```

11.9 读/写音频文件

MATLAB 还可以读取或写入音频文件，并可以对音频文件的一些基本信息进行查询，下面将具体介绍其处理音频文件的相应方法。

11.9.1 读音频文件

MATLAB 使用 audioread 函数读取音频文件，该函数的调用格式及说明如表 11-45 所示。

表 11-45 audioread 函数调用格式及说明

调用格式	说 明
[y,Fs] = audioread(filename)	从名为 filename 的文件中读取数据，并返回样本数据 y 以及该数据的采样率 F_s
[y,Fs] = audioread(filename,samples)	读取文件中所选范围的音频样本，其中 samples 是（start,finish）格式的向量
[y,Fs] = audioread(···,dataType)	返回数据范围内与 dataType（native 或 double）对应的采样数据，可以包含先前语法中的任何输入参数

11.9.2 写音频文件

在 MATLAB 中，利用 audiowrite 函数写音频文件，该函数的调用格式及说明如表 11-46 所示。

表 11-46 audiowrite 函数调用格式及说明

调用格式	说 明
audiowrite(filename,y,Fs)	以采样率 F_s 将音频数据矩阵 y 写入名为 filename 的文件。filename 输入还指定了输出文件格式。输出数据类型取决于音频数据 y 的输出文件格式和数据类型
audiowrite(filename,y,Fs,Name,Value)	使用一个或多个名称-值对组参数指定的其他选项

例 11-36：播放音频文件。

解 MATLAB 程序如下：

视频讲解

```
>> close all                                  % 关闭当前已打开的文件
>> clear                                       % 清除工作区的变量
>> load handel.mat                             % 在当前文件夹中创建 WAVE (.wav) 文件
>> filename = 'handel.wav';                    % 将音频文件赋值给变量 filename
>> audiowrite(filename,y,Fs);                  % 以采样率 Fs 将音频数据矩阵 y 写入名为 filename 的文件
>> clear y Fs                                  % 清除变量 y 和 Fs
>> [y,Fs] = audioread('handel.wav');           % 读取音频数据，并返回数据矩阵 y 和该数据的采样率 Fs
>> sound(y,Fs);                                % 以采样率 Fs 播放音频
>> samples =[1,2*Fs];                          % 设置截取时间段
>> clear y Fs                                  % 清除变量 y 和 Fs
>> [y,Fs] = audioread(filename,samples);       % 仅读取前 2 秒的内容
>> sound(y,Fs);                                % 播放样本
```

11.9.3　音频信息管理

在利用 MATLAB 进行音频处理时，可以利用 audioinfo 函数查询音频文件的相关信息。这些信息包括文件名、编码的音频通道数目、文件大小、文件格式、文件的持续时间及图像类型等。该函数具体的调用格式及说明如表 11-47 所示。

表 11-47　audioinfo 函数调用格式及说明

调用格式	说　明
info = audioinfo(filename)	查询有关 filename 指定的音频文件内容的信息

视频讲解

例 11-37：查询音频信息。

解　MATLAB 程序如下：

```
>> close all          % 关闭当前已打开的文件
>> clear              % 清除工作区的变量
>> info=audioinfo('C:\Program Files\Polyspace\R2020a\bin\ywj\music.mp3')
info =
  包含以下字段的 struct:
              Filename: 'C:\Program Files\Polyspace\R2020a\bin\ywj\music.mp3'
     CompressionMethod: 'MP3'
           NumChannels: 2
            SampleRate: 44100
          TotalSamples: 8845056
              Duration: 200.5682
                 Title: 'Sleep Away'
               Comment: []
                Artist: 'Bob Acri'
               BitRate: 192
```

第 *12* 章

线性方程组求解

本章介绍如何利用 MATLAB 对线性方程组进行求解。通过对实例的分析,具体介绍利用 MATLAB 工具箱中的函数求解线性方程组的常用方法。

12.1 方程组简介

12.1.1 一元方程的求解

对于一元一次方程 $Ax+b=c$,直接使用四则运算进行计算即可得其解 $x = \dfrac{c-b}{A}$。

对于一元二次方程 $ax^2 + bx + c = 0\left(a,b,c \in \mathbf{R}, a \neq 0\right)$,设其两根为 x_1, x_2,则有如下关系

$$x_1 + x_2 = -\frac{b}{a}$$

$$x_1 x_2 = \frac{c}{a}$$

由一元二次方程求根公式知

$$x_{1,2} = \frac{-b \pm \sqrt{b^2 - 4ac}}{2a}$$

对于一元三次方程,其解法只能用归纳思维得到,即根据一元一次方程、一元二次方程及特殊的高次方程的求根公式的形式可归纳出一元三次方程的求根公式的形式。

归纳可知,形如 $x^3 + px + q = 0$ 的一元三次方程的求根公式的形式应该为 $x = \sqrt[3]{A} + \sqrt[3]{B}$ 型,即为两个开立方之和。

12.1.2　二元一次方程组的代入消元法

将二元一次方程组中一个方程的某个未知数用含有另一个未知数的代数式表示出来，代入另一个方程中，消去一个未知数，得到一个一元一次方程，最后求得方程组的解，这种解方程组的方法叫作代入消元法。具体步骤如下：

- ☑ 选取一个系数较简单的二元一次方程变形，用含有一个未知数的代数式表示另一个未知数。
- ☑ 将变形后的方程代入另一个方程中，消去一个未知数，得到一个一元一次方程（在代入时，要注意不能代入原方程，只能代入另一个没有变形的方程中，以达到消元的目的）。
- ☑ 解这个一元一次方程，求出未知数的值。
- ☑ 将求得的未知数的值代入变形后的第一个方程中，求出另一个未知数的值。
- ☑ 用"{"联立两个未知数的值，就是方程组的解。
- ☑ 最后检验求得的结果是否正确（代入原方程组中进行检验，方程是否满足左边=右边）。

12.2　线性方程组求解

在线性代数中，求解线性方程组是一个基本内容。在实际中，许多工程问题都可以化为线性方程组的求解问题。本节将讲述如何用 MATLAB 来解各种线性方程组。

12.2.1　利用矩阵除法

在自然科学和工程技术中，很多问题的解决常常归结为解线性方程组的求解问题，如电学中的网络问题、三次样条函数问题、最小二乘法求数据的曲线拟合问题、解非线性方程组问题、用差分法或有限元方法求解常微分方程问题、偏微分方程边值问题等，最终都是归结为求解线性代数方程组的问题。

线性方程组的一般形式为

$$\begin{cases} a_{11}x_1 + a_{12}x_2 + ... + a_{1n}x_n = b_1 \\ a_{21}x_1 + a_{22}x_2 + ... + a_{2n}x_n = b_2 \\ ... \\ a_{n1}x_1 + a_{n2}x_2 + ... + a_{nn}x_n = b_n \end{cases}$$

或者写为矩阵形式

$$Ax=b$$

其中，A 为矩阵，x 和 b 为向量。

例 12-1：求线性方程组 $\begin{cases} x_1 + x_2 + x_3 = 6 \\ 4x_2 - x_3 = 5 \\ 2x_1 - 2x_2 + x_3 = 1 \end{cases}$ 的解。

解　首先将方程组化成矩阵形式：

$$\begin{pmatrix} 1 & 1 & 1 \\ 0 & 4 & -1 \\ 2 & -2 & 1 \end{pmatrix} \begin{pmatrix} x_1 \\ x_2 \\ x_3 \end{pmatrix} = \begin{pmatrix} 6 \\ 5 \\ 1 \end{pmatrix}$$

然后，在命令行窗口中输入系数矩阵并调用求解函数得到最终的解。

MATLAB 程序如下：

```
>> close all              % 关闭当前已打开的文件
>> clear                  % 清除工作区的变量
>> A=[1 1 1; 0 4 -1;2 -2 1];  % 输入方程组的系数矩阵 A
>> b=[6;5;1];             % 输入方程组的常数项向量 b
>> x=A\b                  % 求解方程组的解
x =
    1
    2
    3
```

也就是说，方程组的解为 $x=(1,2,3)$。代入方程组验证也满足。

12.2.2　判定线性方程组的解

对于线性方程组 $Ax=b$，其中 $A \in \mathbb{R}^{m \times n}$，$b \in \mathbb{R}^m$。若 $m=n$，我们称为恰定方程组；若 $m>n$，我们称其为超定方程组；若 $m<n$，我们称之为欠定方程组。若 $b=0$，则相应的方程组称为齐次线性方程组，否则称其为非齐次线性方程组。

对于齐次线性方程组，其解的个数有下面的定理。

定理 1：设方程组系数矩阵 A 的秩为 r，则有：

☑　若 $r=n$，则齐次线性方程组有唯一解。

☑　若 $r<n$，则齐次线性方程组有无穷解。

对于非齐次线性方程组解的存在性有下面的定理。

定理 2：设方程组系数矩阵 A 的秩为 r，增广矩阵$(A\ b)$的秩为 s，则有：

☑　若 $r=s=n$，则非齐次线性方程组有唯一解。

☑　若 $r=s<n$，则非齐次线性方程组有无穷解。

☑　若 $r \neq s$，则非齐次线性方程组无解。

关于齐次线性方程组与非齐次线性方程组解之间的关系有下面的定理。

定理 3：非齐次线性方程组的通解等于其一个特解与其对应齐次方程组的通解之和。

若线性方程组有无穷多解，我们希望找到一个基础解系 $\eta_1, \eta_2, \cdots, \eta_r$，以此来表示相应齐次方程组的

通解 $k_1\boldsymbol{\eta}_1 + k_2\boldsymbol{\eta}_2 + \cdots + k_r\boldsymbol{\eta}_r (k_i \in \mathbf{R})$。对于这个基础解系，我们可以通过求矩阵 $\boldsymbol{A}$ 的核空间矩阵得到。在 MATLAB 中，可以用 null 函数得到 $\boldsymbol{A}$ 的核空间矩阵，其调用格式及说明如表 12-1 所示。

表 12-1 null 函数调用格式及说明

调用格式	说　明
Z= null(A)	返回矩阵 $\boldsymbol{A}$ 的核空间矩阵 $\boldsymbol{Z}$，即其列向量为方程组 $\boldsymbol{Ax}=0$ 的一个基础解系，$\boldsymbol{Z}$ 还满足 $\boldsymbol{Z}^{\mathrm{T}}\boldsymbol{Z} = \boldsymbol{I}$
Z= null(A,'r')	$\boldsymbol{Z}$ 的列向量是方程组 $\boldsymbol{Ax}=0$ 的有理基，与上面的函数调用格式不同的是 $\boldsymbol{Z}$ 不满足 $\boldsymbol{Z}^{\mathrm{T}}\boldsymbol{Z} = \boldsymbol{I}$

视频讲解

例 12-2：求方程组 $\begin{cases} x_1 + 2x_2 + 2x_3 + x_4 = 0 \\ 2x_1 + x_2 - 2x_3 - 2x_4 = 0 \\ x_1 - x_2 - 4x_3 - 3x_4 = 0 \end{cases}$ 的通解。

解　MATLAB 程序如下：

```
>> close all              % 关闭当前已打开的文件
>> clear                  % 清除工作区的变量
>> A=[1 2 2 1;2 1 -2 -2;1 -1 -4 -3];   % 输入系数矩阵 A
>> format rat             % 指定以有理形式输出
>> Z=null(A,'r')          % 返回矩阵 A 的核空间的有理基
Z =
        2              5/3
       -2             -4/3
        1              0
        0              1
```

所以，该方程组的通解为

$$\boldsymbol{x} = k_1 \begin{pmatrix} 2 \\ -2 \\ 1 \\ 0 \end{pmatrix} + k_2 \begin{pmatrix} 5/3 \\ -4/3 \\ 0 \\ 1 \end{pmatrix}, \quad k_1, k_2 \in \mathbf{R}$$

在本小节的最后，给出一个判断线性方程组 $\boldsymbol{Ax}=\boldsymbol{b}$ 解的存在性的函数 isexist.m：

```
function y=isexist(A,b)
% 该函数用来判断线性方程组 Ax=b 的解的存在性
% 若方程组无解则返回 0，若有唯一解则返回 1，若有无穷多解则返回 Inf
[m,n]=size(A);
[mb,nb]=size(b);
if m~=mb
    error('输入有误！');
    return;
end
r=rank(A);
s=rank([A,b]);
```

```
if r==s&r==n
    y=1;
elseif r==s&r<n
    y=Inf;
else
    y=0;
end
```

12.2.3　利用矩阵的逆（伪逆）与除法求解

对于线性方程组 $Ax=b$，若其为恰定方程组且 A 是非奇异的，则求 x 的最明显的方法便是利用矩阵的逆，即 $x = A^{-1}b$；若不是恰定方程组，则可利用伪逆来求其一个特解。

例 12-3：求线性方程组 $\begin{cases} x_1 + 2x_2 + 2x_3 = 1 \\ x_2 - 2x_3 - 2x_4 = 2 \\ x_1 + 3x_2 - 2x_4 = 3 \end{cases}$ 的通解。

解　MATLAB 程序如下：

```
>> close all                    % 关闭当前已打开的文件
>> clear                        % 清除工作区的变量
>> A=[1 2 2 0;0 1 -2 -2;1 3 0 -2];   % 输入系数矩阵 A
>> b=[1 2 3]';                  % 输入常数项向量 b
>> format rat                   % 指定以有理形式输出
>> x0=pinv(A)*b                 % 利用伪逆求方程组的一个特解
x0 =
    13/77
    46/77
    -2/11
    -40/77
>> Z=null(A,'r')                % 求相应齐次方程组的基础解系
Z =
    -6        -4
     2         2
     1         0
     0         1
```

因此，原方程组的通解为

$$x = \begin{pmatrix} 13/77 \\ 46/77 \\ -2/11 \\ -40/77 \end{pmatrix} + k_1 \begin{pmatrix} -6 \\ 2 \\ 1 \\ 0 \end{pmatrix} + k_2 \begin{pmatrix} -4 \\ 2 \\ 0 \\ 1 \end{pmatrix}, \quad k_1, k_2 \in \mathbf{R}$$

视频讲解

技巧

如果线性方程组 $Ax=b$ 的系数矩阵 A 奇异且该方程组有解，那么有时可以利用伪逆来求其一个特解，即 x=pinv(A)*b。

若系数矩阵 A 非奇异，还可以利用矩阵除法求线性方程组的解，即 $x=A\backslash b$。虽然，这种方法与上面的方法都基于高斯（Gauss）消去法，但该方法不对矩阵 A 求逆，因此可以提高计算精度且能够节省计算时间。

利用下面的 M 文件 compare.m，可以比较用上面两种方法求解线性方程组在时间与精度上的区别，具体代码如下：

```
% 该 M 文件用来演示求逆法与除法求解线性方程组在时间与精度上的区别
A=1000*rand(1000,1000);              % 随机生成一个 1000 维的系数矩阵
x=ones(1000,1);
b=A*x;
disp('利用矩阵的逆求解所用时间及误差为：');
tic
y=inv(A)*b;
t1=toc
error1=norm(y-x)                     % 利用 2-范数来刻画结果与精确解的误差
disp('利用除法求解所用时间及误差为：')
tic
y=A\b;
t2=toc
error2=norm(y-x)
```

该 M 文件的运行结果如下：

```
>> compare
利用矩阵的逆求解所用时间及误差为：
t1 =
    0.3511
error1 =
    1.3627e-09
利用除法求解所用时间及误差为：
t2 =
    0.0903
error2 =
    1.1239e-09
```

由此可以看出，利用除法来解线性方程组所用时间约仅为求逆法的 1/3，其精度也要比求逆法高，因此在实际中应尽量不要使用求逆法。

注意

　　本节调用的 M 文件 compare.m 中的系数矩阵 **A** 由随机矩阵生成，每次生成的矩阵不同，因此求出的时间与误差不同，读者运行该程序得出与书中不同的结果是允许的。同时，本书中其余调用随机矩阵函数 rand 的章节，每次得到的矩阵也是不同的。

12.2.4　利用行阶梯形矩阵求解

　　这种方法只适用于恰定方程组，且系数矩阵非奇异。若不然，则这种方法只能简化方程组的形式，若想将其解出还需进一步编程实现，因此本小节内容都假设系数矩阵非奇异。

　　将一个矩阵化为行阶梯形的函数是 rref，其调用格式及说明如表 12-2 所示。

表 12-2　rref 函数调用格式及说明

调用格式	说　明
R=rref(A)	利用高斯消去法得到矩阵 **A** 的行阶梯形 **R**
[R,jb]=rref(A)	返回矩阵 **A** 的行阶梯形 **R** 以及向量 j_b
[R,jb]=rref(A,tol)	返回基于给定误差限 tol 的矩阵 **A** 的行阶梯形 **R** 以及向量 j_b

　　上述调用格式中的向量 j_b 满足下列条件。

☑　r=length(jb)即为矩阵 **A** 的秩。

☑　x(jb)为线性方程组 **Ax=b** 的约束变量。

☑　A(:,jb)为矩阵 **A** 所在空间的基。

☑　R(1:r,jb)是 $r \times r$ 单位矩阵。

　　当系数矩阵非奇异时，我们可以利用这个函数将增广矩阵（**A**,**b**）化为行阶梯形 **R**，那么 **R** 的最后一列即为方程组的解。

例 12-4： 求方程组 $\begin{cases} 5x_1 + 6x_2 = 1 \\ x_1 + 5x_2 + 6x_3 = 2 \\ x_2 + 5x_3 + 6x_4 = 3 \\ x_3 + 5x_4 + 6x_5 = 4 \\ x_4 + 5x_5 = 5 \end{cases}$ 的解。

视频讲解

解　MATLAB 程序如下：

```
>> close all                        % 关闭当前已打开的文件
>> clear                            % 清除工作区的变量
% 将输出格式重置为默认值，即浮点表示法的短固定十进制小数点格式和适用于所有输出行的宽松行距
>> format
>> A=[5 6 0 0 0;1 5 6 0 0;0 1 5 6 0;0 0 1 5 6;0 0 0 1 5];   % 输入系数矩阵 A
>> b=[1 2 3 4 5]';                  % 输入常数项向量 b
>> r=rank(A)                        % 求 A 的秩，看其是否非奇异
```

```
r =                                      % 秩等于列数，矩阵满秩，所以 A 为非奇异矩阵
    5
>> B=[A,b];                              % 创建增广矩阵 B
>> R=rref(B)                             % 将增广矩阵化为阶梯形
R =
    1.0000         0         0         0         0    5.4782
         0    1.0000         0         0         0   -4.3985
         0         0    1.0000         0         0    3.0857
         0         0         0    1.0000         0   -1.3383
         0         0         0         0    1.0000    1.2677
>> x=R(:,6)                              % R 的最后一列即为解
x =
    5.4782
   -4.3985
    3.0857
   -1.3383
    1.2677
>> A*x                                   % 验证解的正确性
ans =
    1.0000
    2.0000
    3.0000
    4.0000
    5.0000
```

12.2.5   利用矩阵分解法求解

利用矩阵分解法来求解线性方程组，可以节省内存和计算时间，因此工程计算中最为常见。本小节将讲述如何利用 LU 分解、QR 分解与楚列斯基（Cholesky）分解来求解线性方程组。

1. LU 分解法

这种方法的思路是先将系数矩阵 A 进行 LU 分解，得到 $LU=PA$，然后解 $Ly=Pb$，最后再解 $Ux=y$，进而得到原方程组的解。因为矩阵 L、U 的特殊结构，使得上述两个方程组的解可以很容易地求出来。这里，我们给出一个利用 LU 分解法求解线性方程组 $Ax=b$ 的函数 solvebyLU.m，具体代码如下：

```
function x=solvebyLU(A,b)
% 该函数利用 LU 分解法求线性方程组 Ax=b 的解
flag=isexist(A,b);                      % 调用 isexist 函数判断方程组解的情况
if flag==0
    disp('该方程组无解！');
    x=[];
    return;
else
    r=rank(A);
```

```
[m,n]=size(A);
[L,U,P]=lu(A);
b=P*b;

% 解 Ly=b
y(1)=b(1);
if m>1
    for i=2:m
        y(i)=b(i)-L(i,1:i-1)*y(1:i-1)';
    end
end
y=y';

% 解 Ux=y 得原方程组的一个特解
x0(r)=y(r)/U(r,r);
if r>1
    for i=r-1:-1:1
        x0(i)=(y(i)-U(i,i+1:r)*x0(i+1:r)')/U(i,i);
    end
end
x0=x0';

if flag==1                          % 若方程组有唯一解
    x=x0;
    return;
else                                % 若方程组有无穷多解
    format rat;
    Z=null(A,'r');                  % 求出对应齐次线性方程组的基础解系
    [mZ,nZ]=size(Z);
    x0(r+1:n)=0;
    for i=1:nZ
        t=sym(char([107 48+i]));
        k(i)=t;                     % 取 k=[k1,k2,…]
    end
    x=x0;
    for i=1:nZ
        x=x+k(i)*Z(:,i);            % 将方程组的通解表示为特解加对应齐次线性方程组通解形式
    end
end
end
```

请读者将该文件复制到当前文件夹路径下，方便运行书中实例时调用。

例 12-5： 利用 LU 分解法求方程组 $\begin{cases} x_1 + x_2 - 3x_3 - x_4 = 1 \\ 3x_1 - x_2 - 3x_3 + 4x_4 = 4 \\ x_1 + 5x_2 - 9x_3 - 8x_4 = 0 \end{cases}$ 的通解。

解　　MATLAB 程序如下：

```
>> close all                          %  关闭当前已打开的文件
>> clear                              %  清除工作区的变量
>> A=[1 1 -3 -1;3 -1 -3 4;1 5 -9 -0];  %  输入系数矩阵 A
>> b=[1 4 0]';                        %  输入常数项向量 b
>> x=solvebyLU(A,b)                   %  利用自定义函数 solvebyLU 求线性方程组的解
x =
(3*k1)/2 - (3*k2)/4 + 5/4
(3*k1)/2 + (7*k2)/4 - 1/4
                              k1
                              k2
```

视频讲解

例 12-6： 利用 MATLAB 分析希尔伯特（Hilbert）矩阵 A 的病态性质。A 是一个 6 阶的希尔伯特矩阵，取

$$b=(1, 2, 1, 1.414, 1, 2)^{\mathrm{T}}, \quad b+\Delta b=(1, 2, 1, 1.4142, 1, 2)^{\mathrm{T}}$$

其中，$b+\Delta b$ 是在 b 的基础上有一个相当微小的扰动 Δb。分别求解线性方程组 $Ax_1 = b$ 与 $Ax_2 = b+\Delta b$，比较 x_1 与 x_2，若两者相差很大，则说明系数矩阵是"病态"相当严重的。

解　　MATLAB 程序如下：

```
>> close all                    %  关闭当前已打开的文件
>> clear                        %  清除工作区的变量
>> format rat                   %  将希尔伯特矩阵以有理形式表示出来
>> A=hilb(6)                    %  创建 6 阶的希尔伯特矩阵 A
A =
     1        1/2       1/3       1/4       1/5       1/6
    1/2       1/3       1/4       1/5       1/6       1/7
    1/3       1/4       1/5       1/6       1/7       1/8
    1/4       1/5       1/6       1/7       1/8       1/9
    1/5       1/6       1/7       1/8       1/9       1/10
    1/6       1/7       1/8       1/9       1/10      1/11
>> b1=[1 2 1 1.414 1 2]';       %  输入常数项向量 b1
>> b2=[1 2 1 1.4142 1 2]';      %  输入常数项向量 b2
>> format                       %  将输出格式恢复为默认设置
>> x1=solvebyLU(A,b1,'LU')      %  利用 LU 分解来求解 Ax=b1,solvebyLU 为自定义函数
x1 =
   1.0e+006 *
   -0.0065
    0.1857
   -1.2562
    3.2714
   -3.6163
    1.4271
```

```
>> x2=solvebyLU(A,b2,'LU')          % 利用 LU 分解来求解 Ax=b2
x2 =
  1.0e+006 *
   -0.0065
    0.1857
   -1.2565
    3.2721
   -3.6171
    1.4274
>> errb=norm(b1-b2)                 % 求 b1 与 b2 差的 2-范数，以此来度量扰动的大小
errb =
  2.0000e-004
>> errx=norm(x1-x2)                 % 求 x1 与 x2 差的 2-范数，以此来度量解扰动的大小
errx =
  1.1553e+003
```

从计算结果可以看出，解的扰动相比于 **b** 的扰动要剧烈得多，前者大约是后者的近 107 倍。由此可知，希尔伯特矩阵 **A** 是"病态"严重的矩阵。

2．QR 分解法

利用 QR 分解法解线性方程组的思路与上面的 LU 分解法是一样的，也是先将系数矩阵 **A** 进行 QR 分解，得到 **A=QR**，然后解 **Qy=b**，最后解 **Rx=y**，得到原方程组的解。对于这种方法，我们需要注意 **Q** 是正交矩阵，因此 **Qy=b** 的解即 **y=Q$^\mathrm{T}$b**。这里，我们给出一个利用 **QR** 分解法求解线性方程组 **Ax=b** 的函数 solvebyQR.m，具体代码如下：

```
function x=solvebyQR(A,b)
% 该函数利用 QR 分解法求线性方程组 Ax=b 的解
flag=isexist(A,b);                  % 调用 isexist 函数判断方程组解的情况
if flag==0
    disp('该方程组无解！');
    x=[];
    return;
else
    r=rank(A);
    [m,n]=size(A);
    [Q,R]=qr(A);
    b=Q'*b;

    % 解 Rx=b 得原方程组的一个特解
    x0(r)=b(r)/R(r,r);
    if r>1
        for i=r-1:-1:1
            x0(i)=(b(i)-R(i,i+1:r)*x0(i+1:r)')/R(i,i);
        end
```

```
        end
    x0=x0';

    if flag==1                          % 若方程组有唯一解
        x=x0;
        return;
    else                                % 若方程组有无穷多解
        format rat;
        Z=null(A,'r');                  % 求出对应齐次线性方程组的基础解系
        [mZ,nZ]=size(Z);
        x0(r+1:n)=0;
        for i=1:nZ
            t=sym(char([107 48+i]));
            k(i)=t;                     % 取 k=[k1,···,kr];
        end
        x=x0;
        for i=1:nZ
            x=x+k(i)*Z(:,i);            % 将方程组的通解表示为特解加对应齐次线性方程组通解形式
        end
    end
end
```

请读者将该文件复制到当前文件夹路径下，方便运行书中实例时调用。

例 12-7：利用 QR 分解法求方程组 $\begin{cases} x_1 - 2x_2 + 3x_3 + x_4 = 1 \\ 3x_1 - x_2 + x_3 - 3x_4 = 2 \\ 2x_1 + x_2 + 2x_3 - 2x_4 = 3 \end{cases}$ 的通解。

视频讲解

解 MATLAB 程序如下：

```
>> close all                           % 关闭当前已打开的文件
>> clear                               % 清除工作区的变量
>> A=[1 -2 3 1;3 -1 1 -3;2 1 2 -2];    % 输入系数矩阵 A
>> b=[1 2 3]';                         % 输入常数项向量 b
>> x=solvebyQR(A,b)                    % 利用 QR 分解法求解 Ax=b，solvebyQR 是自定义函数
x =
(13*k1)/10 + 7/10
    (2*k1)/5 + 3/5
         1/2 - k1/2
                   k1
```

3. 楚列斯基分解法

与上面两种矩阵分解法不同的是，楚列斯基分解法只适用于系数矩阵 A 是对称正定的情况。它的求解思路是先将矩阵 A 进行楚列斯基分解，得到 $A=R^T R$，然后解 $R^T y=b$，最后再解 $Rx=y$，得到原方程组的解。这里，我们给出一个利用楚列斯基分解法求解线性方程组 $Ax=b$ 的函数 solvebyCHOL.m，具体代码如下：

```
function x=solvebyCHOL(A,b)
% 该函数利用楚列斯基分解法求线性方程组 Ax=b 的解
lambda=eig(A);
if lambda>eps&isequal(A,A')
    [n,n]=size(A);
    R=chol(A);
    % 解 R'y=b
    y(1)=b(1)/R(1,1);
    if n>1
        for i=2:n
            y(i)=(b(i)-R(1:i-1,i)'*y(1:i-1)')/R(i,i);
        end
    end

    % 解 Rx=y
    x(n)=y(n)/R(n,n);
    if n>1
        for i=n-1:-1:1
            x(i)=(y(i)-R(i,i+1:n)*x(i+1:n)')/R(i,i);
        end
    end
    x=x';
else
    x=[];
    disp('该方法只适用于对称正定的系数矩阵！');
end
```

请读者将该文件复制到当前文件夹路径下，方便运行书中实例时调用。

例 12-8：利用楚列斯基分解法求方程组 $\begin{cases} 3x_1 + 3x_2 - 3x_3 = 1 \\ 3x_1 + 5x_2 - 2x_3 = 2 \\ -3x_1 - 2x_2 + 5x_3 = 3 \end{cases}$ 的解。

解　MATLAB 程序如下：

```
>> close all                    % 关闭当前已打开的文件
>> clear                        % 清除工作区的变量
>> A=[3 3 -3;3 5 -2;-3 -2 5];   % 输入系数矩阵 A
>> b=[1 2 3]';                  % 输入常数项向量 b
>> x=solvebyCHOL(A,b)           % 利用楚列斯基分解法求解 Ax=b，solvebyCHOL 是自定义函数
x =
    3.3333
   -0.6667
    2.3333
>> A*x                          % 验证解的正确性
ans =
    1.0000
```

```
    2.0000
    3.0000
```

在本小节的最后，再给出一个函数 solvelineq.m。对于这个函数，读者可以通过输入参数来选择用上面的哪种矩阵分解法求解线性方程组，具体代码如下：

```
function x=solvelineq(A,b,flag)
% 该函数是矩阵分解法的汇总，通过 flag 的取值来调用不同的矩阵分解法函数
% 若 flag='LU'，则调用 LU 分解法
% 若 flag='QR'，则调用 QR 分解法
% 若 flag='CHOL'，则调用楚列斯基分解法
if strcmp(flag,'LU')
    x=solvebyLU(A,b);
elseif strcmp(flag,'QR')
    x=solvebyQR(A,b);
elseif strcmp(flag,'CHOL')
    x=solvebyCHOL(A,b);
else
    error('flag 的值只能为 LU,QR,CHOL!');
end
```

请读者将该文件复制到当前文件夹路径下，方便运行书中实例时调用。

12.2.6　非负最小二乘解

在实际问题中，往往会要求线性方程组的解是非负的，若此时方程组没有精确解，则希望找到一个能够尽量满足方程的非负解。对于这种情况，可以利用 MATLAB 中求非负最小二乘解的函数 lsqnonneg 来实现。该函数实际上是解二次规划问题：

$$\min \quad \| Ax - b \|_2$$
$$\text{s.t.} \quad x_i \geqslant 0, i = 1, 2, \cdots, n$$

以此来得到线性方程组 $Ax=b$ 的非负最小二乘解，其调用格式及说明如表 12-3 所示。

表 12-3　lsqnonneg 函数调用格式及说明

调用格式	说　明
x=lsqnonneg(A,b)	利用高斯消去法得到矩阵 A 的最小向量 x
x=lsqnonneg(A,b,options)	使用结构体 options 中指定的优化选项求最小值。使用 optimset 可设置这些选项
x = lsqnonneg(problem)	求结构体 problem 的最小值
[x,resnorm,residual] = lsqnonneg(⋯)	对于上述任何语法，还返回残差的 2-范数平方值 norm(C*x-d)^2 以及残差 d-C*x

例 12-9：求方程组 $\begin{cases} x_2 - 2x_3 + x4 = 1 \\ x_1 - x_3 + 2x4 = 0 \\ -2x_1 + x_2 - x_4 = 1 \end{cases}$ 的最小二乘解。

解　MATLAB 程序如下：

```
>> close all                      %  关闭当前已打开的文件
>> clear                          %  清除工作区的变量
>> A=[0 1 -2 1;1 0 -1 2;-2 1 0 -1];  %  输入系数矩阵 A
>> b=[1 0 1]';                    %  输入常数项向量 b
>> x=lsqnonneg(A,b)              %  利用高斯消去法求解线性方程组的非负最小二乘解 x
x =
          0
     1.0000
          0
          0
>> A*x                           %  验证解的正确性
ans =
     1.0000
          0
     1.0000
```

第 *13* 章

概率和数据统计分析

概率统计需要大量的反复试验，导致存在大量的数值需要进行计算。MATLAB 具有强大的数值计算能力和卓越的数据可视化能力，为概率统计中的数值计算提供了良好的支持。本章将详细讲解 MATLAB 在概率和数据统计分析中的应用。

13.1 概 率 问 题

设 E 是随机试验，S 是它的样本空间，对于 E 的每一事件 A 赋予一个实数，记为 $p(A)$，称为事件 A 的概率。如果集合函数 $p(.)$ 满足下列条件：

- ☑ 非负性：对于每一个事件 A，有 $p(A) \geqslant 0$。
- ☑ 规范性：对于必然事件 S，有 $p(S) = 1$。
- ☑ 可列可加性：设 $A_1, A_2, \cdots$ 是两两互不相容的事件，即 $A_i \cap A_j = \varnothing, (i = j, i, j = 1, 2, \cdots)$，则有 $p(A_1 \cup A_2 \cup \cdots) = p(A_1) + p(A_2) + \cdots$。

那么，当样本容量 $n \to \infty$ 时，每一个事件 A 的频率 $f_n(A)$ 在一定意义下接近于概率 $p(A)$。基于这一事实，我们就有理由将概率 $p(A)$ 用来表征事件 A 在一次实验中发生的可能性的大小。

13.2 变量的数字特征

数理统计工具箱是 MATLAB 工具箱中较为简单的一个工具箱，其涉及的数学知识是大家都很熟悉的数理统计知识，比如求均值与方差等。

13.2.1　样本均值

MATLAB 中计算样本均值的函数为 mean，其调用格式及说明如表 13-1 所示。

表 13-1　mean 函数调用格式及说明

调用格式	说　明
M = mean(A)	如果 A 为向量，输出 M 为 A 中所有参数的平均值；如果 A 为矩阵，输出 M 是一个行向量，其每一个元素是对应列的元素的平均值
M = mean(A,dim)	按指定的维数求平均值
M = mean(A,'all')	计算 A 的所有元素的均值
M = mean(A,vecdim)	计算 A 中向量 vecdim 所指定的维度上的均值
M = mean(⋯,outtype)	使用前面语法中的任何输入参数返回指定的数据类型的均值。outtype 可以是 default、double 或 native
M = mean(⋯,nanflag)	指定在上述任意语法的计算中包括还是忽略 NaN 值

MATLAB 还提供了表 13-2 所列的其他几个求平均数的函数，调用格式与 mean 函数相似。

表 13-2　其他求平均数的函数及说明

函数名称	说　明
nanmean	求算术平均，忽略 NaN 值
geomean	求几何平均
harmmean	求调和平均
trimmean	求调整平均

例 13-1： 已知某小学数学、语文考试分数，从中各抽取 6 份，具体数据如下：

语文：85,83,79,88,77,93。

数学：90,75,93,86,77,88。

试利用上述 MATLAB 求平均数的函数求对应的平均值。

解　在 MATLAB 命令行窗口输入如下命令：

视频讲解

```
>> close all             % 关闭当前已打开的文件
>> clear                 % 清除工作区的变量
>> A=[85 83 79 88 77 93;90 75 93 86 77 88];   % 创建成绩矩阵 A
>> mean(A)               % 返回成绩的均值
ans =
   87.5000   79.0000   86.0000   87.0000   77.0000   90.5000
>> mean(A,2)             % 返回语文和数学成绩的均值
ans =
   84.1667
```

```
    84.8333
>> nanmean(A)              % 返回成绩的算术平均值
ans =
    87.5000    79.0000    86.0000    87.0000    77.0000    90.5000
>> geomean(A)              % 返回成绩的几何平均值
ans =
    87.4643    78.8987    85.7146    86.9943    77.0000    90.4655
>> harmmean(A)             % 返回成绩的调和平均值
ans =
    87.4286    78.7975    85.4302    86.9885    77.0000    90.4309
>> trimmean(A,1)          % 先除去 A 中 1%的最高值和最低值数据点，然后再求平均值
ans =
    87.5000    79.0000    86.0000    87.0000    77.0000    90.5000
```

13.2.2 样本方差与标准差

在 MATLAB 中，计算样本方差的函数为 var，其调用格式及说明如表 13-3 所示。计算样本标准差的函数为 std，其调用格式及说明如表 13-4 所示。

表 13-3 var 函数调用格式及说明

调用格式	说　明
V = var(A)	如果 A 是向量，输出 A 中所有元素的样本方差；如果 A 是矩阵，输出 V 是行向量，其每一个元素是对应列的元素的样本方差，按观测值数量 −1 实现归一化
V = var(A,w)	w 是权重向量，其元素必须为正，长度与 A 匹配
V = var(A,w,dim)	返回沿 dim 维度的方差
V = var(A,w,'all')	当 w 为 0 或 1 时，计算 A 的所有元素的方差
V = var(A,w,vecdim)	当 w 为 0 或 1 时，计算向量 vecdim 中指定维度的方差
V = var(⋯,nanflag)	指定在上述任意语法的计算中包括还是忽略 NaN 值

表 13-4 std 函数调用格式及说明

调用格式	说　明
S = std(A)	按照样本方差的无偏估计计算样本标准差，如果 A 是向量，输出 S 是 A 中所有元素的样本标准差；如果 A 是矩阵，输出 S 是行向量，其每一个元素是对应列的元素的样本标准差
S = std(A,w)	为上述语法指定一个权重方案。$w = 0$ 时（默认值），S 按 N-1 进行归一化。当 $w = 1$ 时，S 按观测值数量 N 进行归一化
S = std(A,w,'all')	当 w 为 0 或 1 时，计算 A 的所有元素的标准差
S = std(A,w,dim)	使用上述任意语法沿维度 dim 返回标准差
S = std(A,w,vecdim)	当 w 为 0 或 1 时，计算 A 中向量 vecdim 指定维度的标准差
S = std(⋯,nanflag)	指定在上述任意语法的计算中包括还是忽略 NaN 值

例 13-2：已知某批灯泡的寿命服从正态分布 $N(\mu, \sigma^2)$，今从中抽取 4 只进行寿命试验，测得数据（单位：h）为 1502, 1453, 1367, 1650。试估计参数 μ 和 σ。

解 在 MATLAB 命令行窗口输入以下命令：

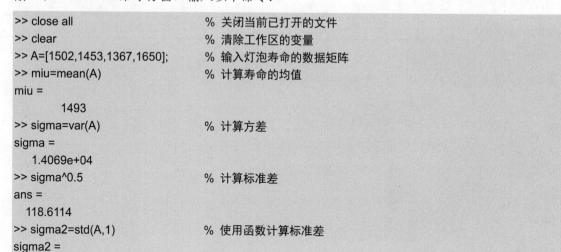

```
>> close all                    % 关闭当前已打开的文件
>> clear                        % 清除工作区的变量
>> A=[1502,1453,1367,1650];     % 输入灯泡寿命的数据矩阵
>> miu=mean(A)                  % 计算寿命的均值
miu =
        1493
>> sigma=var(A)                 % 计算方差
sigma =
    1.4069e+04
>> sigma^0.5                    % 计算标准差
ans =
    118.6114
>> sigma2=std(A,1)              % 使用函数计算标准差
sigma2 =
    118.6114
```

可以看出，两个估计参数分别为 1493 和 118.6114。

13.2.3　协方差和相关系数

MATLAB 中计算协方差的函数为 cov，其调用格式及说明如表 13-5 所示。

表 13-5　cov 函数调用格式及说明

调用格式	说　明
C = cov(A)	**A** 为向量时，计算其方差；**A** 为矩阵时，计算其协方差矩阵，其中协方差矩阵的对角元素是 **A** 矩阵的列向量的方差，按观测值数量 -1 实现归一化
C = cov(A,B)	返回两个随机变量 **A** 和 **B** 之间的协方差
C = cov(⋯,w)	为之前的任何语法指定归一化权重。如果 $w = 0$（默认值），则 **C** 按观测值数量-1 实现归一化；$w = 1$ 时，按观测值数量对它实现归一化
C = cov(⋯,nanflag)	指定一个条件，用于在之前的任何语法的计算中忽略 NaN 值

MATLAB 中计算相关系数的函数为 corrcoef，其调用格式及说明如表 13-6 所示。

表 13-6　corrcoef 函数调用格式及说明

调用格式	说　明
R = corrcoef(A)	返回 **A** 的相关系数的矩阵，其中 **A** 的列表示随机变量，行表示观测值
R = corrcoef(A,B)	返回两个随机变量 **A** 和 **B** 之间的相关系数矩阵 **R**
[R,P]=corrcoef(⋯)	返回相关系数的矩阵和 **p** 值矩阵，用于测试观测到的现象之间没有关系的假设

续表

调用格式	说明
[R,P,RLO,RUP]=corrcoef(…)	RLO、RUP 分别是相关系数 95%置信度的估计区间上、下限。如果 **R** 包含复数元素，此语法无效
corrcoef(…,Name,Value)	在上述语法的基础上，通过一个或多个名称-值对组参数指定其他选项

视频讲解

例 13-3: 求解矩阵 $A = \begin{pmatrix} -1 & 1 & 2 \\ -2 & 3 & 1 \\ 4 & 0 & 3 \end{pmatrix}$ 的协方差和相关系数。

解 在 MATLAB 命令行窗口输入以下命令：

```
>> close all                % 关闭当前已打开的文件
>> clear                    % 清除工作区的变量
>> A = [-1 1 2 ; -2 3 1 ; 4 0 3];  % 输入矩阵 A
>> cov(A)                   % 计算 A 的协方差
ans =
    10.3333    -4.1667     3.0000
    -4.1667     2.3333    -1.5000
     3.0000    -1.5000     1.0000
>> corrcoef(A)              % 计算 A 的相关系数
ans =
     1.0000    -0.8486     0.9333
    -0.8486     1.0000    -0.9820
     0.9333    -0.9820     1.0000
```

13.3　数据可视化

在工程计算中，往往会遇到大量的数据，单单从这些数据表面是看不出事物内在关系的，这时便需要数据可视化。数据可视化的字面意思就是将用户所收集或通过某些试验得到的数据反映到图像上，以此来观察数据所反映的各种内在关系。

设随机试验的样本空间为 $S=\{e\}$，$X=X(e)$ 是定义在样本空间 S 上的实值单值函数，称 $X=X(e)$ 为随机变量

13.3.1　离散情况

有些随机变量，它全部可能取到的值是有限个或可列无限多个，这种随机变量称为离散型随机变量。

要掌握一个离散型随机变量 X 的统计规律，必须且只需要 X 的所有可能取值以及取每一个可能值的概率。

设离散型随机变量 X 所有可能取的值为 $x_k \, (k=1,2,\cdots)$，X 为取各个可能值的概率，即事件 $X=x_k$ 的概率为

$$P\{X=x_k\}=p_k, \quad k=1,2,\cdots \tag{13-1}$$

由概率的定义可知，p_k 满足条件

$$p_k \geqslant 0, \quad k=1,2,\cdots$$

$$\sum_{k=1}^{\infty} p_k = 1$$

由于 $(X=x_1) \cup (X=x_2) \cup \cdots$ 是必然事件，且对于任意的 $k \neq j$ 有 $(X=x_j) \cap (X=x_k) = \varnothing$，故 $1 = P\left[\bigcup_{k=1}^{\infty}\{X=x_k\}\right] = \sum_{k=1}^{\infty} P\{X=x_k\}$，即 $\sum_{k=1}^{\infty} p_k = 1$。

我们称式（13-1）为离散型随机变量 X 的分布律，分布律也可以用下面的形式来表示

$$
\begin{array}{cccccc}
X & x_1 & x_2 & \cdots & x_n & \cdots \\
p_k & p_1 & p_2 & \cdots & p_n & \cdots
\end{array}
\tag{13-2}
$$

式（13-2）直观地表示了随机变量 X 取各个值的概率的分布规律，X 取各个值各占一些概率，这些概率合起来是 1。可以想象成：概率 1 以一定的规律分布在各个可能值上，这就是式（13-1）称为分布律的缘故。

在实际中，人们得到的数据往往是一些有限的离散数据。例如，用最小二乘法拟合某一函数时，首先得到的就是一些离散的数据，只有将这些数据以点的形式描述在图上，并用平滑的曲线连接起来，才能反映一定的函数关系。

例 13-4： 观察使用游标卡尺对同一零件不同次测量结果的变化关系。

进行 12 次独立测量，测量次数 t 与测量结果 L 的数据如表 13-7 所示。

视频讲解

表 13-7　次数 t 与测量结果 L 的关系

次数 t	1	2	3	4	5	6	7	8	9	10	11	12
测量结果 L/mm	6.24	6.28	6.28	6.20	6.22	6.24	6.24	6.26	6.28	6.20	6.20	6.24

解　MATLAB 程序如下：

```
>> close all                                                    % 关闭当前已打开的文件
>> clear                                                        % 清除工作区的变量
>> t=1:12;                                                      % 创建次数 t 的数据
>> L=[6.24 6.28 6.28 6.20 6.22 6.24 6.24 6.26 6.28 6.20 6.20 6.24];   % 输入测量结果 L 的数据
>> plot(t,L,'r*')                                               % 用红色的*描绘相应的数据点
>> title('游标卡尺测量数据')                                      % 添加标题
>> grid on                                                      % 显示网格
```

运行结果如图 13-1 所示。

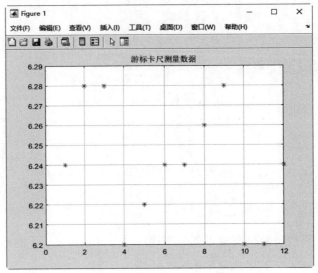

图 13-1　游标卡尺测量数据

13.3.2　连续情况

对于随机变量 X，若存在非负可积函数 $f(x)$（$-\infty < x < +\infty$），使得对于任意实数 x，有

$$F(x) = P\{X \leqslant x\} = \int_{-\infty}^{x} f(t)\mathrm{d}t \qquad (13\text{-}3)$$

则称 X 为连续型随机变量，同时称函数 $f(x)$ 为 X 的概率密度函数，简称概率密度。

根据高等数学的有关理论可知，连续型随机变量的分布函数是连续函数，且在任意实数 x 处，有 $F'(x) = f(x)$。同时，对于任意实数 x_1, x_2（$x_1 \leqslant x_2$），有

$$P\{x_1 < X \leqslant x_2\} = F(x_2) - F(x_1) = \int_{x_1}^{x_2} f(t)\mathrm{d}t$$

一般地，概率密度函数 $f(x)$ 具有以下性质：

☑　非负性：$f(x) \geqslant 0$。

☑　归一性：$\displaystyle\int_{-\infty}^{+\infty} f(x)\mathrm{d}x = 1$。

用 MATLAB 可以画出连续函数的图像，不过此时自变量的取值间隔要足够小，否则所画出的图像可能会与实际情况有很大的偏差。这一点读者可从下面的例子中体会。

例 13-5：用图形表示连续函数 $y = \sin x + \cos x$ 在 $[0, 2\pi]$ 区间十等分点处的值。

解　MATLAB 程序如下：

视频讲解

```
>> close all              % 关闭当前已打开的文件
>> clear                  % 清除工作区的变量
>> x=0:0.1*pi:2*pi;       % 在指定区间创建十等分点
```

```
>> y=sin(x)+cos(x);              % 输入函数表达式
>> plot(x,y,'b*')                % 用蓝色的*描绘相应的数据点
>> title('连续函数')             % 添加标题
>> grid on                       % 显示网格线
```

运行结果如图 13-2 所示。

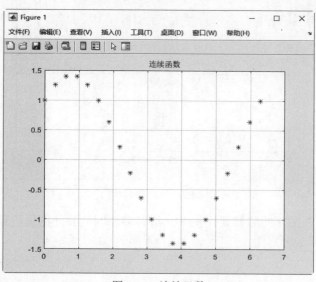

图 13-2　连续函数

例 13-6：画出下面含参数方程的图像。

$$\begin{cases} x=2(\cos t+e^t) \\ y=2(\sin t-e^t) \end{cases}, t \in \left[0,4\pi \right]$$

视频讲解

解　MATLAB 程序如下：

```
>> close all                               % 关闭当前已打开的文件
>> clear                                    % 清除工作区的变量
>> t1=0:pi/5:4*pi;                          % 在指定区间创建二十等分点
>> t2=0:pi/20:4*pi;                         % 在指定区间创建八十等分点
>> x1=2*(cos(t1)+exp(t1));                  % 输入分别以 t1 和 t2 为自变量的函数表达式
>> y1=2*(sin(t1)-exp(t1));
>> x2=2*(cos(t2)+exp(t2));
>> y2=2*(sin(t2)-exp(t2));
>> subplot(2,2,1),plot(x1,y1,'r.'),title('图 1')    % 在第 1、2 个视窗以红色圆点绘制数据点
>> subplot(2,2,2),plot(x2,y2,'r.'),title('图 2')
>> subplot(2,2,3),plot(x1,y1),title('图 3')         % 在第 3、4 个视窗用默认的蓝色实线绘制曲线
>> subplot(2,2,4),plot(x2,y2),title('图 4')
```

运行结果如图 13-3 所示。

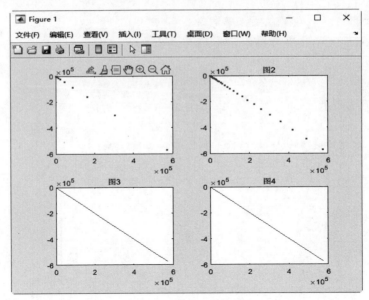

图 13-3　连续函数作图

从图 13-3 可以看出，图 4 的曲线要比图 3 光滑得多，因此要使图像更精确，一定要多选一些数据点。

13.4　方差分析

在具体实践中，影响一个事物的因素是很多的。例如，在化工生产中，原料成分、原料剂量、催化剂、反应温度、压力、反应时间、设备型号以及操作人员等因素都会对产品的质量和产量产生影响。有的因素影响大些，有的因素影响小些。为了保证优质、高产、低能耗，必须找出对产品的质量和产量有显著影响的因素，并研究出最优工艺条件。为此，需要做大量科学试验，以取得一系列试验数据。于是，如何利用试验数据进行分析、推断某个因素的影响是否显著以及在最优工艺条件中如何选用显著性因素，就是方差分析要完成的工作。方差分析已广泛应用于天气预报、农业、工业、医学等许多领域，同时它的思想也渗透到了数理统计的许多方法中。

试验样本的分组方式不同，采用的方差分析方法也不同，一般常用的有单因素方差分析与双因素方差分析。

13.4.1　单因素方差分析

为了考查某个因素对事物的影响，我们通常设定影响事物的其他因素不变，而让所考查的因素改变，从而观察由于该因素改变所造成的影响，并由此分析、推断所研究因素的影响是否显著以及应该如何选用该因素。这种把其他因素控制不变，只让一个因素变化的试验叫单因素试验。在单因素试验中进行方差分析被称为单因素方差分析。表 13-8 是单因素方差分析主要的计算结果。

表 13-8　单因素方差分析表

方差来源	平方和 S	自由度 f	均方差 $\overline{S}$	F 值
因素 A 的影响	$S_A = r\sum\limits_{j=1}^{p}\left(\overline{x}_j - \overline{x}\right)^2$	$p-1$	$\overline{S}_A = \dfrac{S_A}{p-1}$	$F = \dfrac{\overline{S}_A}{\overline{S}_E}$
误　差	$S_E = \sum\limits_{j=1}^{p}\sum\limits_{i=1}^{r}\left(x_{ij} - \overline{x}_j\right)^2$	$n-p$	$\overline{S}_E = \dfrac{S_E}{n-p}$	
总　和	$S_T = \sum\limits_{j=1}^{p}\sum\limits_{i=1}^{r}\left(x_{ij} - \overline{x}\right)^2$	$n-1$		

MATLAB 提供了 anova1 函数进行单因素方差分析，其调用格式及说明如表 13-9 所示。

表 13-9　anova1 函数调用格式及说明

调用格式	说　明
p = anova1(X)	X 的各列为彼此独立的样本观察值，其元素个数相同。p 为各列均值相等的概率值，若 p 值接近于 0，则原假设受到怀疑，说明至少有一列均值与其余列均值有明显不同
p = anova1(X,group)	group 数组中的元素可以用来标识箱线图中的坐标
p = anova1(X,group,displayopt)	displayopt 有两个值，on 和 off，其中 on 为默认值，此时系统将自动给出方差分析表和箱线图
[p,table] = anova1(…)	table 返回的是方差分析表
[p,table,stats] = anova1(…)	stats 为统计结果，是结构体变量，包括每组的均值等信息

例 13-7：为了考查染整工艺对布的缩水率是否有影响，选用 5 种不同的染整工艺，分别用 A_1、A_2、A_3、A_4、A_5 表示，每种工艺处理 4 块布样，测得缩水率的百分数如表 13-10 所示，试对其进行方差分析。

视频讲解

表 13-10　测量数据

	A_1	A_2	A_3	A_4	A_5
1	4.3	6.1	6.5	9.3	9.5
2	7.8	7.3	8.3	8.7	8.8
3	3.2	4.2	8.6	7.2	11.4
4	6.5	4.1	8.2	10.1	7.8

解　在 MATLAB 命令行窗口输入以下命令：

```
>> close all            % 关闭当前已打开的文件
>> clear                % 清除工作区的变量
% 输入测量数据
>> X=[4.3  6.1  6.5  9.3  9.5; 7.8  7.3  8.3 8.7  8.8; 3.2  4.2  8.6 7.2  11.4; 6.5  4.1  8.2  10.1  7.8];
>> mean(X)              % 计算均值
```

```
ans =
    5.4500    5.4250    7.9000    8.8250    9.3750
>> [p,table,stats]=anova1(X)            % 对数据进行单因素方差分析
p =                                     % 各列均值相等的概率值
    0.0042
table =                                 % 方差分析表 table
  4×6 cell 数组
 列 1 至 5
    {'来源'  }    {'SS'      }    {'df'  }    {'MS'      }    {'F'        }
    {'列'    }    {[55.5370]}    {[ 4 ] }    {[ 13.8843] }    {[  6.0590] }
    {'误差'  }    {[34.3725]}    {[15] }    {[  2.2915] }    {0×0 double }
    {'合计'  }    {[89.9095]}    {[19] }    {0×0 double}    {0×0 double }
 列 6
    {'p 值(F)'  }
    {[  0.0042] }
    {0×0 double}
    {0×0 double}
stats =                                 % 统计信息
  包含以下字段的 struct:
    gnames: [5×1 char]
         n: [4 4 4 4]
    source: 'anova1'
     means: [5.4500 5.4250 7.9000 8.8250 9.3750]
        df: 15
         s: 1.5138
```

计算结果如图 13-4 和图 13-5 所示，可以看到 $F = 6.06 > 4.89 = F_{0.99}(4,15)$，故可以认为染整工艺对缩水的影响高度显著。

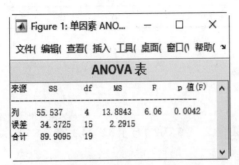

图 13-4 方差分析

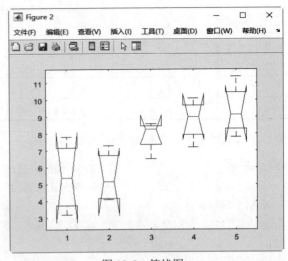

图 13-5 箱线图

13.4.2　双因素方差分析

在许多实际问题中，收获量常常要研究几个因素同时变化时的方差。比如，在农业试验中，有时既要研究几种不同品种的种子对农作物的影响，还要研究几种不同种类的肥料对农作物收获量的影响。这里就有种子和肥料两种因素在变化，必须分析两个因素的同时变化对收获量的影响，以便找到最合适的种子和肥料的搭配。这就是双因素方差分析要完成的工作。双因素方差分析包括没有重复试验的方差分析和具有相等重复试验次数的方差分析，其分析主要的计算结果分别如表 13-11 和表 13-12 所示。

表 13-11　无重复双因素方差分析表

方差来源	平方和 S	自由度 f	均方差 $\overline{S}$	F 值
因素 B 的影响	$S_B = p\sum\limits_{j=1}^{q}\left(\overline{x}_{\cdot j} - \overline{x}\right)^2$	$q-1$	$\overline{S}_A = \dfrac{S_B}{q-1}$	$F = \dfrac{\overline{S}_B}{\overline{S}_E}$
误　差	$S_E = \sum\limits_{i=1}^{p}\sum\limits_{j=1}^{q}\left(x_{ij} - \overline{x}_{i\cdot} - \overline{x}_{\cdot j} + \overline{x}\right)^2$	$(p-1)(q-1)$	$\overline{S}_E = \dfrac{S_E}{(p-1)(q-1)}$	
总　和	$S_T = \sum\limits_{i=1}^{p}\sum\limits_{j=1}^{q}\left(x_{ij} - \overline{x}\right)^2$	$pq-1$		

表 13-12 等重复双因素方差分析表（r 为试验次数）

方差来源	平方和 S	自由度 f	均方差 $\overline{S}$	F 值
因素 A 的影响	$S_A = qr\sum\limits_{i=1}^{p}\left(\overline{x}_{i\cdot} - \overline{x}\right)^2$	$p-1$	$\overline{S}_A = \dfrac{S_A}{p-1}$	$F_A = \dfrac{\overline{S}_A}{\overline{S}_E}$
因素 B 的影响	$S_B = pr\sum\limits_{j=1}^{q}\left(\overline{x}_{\cdot j} - \overline{x}\right)^2$	$q-1$	$\overline{S}_A = \dfrac{S_B}{q-1}$	$F_B = \dfrac{\overline{S}_B}{\overline{S}_E}$
$A \times B$	$S_{A\times B} = r\sum\limits_{i=1}^{p}\sum\limits_{j=1}^{q}\left(x_{ij} - \overline{x}_{i\cdot\cdot} - \overline{x}_{\cdot j\cdot} + \overline{x}\right)^2$	$(p-1)(q-1)$	$\overline{S}_{A\times B} = \dfrac{S_{A\times B}}{(p-1)(q-1)}$	$F_{A\times B} = \dfrac{\overline{S}_{A?B}}{\overline{S}_E}$
误　差	$S_E = \sum\limits_{k=1}^{r}\sum\limits_{i=1}^{p}\sum\limits_{j=1}^{q}\left(x_{ijk} - \overline{x}_{ij\cdot}\right)^2$	$pq(r-1)$	$\overline{S}_E = \dfrac{S_E}{pq(r-1)}$	
总　和	$S_T = \sum\limits_{k=1}^{r}\sum\limits_{i=1}^{p}\sum\limits_{j=1}^{q}\left(x_{ijk} - \overline{x}\right)^2$	$pqr-1$		

MATLAB 提供了 anova2 函数进行双因素方差分析，其调用格式及说明如表 13-13 所示。

表 13-13　anova2 函数调用格式及说明

调用格式	说　明
p = anova2(X,reps)	reps 定义的是试验重复的次数，必须为正整数，默认是 1
p = anova2(X,reps,displayopt)	displayopt 有两个值，on 和 off，其中 on 为默认值，此时系统将自动给出方差分析表

续表

调用格式	说　明
[p,table] = anova2(⋯)	table 返回的是方差分析表
[p,table,stats] = anova2(⋯)	stats 为统计结果，是结构体变量，包括每组的均值等信息

　　执行平衡的双因素试验的方差分析来比较 X 中两个或多个列（行）的均值，不同列的数据表示因素 A 的差异，不同行的数据表示另一因素 B 的差异。如果行列对有多于一个的观察点，则变量 reps 指出每一单元观察点的数目，每一单元包含 reps 行，如：

$$
\begin{array}{cc}
A=1 & A=2
\end{array}
$$

$$
\left.\left.\left.\begin{pmatrix}
x_{111} & x_{112} \\
x_{121} & x_{122} \\
x_{211} & x_{212} \\
x_{221} & x_{222} \\
x_{311} & x_{312} \\
x_{321} & x_{322}
\end{pmatrix}\right\}B=1 \atop \right\}B=2 \right\}B=3
$$

视频讲解

　　例 13-8：火箭使用了 4 种燃料和 3 种推进器进行射程试验。每种燃料和每种推进器的组合各进行了一次试验，得到相应的射程，如表 13-14 所示。试检验燃料种类与推进器种类对火箭射程有无显著性影响（A 为燃料，B 为推进器）。

表 13-14　测量数据

	B_1	B_2	B_3
A_1	58.2	56.2	65.3
A_2	49.1	54.1	51.6
A_3	60.1	70.9	39.2
A_4	75.8	58.2	48.7

　　解　在 MATLAB 命令行窗口输入以下命令：

```
>> close all                % 关闭当前已打开的文件
>> clear                    % 清除工作区的变量
>> X=[58.2 56.2 65.3;49.1 54.1 51.6;60.1 70.9  39.2;75.8 58.2 48.7];    % 输入测量数据
>> [p,table,stats]=anova2(X',1) % 对测量数据进行双因素方差分析
p =                         % 各列均值相等的概率值
    0.7387    0.4491
table =                     % 方差分析表
5×6 cell 数组
  列 1 至 5
    {'来源'}    {'SS'      }    {'df'}    {'MS'      }    {'F'      }
    {'列' }     {[ 157.5900]}   {[ 3]}    {[ 52.5300]}   {[  0.4306]}
    {'行' }     {[ 223.8467]}   {[ 2]}    {[111.9233]}   {[  0.9174]}
    {'误差'}    {[ 731.9800]}   {[ 6]}    {[121.9967]}   {0×0 double}
```

```
 {'合计'}      {[1.1134e+03]}     {[11]}      {0×0 double}      {0×0 double}
列 6
  {'p 值(F)' }
  {[   0.7387]}
  {[   0.4491]}
  {0×0 double}
  {0×0 double}
stats =                        % 统计结果
  包含以下字段的 struct:
    source: 'anova2'
    sigmasq: 121.9967
    colmeans: [59.9000 51.6000 56.7333 60.9000]
      coln: 3
    rowmeans: [60.8000 59.8500 51.2000]
      rown: 4
      inter: 0
      pval: NaN
        df: 6
```

计算结果如图 13-6 所示。

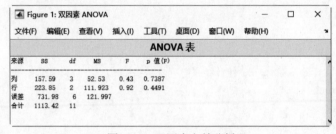

图 13-6　双因素方差分析

可以看到，$F_A = 0.43 < 3.29 = F_{0.9}(3,6)$，$F_B = 0.92 < 3.46 = F_{0.9}(2,6)$，所以会得到这样一个结果：燃料种类和推进器种类对火箭的影响都不显著。这是不合理的。究其原因，就是没有考虑燃料种类的搭配作用。这时候，就要进行重复试验了。

重复两次试验的数据如表 13-15 所示。

表 13-15　重复试验测量数据

	B_1	B_2	B_3
A_1	58.2 52.6	56.2 41.2	65.3 60.8
A_2	49.1 42.8	54.1 50.5	51.6 48.4
A_3	60.1 58.3	70.9 73.2	39.2 40.7
A_4	75.8 71.5	58.2 51	48.7 41.4

下面是对重复两次试验的计算程序：

```
>> X=[58.2   52.6 56.2 41.2   65.3 60.8;49.1 42.8 54.1 50.5 51.6 48.4;60.1 58.3   70.9 73.2   39.2 40.7;75.8
71.5   58.2 51#   48.7 41.4];          % 输入两次测量数据
>> [p,table,stats]=anova2(X',2)        % 对两次的测量数据进行双因素方差分析
p =                                    % 各列均值相等的概率值
    0.0260     0.0035     0.0001
table =                                % 方差分析表
  6×6 cell 数组
  列 1 至 5
    {'来源'    }    {'SS'          }    {'df'}    {'MS'      }    {'F'        }
    {'列'      }    {[   261.6750]}    {[ 3]}    {[ 87.2250]}    {[   4.4174]}
    {'行'      }    {[   370.9808]}    {[ 2]}    {[185.4904]}    {[   9.3939]}
    {'交互效应'}    {[1.7687e+03]}    {[ 6]}    {[294.7821]}    {[  14.9288]}
    {'误差'    }    {[   236.9500]}    {[12]}    {[ 19.7458]}    {0×0 double}
    {'合计'    }    {[2.6383e+03]}    {[23]}    {0×0 double}    {0×0 double}
  列 6
    {'p 值(F)'  }
    {[      0.0260]}
    {[      0.0035]}
    {[6.1511e-05]}
    {0×0 double   }
    {0×0 double   }
stats =                                % 统计结果
  包含以下字段的 struct:
      source: 'anova2'
     sigmasq: 19.7458
    colmeans: [55.7167 49.4167 57.0667 57.7667]
        coln: 6
    rowmeans: [58.5500 56.9125 49.5125]
        rown: 8
       inter: 1
        pval: 6.1511e-05
          df: 12
```

计算结果如图 13-7 所示，可以看到，交互作用是非常显著的。

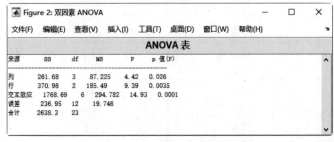

图 13-7　重复试验双因素方差分析

13.5　正交试验分析

在科学研究和生产中，经常要做很多试验，这就存在着如何安排试验和如何分析试验结果的问题。试验安排得好，试验次数不多，就能得到满意的结果；试验安排得不好，试验次数既多，结果还往往不能让人满意。因此，合理安排试验是一个很值得研究的问题。正交设计法就是一种科学安排与分析多因素试验的方法。它主要是利用一套现成的规格化表——正交表，来科学地挑选试验条件。正交试验方法的基础理论这里不作介绍，感兴趣的读者可以参考相关文献资料。

13.5.1　正交试验的极差分析

极差分析又叫直观分析，它通过计算每个因素水平下的指标最大值和指标最小值之差（极差）的大小，说明该因素对试验指标影响的大小。极差越大说明影响越大。MATLAB 没有专门进行正交极差分析的函数，这里给出笔者编写的进行正交试验极差分析的自定义函数，代码如下：

```
function [result,sum0]=zjjc(s,opt)
%  对正交试验进行极差分析，s 是输入矩阵，opt 是最优参数
%若 opt=1,表示最优取大；若 opt=2，表示最优取最小
%s=[  1     1   1    1    857;
%     1     2   2    2    951;
%     1     3   3    3    909;
%     2     1   2    3    878;
%     2     2   3    1    973;
%     2     3   1    2    899;
%     3     1   3    2    803;
%     3     2   1    3    1030;
%     3     3   2    1    927];
% s 的最后一列是各个正交组合的试验测量值，前几列是正交表
 [m,n]=size(s);
 p=max(s(:,1));                % 取水平数
 q=n-1;                        % 取列数
 sum0=zeros(p,q);
 for i=1:q
   for k=1:m
        for j=1:p
         if(s(k,i)==j)
             sum0(j,i)=sum0(j,i)+s(k,n);              % 求和
         end
        end
     end
   end
end
```

```
maxdiff=max(sum0)-min(sum0);                         % 求极差
result(1,:)=maxdiff;
if(opt==1)
    maxsum0=max(sum0);
    for kk=1:q
        modmax=mod(find(sum0==maxsum0(kk)),p);        % 求最大水平
        if modmax==0
            modmax=p;
        end
        result(2,kk)=(modmax);
    end
else
    minsum0=min(sum0);
    for kk=1:q
        modmin=mod(find(sum0==minsum0(kk)),p);        % 求最小水平
        if modmin==0
            modmin=p;
        end
        result(2,kk)=(modmin);
    end
end
```

例 13-9：对研究油泵柱塞组合件质量影响因素的试验结果进行极差分析。

某厂生产的油泵柱塞组合件存在质量不稳定、拉脱力波动大的问题。该组合件要求满足承受拉脱力大于 900kgf。为了寻找最优工艺条件，提高产品质量，决定进行试验。根据经验，认为柱塞头的外径、高度、倒角、收口油压（分别记为 A、B、C、D）4 个因素对拉脱力可能有影响，因此决定在试验中考查这 4 个因素，并根据经验确定了各个因素的 3 种水平，试验方案采用 $L_9(3^4)$ 正交表，试验结果如表 13-16 所示。

表 13-16　测量数据

	A	B	C	D	拉脱力数据
1	1	1	1	1	857
2	1	2	2	2	951
3	1	3	3	3	909
4	2	1	2	3	878
5	2	2	3	1	973
6	2	3	1	2	890
7	3	1	3	2	803
8	3	2	1	3	1030
9	3	3	2	1	927

解　MATLAB 程序如下：

```
>> close all              % 关闭当前已打开的文件
>> clear                  % 清除工作区的变量
>> s=[  1     1  1     1  857;
        1     2  2     2  951;
        1     3  3     3  909;
        2     1  2     3  878;
        2     2  3     1  973;
        2     3  1     2  899;
        3     1  3     2  803;
        3     2  1     3  1030;
        3     3  2     1  927];    % 输入测量数据
>> [result,sum0]=zjjc(s,1)         % 利用自定义函数 zjjc 对正交试验进行极差分析，s 是输入矩阵，opt=1,表
                                   示最优取最大
result =                           % 每个因素的极差以及相应的最优条件
    43    416    101    164
     3      2      1      3
sum0 =                             % 相应因素每个水平的数据和
        2717        2538        2786        2757
        2750        2954        2756        2653
        2760        2735        2685        2817
```

result 的第 1 行是每个因素的极差，反映的是该因素波动对整体质量波动的影响大小。从结果可以看出，对整体质量影响的大小顺序为 B、D、C、A。result 的第 2 行是相应因素的最优生产条件，在本题中选择的是最大为最优，所以最优的生产条件是 B_3、D_2、C_1、A_2。sum0 的每一行是相应因素每个水平的数据和。

13.5.2　正交试验的方差分析

极差分析简单易行，却并不能把试验中由于试验条件的改变引起的数据波动同试验误差引起的数据波动区别开来。也就是说，不能区分因素各水平间对应的试验结果的差异究竟是由于因素水平不同引起的，还是由于试验误差引起的，因此不能知道试验的精度。同时，各因素对试验结果影响的重要程度，也不能给予精确的数量估计。为了弥补这种不足，要对正交试验结果进行方差分析。

下面的 M 文件 zjfc.m 就是进行方差分析的函数：

```
function [result,error,errorDim]=zjfc(s,opt)
% 对正交试验进行方差分析，s 是输入矩阵，opt 是空列参数向量，给出 s 中是空白列的列序号
%s=[  1   1   1   1   1 1 1 83.4;
%     1   1   1   2   2 2 2 84;
%     1   2   2   1   1 2 2 87.3;
%     1   2   2   2   2 1 1 84.8;
```

```
%      2  1  2  1  2 1 2 87.3;
%      2  1  2  2  1 2 1 88;
%      2  2  1  1  2 2 1 92.3;
%      2  2  1  2  1 1 2 90.4;
% ];
% opt=[3,7];
% s 的最后一列是各个正交组合的试验测量值，前几列是正交表
[m,n]=size(s);
 p=max(s(:,1));                          % 取水平数
 q=n-1;                                  % 取列数
 sum0=zeros(p,q);
 for i=1:q
     for k=1:m
         for j=1:p
           if(s(k,i)==j)
                sum0(j,i)=sum0(j,i)+s(k,n);    % 求和
           end
         end
     end
 end
totalsum=sum(s(:,n));
ss=sum0.*sum0;
levelsum=m/p;                           % 水平重复数
ss=sum(ss./levelsum)-totalsum^2/m;      % 每一列的 S
ssError=sum(ss(opt));
for i=1:q
    f(i)=p-1;                           % 自由度
end
fError=sum(f(opt));                     % 误差自由度
ssbar=ss./f;
Errorbar=ssError/fError;
index=find(ssbar<Errorbar);
index1=find(index==opt);
index(index==index(index1))=[];        % 剔除重复
ssErrorNew=ssError+sum(ss(index));     % 并入误差
fErrorNew=fError+sum(f(index));        % 新误差自由度
F=(ss./f)/(ssErrorNew./fErrorNew);     % F 值
errorDim=[opt,index];
 errorDim=sort(errorDim);               % 误差列的序号
result=[ss',f',ssbar',F'];
error=[ssError,fError;ssErrorNew,fErrorNew]
```

例 13-10： 对农作物品种试验结果进行方差分析。

　　在农作物品种试验中，参加试验的有甲、乙、丙、丁 4 个品种，各品种所试种的小区个数不相等。每个品种选取两个小区，试验方案采用 $L_6(2^4)$ 正交表，试验结果如表 13-17 所示。

视频讲解

表 13-17　测量数据

	甲 1	乙 2	丙 3	丁 4
1	51	25	18	32
2	40	23	13	35
3	43	24	12	34
4	48	26	16	30
5	35	30	11	35
6	32	31	10	37

解　MATLAB 程序如下：

```
>> close all                          % 关闭当前已打开的文件
>> clear                              % 清除工作区的变量
>> s=[ 51 25 18 32;
     40 23 13 35;
     43 24 12 34;
     48 26 16 30;
     35 30 11 35;
     32 31 10 37];                    % 输入测量数据
% {使用自定义函数 zjfc 对正交试验进行方差分析，s 是输入矩阵，opt 是空列参数向量，给出 s 中是空白列的列
序号%}
>> [result,sum0]=zjfc(s,1)
result =                              % 方差分析
   1.0e+04 *
   5.1773    0.0050    0.1035    0.0001
   5.1773    0.0050    0.1035    0.0001
   5.1773    0.0050    0.1035    0.0001
sum0 =
   1.0e+04 *                          % 误差
   5.1773    0.0050
   5.1773    0.0050
```

例 13-11：对提高苯酚的生产率的因素进行方差分析。

某化工厂为提高苯酚的生产率，选了合成工艺条件中的 5 个因素进行研究，分别记为 A、B、C、D、E，每个因素选取两种水平，试验方案采用 $L_8(2^7)$ 正交表，试验结果如表 13-18 所示。

视频讲解

表 13-18　测量数据

	A 1	B 2	3	C 4	D 5	E 6	7	数据
1	1	1	1	1	1	1	1	83.4
2	1	1	1	2	2	2	2	84
3	1	2	2	1	1	2	2	87
4	1	2	2	2	2	1	1	84.8

续表

	A 1	B 2	3	C 4	D 5	E 6	7	数据
5	2	1	2	1	2	1	2	87.3
6	2	1	2	2	1	2	1	88
7	2	2	1	1	2	2	1	92.3
8	2	2	1	2	1	1	2	90.4

解 MATLAB 程序如下：

```
>> close all                            % 关闭当前已打开的文件
>> clear                                % 清除工作区的变量
>> s=[ 1   1    1    1   1 1 1 83.4;
       1   1    1    2   2 2 2 84;
       1   2    2    1   1 2 2 87.3;
       1   2    2    2   2 1 1 84.8;
       2   1    2    1   2 1 2 87.3;
       2   1    2    2   1 2 1 88;
       2   2    1    1   2 2 1 92.3;
       2   2    1    2   1 1 2 90.4];   % 输入测量数据
>>opt=[3,7];                            % 设置 s 中的空列序号向量
>> [result,error,errorDim]=zjfc(s,opt)  % 使用自定义函数 zjfc 对正交试验进行方差分析
result =
   42.7813    1.0000   42.7813   127.8643
   18.3013    1.0000   18.3013    54.6986
    0.9113    1.0000    0.9113     2.7235
    1.2013    1.0000    1.2013     3.5903
    0.0613    1.0000    0.0613     0.1831
    4.0613    1.0000    4.0613    12.1382
    0.0313    1.0000    0.0313     0.0934
error =
    0.9425    2.0000
    1.0038    3.0000
errorDim =
     3     5     7
```

result 中每列的含义分别是 S、f、$\overline{S}$、F；error 的两行分别为初始误差的 S、f 以及最终误差的 S、f；errorDim 给出的是正交表中误差列的序号。

由于，$F_{0.95}(1,3)=10.13$，$F_{0.99}(1,3)=34.12$，而 127.8643>34.12，54.6986>34.12，12.1382>10.13，所以 A、B 因素高度显著，E 因素显著，C、D 不显著。

📢注意

正交试验的数据分析还有几种，比如重复试验、重复取样的方差分析、交互作用分析等，都可以在简单修改以上函数之后完成。

视频讲解

13.6 操作实例——盐泉的钾性判别

某地区经勘探证明，*A* 盆地是一个钾盐矿区，*B* 盆地是一个钠盐（不含钾）矿区，其他盆地是否含钾盐有待判断。今从 *A* 和 *B* 两盆地各取 5 个盐泉样本，从其他盆地抽得 8 个盐泉样本，其数据如表 13-19 所示，试对后 8 个待判盐泉进行钾性判别。

表 13-19 测量数据

盐泉类别	序号	特征 1	特征 2	特征 3	特征 4
第一类：含钾盐泉，A 盆地	1	13.85	2.79	7.8	49.6
	2	22.31	4.67	12.31	47.8
	3	28.82	4.63	16.18	62.15
	4	15.29	3.54	7.5	43.2
	5	28.79	4.9	16.12	58.1
第 2 类：含钠盐泉，B 盆地	1	2.18	1.06	1.22	20.6
	2	3.85	0.8	4.06	47.1
	3	11.4	0	3.5	0
	4	3.66	2.42	2.14	15.1
	5	12.1	0	15.68	0
待判盐泉	1	8.85	3.38	5.17	64
	2	28.6	2.4	1.2	31.3
	3	20.7	6.7	7.6	24.6
	4	7.9	2.4	4.3	9.9
	5	3.19	3.2	1.43	33.2
待判盐泉	6	12.4	5.1	4.43	30.2
	7	16.8	3.4	2.31	127
	8	15	2.7	5.02	26.1

1. 输入数据

```
>> close all                              % 关闭当前已打开的文件
>> clear                                  % 清除工作区的变量
>> X1=[13.85 22.31 28.82 15.29 28.79;     % 输入 A 盆地的测量数据
    2.79 4.67 4.63 3.54 4.9;
    7.8 12.31 16.18 7.5 16.12 ;
    49.6 47.8 62.15 43.2 58.1];
>>X2=[2.18 3.85 11.4 3.66 12.1;           % 输入 B 盆地的测量数据
    1.06 0.8   0   2.42   0;
```

```
    1.22 4.06 3.5 2.14 15.68;
    20.6 47.1 0 15.1 0];
>>X=[8.85 28.6 20.7 7.9 3.19 12.4 16.8 15;        %  输入待判盐泉的测量数据
    3.38 2.4   6.7   2.4   3.2 5.1   3.4 2.7;
    5.17 1.2 7.6   4.3   1.43 4.43 2.31 5.02;
    64 31.3 24.6 9.9 33.2 30.2 127 26.1];
```

2．编写协方差函数文件

当两总体的协方差矩阵不相等时，判别函数取

$$W(X) = (X - \mu_2)^\mathrm{T} V_2^{-1} (X - \mu_2) - (X - \mu_1)^\mathrm{T} V_1^{-1} (X - \mu_1)$$

其中，

$$V_1 = \frac{1}{n_1} S_1, \quad V_2 = \frac{1}{n_2} S_2$$

下面的 M 文件是当两总体的协方差不相等时的计算函数：

```
function [r1,r2,alpha,r]=mpbfx (X1,X2,X)
X1=X1';
X2=X2';
miu1=mean(X1,2);
miu2=mean(X2,2);
[m,n1]=size(X1);
[m,n2]=size(X2);
[m,n]=size(X);
 for i=1:m
      ss11(i,:)=X1(i,:)-miu1(i);
      ss12(i,:)=X1(i,:)-miu2(i);
      ss22(i,:)=X2(i,:)-miu2(i);
      ss21(i,:)=X2(i,:)-miu1(i);
      ss2(i,:)=X(i,:)-miu2(i);
      ss1(i,:)=X(i,:)-miu1(i);
 end
s1=ss11*ss11';
s2=ss22*ss22';
V1=(s1)/(n1-1);
V2=(s2)/(n2-1);
for j=1:n1
      r1(j)=ss12(:,j)'*inv(V2)*ss12(:,j)-ss11(:,j)'*inv(V1)*ss11(:,j);
end
for k=1:n2
r2(k)=ss22(:,k)'*inv(V2)*ss22(:,k)-ss21(:,k)'*inv(V1)*ss21(:,k);
```

```
end
r1(r1>=0)=1;
r1(r1<0)=2;
r2(r2>=0)=1;
r2(r2<0)=2;
num1=n1-length(find(r1==1));
num2=n2-length(find(r2==2));
alpha=(num1+num2)/(n1+n2);
for l=1:n
    r(l)=ss2(:,k)'*inv(V2)*ss2(:,k)-ss1(:,k)'*inv(V1)*ss1(:,k);
end
r(r>0)=1;
r(r<0)=2;
```

3．协方差判定钾性

```
>> [W,d,r1,r2,alpha,r]=mpbfx(X1,X2,X)              % 使用自定义函数 mpbfx 判定钾性
W =
    0.5034     2.2353     -0.1862     0.1259     -15.4222
d =
    18.1458
r1 =
    1     1     1     1     1
r2 =
    2     2     2     2     2
alpha =
    0
r =
    1     1     1     2     2     1     1     1
```

从结果中可以看出，$W(X) = 0.5034x_1 + 2.2353x_2 - 0.1862x_3 + 0.1259x_4 - 15.4222$，回判结果对两个盆地的盐泉都判别正确，误判率为 0，对待判盐泉的判别结果为第 4、5 待判盐泉为含钠盐泉，其余都是含钾盐泉。

4．绘制统计图形

（1）绘制条形图。MATLAB 程序如下：

```
>> subplot(2,3,1)               % 将视图分割为 2 行 3 列 6 个视窗，显示第 1 个视窗
>> bar(X)                       % 绘制二维条形图
>> title('二维条形图')           % 添加标题
>> subplot(2,3,2)               % 显示第 2 个视窗
>> bar3(X),title('三维条形图')   % 绘制三维条形图，然后添加标题
```

运行结果如图 13-8 所示。

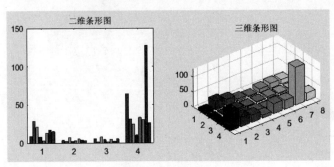

图 13-8　条形图

（2）柱状图绘制。MATLAB 程序如下：

```
>> subplot(2,3,3)                    % 显示第 3 个视窗
>> histogram(X,'FaceColor','r')      % 设置柱状图的颜色为红色
>> title('高斯分布柱状图')            % 添加标题
```

运行结果如图 13-9 所示。

5．绘制离散图形

（1）绘制误差棒图。MATLAB 程序如下：

```
>> subplot(2,3,4)      % 显示第 4 个视窗
>> e=abs(X1-X2);       % 设置数据点上方和下方的每个误差条的长度
>> errorbar(X2,e)      % 绘制误差棒图
>> title('误差棒图')    % 添加标题
>> xlim([0 5])         % 调整 x 轴的坐标轴范围
```

运行结果如图 13-10 所示。

（2）绘制阶梯图。MATLAB 程序如下：

```
>> subplot(2,3,5)      % 显示第 5 个视窗
>> stairs(X1')         % 绘制 X1 的阶梯图
>> ylim([0 65])        % 调整 Y 轴坐标
>> title('阶梯图')      % 添加标题
```

运行结果如图 13-11 所示。

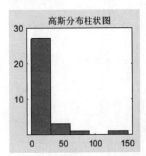

图 13-9　直角坐标系下的柱状图

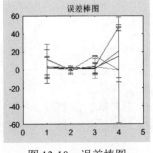

图 13-10　误差棒图

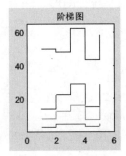

图 13-11　阶梯图

第14章

电影与动画

MATLAB 实现动画的形式主要有两种：一种是电影形式，即将所有动画预存后再像电影一样播放；另一种是动画形式，即所有的点、曲线、曲面均可以作为一个对象，不断抹去旧曲线，产生新曲线。本章将详细讲述这两种动画的实现形式。

14.1　电影演示

动画制作实际上就是改变连续帧的内容的过程。帧代表时刻，不同的帧就是不同的时刻，画面随着时间的变化而变化，就形成了动画。

14.1.1　帧的基础知识

1. 帧

帧就是在动画最小时间间隔内出现的画面。动画以时间轴为基础，由先后排列的一系列帧组成。帧的数量和帧频决定了动画播放的时间，同时帧还决定了动画的时间与动作之间的关系。

2. 动画

动画可以是物体的移动、旋转、缩放，也可以是变色、变形等。在逐帧动画中，需要在每一帧上创建一个不同的画面，连续的帧组合成连续变化的动画。利用这种方法制作动画，工作量非常大，如果要制作的动画比较长，需要投入相当大的精力和时间。不过，这种方法制作出来的动画效果非常好，因为对每一帧都进行绘制，所以动画变化的过程非常准确、细腻。

3. 帧频

帧频即帧速率，帧频过低，动画播放时会有明显的停顿现象；帧频过高，则播放太快，动画细节会一晃而过。因此，只有设置合适的帧频，才能使动画播放取得最佳效果。

在 MATLAB 中，im2frame 函数可以将图像转换为电影帧，具体的调用格式及说明如表 14-1 所示。

表 14-1 im2frame 函数调用格式及说明

调用格式	说　明
f = im2frame(X,map)	将索引图像 X 和相关联的颜色图 map 转换成影片帧 f
f = im2frame(X)	使用当前颜色图将索引图像 X 转换成电影帧 f
f = im2frame(RGB)	将真彩色图像 RGB 转换为影片帧 f

例 14-1：图片的转换。

解　MATLAB 程序如下：

```
>> close all                    % 关闭当前已打开的文件
>> clear                        % 清除工作区的变量
>> [x,map]= imread('leaves.jpg');   % 读取当前路径下的图像
>> f = im2frame(x,map);         % 将索引图像 x 转换成影片帧
>> figure                       % 创建图窗
>> imshow(f.cdata)              % 显示帧
```

运行结果如图 14-1 所示。

图 14-1　显示影片帧

14.1.2　图像制作电影

在 MATLAB 中，immovie 函数用来将多个图像帧制作成电影，它的调用格式及说明如表 14-2 所示。

表 14-2　immovie 函数调用格式及说明

调用格式	说　明
mov = immovie(X,cmap)	从多帧索引图像 X 中的图像返回电影结构数组 mov
mov = immovie(RGB)	从多帧真彩色图像 RGB 中的图像返回电影结构数组 mov

例 14-2： 制作电影。

解　MATLAB 程序如下：

```
>> close all                    % 关闭当前已打开的文件
>> clear                        % 清除工作区的变量
>> RGB = imread('parkavenue.jpg'); % 读取当前路径下的图像
>> mov = immovie(RGB);          % 从真彩色图像返回电影结构数组 mov
>> implay(mov)                  % 播放电影
```

如图 14-2 所示，是运行程序播放制作的电影时的截屏。

图 14-2　播放制作的电影时的截屏

14.1.3　播放图像电影

在 MATLAB 中，implay 可用来打开视频查看器并播放电影、视频或图像序列，可以选择要播放的电影或图像序列、跳到序列中的特定帧、更改显示的帧速率或执行其他查看活动，也可以打开多个视频查看器以同时查看不同的电影。它的调用格式及说明如表 14-3 所示。

表 14-3　implay 函数调用格式及说明

调用格式	说　　明
implay	打开视频查看器应用程序。要选择要播放的电影或图像序列，请使用"视频查看器文件"菜单
implay(filename)	打开视频查看器应用程序，显示文件名指定的文件内容，该文件可以是音频视频交错（AVI）文件。视频查看器一次读取一帧，在播放期间节省内存。视频查看器不播放音频曲目
implay(I)	打开视频查看器应用程序，显示 I 指定的多帧图像中的第一帧
implay(···,fps)	按指定的帧速率 fps 查看电影或图像序列

例 14-3：播放动画。

解　MATLAB 程序如下：

```
>> close all          % 关闭当前已打开的文件
>> clear              % 清除工作区的变量
>> implay('rhinos.avi')   % 播放指定的视频文件，该文件是 MATLAB 自带的视频文件，位于搜索路径下
```

运行结果如图 14-3 所示。

图 14-3　播放动画

14.2　动画演示

MATLAB 可以进行一些简单的动画演示，实现这种操作的主要函数有 getframe 以及 movie。动画演示的步骤如下：

☑　利用 getframe 函数生成每个帧。

☑　利用 movie 函数按照指定的次数运行动画一次。movie(M, n)可以播放由矩阵 **M** 定义的画面 n 次。如果 n 是一个向量，则其中第一个元素是影片播放次数，其余元素构成影片播放的帧列表。

14.2.1　动画帧

MATLAB 能够以影像的方式预存多个画面，再将这些画面快速地呈现在屏幕上，得到动画的效果，而预存的这些画面就叫作动画的帧。

在 MATLAB 中，使用 getframe 函数可以抓取图形作为影片帧，每个画面都是一个行向量，该函数的调用格式及说明如表 14-4 所示。

表 14-4　getframe 函数调用格式及说明

调用格式	说　明
F = getframe	生成当前轴显示的影片帧
F = getframe(ax)	捕获 ax 标识的坐标区，而非前坐标区
F = getframe(fig)	捕获由 fig 标识的图窗
F = getframe(⋯,rect)	捕获由 rect 定义的矩形内的区域

例 14-4： 创建动画的帧。

解　MATLAB 程序如下：

```
>> close all                              % 关闭当前已打开的文件
>> clear                                   % 清除工作区的变量
>> subplot(1,2,1),surf(peaks),title('山峰表面');    % 在视图 1 生成山峰表面
>> a1=subplot(1,2,1);                      % 获取视图 1 的坐标区
>> subplot(1,2,2),sphere,title('球体');     % 在视图 2 生成球体
>> F=getframe(a1);                         % 捕获 a1 标识的坐标区作为动画帧
>> figure                                  % 创建图窗
>> imshow(F.cdata)                         % 显示动画帧
```

运行程序，将会显示图形并播放生成的动画。显示的图形如图 14-4 所示，动画播放窗口截屏如图 14-5 所示。

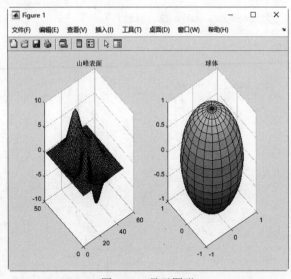

图 14-4　显示图形

图 14-5　动画播放窗口截屏

14.2.2　动画线条

1. 创建动画线条

在 MATLAB 中，创建动画线条的函数是 animatedline，该函数的调用格式及说明如表 14-5 所示。

表 14-5　animatedline 函数调用格式及说明

调用格式	说　　明
an = animatedline	创建一个没有任何数据的动画线条并将其添加到当前坐标区中。通过使用 addpoints 函数循环向线条中添加点来创建动画
an = animatedline(x,y)	创建一个包含由 x 和 y 定义的初始数据点的动画线条
an = animatedline(x,y,z)	创建一个包含由 x、y 和 z 定义的初始数据点的动画线条
an = animatedline(⋯,Name,Value)	使用一个或多个名称-值对组参数指定动画线条属性。例如，用 "'Color','r'" 将线条颜色设置为红色。在前面语法中的任何输入参数组合后使用此选项
an = animatedline(ax,⋯)	将在由 ax 指定的坐标区中，而不是在当前坐标区 (gca) 中创建线条。选项 ax 可以位于前面的语法中的任何输入参数组合之前

视频讲解

例 14-5：绘制正弦花式线条。

解　MATLAB 程序如下：

```
>> close all          % 关闭当前已打开的文件
>> clear              % 清除工作区的变量
>> x = 1:20;          % 创建介于 1～20 的线性分隔值向量 x
>> y = sin(x);        % 输入以 x 为自变量的函数表达式
%{在当前坐标区中创建一个没有任何数据的动画线条，颜色为蓝色，线型为点线，标记类型为星形，大小为
15%}
>> h = animatedline(x,y,'Color','b', 'LineStyle', ':', 'Marker', 'h', 'MarkerSize',15);
```

运行结果如图 14-6 所示。

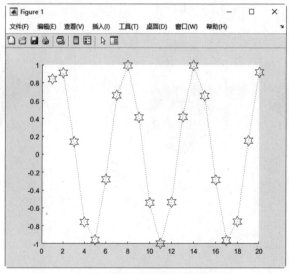

图 14-6　绘制正弦花式线条

2. 添加动画点

在 MATLAB 中，向动画线条中添加点的函数是 addpoints，该函数的调用格式及说明如表 14-6 所示。

表 14-6　addpoints 函数调用格式及说明

调用格式	说 明
addpoints(an,x,y)	向 an 指定的动画线条中添加 x 和 y 定义的点
addpoints(an,x,y,z)	向 an 指定的三维动画线条中添加 x、y 和 z 定义的点

例 14-6：绘制螺旋线。

解　MATLAB 程序如下：

```
>> close all                    % 关闭当前已打开的文件
>> clear                        % 清除工作区的变量
>> t = linspace(0,4*pi,1000);   % 创建 0~4π 的向量 t，元素个数为 1000
>> x = sin(t).*sin(5*t);        % 输入以 t 为自变量的函数表达式 x、y、z
>> y= cos(t).*cos(5*t);
>> z = t;
% 创建螺旋线动画线条,设置线条和标记样式
>> h = animatedline (x,y,z,'Color','b','LineStyle','--',...'LineWidth',2,'Marker','>','MarkerSize',6, 'MarkerEdgeColor',
'none' ,...'MarkerFaceColor', 'm');
>> view(3)                      % 设置螺旋线视图为三维视图
>> for k = 1:length(t)
        addpoints(h,x(k),y(k),z(k));   % 在动画线条中依次添加点
    end
```

运行结果如图 14-7 所示。

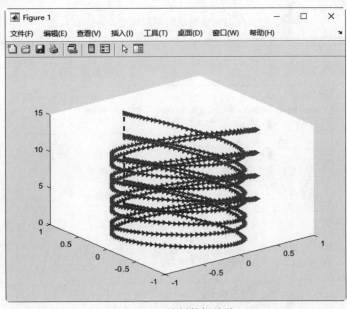

图 14-7　绘制的螺旋线

清除线条中的点使用 clearpoints 函数，该函数调用格式为 clearpoints(an)，可清除由 an 指定的动画线条中的所有点。

3．控制动画速度

在屏幕上运行动画循环的多个迭代，若使用 drawnow 函数太慢或使用 drawnow limitrate 函数太快时可以使用秒表计时器来控制动画速度。

使用 tic 函数启动秒表计时器，使用 toc 函数结束秒表计时器。使用 tic 和 toc 函数可跟踪屏幕更新期间经过的时间。

将动画线条中的点数限制为 100 个。循环一次向线条中添加一个点。当线条包含 100 个点时，向线条添加新点会删除最旧的点。

例 14-7：绘制动画线条。

解　MATLAB 程序如下：

```
>> close all                  % 关闭当前已打开的文件
>> clear                      % 清除工作区的变量
% 创建动画线条，设置动画线条标记的样式、大小、轮廓颜色及填充颜色
>> h = animatedline('Marker','p','arkerSize',15, 'MarkerEdgeColor', 'r' ,'MarkerFaceColor', 'y');
>> axis([0,4*pi,-1,1])        % 设置坐标轴范围
>> numpoints = 100;           % 设置动画采样点
>> x = linspace(0,4*pi,100);  % 创建包含 100 个介于 0～4π 的等间距点的行向量 x
>> y= sin(x).^2;              % 输入以 x 为自变量的函数表达式 y 和 z
>> z =x;
>> view(3)                    % 设置三维视图
>> for k = 1:numpoints        % 在动画线条中依次添加点
addpoints(h,x(k),y(k),z(k));
    drawnow                   % 修改图形对象后实时更新图窗
end
```

运行结果如图 14-8 所示。

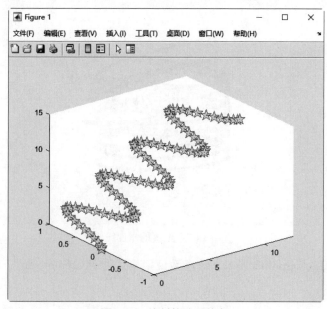

图 14-8　绘制的动画线条

例 14-8：控制动画速度。

解　MATLAB 程序如下：

```
>> close all                        % 关闭当前已打开的文件
>> clear                            % 清除工作区的变量
>> h = animatedline('Marker','d');  % 绘制标记为菱形的动画线条
>> axis([0,4*pi,-1,1])              % 设置坐标范围
>> numpoints = 100;                 % 设置动画采样点
>> x = linspace(0,4*pi,numpoints);  % 创建 0～4π 的向量 t，元素个数为 100
>> y = sin(x);                      % 输入以 x 为自变量的函数表达式 y 和 z
>> z = cos(x);
>> view(3)                          % 设置三维视图
>> a = tic;                         % 开始计时
>> for k = 1:numpoints
       addpoints(h,x(k),y(k),z(k))  % 在动画线条中添加点
       b = toc(a);                  % 检查计时器
       if b > (1/60)
           drawnow                  % 每 1/30 秒更新一次屏幕
           a = tic;                 % 更新后重新计时
       end
end
>> drawnow                          % 更新图窗
```

运行结果如图 14-9 所示。

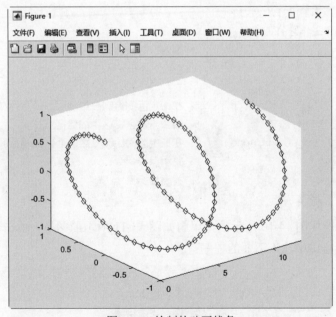

图 14-9　绘制的动画线条

14.2.3　播放动画

在 MATLAB 中，播放动画的函数是 movie，该函数可以指定播放重复次数及每秒播放动画数目，它的调用格式及说明如表 14-7 所示。

表 14-7　movie 函数调用格式及说明

调用格式	说　　明
movie(M)	使用当前轴作为默认目标，在矩阵 M 中播放动画一次
movie(M,n)	n 表示动画播放次数。如果 n 为负，则每个周期会先快进然后再倒播。如果 n 是向量，则第一个元素是播放电影的次数，其余元素构成了要在电影中播放的帧列表
movie(M,n,fps)	以每秒 fps 帧播放电影。默认为每秒 12 帧
movie(h,⋯)	播放以句柄 h 标识的一个或多个图形轴为中心的电影
movie(h,M,n,fps,loc)	loc 是一个四元素位置矢量

如果要在图形中播放动画而不是轴，请指定图形句柄（或 GCF）作为第一个参数，形如

movie(figure_handle,⋯)

另外，M 必须是动画帧的矩阵（通常来自 getframe 函数）。

例 14-9：演示曲面旋转。

解　MATLAB 程序如下：

视频讲解

```
>> close all        % 关闭当前已打开的文件
>> clear            % 清除工作区的变量
>> x = @(u,v) u.*sin(v);                    % 输入符号表达式 x、y、z
>> y = @(u,v) -u.*cos(v);
>> z = @(u,v) v;
>> fsurf(x,y,z,[-5 5 -5 -2],'--','EdgeColor','m')    % 在指定区间绘制三维曲面，线条为洋红虚线
>> hold on                                  % 保留当前坐标区中的绘图
>> fsurf(x,y,z,[-5 5 -2 2],'EdgeColor','none')      % 在指定区间绘制三维曲面，无线条颜色
>> hold off                                 % 关闭保持命令
>> axis off                                 % 关闭坐标系
>> menu('录制动画:','开始','结束');           % 创建菜单
```

运行上述程序，弹出如图 14-10 所示的菜单与如图 14-11 所示的图像，单击"开始"按钮，执行录制动画操作，在命令行窗口中输入下面的程序：

```
>> for i = 1:20
view(90,60*(i+1))                   % 改变视点
M(i) = getframe(gcf);               % 保存当前绘制
end
>> movie(M,2,1)                     % 播放画面 2 次,1 秒 1 次
```

如图 14-12 所示，为动画的 3 帧。

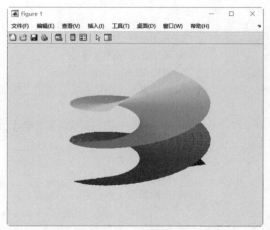

图 14-10　动画录制菜单　　　　　图 14-11　预存图片

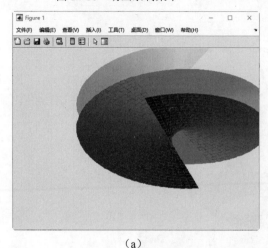

（a）

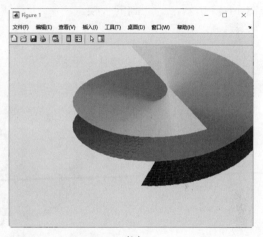

（b）

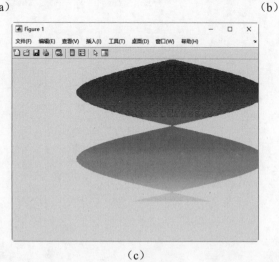

（c）

图 14-12　动画演示

例 14-10：演示球体函数旋转的动画。

解 程序步骤如下：

```
>> close all                % 关闭当前已打开的文件
>> clear                    % 清除工作区的变量
>> [X,Y,Z] = sphere;        % 返回 20×20 球面的坐标
>> surf(X,Y,Z)              % 创建具有实色边和实色面的三维曲面
>> axis off                 % 关闭坐标系
>> shading interp           % 通过对颜色图索引或真彩色值进行插值改变颜色
>> for i=1:20
zoom(0.2*i+1)               % 改变缩放大小
M(:,i)=getframe;            % 将图形保存到 M 矩阵
drawnow                     % 更新图窗
end
>> movie(M,2,5)             % 播放画面 2 次,每秒 5 帧
```

如图 14-13 所示，为动画的一帧。

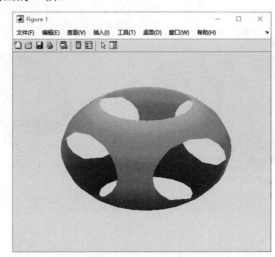

图 14-13　动画演示

第**15**章

优化设计

优化理论是一门实践性很强的理论。所谓最优化问题，一般是指按照给定的标准在某些约束条件下选取最优的解集。它被广泛地应用于生产管理、军事指挥和科学试验等领域。

MATLAB 提供了功能强大的优化工具箱，可对优化问题进行求解，其中包括各种带约束优化问题的求解、多目标优化、方程求解等功能。除了优化工具箱之外，MATLAB 还提供了用途更为广泛的全局优化工具箱（Global Optimization Toolbox），提供了模式搜索算法、模拟退火算法、遗传算法等智能算法，使用户面对各种不同的复杂问题时可以有更多的选择。

15.1　优化问题概述

在实际生活和工作中，人们对于同一个问题往往会提出多个解决方案，并通过各方面的论证从中提取最佳方案。例如，在工程设计中，怎样选取参数使得设计既满足要求又能降低成本；在资源分配中，选择怎样的分配方案既能满足各方面的基本要求，又能获得好的经济效益；在生产计划中，选择怎样的计划方案才能提高产值和利润；在原料配比问题中，怎样确定各种成分的比例才能提高质量、降低成本；在城建规划中，怎样安排工厂、机关、学校、商店、医院、住宅和其他单位的合理布局，才能方便群众，有利于城市各行各业的发展；在军事指挥中，怎样确定最佳作战方案，才能有效地消灭敌人，保存实力，有利于战争的全局。这一系列的实际问题，最终促成了优化设计这门数学分支的建立。

最优化理论是一门研究如何科学、合理、迅速地确定可行方案并找到其中最优方案的理论。同时，最优化是一门应用相当广泛的理论，它讨论决策问题的最佳选择的特性，构造寻求最佳解的计算方法，研究这些计算方法的理论性质及实际计算表现。由于优化问题无处不在，目前最优化方法的应用和研究已经深入生产和科研的各个领域，如土木工程、机械工程、化学工程、运输调度、生产控制、经济规划、经济管理等，并取得了显著的经济效益和社会效益。

事实上，最优化是个古老的课题，可以追溯到十分古老的极值问题。早在 17 世纪，即牛顿发明微积分的时代，就已经出现了极值问题，后来又出现了拉格朗日乘数法。1847 年，法国数学家柯西研究了函数值沿什么方向下降最快的问题，提出了最速下降法。1939 年，苏联数学家 Л.В. Канторович 提出了解决下料问题和运输问题这两种线性规划问题的求解方法。然而，优化成为一门独立的理论是在 20 世纪 40 年代末，是在 1947 年 Dantzig 提出求解一般线性规划问题的单纯形法之后。随着计算机的发展和广泛应用，优化理论得到了飞速的发展，至今已形成了具有多分支的综合理论，主要分支有线性规划、非线性规划、动态规划、图论与网络、对策论、决策论等，实际应用日益广泛。

15.1.1　基本概念及分支

视频讲解

为了使读者对优化有一个初步的认识，先举一个例子。

例 15-1（运输问题）： 假设某种产品有 3 个产地 A_1、A_2、A_3，它们的产量分别为 100、170、200（单位为吨），该产品有 3 个销售地 B_1、B_2、B_3，各地的需求量分别为 120、170、180（单位为吨），把产品从第 i 个产地 A_i 运到第 j 个销售地 B_j 的单位运价（元/吨）如表 15-1 所示。

如何安排从 A_i 到 B_j 的运输方案，才能既满足各销售地的需求又能使总运费最少？

表 15-1　运费表

产地	销售地			产量/吨
	B_1	B_2	B_3	
A_1	80	90	75	100
A_2	60	85	95	170
A_3	90	80	110	200
需求量	120	170	180	470

解　这是一个产销平衡问题，下面对这个问题建立数学模型。

设从 A_i 到 B_j 的运输量为 x_{ij}，显然总运费的表达式为

$$80x_{11} + 90x_{12} + 75x_{13} + 60x_{21} + 85x_{22} + 95x_{23} + 90x_{31} + 80x_{32} + 110x_{33}$$

考虑到产量，应该要求

$$x_{11} + x_{12} + x_{13} = 100$$
$$x_{21} + x_{22} + x_{23} = 170$$
$$x_{31} + x_{32} + x_{33} = 200$$

考虑到需求量，又应该要求

$$x_{11} + x_{21} + x_{31} = 120$$
$$x_{12} + x_{22} + x_{32} = 170$$
$$x_{13} + x_{23} + x_{33} = 180$$

此外，运输量不能为负数，即 $x_{ij} \geqslant 0, i, j = 1, 2, 3$。

综上所述，原问题的数学模型可以写为

$$\min \quad 80x_{11}+90x_{12}+75x_{13}+60x_{21}+85x_{22}+95x_{23}+90x_{31}+80x_{32}+110x_{33}$$

$$\text{s.t.} \begin{cases} x_{11}+x_{12}+x_{13}=100 \\ x_{21}+x_{22}+x_{23}=170 \\ x_{31}+x_{32}+x_{33}=200 \\ x_{11}+x_{21}+x_{31}=120 \\ x_{12}+x_{22}+x_{32}=170 \\ x_{13}+x_{23}+x_{33}=180 \\ x_{ij} \geqslant 0, i,j=1,2,3 \end{cases}$$

利用 MATLAB 的优化工具箱求解该问题的具体步骤如下：

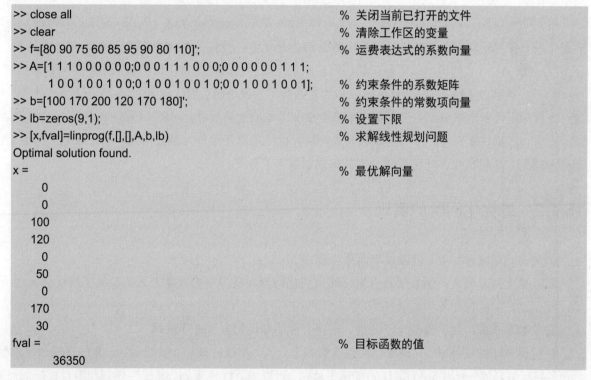

```
>> close all                                    % 关闭当前已打开的文件
>> clear                                         % 清除工作区的变量
>> f=[80 90 75 60 85 95 90 80 110]';            % 运费表达式的系数向量
>> A=[1 1 1 0 0 0 0 0 0;0 0 0 1 1 1 0 0 0;0 0 0 0 0 0 1 1 1;
      1 0 0 1 0 0 1 0 0;0 1 0 0 1 0 0 1 0;0 0 1 0 0 1 0 0 1];   % 约束条件的系数矩阵
>> b=[100 170 200 120 170 180]';                % 约束条件的常数项向量
>> lb=zeros(9,1);                                % 设置下限
>> [x,fval]=linprog(f,[],[],A,b,lb)             % 求解线性规划问题
Optimal solution found.
x =                                              % 最优解向量
     0
     0
   100
   120
     0
    50
     0
   170
    30
fval =                                           % 目标函数的值
   36350
```

因此，使运费最少的方案是：将产地 A_1 处的产品全部运往 B_3，并在那里销售；将产地 A_2 处的产品运往 B_1 处 120 吨销售，运往 B_3 处 50 吨销售；将产地 A_3 处的产品运往 B_2 处 170 吨销售，运往 B_3 处 30 吨销售。这种方案的运费为 36350 元。

这个例子中的数学模型就是一个优化问题，属于优化中的线性规划问题，对于这种问题，利用 MATLAB 可以很容易找到它的解。通过上面的例子，读者可能已经对优化有了一个模糊的概念。事实上，优化问题最一般的形式为

$$\min \quad f(\boldsymbol{x})$$
$$\text{s.t.} \quad \boldsymbol{x} \in X \tag{15-1}$$

其中，$x \in \mathbf{R}^n$ 是决策变量（相当于上例中的 x_{ij}）；$f(x)$ 是目标函数（相当于上例中的运费表达式）；$X \subseteq \mathbf{R}^n$ 为约束集或可行域（相当于上例中的线性方程组的解集与非负极限的交集）。特别地，如果约束集 $X = \mathbf{R}^n$，则对应的优化问题称为无约束优化问题，即

$$\min_{x \in \mathbf{R}^n} f(x)$$

约束最优化问题通常写为

$$\min \quad f(x)$$
$$\text{s.t.} \quad \begin{cases} c_i(x) = 0, & i \in E \\ c_i(x) \leqslant 0, & i \in I \end{cases} \tag{15-2}$$

其中，E、I 分别为等式约束指标集与不等式约束指标集；$c_i(x)$ 为约束函数。

对于问题（15-1），如果对于某个 $x^* \in X$，每个 $x \in X$ 都有 $f(x) \geqslant f(x^*)$ 成立，则称 x^* 为问题（15-1）的最优解（全局最优解），相应的目标函数值称为最优值；若只是在 X 的某个子集内有上述关系，则 x^* 称为问题（15-1）的局部最优解。最优解并不是一定存在的，通常求出的解只是一个局部最优解。

对于优化问题（15-2），当目标函数和约束函数均为线性函数时，问题（15-2）就称为线性规划问题；当目标函数和约束函数中至少有一个是变量 x 的非线性函数时，问题（15-2）就称为非线性规划问题。此外，根据决策变量、目标函数和要求不同，优化问题还可分为整数规划、动态规划、网络优化、非光滑规划、随机优化、几何规划、多目标规划等若干分支。

15.1.2　最优化问题的实现

解决最优化问题，主要涉及以下两个步骤：

☑　建立数学模型：用数学语言来描述最优化问题。模型中的数学关系式反映了最优化问题所要达到的目标和各种约束条件。

☑　数学求解：数学模型建好以后，选择合理的最优化方法进行求解。

最优化方法的发展很快，现在已经包含有多个分支，如线性规划、整数规划、非线性规划、动态规划、多目标规划等。利用 MATLAB 的优化工具箱，可以求解线性规划、非线性规划和多目标规划问题。具体而言，包括线性及非线性最小化、最大值最小化、二次规划、半无限问题、方程（组）求解、最小二乘问题。另外，该工具箱还提供了线性及非线性最小化、方程求解、曲线拟合、二次规划等问题中大型课题的求解方法，为优化方法在工程中的实际应用提供了更方便快捷的途径。

使用优化工具箱时，由于优化函数要求目标函数和约束条件满足一定的格式，所以需要用户在进行模型输入时注意以下几个问题：

☑　目标函数最小化。优化函数 fminbnd、fminsearch、fminunc、fmincon、fgoalattain、fminmax 和 lsqnonlin 都要求目标函数最小化，如果优化问题要求目标函数最大化，可以通过使该目标函

数的负值最小化即$-f(x)$最小化来实现。近似地，对于 quadprog 函数提供$-H$和$-f$，对于 linprog 函数提供$-f$。

☑ 约束非正。优化工具箱要求非线性不等式约束的形式为$c_i(x) \leqslant 0$，通过对不等式取负可以达到使大于零的约束形式变为小于零的不等式约束形式的目的，如$c_i(x) \geqslant 0$形式的约束等价于$-c_i(x) \leqslant 0$；$c_i(x) \geqslant b$形式的约束等价于$-c_i(x) + b \leqslant 0$。

☑ 避免使用全局变量。

15.2　线　性　规　划

线性规划（Linear Programming）是优化的一个重要分支，它在理论和算法上都比较成熟，在实际中有着广泛的应用（如第 15.1 节的运输问题）。另外，运筹学其他分支中的一些问题也可以转化为线性规划问题来处理。本节主要讲述如何利用 MATLAB 来求解线性规划问题。

15.2.1　表述形式

在第 15.1 节的例题中，我们已经接触线性规划问题以及其数学表述形式。通常，其标准形式表述为

$$
\begin{aligned}
\min \quad & c_1 x_1 + c_2 x_2 + \cdots + c_n x_n \\
\text{s.t.} \quad & \begin{cases}
a_{11} x_1 + a_{12} x_2 + \cdots + a_{1n} x_n = b_1 \\
a_{21} x_1 + a_{22} x_2 + \cdots + a_{2n} x_n = b_2 \\
\cdots \\
a_{m1} x_1 + a_{m2} x_2 + \cdots + a_{mn} x_n = b_m \\
x_i \geqslant 0, i = 1, 2, \cdots, n
\end{cases}
\end{aligned}
\tag{15-3}
$$

线性规划问题的标准型要求如下：

☑ 所有的约束必须是等式约束。

☑ 所有的变量为非负变量。

☑ 目标函数的类型为最小化。

式（15-3）用矩阵形式简写为

$$
\begin{aligned}
\min \quad & c^{\mathrm{T}} x \\
\text{s.t.} \quad & \begin{cases}
Ax = b \\
x \geqslant 0
\end{cases}
\end{aligned}
\tag{15-4}
$$

其中，$A = (a_{ij})_{m \times n} \in \mathbf{R}^{m \times n}$为约束矩阵；$c = (c_1, c_2, \cdots, c_n)^{\mathrm{T}} \in \mathbf{R}^n$，为目标函数系数向量；$b = (b_1, b_2, \cdots,$

$b_m)^T \in \mathbf{R}^m$；$x = (x_1, x_2, \cdots, x_n)^T \in \mathbf{R}^n$。为了使约束集不为空集以及避免冗余约束，通常假设 A 行满秩且 $m \leqslant n$。

但在实际问题中，建立的线性规划数学模型并不一定都有（15-4）的形式，如有的模型还有不等式约束、对自变量 x 的上下界约束等。这时，可以通过简单的变换将它们转化成标准形式（15-4）。

非标准型线性规划问题过渡到标准型线性规划问题的处理方法有如下几种：

☑　将最大化目标函数转化为最小化负的目标函数值。

☑　把不等式约束转化为等式约束，可在约束条件中添加松弛变量。

☑　若决策变量无非负要求，可用两个非负的新变量之差代替。

关于具体的变换方法，在这里就不再详述，感兴趣的读者可以查阅相关资料。

在线性规划中，普遍存在配对现象，即对一个线性规划问题，存在一个与之有密切关系的线性规划问题，其中之一为原问题，而另一个称为它的对偶问题。例如，对于线性规划标准形（15-4），其对偶问题为下面的最大化问题：

$$\begin{aligned} \max \quad & \lambda^T b \\ \text{s.t.} \quad & A^T \lambda \leqslant c \end{aligned}$$

其中，λ 称为对偶变量。

对于线性规划问题，如果原问题有最优解，那么其对偶问题也一定存在最优解，且它们的最优值是相等的。解线性规划问题的许多算法都可以同时求出原问题和对偶问题的最优解。例如，解大规模线性规划的原-对偶内点法[①]，事实上 MATLAB 中的内点法也是根据这篇文献所编写的。关于对偶的详细讨论，读者可以参阅相关文献资料，这里不再详述。

15.2.2　MATLAB 求解

在优化理论中，将线性规划化为标准形是为了理论分析的方便，但在实际中，这将会带来一点麻烦。幸运的是，MATLAB 提供的优化工具箱可以解决各种形式的线性规划问题，而不用转化为标准形式。

在 MATLAB 中，解线性规划的函数是 linprog，它的调用格式如下：

☑　x = linprog(c,A,b)。求解如下形式的线性规划：

$$\begin{aligned} \min \quad & c^T x \\ \text{s.t.} \quad & Ax \leqslant b \end{aligned} \tag{15-5}$$

☑　x = linprog(c,A,b,Aeq,beq)。求解如下形式的线性规划：

$$\begin{aligned} \min \quad & c^T x \\ \text{s.t.} \quad & \begin{cases} Ax \leqslant b \\ A_{eq} x = b_{eq} \end{cases} \end{aligned} \tag{15-6}$$

若没有不等式约束 $Ax \leqslant b$，则只需令 A=[ ]，b=[ ]。

---

① S.Mehrotra, On the implementation of a primal-dual interior point method, SIAM J. Optimization, 2(1992), pp.575-601.

☑　x = linprog(c,A,b,Aeq,beq,lb,ub)。求解如下形式的线性规划：

$$\min \quad \boldsymbol{c}^{\mathrm{T}}\boldsymbol{x}$$

$$\mathrm{s.t.} \quad \begin{cases} \boldsymbol{A}\boldsymbol{x} \leqslant \boldsymbol{b} \\ \boldsymbol{A}_{\mathrm{eq}}\boldsymbol{x} = \boldsymbol{b}_{\mathrm{eq}} \\ \boldsymbol{l}_{\mathrm{b}} \leqslant \boldsymbol{x} \leqslant \boldsymbol{u}_{\mathrm{b}} \end{cases} \tag{15-7}$$

若没有不等式约束 $\boldsymbol{A}\boldsymbol{x} \leqslant \boldsymbol{b}$，则只需令 A=[ ]，b=[ ]；若只有下界约束，则可以不用输入 ub。

☑　x = linprog(problem)。求解结构体 problem 指定的最小化问题。

☑　x = linprog(c,A,b,Aeq,beq,lb,ub,x0,options)。解（15-7）形式的线性规划，将初值设置为 x_0, options 为指定的优化参数（具体见表 15-2），利用 optimset 函数设置这些参数。

表 15-2　linprog 函数的优化参数及说明

优化参数	说　明
LargeScale	若设置为 on，则使用大规模算法；若设置为 off，则使用中小规模算法
Diagnostics	打印要最小化的函数的诊断信息
Display	设置为 off，不显示输出；设置为 iter，显示每一次的迭代输出；设置为 final，只显示最终结果
MaxIter	函数所允许的最大迭代次数
Simplex	如果设置为 on，则使用单纯形算法求解（仅适用于中小规模算法）
TolFun	函数值的容忍度

☑　[x, fval] = linprog(…)。除了返回线性规划的最优解 $\boldsymbol{x}$ 外，还返回目标函数最优值 fval，即 fval = $\boldsymbol{c}^{\mathrm{T}}\boldsymbol{x}$。

☑　[x, fval, exitflag,output] = linprog(…)。除了返回线性规划的最优解 $\boldsymbol{x}$ 及最优值 fval 外，还返回终止迭代的条件信息 exitflag 和关于优化算法的信息变量 output，exitflag 的值及相应的说明见表 15-3，output 的结构及相应的说明见表 15-4。

表 15-3　exitflag 的值及说明

exitflag 的值	说　明
3	表示 $\boldsymbol{x}$ 对于相对容差 ConstraintTolerance 是可行解，对于对绝对容差是不可行解
1	表示函数收敛到解 $\boldsymbol{x}$
0	表示达到了函数最大评价次数或迭代的最大次数
−2	表示没有找到可行解
−3	表示所求解的线性规划问题是无界的
−4	表示在执行算法的时候遇到了 NaN
−5	表示原问题和对偶问题都是不可行的
−7	表示搜索方向使得目标函数值下降得很少
−9	表示无可行解

表 15-4　output 的结构及说明

output 结构	说　明
iterations	表示算法的迭代次数
algorithm	表示求解线性规划问题时所用的优化算法
cgiterations	表示共轭梯度迭代（如果用的话）的次数
constrviolation	约束函数的最大值
firstorderopt	一阶最优性测量
message	表示算法退出的信息

☑　[x, fval, exitflag, output ,lambda] = linprog(…)。在上个函数的基础上，输出各种约束对应的拉格朗日乘子（即相应的对偶变量值），它是一个结构体变量，其内容如表 15-5 所示。

表 15-5　lambda 参数的结构及说明

lambda 结构	说　明
ineqlin	表示不等式约束对应的拉格朗日乘子向量
eqlin	表示等式约束对应的拉格朗日乘子向量
upper	表示上界约束 $x \leqslant u_b$ 对应的拉格朗日乘子向量
lower	表示下界约束 $x \geqslant l_b$ 对应的拉格朗日乘子向量

视频讲解

例 15-2：对于下面的线性规划问题：

$$\min \quad -x_1 - 3x_2$$
$$\text{s.t.} \quad \begin{cases} x_1 + x_2 \leqslant 6 \\ -x_1 + 2x_2 \leqslant 8 \\ x_1, x_2 \geqslant 0 \end{cases}$$

利用图解法求其最优解。

解　利用 MATLAB 画出该线性规划的可行解及目标函数等值线。

在 MATLAB 命令行窗口输入以下命令：

```
>> close all                              % 关闭当前已打开的文件
>> clear                                  % 清除工作区的变量
>> syms x1 x2                             % 定义符号变量 x1 和 x2
>> f=-x1-3*x2;                            % 定义符号表达式
>> c1=x1+x2-6;
>> c2=-x1+2*x2-8;
>> fcontour(f)                            % 绘制函数的等值线
>> axis([0 6 0 6])                        % 设置坐标轴范围
>> hold on                                % 保留当前坐标区中的绘图
>> fimplicit(c1)                          % 绘制隐函数 c1 的图像
>> fimplicit(c2)                          % 绘制隐函数 c2 的图像
>> legend('f 等值线','x1+x2-6=0','-x1+2*x2-8=0')   % 添加图例
>> title('利用图解法求线性规划问题')        % 添加标题
>> gtext('x')                             % 在图窗中添加文本
```

运行结果如图 15-1 所示。

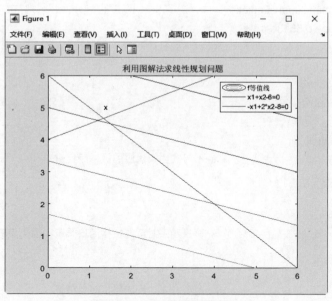

图 15-1　图解法解线性规划

从图 15-1 中可以看出，可行解的顶点 x(4/3, 14/3)即线性规划的最优解，它也是两个线性约束的交点。

例 15-3：对于上面的线性规划问题利用优化工具箱中的 linprog 函数求解。

解　在 MATLAB 命令行窗口输入以下命令：

```
>> close all                          % 关闭当前已打开的文件
>> clear                              % 清除工作区的变量
>> c=[-1 -3]';                        % 输入目标函数系数向量
>> A=[1 1;-1 2];                      % 输入不等式约束系数矩阵
>> b=[6 8]';                          % 输入右端项
>> lb=zeros(2,1);                     % 创建 2×1 全零矩阵作为下限
 >> [x,fval,exitflag,output,lambda]=linprog(c,A,b,[],[],lb)          % 求解
Optimization terminated.
x =                                   % 最优解
    1.3333
    4.6667
fval =                                % 最优值
  -15.3333
exitflag =
    1                                 % 说明该算法对于该问题是收敛的
output =
包含以下字段的 struct:
          iterations: 2              % 迭代次数
constrviolation: 0
```

```
        message: 'Optimal solution found.'          % 达到了最优解，终止迭代
              algorithm: 'dual-simplex'
           firstorderopt: 6.6613e-16
lambda =                                            % 拉格朗日乘子向量
       包含以下字段的  struct:
         lower: [2×1 double]
         upper: [2×1 double]
         eqlin: []
        ineqlin: [2×1 double]
>> lambda.ineqlin                                   % 不等式约束对应的拉格朗日乘子
ans =
    1.6667
    0.6667
>> lambda.eqlin                                     % 等式约束对应的拉格朗日乘子，因为没有等式约束，所以为空
ans =
    []
>> lambda.upper                                     % 上界约束对应的拉格朗日乘子
ans =
     0
     0
>> lambda.lower                                     % 下界约束对应的拉格朗日乘子
ans =
     0
     0
```

在许多实际问题中，数学模型中的数据未知，需要根据实际情况进行估计和预测，这一点很难做到十分准确，因此需要研究数据的变化对最优解产生的影响，即所谓的灵敏度分析。利用 MATLAB 可以很轻松地对线性规划进行灵敏度分析。

视频讲解

例 15-4（灵敏度分析）：考虑下面的线性规划问题：

$$\max \quad -5x_1 + 5x_2 + 13x_3$$
$$\text{s.t.} \quad \begin{cases} -x_1 + x_2 + 3x_3 \leqslant 20 \\ 12x_1 + 4x_2 + 10x_3 \leqslant 90 \\ x_1, x_2, x_3 \geqslant 0 \end{cases}$$

先求出其最优解，然后对原问题进行下列变化，观察新问题最优解的变化情况：

☑ 目标函数中 x_3 的系数 c_3 由 13 变为 13.12。

☑ b_1 由 20 变为 21。

☑ A 的列 $\begin{pmatrix} -1 \\ 12 \end{pmatrix}$ 变为 $\begin{pmatrix} -1.1 \\ 12.5 \end{pmatrix}$。

☑ 增加约束条件 $2x_1 + 3x_2 + 5x_3 \leqslant 50$。

418

解　该问题是最大化问题，首先将其转化为下面的最小化问题：

$$\min \quad 5x_1 - 5x_2 - 13x_3$$

$$\text{s.t.} \quad \begin{cases} -x_1 + x_2 + 3x_3 \leqslant 20 \\ 12x_1 + 4x_2 + 10x_3 \leqslant 90 \\ x_1, x_2, x_3 \geqslant 0 \end{cases}$$

下面编写名为 sensitivity.m 的 M 文件，对该线性规划作灵敏度分析，M 源文件如下：

```
c=[5 -5 -13]';
A=[-1 1 3;12 4 10];
b=[20 90]';
lb=zeros(3,1);
disp('原问题的最优解为：');
x=linprog(c,A,b,[],[],lb)

%  第一小题
c1=c;
c1(3)=13.12;
disp('当目标函数中 x3 的系数由 13 变为 13.12 时，相应的最优解为：');
x1=linprog(c1,A,b,[],[],lb)
disp('最优解的变化情况为');
e1=x1-x                    %  新解与原解的各个分量差

%  第二小题
b1=b;
b1(1)=21;
disp('当 b1 由 20 变为 21 时，相应的最优解为：');
x2=linprog(c,A,b1,[],[],lb)
disp('最优解的变化情况为');
e2=x2-x

%  第三小题
A1=A;
A1(:,1)=[-1.1 12.5]';
disp('当 A 的列变化时相应的最优解为：');
x3=linprog(c,A1,b,[],[],lb)
disp('最优解的变化情况为');
e3=x3-x

%  第四小题
A=[A;2 3 5];
b=[b;50];
disp('当增加一个约束时相应的最优解为：');
x4=linprog(c,A,b,[],[],lb)
```

```
disp('最优解的变化情况为');
e4=x4-x
```

该 M 文件的运行结果为：

```
>> close all          %  关闭当前已打开的文件
>> clear              %  清除工作区的变量
>> sensitivity        %  调用 M 文件
```
原问题的最优解为：
Optimal solution found.
```
x =

     0
    20
     0
```
当目标函数中 x3 的系数由 13 变为 13.12 时，相应的最优解为：
Optimal solution found.
```
x1 =

     0
    20
     0
```
最优解的变化情况为
```
e1 =

     0
     0
     0
```
当 b1 由 20 变为 21 时，相应的最优解为：
Optimal solution found.
```
x2 =

     0
    21
     0
```
最优解的变化情况为
```
e2 =

     0
     1
     0
```
当 A 的列变化时相应的最优解为：
Optimal solution found.
```
x3 =

    0.5917
   20.6509
        0
```
最优解的变化情况为
```
e3 =

    0.5917
    0.6509
        0
```

```
当增加一个约束时相应的最优解为:
Optimal solution found.
x4 =
            0
    12.5000
     2.5000
最优解的变化情况为
e4 =
            0
    -7.5000
     2.5000
```

15.3　无约束优化问题

无约束优化问题是一个古典的极值问题,在微积分学中已经有所研究,并给出了在几何空间上的实函数极值存在的条件。本节主要讲述如何利用 MATLAB 的优化工具箱来求解无约束优化问题。

15.3.1　无约束优化算法简介

无约束优化已经有许多有效的算法。这些算法基本都是迭代法,它们都遵循以下步骤:

☑　选取初始点 x^0 ,一般来说初始点越靠近最优解越好。

☑　如果当前迭代点 x^k 不是原问题的最优解,那么就需要找一个搜索方向 p^k ,使得目标函数 $f(x)$ 从 x^k 出发,沿方向 p^k 有所下降。

☑　用适当的方法选择步长 $\alpha^k (\geqslant 0)$,得到下一个迭代点 $x^{k+1} = x^k + \alpha^k p^k$ 。

☑　检验新的迭代点 x^{k+1} 是否为原问题的最优解,或者是否与最优解的近似误差满足预先给定的容忍度。

从上面的算法步骤可以看出,算法是否有效、快速,主要取决于搜索方向的选择,其次是步长的选取。众所周知,目标函数的负梯度方向是一个下降方向,如果算法的搜索方向选为目标函数的负梯度方向,该算法即最速下降法。常用的算法(主要针对二次函数的无约束优化问题)还有共轭梯度法、牛顿法、拟牛顿法、信赖域法等。对于这些算法,感兴趣的读者可以查阅相关资料,这里不再详述。

关于步长,一般选为 $f(x)$ 沿射线 $x^k + \alpha p^k$ 的极小值点,这实际上是关于单变量 α 的函数的极小化问题,称之为一维搜索或线搜索。常用的线搜索方法有牛顿法、抛物线法、插值法等。其中,牛顿法与抛物线法都是利用二次函数来近似表示目标函数 $f(x)$,并用它的极小点作为 $f(x)$ 的近似极小点,不同的是,牛顿法利用 $f(x)$ 在当前点 x^k 处的二阶 Taylor 展开式来近似表示 $f(x)$,即利用 $f(x^k), f'(x^k), f''(x^k)$ 来构造二次函数;而抛物线法是利用三个点的函数值来构造二次函数。关于这些线搜索方法的具体讨论,感兴趣的读者也可以参考相关资料,这里也不再详述。

15.3.2 MATLAB 求解

对于无约束优化问题,可以根据需要选择合适的算法,通过 MATLAB 编程求解,也可利用 MATLAB 提供的 fminsearch 函数与 fminunc 函数求解。fminsearch 函数的调用格式及说明如表 15-6 所示。

表 15-6 fminsearch 函数调用格式及说明

调用格式	说　明
x = fminsearch(f,x0)	x_0 为初始点,f 为目标函数的表达式字符串或 MATLAB 自定义函数的句柄,返回目标函数的局部极小值点
x = fminsearch(f,x0,options)	options 为指定的优化参数(见表 15-7),可以利用 optimset 来设置这些参数
[x,fval] = fminsearch(…)	除了返回局部极小点 x 外,还返回相应的最优值 fval
[x,fval,exitflag] = fminsearch(…)	在实现上述调用格式对应功能的基础上,还返回算法的终止标志 exitflag,它的取值及含义如表 15-8 所示
[x,fval,exitflag,output] = fminsearch(…)	在实现上述调用格式对应功能的基础上,输出关于算法的信息变量 output,它的内容如表 15-9 所示

对于 fminsearch 函数,需要补充说明的是,它并不是 MATLAB 优化工具箱中的函数,但它可以用来求无约束优化问题。

表 15-7 fminsearch 函数的优化参数及说明

优化参数	说　明
Display	设置为 off,不显示输出;设置为 iter,显示每一次的迭代输出;设置为 final,只显示最终结果
FunValCheck	检查目标函数值是否有效。当目标函数返回的值是 complex 或 NaN 时,on 显示错误;默认值 off 不显示错误
MaxFunEvals	允许函数求值的最大次数
MaxIter	允许的最大迭代次数
OutputFcn	指定优化函数在每次迭代时调用的一个或多个用户自定义函数
PlotFcns	绘制算法执行过程中的各个进度测量值
TolFun	函数值的终止容差,为正整数,默认值为 1e-4
TolX	正标量 x 的终止容差,默认值为 1e-4

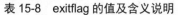

表 15-8 exitflag 的值及含义说明

exitflag 的值	说　明
1	函数收敛到解 x
0	达到了函数最大评价次数或迭代的最大次数
−1	算法被输出函数终止

表 15-9　output 的结构及含义说明

output 结构	说　明
iterations	算法的迭代次数
funcCount	函数的计算次数
algorithm	所使用的算法名称
message	算法终止的信息

例 15-5： 极小化罗森布罗克（Rosenbrock）函数

$$f(\boldsymbol{x}) = 100(x_2 - x_1^{\,2})^2 + (1 - x_1)^2$$

视 频 讲 解

解　首先编写罗森布罗克函数的 M 文件，代码如下：

```
function y=Rosenbrock(x)
% 此函数为罗森布罗克函数
%  x 为二维向量
y=100*(x(2)-x(1)^2)^2+(1-x(1))^2;
```

在 MATLAB 命令行窗口中输入以下命令：

```
>> close all      % 关闭当前已打开的文件
>> clear          % 清除工作区的变量
>> x0=[0 0]';      % 初始点选为(0, 0)
>> [x,fval,exitflag,output] = fminsearch(@Rosenbrock,x0)
% {或写为：[x,fval,exitflag,output] = fminsearch('Rosenbrock',x0)%在点 x0 处开始求罗森布罗克函数的局部最小
值 x%}
x =                                          % 最优解
    1.0000
    1.0000
fval =                                       % 最优值
  3.6862e-010
exitflag =
    1                                        % 函数收敛
output =
包含以下字段的  struct:
    iterations: 79                           % 共迭代 79 次
    funcCount: 146                           % 函数赋值 146 次
    algorithm: 'Nelder-Mead simplex direct search'    % 选用的是 Nelder-Mead 算法
    message: '优化已终止:↵ 当前的 x 满足使用 1.000000e-04 的 OPTIONS.TolX 的终止条件，↵F(X) 满
足使用 1.000000e-04 的 OPTIONS.TolFun 的收敛条件↵'    % 算法信息
```

fminunc 函数的调用格式及说明如表 15-10 所示。

表 15-10　fminunc 函数调用格式及说明

调用格式	说明
x = fminunc(f,x0)	x_0 为初始点，f 为目标函数的表达式字符串或 MATLAB 自定义函数的句柄，返回目标函数的局部极小值点
x = fminunc(f,x0,options)	options 为指定的优化参数，可以利用 optimset 来设置这些参数
x = fminunc(problem)	返回结构体 problem 指定的优化问题的极小值点
[x,fval] = fminunc(⋯)	除了返回局部极小值点 x 外，还返回相应的最优值 fval
[x,fval,exitflag,output] = fminunc(⋯)	在实现上述调用格式对应功能的基础上，还返回算法的终止标志 exitflag 和关于算法的信息变量 output。exitflag 的取值及含义如表 15-11 所示，output 的内容如表 15-12 所示
[x,fval,exitflag,output,g,H] = fminunc(⋯)	在实现上述调用格式对应功能的基础上，输出目标函数在解 x 处的梯度值 g 和黑塞（Hessian）矩阵 H

注意

fminsearch 函数只能处理实函数的极小化问题，返回值也一定为实数，如果自变量为复数，则必须将其分成实部和虚部来处理。

表 15-11　exitflag 的值及说明

exitflag 的值	说明
1	梯度的大小小于 OptimalityTolerance 容差，即函数收敛到解
2	x 的变化小于 StepTolerance 容差
3	表示目标函数值在相邻两次迭代点处的变化小于 FunctionTolerance 容差
5	表示目标函数值预测的下降量低于 FunctionTolerance 容差
0	表示迭代次数超过 MaxIterations 或函数值大于 MaxFunctionEvaluations
−1	表示算法被输出函数终止
−3	表示当前迭代的目标函数低于 ObjectiveLimit

表 15-12　output 的结构及说明

output 结构	说明
iterations	算法的迭代次数
funcCount	函数的赋值次数
algorithm	所使用的算法
cgiterations	共轭梯度迭代次数（只适用于大规模算法）
firstorderopt	一阶最优性条件（如果用的话），即目标函数在点 x 处的梯度
lssteplength	搜索步长值（只适用于 quasi-newton 算法）
stepsize	x 的最终位移
message	算法终止的信息

例 15-6： 求下面函数的极小点，并计算出函数在极小值点处的梯度及黑塞（Hessian）矩阵。

$$f(x) = x_1^2 + x_2^2 - 4x_1 + 2x_2 + 7$$

解　首先建立名为 Minimum_point 的 M 文件，代码如下：

```
function y=Minimum_point(x)
y=x(1)^2+x(2)^2-4*x(1)+2*x(2)+7;
```

然后利用 fminunc 求解，步骤如下：

```
>> close all              % 关闭当前已打开的文件
>> clear                  % 清除工作区的变量
>> x0=[1 1]';             % 初始值选为(1, 1)'
% 在点 x0 处开始搜索指定函数的局部最小值 x
>> [x,fval,exitflag,output,g,H] = fminunc(@Minimum_point,x0)
Computing finite-difference Hessian using objective function.
Local minimum found.
Optimization completed because the size of the gradient is less than
the default value of the optimality tolerance.
<stopping criteria details>
x =                       % 最优解
    2.0000
   -1.0000
fval =                    % 最优值
    2
exitflag =
    1                     % 说明函数收敛到解
output =                  % 关于算法的一些信息
包含以下字段的  struct:
        iterations: 2
        funcCount: 9
         stepsize: 1.1180
      lssteplength: 1
     firstorderopt: 5.9605e-08
        algorithm: 'quasi-newton'
          message: 'Local minimum found.↵Optimization completed because the size of the gradient is less
than↵the default value of the optimality tolerance.↵Stopping criteria details:↵Optimization completed: The
first-order optimality measure, 1.192093e-08, is less ↵than options.OptimalityTolerance = 1.000000e-06.↵
Optimization Metric Options↵relative norm(gradient) = 1.19e-08 OptimalityTolerance = 1e-06 (default)'
g =                       % 最优解处的梯度
  1.0e-07 *

        0
   -0.5960
H =                       % 最优解处的海色矩阵
    2.0000        0
        0    2.0000
```

例 15-7（分段函数）：分别用本节所学的两个函数求下面分段函数的极小值点。

$$f(x) = \begin{cases} x^2 - 6x + 5, & x > 1 \\ -x^2 + 1, & -1 \leqslant x \leqslant 1 \\ x^2 + 4x + 3, & x < -1 \end{cases}$$

解 首先编写目标函数的 M 文件，代码如下：

```
function y=Minimum_point_2(x)
if x>1
    y=x^2-6*x+5;
elseif x>=-1&x<=1
    y=-x^2+1;
else
    y=x^2+4*x+3;
end
```

然后为了分析直观，利用 MATLAB 画出目标函数的图像，步骤如下：

```
>> close all              % 关闭当前已打开的文件
>> clear                  % 清除工作区的变量
>> x=-5:0.01:5;           % 设置 x 的取值区间和元素间隔值
>> n=length(x)            % 返回区间中均匀分布的向量 x 的长度
n =
        1001
>> for i=1:1001           % 求指定区间各个取值点对应的函数值
y(i)=Minimum_point_2(x(i));
end
>> plot(x,y)              % 绘制函数图像
>> title('分段函数图像')   % 添加标题
>> gtext('x1')            % 运行此命令后会出现十字架，单击鼠标左键或按任意键盘键添加标注文字
>> gtext('x2')
```

运行结果如图 15-2 所示。

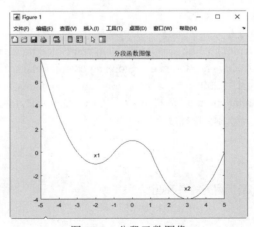

图 15-2　分段函数图像

显然，由图 15-2 可以看出，分段函数有两个局部极小点 $x_1(-2, -1)$ 与 $x_2(3, -4)$，其中 x_2 为全局极小值点。下面用本节所学函数求解。

先用 fminsearch 函数求解，初始点选为 0，程序如下：

```
% 在初始点 0 处开始尝试求函数的局部最小值 x
>> [x,fval,exitflag,output]=fminsearch(@Minimum_point_2,0)
x =
        3.0000          % 局部最优解
fval =                  % 最优值
      -4.0000
exitflag =
        1               % 函数收敛到解
output =
包含以下字段的  struct:
    iterations: 28
     funcCount: 56
     algorithm: 'Nelder-Mead simplex direct search'
       message: '优化已终止:↵ 当前的 x 满足使用 1.000000e-04 的 OPTIONS.TolX 的终止条件，↵F(X) 满
足使用 1.000000e-04 的 OPTIONS.TolFun 的收敛条件↵'
```

再用 fminunc 函数求解，初始点仍选为 0，程序如下：

```
% 在初始点 0 处开始尝试求函数的局部最小值 x
>> [x,fval,exitflag,output]=fminunc(@Minimum_point_2,0)
Initial point is a local minimum.
Optimization completed because the size of the gradient at the initial point
is less than the default value of the optimality tolerance.
<stopping criteria details>
x =
        0                           % 该点实际为目标函数的局部极大值点
fval =
        1                           % 目标函数值
exitflag =
        1                           % 函数收敛到解
output =                            % 输出信息
       包含以下字段的  struct:
      iterations: 0
       funcCount: 2
        stepsize: []
    lssteplength: []
    firstorderopt: 1.4901e-08
       algorithm: 'quasi-newton'
         message: 'Initial point is a local minimum.↵Optimization completed because the size of the gradient
at the initial point ↵is less than the default value of the optimality tolerance.↵Stopping criteria details:↵
Optimization completed: The final point is the initial point.↵The first-order optimality measure, 1.490116e-08, is
```

less than↵options.OptimalityTolerance = 1.000000e-06.↵Optimization Metric Options↵relative first-order
optimality =　　1.49e-08　　OptimalityTolerance =　　　1e-06 (default)'

用该函数求出的点实际上是一个局部极大值点，这是由算法的终止条件造成的。在无约束优化问题中，一般算法的终止条件都选择为：目标函数在诶代点处的梯度范数小于预先给定的容忍度。由高等数学的知识可知，函数在极值点处的梯度值是等于零的，而所选的初始点正好为目标函数的局部极大值点，因此算法终止。这时，只需改一下初始点的值即可，程序如下：

```
>> [x,fval]=fminunc(@Minimum_point_2,1)    % 在初始点 1 处开始尝试求函数的局部最小值 x
Local minimum found.
Optimization completed because the size of the gradient is less than
the default value of the optimality tolerance.
<stopping criteria details>
x =
     3                                    % 为全局极小值点
fval =
-4                                        % 目标函数值
```

注意

粗当目标函数的阶大于 2 时，fminunc 函数比 fminsearch 函数更有效；当目标函数高度不连续时，fminsearch 函数比 fminunc 函数更有效。

15.4　约束优化问题

在具体实践中，碰到的无约束优化问题较少，大部分问题都是约束优化问题。这种问题是最难处理的，目前比较有效的算法有内点法、惩罚函数法等。线性规划问题也是一种约束优化问题，它主要通过单纯形法和原-对偶内点法来求解。本节主要讲述如何利用 MATLAB 提供的优化工具箱来解决一些常见的约束优化问题。

15.4.1　单变量约束优化问题

单变量约束优化问题的标准形式为

$$\min \quad f(x)$$
$$\text{s.t.} \quad a < x < b$$

即求目标函数在区间 (a,b) 上的极小值点。在 MATLAB 中，求这种优化问题的函数是 fminbnd，但它并不在 MATLAB 的优化工具箱中。

fminbnd 函数的调用格式及说明见表 15-13。

表 15-13　fminbnd 函数调用格式及说明

调用格式	说　明
x = fminbnd(f,a,b)	返回目标函数 $f(x)$ 在区间(a,b)上的极小值
x = fminbnd(f,a,b,options)	options 为指定优化参数选项（见表 15-7），可以由 optimset 设置
x = fminbnd(problem)	求结构体 problem 指定的问题的最小值
[x,fval] = fminbnd(…)	除返回极小值点 x 外，还返回相应的为目标函数值 fval
[x,fval,exitflag] = fminbnd(…)	在实现上述调用格式对应功能的基础上，输出终止迭代的条件信息 exitflag，它的值及含义说明如表 15-14 所示
[x,fval,exitflag,output] = fminbnd(…)	在实现上述调用格式对应功能的基础上，输出关于算法的信息变量 output，它的内容如表 15-15 所示

表 15-14　exitflag 的值及说明

exitflag 的值	说　明
1	表示函数收敛到最优解 x
0	表示达到函数的最大估计值或迭代次数
−1	表示算法被输出函数终止
−2	表示输入的区间有误，即 $a>b$

表 15-15　output 的结构及说明

output 结构	说　明
iterations	执行的迭代次数
funcCount	函数计算次数
algorithm	函数所调用的算法
message	算法终止的信息

例 15-8： 画出下面函数在区间(−2, 2)内的图像，并计算其最小值。

$$f(x) = \frac{x^3 + x}{x^4 - x^2 + 1}$$

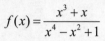
视频讲解

解　首先建立目标函数的 M 文件，代码如下：

```
function y=Minimum_point_3(x)
y=(x^3+x)/(x^4-x^2+1);
```

画出该函数在区间(−2，2)上图像，程序如下：

```
>> close all          % 关闭当前已打开的文件
>> clear              % 清除工作区的变量
>> x=-2:0.01:2;       % 设置取值区间和间隔值
```

```
>> length(x)                    % 向量 x 的长度
ans =
    401
>> for i=1:401
y(i)=Minimum_point_3(x(i));     % 求指定区间各个取值点对应的函数值
end
>> plot(x,y)                    % 绘制函数图像
>> title('目标函数图像')         % 添加标题
```

目标函数图像如图 15-3 所示。

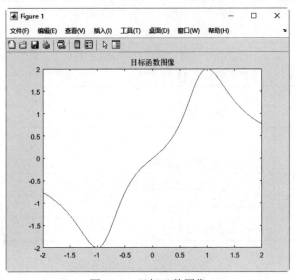

图 15-3　目标函数图像

计算目标函数在区间(-2, 2)上的极小值点，程序如下：

```
>> [x,fval,exitflag,output]=fminbnd(@Minimum_point_3,-2,2)     % 查找函数在区间(-2, 2)的局部最小值
x =
    -1.0000                                      % 极小值点，与图 15-3 是一致的
fval =                                           % x 对应的目标函数值
    -2.0000
exitflag =
     1                                           % 说明函数收敛到解
output =
     包含以下字段的 struct:
     iterations: 11
      funcCount: 12
      algorithm: 'golden section search, parabolic interpolation'
        message: '优化已终止:↵ 当前的 x 满足使用 1.000000e-04 的 OPTIONS.TolX 的终止条件↵'
>> output.message                                % 关于优化算法终止的信息
ans =
    '优化已终止:
     当前的 x 满足使用 1.000000e-04 的 OPTIONS.TolX 的终止条件'
```

15.4.2 多元约束优化问题

多元约束优化问题的标准形式为

$$\min \quad f(\boldsymbol{x})$$

$$\text{s.t.} \quad \begin{cases} \boldsymbol{A}_1\boldsymbol{x} \leqslant \boldsymbol{b}_1 \\ \boldsymbol{A}_2\boldsymbol{x} = \boldsymbol{b}_2 \\ \boldsymbol{C}_1(\boldsymbol{x}) \leqslant 0 \\ \boldsymbol{C}_2(\boldsymbol{x}) = 0 \\ \boldsymbol{l}_\mathrm{b} \leqslant \boldsymbol{x} \leqslant \boldsymbol{u}_\mathrm{b} \end{cases}$$

其中，$f(\boldsymbol{x})$ 为目标函数，它可以是线性函数，也可以为非线性函数；$\boldsymbol{C}_1(\boldsymbol{x})$、$\boldsymbol{C}_2(\boldsymbol{x})$ 为非线性向量函数；$\boldsymbol{A}_1, \boldsymbol{A}_2$ 为矩阵；$\boldsymbol{b}_1$、$\boldsymbol{b}_2$、$\boldsymbol{l}_\mathrm{b}$、$\boldsymbol{u}_\mathrm{b}$ 为向量。在 MATLAB 中，这种优化问题通过 fmincon 函数求解。

fmincon 函数的调用格式如下：

☑ x = fmincon(f,x0,A,b)。以 $\boldsymbol{x}_0$ 为初始点，求解如下约束优化问题：

$$\min \quad f(\boldsymbol{x})$$

$$\text{s.t.} \quad \boldsymbol{Ax} \leqslant \boldsymbol{b}$$

☑ x = fmincon(f,x0,A,b,Aeq,beq)。以 $\boldsymbol{x}_0$ 为初始点，求解如下约束优化问题：

$$\min \quad f(\boldsymbol{x})$$

$$\text{s.t.} \quad \begin{cases} \boldsymbol{A}_\mathrm{eq}\boldsymbol{x} = \boldsymbol{b}_\mathrm{eq} \\ \boldsymbol{Ax} \leqslant \boldsymbol{b} \end{cases}$$

若没有不等式约束，则设 Aeq=[ ]，beq=[ ]，此时等价于第一个调用格式。

☑ x = fmincon(f,x0,A,b,Aeq,beq,lb,ub)。以 $\boldsymbol{x}_0$ 为初始点，求解下面的约束优化问题：

$$\min \quad f(\boldsymbol{x})$$

$$\text{s.t.} \quad \begin{cases} \boldsymbol{A}_\mathrm{eq}\boldsymbol{x} = \boldsymbol{b}_\mathrm{eq} \\ \boldsymbol{Ax} \leqslant \boldsymbol{b} \\ \boldsymbol{l}_\mathrm{b} \leqslant \boldsymbol{x} \leqslant \boldsymbol{u}_\mathrm{b} \end{cases}$$

若没有界约束，则令 $\boldsymbol{l}_\mathrm{b}$、$\boldsymbol{u}_\mathrm{b}$ 为空向量；若 x 无下界，则令 $\boldsymbol{l}_\mathrm{b}$=-Inf；若 $\boldsymbol{x}$ 无上界，则令 $\boldsymbol{u}_\mathrm{b}$=Inf。

☑ x=fmincon(f,x0,A,b,Aeq,beq,lb,ub,nonlcon)。以 $\boldsymbol{x}_0$ 为初始点，求解约束优化问题：

$$\min \quad f(\boldsymbol{x})$$

$$\text{s.t.} \quad \begin{cases} \boldsymbol{A}_\mathrm{eq}\boldsymbol{x} = \boldsymbol{b}_\mathrm{eq} \\ \boldsymbol{Ax} \leqslant \boldsymbol{b} \\ \boldsymbol{C}_1(\boldsymbol{x}) \leqslant 0 \\ \boldsymbol{C}_2(\boldsymbol{x}) = 0 \\ \boldsymbol{l}_\mathrm{b} \leqslant \boldsymbol{x} \leqslant \boldsymbol{u}_\mathrm{b} \end{cases}$$

其中，nonlcon 函数的定义如下：

```
function [C1,C2,GC1,GC2]=nonlcon(x)
C1=···              %  x 处的非线性不等式约束
C2=···              %  x 处的非线性等式约束
if nargout>2
    GC1=···         %  非线性不等式约束在 x 处的梯度
    GC2=···         %  非线性等式约束在 x 处的梯度
end
```

☑ x = fmincon(f,x0,A,b,Aeq,beq,lb,ub,nonlcon,options)。options 为指定优化参数（见表 15-7），可以由 optimset 进行设置。

☑ x = fmincon(problem)。返回结构体 problem 指定的问题的最小值。

☑ [x,fval] = fmincon(···)。除了输出最优解 x 外，还输出相应目标函数最优值 fval。

☑ [x,fval,exitflag,output] = fmincon(···)。在实现上述调用格式对应功能的基础上，输出终止迭代的条件信息 exitflag，以及关于算法的信息变量 output。exitflag 的值及含义说明如表 15-16 所示；output 的内容如表 15-17 所示。

表 15-16   exitflag 的值及含义说明

exitflag 的值	说　明
1	表示已满足一阶最优性条件
2	表示相邻两次迭代点的变化小于预先给定的容忍度（除 active-set 之外的所有算法）
3	表示目标函数值在相邻两次迭代点处的变化小于预先给定的容忍度（只适用于 trust-region-reflective 算法）
4	表示搜索方向的级小于给定的容忍度且约束的违背量小于 options.TolCon（只适用于 active-set 算法）
5	表示方向导数的级小于给定的容忍度且约束的违背量小于 options.TolCon（只适用于 active-set 算法）
0	表示迭代次数超过 options.MaxIter 或函数的赋值次数超过 options.FunEvals
−1	表示算法被输出函数终止
−2	表示该优化问题没有可行解
−3	表示目标函数在当前迭代低于 options.ObjectiveLimit，最大约束违背量小于 options.ConstraintTolerance（只适用于 interior-point,sqp-legacy 和 sqp 算法）

表 15-17   output 的结构及说明

output 结构	说　明
iterations	迭代次数
funcCount	函数赋值次数
lssteplength	相对于搜索方向的线性搜索步长(只适用于 active-set 和 sqp 算法)
stepsize	算法在最后一步所选取的步长
algorithm	函数所调用的算法
cgiterations	共轭梯度迭代次数（只适用于大规模算法）
firstorderopt	一阶最优性条件（如果用的话）
message	算法终止的信息

☑　[x,fval,exitflag,output,lambda,g,H] = fmincon(…)。在实现上述调用格式对应功能的基础上，输出各个约束所对应的拉格朗日乘子、目标函数在最优解 x 处的梯度 g、目标函数在最优解 x 处的黑塞（Hessian）矩阵 H。拉格朗日乘子 lambda 是一个结构体变量，其内容如表 15-18 所示。

表 15-18　lambda 的结构及说明

lambda 结构	说　明
lower	表示下界约束 $x \geqslant l_b$ 对应的拉格朗日乘子向量
upper	表示上界约束 $x \leqslant u_b$ 对应的拉格朗日乘子向量
ineqlin	表示不等式约束对应的拉格朗日乘子向量
eqlin	表示等式约束对应的拉格朗日乘子向量
ineqnonlin	表示非线性不等式约束对应的拉格朗日乘子向量
eqnonlin	表示非线性等式约束对应的拉格朗日乘子向量

例 15-9：求下面优化问题的最优解，并求出的相应梯度、黑塞（Hessian）矩阵以及拉格朗日乘子。

视频讲解

$$\min \quad (x_1-2)^2+(x_2-1)^2$$
$$\text{s.t.} \begin{cases} -x_1^2+x_2 \geqslant 0 \\ -x_1-x_2+2 \geqslant 0 \end{cases}$$

解　先将该优化问题转化为标准形式，即

$$\min \quad (x_1-2)^2+(x_2-1)^2$$
$$\text{s.t.} \begin{cases} x_1^2-x_2 \leqslant 0 \\ x_1+x_2 \leqslant 2 \end{cases}$$

编写目标函数的 M 文件，代码如下：

```
function y=yhzyj(x)
y=(x(1)-2)^2+(x(2)-1)^2;
```

编写非线性约束函数的 M 文件，代码如下：

```
function [c1,c2]=nonlin(x)
c1=x(1)^2-x(2);
c2=[];                          % 没有非线性等式约束
```

然后在命令行窗口输入如下命令：

```
>> close all                    % 关闭当前已打开的文件
>> clear                        % 清除工作区的变量
>> A=[1 1];                     % 约束条件系数矩阵
>> b=2;                         % 约束条件右端项
>> Aeq=[];beq=[];lb=[];ub=[];   % 没有非线性等式约束及界约束
>> x0=[0 0]';                   % 初始点
% 以 x0 为初始点，求解约束优化问题
```

```
>> [x,fval,exitflag,output,lambda,g,H]= fmincon(@yhzyj,x0,A,b,Aeq,beq,lb,ub,@nonlin)
Local minimum found that satisfies the constraints.
Optimization completed because the objective function is non-decreasing in
feasible directions, to within the default value of the optimality tolerance,
and constraints are satisfied to within the default value of the constraint tolerance.
<stopping criteria details>
```

x =   % 最优解
      1.0000
      1.0000
 fval =   % 最优值
      1.0000
exitflag =
      1   % 说明解已经满足一阶最优性条件
output =
         iterations: 10   % 共迭代 10 次
          funcCount: 33   % 函数赋值 33 次
constrviolation: 0   % 函数错误 0 次
           stepsize: 1.4912e-07 % 算法最后一步所选的步长
          algorithm: 'interior-point' % 所调用的算法
     firstorderopt: 2.0000e-06   % 一阶最优性条件
        cgiterations: 0   % 没有共轭梯度迭代

            message: 'Local minimum found that satisfies the constraints.↵Optimization completed because the objective function is non-decreasing in ↵feasible directions, to within the default value of the optimality tolerance,↵and constraints are satisfied to within the default value of the constraint tolerance.↵Stopping criteria details:↵Optimization completed: The relative first-order optimality measure, 9.999983e-07,↵is less than options.OptimalityTolerance = 1.000000e-06, and the relative maximum constraint↵violation, 0.000000e+00, is less than options.ConstraintTolerance = 1.000000e-06.↵Optimization Metric Options↵relative first-order optimality = 1.00e-06 OptimalityTolerance = 1e-06 (default)↵relative max(constraint violation) = 0.00e+00 ConstraintTolerance = 1e-06 (default)'

lambda =   % 相应的拉格朗日乘子
        包含以下字段的 struct:
          eqlin: [0×1 double]
       eqnonlin: [0×1 double]
        ineqlin: 0.6667   % 线性不等式所对应的拉格朗日乘子
          lower: [2×1 double]
          upper: [2×1 double]
      ineqnonlin: 0.6667   % 非线性不等式所对应的拉格朗日乘子
g =   % 目标函数在最优解处的梯度
    -2.0000
     0.0000
H =   % 目标函数在最优解处的海色矩阵
      3.1120   0.1296
      0.1296   1.9335

434

15.4.3　Minimax 问题

Minimax 问题的标准形式为

$$\min_{x}\ \max_{\{F_i\}}\ \left\{F_i\left(\boldsymbol{x}\right)\right\}_{i=1}^{n}$$

$$\text{s.t.}\ \begin{cases} \boldsymbol{A}_1\boldsymbol{x}\leqslant\boldsymbol{b}_1 \\ \boldsymbol{A}_2\boldsymbol{x}=\boldsymbol{b}_2 \\ C_1(\boldsymbol{x})\leqslant 0 \\ C_2(\boldsymbol{x})=0 \\ \boldsymbol{l}_\text{b}\leqslant\boldsymbol{x}\leqslant\boldsymbol{u}_\text{b} \end{cases}$$

其中，$F_i(\boldsymbol{x})$ 可以是线性函数，也可以为非线性函数；$C_1(x)$、$C_2(x)$ 为非线性向量函数；$\boldsymbol{A}_1$、$\boldsymbol{A}_2$ 为矩阵；$\boldsymbol{b}_1$、$\boldsymbol{b}_2$、$\boldsymbol{l}_\text{b}$、$\boldsymbol{u}_\text{b}$ 为向量。在 MATLAB 中，这种优化问题是通过 fminimax 函数来求解的。

fminimax 函数的调用格式如下：

☑　x = fminimax(f,x0)。以 $\boldsymbol{x}_0$ 为初始点，求解 Minimax 问题：

$$\min_{x}\ \max_{\{F_i\}}\ \left\{F_1\left(\boldsymbol{x}\right),F_2\left(\boldsymbol{x}\right),\cdots,F_n\left(\boldsymbol{x}\right)\right\}$$

其中，函数 f 的返回值为 $\left(F_1\left(\boldsymbol{x}\right),F_2\left(\boldsymbol{x}\right),\cdots,F_n\left(\boldsymbol{x}\right)\right)^\text{T}$。

☑　x = fminimax(f,x0,A,b)。以 $\boldsymbol{x}_0$ 为初始点，求解 Minimax 问题：

$$\min_{x}\ \max_{\{F_i\}}\ \left\{F_1\left(\boldsymbol{x}\right),F_2\left(\boldsymbol{x}\right),\cdots,F_n\left(\boldsymbol{x}\right)\right\}$$
$$\text{s.t.}\ \ \boldsymbol{A}\boldsymbol{x}\leqslant\boldsymbol{b}$$

☑　x = fminimax(f,x0,A,b,Aeq,beq)。以 $\boldsymbol{x}_0$ 为初始点，求解 Minimax 问题：

$$\min_{x}\ \max_{\{F_i\}}\ \left\{F_1\left(\boldsymbol{x}\right),F_2\left(\boldsymbol{x}\right),\cdots,F_n\left(\boldsymbol{x}\right)\right\}$$
$$\text{s.t.}\ \begin{cases} \boldsymbol{A}\boldsymbol{x}\leqslant\boldsymbol{b} \\ \boldsymbol{A}_\text{eq}\boldsymbol{x}=\boldsymbol{b}_\text{eq} \end{cases}$$

若没有不等式约束，则设 Aeq=[ ]，beq=[ ]，此时等价于格式 x = fminimax(f,x0,A,b)。

☑　x = fminimax(f,x0,A,b,Aeq,beq,lb,ub)。以 $\boldsymbol{x}_0$ 为初始点，求解 Minimax 问题：

$$\min_{x}\ \max_{\{F_i\}}\ \left\{F_1\left(\boldsymbol{x}\right),F_2\left(\boldsymbol{x}\right),\cdots,F_n\left(\boldsymbol{x}\right)\right\}$$
$$\text{s.t.}\ \begin{cases} \boldsymbol{A}\boldsymbol{x}\leqslant\boldsymbol{b} \\ \boldsymbol{A}_\text{eq}\boldsymbol{x}=\boldsymbol{b}_\text{eq} \\ \boldsymbol{l}_\text{b}\leqslant\boldsymbol{x}\leqslant\boldsymbol{u}_\text{b} \end{cases}$$

若没有界约束，则令 $\boldsymbol{l}_\text{b}$、$\boldsymbol{u}_\text{b}$ 为空向量；若 $\boldsymbol{x}$ 无下界，则令 $\boldsymbol{l}_\text{b}=-\text{Inf}$；若 $\boldsymbol{x}$ 无上界，则令 $\boldsymbol{u}_\text{b}=\text{Inf}$。

☑　x = fminimax(f,x0,A,b,Aeq,beq,lb,ub,nonlcon)。以 x_0 为初始点，求解 Minimax 问题：

$$\min_{x} \max_{\{F_i\}} \left\{ F_1(x), F_2(x), \cdots, F_n(x) \right\}$$

$$\text{s.t.} \quad \begin{cases} Ax \leqslant b \\ A_{eq}x = b_{eq} \\ C_1(x) \leqslant 0 \\ C_2(x) = 0 \\ l_b \leqslant x \leqslant u_b \end{cases}$$

其中，nonlcon 函数的定义如下：

```
function [C1,C2,GC1,GC2]=nonlcon(x)
C1=···           %  x 处的非线性不等式约束
C2=···           %  x 处的非线性等式约束
if nargout>2
    GC1=···      %  非线性不等式约束在 x 处的梯度
    GC2=···      %  非线性等式约束在 x 处的梯度
end
```

☑　x = fminimax(f,x0,A,b,Aeq,beq,lb,ub,nonlcon,options)。options 为指定优化参数选项。

☑　x=fminimax(problem)。求解结构体 problem 指定问题的最优解。

☑　[x,fval] = fminimax(···) 。除返回最优解 x 外，还返回 f 在 x 处的值，即

☑　$fval = \left(F_1(x), F_2(x), \cdots, F_n(x) \right)^{\mathrm{T}}$

☑　[x,fval,maxfval] = fminimax(···)。其中，maxfval 为 fval 中的最大元。

☑　[x,fval,maxfval,exitflag,output] = fminimax(···)。在实现上述调用格式对应功能的基础上，输出终止迭代的条件信息 exitflag 和关于算法的信息变量 output。exitflag 的值及含义说明如表 15-19 所示，output 的内容与表 15-17 相同。

表 15-19　exitflag 的值及含义说明

exitflag 的值	说　　明
1	表示函数收敛到解 x
4	表示搜索方向的级小于给定的容忍度且约束的违背量小于 options.TolCon
5	表示方向导数的级小于给定的容忍度且约束的违背量小于 options.TolCon
0	表示迭代次数超过 options.MaxIter 或函数的赋值次数超过 options.FunEvals
−1	表示算法被输出函数终止
−2	表示该优化问题没有可行解

☑　[x,fval,maxfval,exitflag,output,lambda] = fminimax(···)。在实现上述调用格式对应功能的基础上，输出各个约束所对应的拉格朗日乘子 lambda，它是一个结构体变量，其内容如表 15-18 所示。

例 15-10： 求解下面的 Minimax 问题。

$$\min_{x}\ \max_{\{F_i\}}\ \left\{F_1(x),F_2(x),F_3(x),F_4(x),F_5(x)\right\}$$

$$\text{s.t.}\ \begin{cases} x_1^2 + x_2^2 \leqslant 8 \\ x_1 + x_2 \leqslant 3 \\ -3 \leqslant x_1 \leqslant 3 \\ -2 \leqslant x_2 \leqslant 2 \end{cases}$$

其中，

$$F_1(x) = 2x_1^2 + x_2^2 - 48x_1 - 40x_2 + 304$$
$$F_2(x) = -x_2^2 - 3x_2^2$$
$$F_3(x) = x_1 + 3x_2 - 18$$
$$F_4(x) = -x_1 - x_2$$
$$F_5(x) = x_1 + x_2 - 8$$

解　编写目标函数的 M 文件，代码如下：

```
function f=minimax(x)
f(1)=2*x(1)^2+x(2)^2-48*x(1)-40*x(2)+304;
f(2)=-x(1)^2-3*x(2)^2;
f(3)=x(1)+3*x(2)-18;
f(4)=-x(1)-x(2);
f(5)= x(1)+x(2)-8;
```

编写非线性约束函数的 M 文件，代码如下：

```
function [c1,c2]=nonlcon(x)
c1=x(1)^2+x(2)^2-8;
c2=[];                   % 没有非线性等式约束
```

在命令行窗口输入如下命令：

```
>> close all          % 关闭当前已打开的文件
>> clear              % 清除工作区的变量
>> A=[1 1];           % 约束条件系数矩阵
>> b=3;               % 线性不等式约束右端项
>> lb=[-3 -2]';       % 变量下界
>> ub=[3 2]';         % 变量上界
>> Aeq=[];beq=[];     % 没有线性等式约束
>> x0=[0 0]';         % 初始点
% 以 x0 为初始点，求解 Minimax 问题
>>[x,fval,maxfval,exitflag,output,lambda]=fminimax(@minimax,x0,A,b,Aeq,beq,lb,ub,@nonlcon)
Local minimum possible. Constraints satisfied.
fminimax stopped because the size of the current search direction is less than
twice the default value of the step size tolerance and constraints are
satisfied to within the default value of the constraint tolerance.
```

```
<stopping criteria details>
x =                          % 局部最优解
      2.3333
0.6667
fval =                       % 对应的目标函数值
   176.6667    -6.7778   -13.6667    -3.0000    -5.0000
maxfval =                    % 极大值
   176.6667
exitflag =
      4                      % 搜索方向的级小于给定的容差，且约束的违背度小于 options.TolCon
output =
         包含以下字段的  struct:
           iterations: 5
            funcCount: 24
          lssteplength: 1
             stepsize: 1.6837e-07
            algorithm: 'active-set'
         firstorderopt: []
        constrviolation: 2.0188e-10
              message: '↵Local minimum possible. Constraints satisfied.↵fminimax stopped because the size
of the current search direction is less than↵twice the value of the step size tolerance and constraints are ↵
satisfied to within the value of the constraint tolerance.↵↵<stopping criteria details>↵Optimization stopped
because the norm of the current search direction, 1.190555e-07,↵is less than 2*options.StepTolerance =
1.000000e-06, and the maximum constraint ↵violation, 2.018794e-10, is less than options.ConstraintTolerance
= 1.000000e-06.↵↵'

lambda =              %  相应的拉格朗日乘子
包含以下字段的  struct:
          lower: [2x1 double]
          upper: [2x1 double]
          eqlin: [0x1 double]
       eqnonlin: [0x1 double]
         ineqlin: 38.6667
ineqnonlin: 0
```

15.4.4 二次规划问题

二次规划问题（Quadratic Programming）是最简单的一类约束非线性规划问题，它在证券投资、交通规划等众多领域都有着广泛的应用。二次规划的标准形式为

$$\min \quad \frac{1}{2}\boldsymbol{x}^{\mathrm{T}}\boldsymbol{H}\boldsymbol{x} + \boldsymbol{c}^{\mathrm{T}}\boldsymbol{x}$$

$$\text{s.t.} \quad \begin{cases} \boldsymbol{A}_1\boldsymbol{x} \leqslant \boldsymbol{b}_1 \\ \boldsymbol{A}_2\boldsymbol{x} = \boldsymbol{b}_2 \end{cases}$$

其中，$\boldsymbol{H}$ 为方阵，即为目标函数的黑塞（Hessian）矩阵；$\boldsymbol{A}_1$、$\boldsymbol{A}_2$ 为矩阵；$\boldsymbol{c}$、$\boldsymbol{b}_1$、$\boldsymbol{b}_2$ 为向量。其他形式的二次规划问题都可以转化为这种标准形式。MATLAB 可以求解各种形式的二次规划问题，而不用转为上面的标准形式。

通过逐步二次规划能使一般的非线性规划问题的求解过程得到简化，因此二次规划迭代法也是目前求解最优化问题的常用方法。

在 MATLAB 中，求解二次规划的函数是 quadprog，它的调用格式如下：

☑　x = quadprog(H,c)。求解二次规划问题：

$$\min \quad \frac{1}{2}\boldsymbol{x}^{\mathrm{T}}\boldsymbol{Hx} + \boldsymbol{c}^{\mathrm{T}}\boldsymbol{x}$$

☑　x = quadprog(H,c,A,b)。求解二次规划问题：

$$\min \quad \frac{1}{2}\boldsymbol{x}^{\mathrm{T}}\boldsymbol{Hx} + \boldsymbol{c}^{\mathrm{T}}\boldsymbol{x}$$
$$\text{s.t.} \quad \boldsymbol{Ax} \leqslant \boldsymbol{b}$$

☑　x = quadprog(H,c,A,b,Aeq,beq)。求解二次规划问题：

$$\min \quad \frac{1}{2}\boldsymbol{x}^{\mathrm{T}}\boldsymbol{Hx} + \boldsymbol{c}^{\mathrm{T}}\boldsymbol{x}$$
$$\text{s.t.} \quad \begin{cases} \boldsymbol{Ax} \leqslant \boldsymbol{b} \\ \boldsymbol{A}_{\mathrm{eq}}\boldsymbol{x} = \boldsymbol{b}_{\mathrm{eq}} \end{cases}$$

☑　x = quadprog(H,c,A,b,Aeq,beq,lb,ub)。求解二次规划问题：

$$\min \quad \frac{1}{2}\boldsymbol{x}^{\mathrm{T}}\boldsymbol{Hx} + \boldsymbol{c}^{\mathrm{T}}\boldsymbol{x}$$
$$\text{s.t.} \quad \begin{cases} \boldsymbol{Ax} \leqslant \boldsymbol{b} \\ \boldsymbol{A}_{\mathrm{eq}}\boldsymbol{x} = \boldsymbol{b}_{\mathrm{eq}} \\ \boldsymbol{l}_{\mathrm{b}} \leqslant \boldsymbol{x} \leqslant \boldsymbol{u}_{\mathrm{b}} \end{cases}$$

若没有界约束，则可令 $\boldsymbol{l}_{\mathrm{b}}$、$\boldsymbol{u}_{\mathrm{b}}$ 为空向量，此时等价于上一条调用格式。

☑　x = quadprog(H,c,A,b,Aeq,beq,lb,ub,x0)。以 $\boldsymbol{x}_0$ 为初始点解上面的二次规划问题。

☑　x = quadprog(H,c,A,b,Aeq,beq,lb,ub,x0,options)。options 为指定的优化参数，内容与表 15-7 大致相同。

☑　x = quadprog(problem)。返回结构体 problem 指定问题的最优解。

☑　[x,fval] = quadprog(…)。除返回最优解 $\boldsymbol{x}$ 外，还返回目标函数最优值 fval。

☑　[x,fval,exitflag,output]] = quadprog(…)。在实现上述调用格式对应功能的基础上，还输出终止迭代的条件信息 exitflag，以及关于算法的信息变量 output。

☑　[x,fval,exitflag,output,lambda] = quadprog(…)。在实现上述调用格式对应功能的基础上，输出各个约束所对应的拉格朗日乘子 lambda，它是一个结构体变量。

视频讲解

例 **15-11**：求解下面的二次规划问题。

$$\min \quad (x_1-1)^2 + (x_2-2.5)^2$$

$$\text{s.t.} \begin{cases} x_1 - 2x_2 + 2 \geqslant 0 \\ -x_1 - 2x_2 + 6 \geqslant 0 \\ -x_1 + 2x_2 + 2 \geqslant 0 \\ x_1 \geqslant 0, x_2 \geqslant 0 \end{cases}$$

解　先将该二次规划转化为

$$\min \quad x_1^2 + x_2^2 - 2x_1 - 5x_2 + 7.25$$

$$\text{s.t.} \begin{cases} -x_1 + 2x_2 \leqslant 2 \\ x_1 + 2x_2 \leqslant 6 \\ x_1 - 2x_2 \leqslant 2 \\ x_1 \geqslant 0, x_2 \geqslant 0 \end{cases}$$

对于目标函数表达式，需要说明的是，后面的常数项（7.25）不会影响最优解，它只会影响目标函数值。

利用 MATLAB 求解上述二次规划问题的程序如下：

```
>> close all                    % 关闭当前已打开的文件
>> clear                        % 清除工作区的变量
>> H=[2 0;0 2];                 % 二次规划的 Hesse 矩阵，只与两个变量的二次项有关
>> c=[-2 -5]';                  % 向量 c，只与两个变量的一次项有关
>> A=[-1 2;1 2;1 -2];           % 约束条件的系数矩阵
>> b=[2 6 2]';                  % 不等式约束的右端项
>> lb=[0 0]';                   % 下限约束
>> ub=[Inf Inf]';               % 没有给上限，可为空
>> Aeq=[];beq=[];               % 没有等式约束，为空
>> [x,fva,exitflag,output,lambda]=quadprog(H,c,A,b,Aeq,beq,lb,ub)   % 求解二次规划问题
Minimum found that satisfies the constraints.
Optimization completed because the objective function is non-decreasing in
feasible directions, to within the default value of the optimality tolerance,
and constraints are satisfied to within the default value of the constraint tolerance.
<stopping criteria details>
x =                             % 最优解
    1.4000
    1.7000
fva =
    -6.4500                     % 原问题目标函数的最优值为-6.45+7.25=0.8
exitflag =
    1                           % 函数收敛于解 x
output =                        % 优化过程信息
包含以下字段的 struct:
```

```
        message: 'Minimum found that satisfies the constraints.↵Optimization completed because the
objective function is non-decreasing in  ↵feasible directions, to within the default value of the optimality
tolerance,↵and constraints are satisfied to within the default value of the constraint tolerance.↵↵Stopping criteria
details:↵Optimization completed: The relative dual feasibility, 3.700743e-17,↵is less than
options.OptimalityTolerance = 1.000000e-08, the complementarity measure,↵8.735027e-21, is less than
options.OptimalityTolerance, and the relative maximum constraint↵violation, 1.073216e-15, is less than
options.ConstraintTolerance = 1.000000e-08.↵↵Optimization Metric Options↵relative dual feasibility = 3.70e-17
OptimalityTolerance = 1e-08 (default)↵complementarity measure = 8.74e-21 OptimalityTolerance = 1e-08
(default)↵relative max(constraint violation) = 1.07e-15 ConstraintTolerance = 1e-08 (default)'
        algorithm: 'interior-point-convex'                          % 调用的算法
     firstorderopt: 2.2204e-16
constrviolation: 0
        iterations: 4                        % 算法迭代次数
       linearsolver: 'dense'
       cgiterations: []
 lambda =                        % 拉格朗日乘子
      包含以下字段的  struct:
     ineqlin: [3×1 double]
      eqlin: [0×1 double]
      lower: [2×1 double]
      upper: [2×1 double]
>> lambda.ineqlin                        % 线性不等式对应的拉格朗日乘子向量
ans =
        0.8000
        0.0000
       -0.0000
```

第**16**章

形态学图像处理

　　形态学，即数学形态学（Mathematical Morphology），在图像处理中有着广泛的应用。应用形态学图像处理技术可从图像中提取对于表达和描绘区域形状有意义的图像分量，使后续的识别工作进行更顺利。

　　形态学图像处理的基本运算有膨胀、腐蚀、开操作、闭操作、顶帽底帽变换、底帽变换等，其作用主要有消除噪声、边界提取、区域填充、连通分量提取、凸壳、细化、粗化等。另外，应用形态学图像处理技术，还可以分割出独立的图像元素或者图像中相邻的元素，求取图像中明显的极大值区域和极小值区域，求取图像梯度。

16.1　图像的逻辑运算

　　形态学图像处理是用具有一定形态的结构元素去度量和提取图像中的对应形状以对图像进行分析识别的一门技术，使用该技术可以简化图像数据，保持它们基本的形状特性，并除去不相干的结构。

　　形态学图像处理的数学基础是集合论，MATLAB 语言进行数学形态学运算时，所有非零数值均被认为真，而零则被认为是假。在逻辑判断结果中，判断为真时输出 1，判断为假时输出 0。

　　MATLAB 语言的逻辑运算符及定义如表 16-1 所示。

表 16-1　MATLAB 语言的逻辑运算符

运算符	定　义
&或 and	逻辑与。两个操作数同时为 1 时，结果为 1，否则为 0
|或 or	逻辑或。两个操作数同时为 0 时，结果为 0，否则为 1
~或 not	逻辑非。当操作数为 0 时，结果为 1，否则为 0
xor	逻辑异或。两个操作数相同时，结果为 0，否则为 1

在算术、关系、逻辑三种运算符中，算术运算符优先级最高，关系运算符次之，而逻辑运算符优先级最低。在逻辑运算符中，"非"的优先级最高，"与"和"或"有相同的优先级。

例 16-1：图像的非运算。

解　MATLAB 程序如下：

```
>> close all                              % 关闭当前已打开的文件
>> clear                                  % 清除工作区的变量
% 读取当前路径下的图像，在工作区中储存图像数据，将彩色图像读入工作区，放置到矩阵 I 中
>> I = imread('testpat1.png');
>> J=not(I);                              % 对图像数据进行非运算
>> subplot(1,2,1);imshow(I);title('原图')          % 显示原始图像，然后添加标题
>> subplot(1,2,2);imshow(J);title('原图的非运算');  % 显示进行非运算后的图像，并添加标题
```

运行结果如图 16-1 所示。

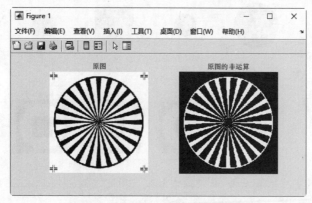

图 16-1　图像非运算前、后的效果

例 16-2：图像的非、与、异或运算。

解　MATLAB 程序如下：

```
>> close all                        % 关闭当前已打开的文件
>> clear                            % 清除工作区的变量
>> I = imread('circle_l.jpg');      % 读取当前路径下的图像数据，存储到矩阵 I 中
>> J = imread('circle_s.jpg');      % 读取当前路径下的图像数据，存储到矩阵 J 中
>> K = imread('rectange_l.jpg');    % 读取当前路径下的图像，存储到矩阵 K 中
>> M = imread('rectange_s.jpg');    % 读取当前路径下的图像，存储到矩阵 M 中
>> bw_I=im2bw(I);                   % 分别将 4 幅图像二值化
>> bw_J=im2bw(J);
>> bw_K=im2bw(K);
>> bw_M=im2bw(M);
>> A1=and(bw_J,bw_M);              % 对二值化后的图像 2 和 4 进行与运算
>> A2= xor(bw_I,bw_J);            % 对二值化后的图像 1 和 2 进行异或运算
>> A3= and(~bw_K,bw_M);          % 对二值化后的图像 3 进行非运算后，再与图像 4 进行与运算
>> A4= xor(~bw_I,~bw_M);        % 对二值化后的图像 1 和 4 分别进行非运算后，再进行异或运算
% 在分割后的第 1 行视窗中显示 4 幅原图
>> subplot(2,4,1);imshow(I);title('大圆');
```

```
>> subplot(2,4,2),imshow(J);title('小圆')
>> subplot(2,43,),imshow(K);title('大矩形')
>> subplot(2,4,4),imshow(M);title('小矩形')
% 在分割后的第 2 行视窗中显示 4 幅进行相应运算后的图像
>> subplot(2,4,5),imshow(A1);title('小圆小矩形与运算');
>> subplot(2,4,6),imshow(A2);title('大圆小圆异或运算')
>> subplot(2,4,7),imshow(A3);title('大矩形小矩形非与运算');
>> subplot(2,4,8),imshow(A4);title('大圆小矩形非异或运算')
```

运行结果如图 16-2 所示。

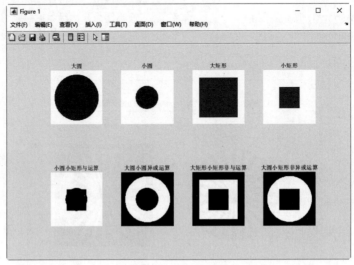

图 16-2　显示图像

16.2　形态学图像处理运算

形态学图像处理的基本运算有 4 个，即膨胀、腐蚀、开操作和闭操作，这些操作在二值图像（位图）、灰度图像中用得特别多，在彩色图像处理上效果不是很明显，可以先将彩色图像转成二值图像，然后再执行相应操作。此外，常用的图像处理运算还包括底帽滤波和顶帽滤波，用于计算图像差值。

16.2.1　创建形态结构元素及形态偏移结构元素

膨胀和腐蚀操作的核心内容是结构元素。一般来说，结构元素是由元素为 1 或者 0 的矩阵组成。结构元素为 1 的区域定义了图像的邻域，邻域内的像素在进行膨胀和腐蚀等形态学操作时要进行考虑。

一般来说，二维或者平面结构的结构元素要比要处理的图像小得多。结构元素的中心像素，即结构元素的原点，与输入图像中感兴趣的像素值（即要处理的像素值）相对应。三维的结构元素使用 0 和 1 来定义 xy 平面中结构元素的范围，使用高度值定义第 3 维。

1. 创建形态结构元素

在 MATLAB 中，strel 函数用来创建形态结构元素，它的调用格式及说明如表 16-2 所示。

表 16-2　strel 函数调用格式及说明

调用格式	说　明
SE = strel(nhood)	创建具有指定邻域 nhood 的平面结构元素
SE = strel('arbitrary',nhood)	创建具有指定邻域的平面结构元素
SE = strel('diamond',r)	创建菱形结构元素，其中 r 指定从结构元素原点到菱形点的距离
SE = strel('disk',r,n)	创建一个盘形结构元素，其中 r 指定半径，n 指定用于近似圆盘形状的线结构元素的数目
SE = strel('octagon',r)	创建八角形结构元素，其中 r 指定从结构元素原点到八角形边的距离（沿水平和垂直轴测量）。r 必须是 3 的非负倍数
SE = strel('line',len,deg)	创建相对于邻域中心对称的线性结构元素，长度和角度近似
SE = strel('rectangle',[m n])	创建大小为 m×n 的矩形结构元素
SE = strel('square',w)	创建宽度为 w 像素的正方形结构元素
SE = strel('cube',w)	创建宽度为 w 像素的三维立方体结构元素
SE = strel('cuboid',[m n p])	创建了一个大小为 m×n×p 的三维立方体结构元素
SE = strel('sphere',r)	创建半径为 r 像素的三维球体结构元素

2. 创建形态偏移结构元素

在 MATLAB 中，offsetstrel 函数用来创建形态偏移结构元素，形态偏移结构对象代表一个非平面的形态结构元素，它是形态膨胀和腐蚀操作的重要组成部分。offsetstrel 的调用格式及说明如表 16-3 所示。

表 16-3　strel 函数的调用格式及说明

调用格式	说　明
SE = offsetstrel(offset)	使用矩阵偏移量中指定的相加偏移量 offset 创建非平面结构元素 SE
SE = offsetstrel('ball',r,h)	创建了一个非平坦的球体结构元素，其在 xy 平面中的半径为 r，其最大偏移高度为 h
SE = offsetstrel('ball',r,h,n)	创建非平坦的球体结构元素，其中 n 指定 OffStStrul 用于近似形状的非平坦的线状结构元素的数目。当指定 n 大于 0 的值时，使用球近似的形态学运算运行得快得多

有必要特别强调的是，只能使用形态偏移结构对象对灰度图像进行形态学操作。

16.2.2　基本运算

1. 膨胀运算

膨胀运算只要求结构元素的原点在目标图像的内部平移，即当结构元素在目标图像上平移时，允许结构元素中的非原点像素超出目标图像的范围。

膨胀运算具有扩大图像和填充图像中比结果元素小的成分的作用，因此在实际应用中可以利用膨胀运算连接相邻物体和填充图像中的小孔和狭窄的缝隙。

膨胀是在二值化数字图像中"加长"或"变粗"的操作，在 MATLAB 中，imdilate 函数用来对所有图像执行灰度膨胀，放大图像，它的调用格式及说明如表 16-4 所示。

表 16-4　imdilate 函数调用格式及说明

调用格式	说　明
J = imdilate(I,SE)	放大灰度、二值或压缩二值图像 *I*，返回放大图像 *J*。SE 是返回的结构元素对象或结构元素对象数组
J = imdilate(I,nhood)	对图像 *I* 进行放大，其中 nhood 是指定结构元素邻域的 0 和 1 的矩阵
J = imdilate(…,packopt)	指定是否为压缩的二进制图像
J = imdilate(…,shape)	指定输出图像的大小

例 16-3：膨胀图片。

解　在 MATLAB 命令行窗口输入如下命令：

```
>> close all                  % 关闭当前已打开的文件
>> clear                      % 清除工作区的变量
>> I = imread('juice_b.jpg'); % 读取当前路径下的 RGB 图像，在矩阵 I 中储存图像数据
>> I1=rgb2gray(I);            % 把 RGB 图像转化成灰度图像
>> BW = imbinarize(I1);       % 从灰度图像 I1 创建二值图像
>> b = strel('line',11,90);               % 创建相对于邻域中心对称的垂直线型结构元素向量 b，长度为 11
>> J = imdilate(BW,b);                    % 使用转换后的结构元素放大图像
>> subplot(1,2,1),imshow(I), title('原图')     % 显示原始图像
>> subplot(1,2,2),imshow(J), title('膨胀结果图')   % 显示膨胀后的图像
```

运行结果如图 16-3 所示。

图 16-3　显示图像

膨胀运算得到的图像比原图像更明亮，并且减弱或消除小的、暗的细节部分，即比原图像模糊。

2. 腐蚀运算

在 MATLAB 中，imerode 函数用来对所有图像执行灰度腐蚀，缩小图像，它的调用格式及说明如表 16-5 所示。

表 16-5 imerode 函数调用格式及说明

调用格式	说　　明
J = imerode(I,SE)	腐蚀灰度、二值或压缩二值图像 I，返回侵蚀图像 J，SE 是返回的结构元素对象或结构元素对象数组
J = imerode(I,nhood)	对图像 I 进行腐蚀，其中 nhood 是指定结构元素邻域的 0 和 1 的矩阵
J = imerode(⋯,packopt,m)	指定是否为压缩的二进制图像
J = imerode(⋯,shape)	指定输出图像的大小

例 16-4：腐蚀图片。

解　在 MATLAB 命令行窗口中输入如下命令：

```
>> close all                              % 关闭当前已打开的文件
>> clear                                  % 清除工作区的变量
>> I = imread('cherry.jpg');              % 读取当前路径下的 RGB 图像，将图像数据存储在矩阵 I 中
>> I1=rgb2gray(I);                        % 把 RGB 图像转化成灰度图像
>> BW = imbinarize(I1);                   % 从灰度图像 I1 创建二值图像
>> b = strel('cube',3);                   % 创建一个宽度为 3 像素的立方结构元素向量 b
>> J = imerode(BW,b);                     % 使用转换后的结构元素腐蚀图像
>> subplot(1,2,1),imshow(I), title('原图')       % 显示原始图像
>> subplot(1,2,2),imshow(J), title('腐蚀结果图')  % 显示腐蚀后的图像
```

运行结果如图 16-4 所示。

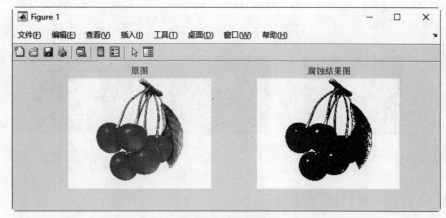

图 16-4　显示图像

腐蚀得到的图像比原图像更暗，明亮的部分被削弱，并且尺寸小 。

3．开运算

先腐蚀后膨胀称为开运算。在 MATLAB 中，imopen 函数用来对所有图像执行开运算，它的调用格式及说明如表 16-6 所示。

表 16-6　imopen 函数调用格式及说明

调用格式	说　明
J = imopen(I,SE)	对灰度或二值图像 *I* 执行形态学开操作，返回打开的图像，SE 是 strel 或 offsetstrel 函数返回的单个结构元素对象
J = imopen(I,nhood)	打开图像 *I*，其中 nhood 是指定结构元素邻域的 0 和 1 的矩阵

例 16-5：图片开运算。

解　在 MATLAB 命令窗口中输入如下命令：

```
>> close all                    % 关闭当前已打开的文件
>> clear                        % 清除工作区的变量
>> I = imread('ketty.jpg');     % 读取当前路径下的 RGB 图像，将图像数据存储在矩阵 I 中
>> I1=rgb2gray(I);              % 把 RGB 图像转化成灰度图像
>> BW = imbinarize(I1);        % 从灰度图像 I1 创建二值图像
>> SE = strel('sphere',5);     % 创建半径为 5 像素的三维球体结构元素
>> J = imopen(I1,SE);                  % 使用转换后的结构元素对灰度图像进行开运算
>> K = imopen(BW,SE);                  % 使用转换后的结构元素对二值图像进行开运算
>> subplot(1,3,1),imshow(I), title('原图')          % 显示原始图像
>> subplot(1,3,2),imshow(J), title('灰度图开运算')    % 显示灰度图像开运算后的图像
>> subplot(1,3,3),imshow(K), title('二值图开运算')    % 显示二值图开运算后的图像
```

运行结果如图 16-5 所示。

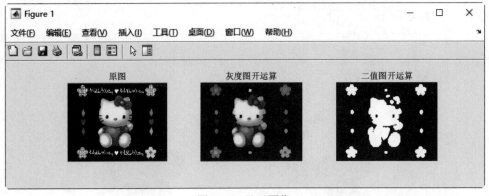

图 16-5　显示图像

4．闭运算

先膨胀后腐蚀称为闭运算。在 MATLAB 中，imclose 函数用来对所有图像执行闭运算，它的调用格式及说明如表 16-7 所示。

表 16-7　imclose 函数调用格式及说明

调用格式	说　明
J = imclose(I,SE)	对灰度或二值图像 *I* 执行形态关闭运算，返回关闭的图像，SE 是 strel 或 offsetstrel 函数返回的单个结构元素对象
J = imclose(I,nhood)	关闭图像 *I*，其中 nhood 是指定结构元素邻域的 0 和 1 的矩阵

视频讲解

例 16-6： 图片闭运算

解　在 MATLAB 命令行窗口中输入如下命令：

```
>> close all                                   % 关闭当前已打开的文件
>> clear                                        % 清除工作区的变量
>> I = imread('lengjing.jpg');                 % 读取当前路径下的 RGB 图像，将图像数据存储在矩阵 I 中
>> I1=rgb2gray(I);                             % 把 RGB 图像转化成灰度图像
>> BW = imbinarize(I1);                        % 将灰度图像转化为二值图像
>> SE = strel('cuboid',[2 5 6]);              % 创建了一个大小为 2×5×6 的三维立方体结构元素
>> J = imclose(BW,SE);                         % 使用转换后的结构元素对二值图像进行闭运算
>> subplot(1,2,1),imshow(I), title('原图')    % 显示原始图像
>> subplot(1,2,2),imshow(J), title('闭运算结果图') % 显示闭运算后的图像
```

运行结果如图 16-6 所示。

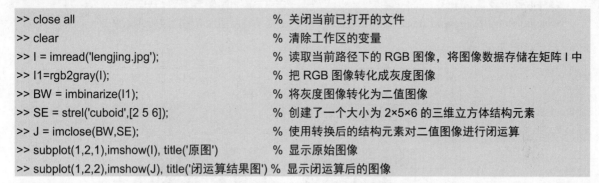

图 16-6　显示图像

16.2.3　底帽滤波

底帽滤波是闭运算后的图像与原图像的差值图像，可以检测出原图像前景色中的黑点。在 MATLAB 中，imbothat 函数用来对所有图像执行底帽滤波，它的调用格式及说明如表 16-8 所示。

表 16-8　imbothat 函数调用格式及说明

调用格式	说　明
J = imbothat(I,SE)	对灰度或二值图像 *I* 执行底帽滤波运算，返回滤波后的图像，SE 是 strel 或 offsetstrel 函数返回的单个结构元素对象
J = imbothat(I,nhood)	底帽过滤图像 *I*，其中 nhood 是指定结构元素邻域的 0 和 1 的矩阵

例 16-7：图片底帽滤波。

解　在 MATLAB 命令行窗口中输入如下命令：

```
>> close all                        % 关闭当前已打开的文件
>> clear                            % 清除工作区的变量
>> I = imread('lupai.jpg');         % 读取当前路径下的 RGB 图像，将图像数据存储在矩阵 I 中
>> I1=rgb2gray(I);                  % 把 RGB 图像转化成灰度图像
>> SE = strel('sphere',40);         % 创建半径为 40 像素的三维球体结构元素
>> J = imbothat(I1,SE);             % 使用转换后的结构元素对灰度图像进行底帽滤波
>> subplot(1,2,1),imshow(I),title('原图')            % 显示原始图像
>> subplot(1,2,2),imshow(J),title('地帽滤波图')       % 显示灰度图像底帽滤波后的图像
```

运行结果如图 16-7 所示。

图 16-7　显示图像

16.2.4　顶帽滤波

在 MATLAB 中，imtophat 函数用来对所有图像执行顶帽滤波，顶帽是原图像与开运算后图像之间的差值图像，结果类似于开运算的图像结果，它的调用格式及说明如表 16-9 所示。

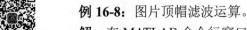
表 16-9　imtophat 函数调用格式及说明

调用格式	说　明
J = imtophat(I,SE)	对灰度或二值图像 *I* 执行顶帽滤波运算，返回滤波后的图像，SE 是 strel 或 offsetstrel 函数返回的单个结构元素对象
J = imtophat(I,nhood)	关闭图像 *I*，其中 nhood 是指定结构元素邻域的 0 和 1 的矩阵

例 16-8：图片顶帽滤波运算。

解　在 MATLAB 命令行窗口中输入如下命令：

```
>> close all                        % 关闭当前已打开的文件
>> clear                            % 清除工作区的变量
>> I = imread('cars.jpg');          % 读取当前路径下的 RGB 图像，将图像数据存储在矩阵 I 中
>> I1=rgb2gray(I);                  % 把 RGB 图像转化成灰度图像
```

```
>> SE = strel('diamond',25);              % 创建菱形结构元素，结构元素原点到菱形点的距离为 25
>> J = imbothat(I1,SE);                    % 使用转换后的结构元素 SE 对灰度图像进行底帽滤波
>> J1=imtophat(I1,SE);                     % 使用转换后的结构元素 SE 对灰度图像进行顶帽滤波
>> J2=imadd(I1,J1);                        % 将灰度图与顶帽滤波的图形数据相加
>> J3=imsubtract(J2,J);                    % 从上一步得到的图形中减去底帽滤波的图形
>> subplot(2,3,1),imshow(I), title('原图')  % 显示原始 RGB 图像
% 使用蒙太奇方法显示灰度图像底帽滤波后的图像和顶帽滤波后的图像
>> subplot(2,3,[2 3]),imshowpair(J,J1,'montage'),title('底帽滤波图（左）与顶帽滤波图（右）')
>> subplot(2,3,4),imshow(J2), title('灰度图与顶帽滤波图加法运算')     % 显示灰度图+顶帽滤波的图像
% 使用蒙太奇方法显示灰度图像和"灰度图像+顶帽滤波的图像-底帽滤波的图像"运算后的图像
>> subplot(2,3,[5 6]),imshowpair(I1,J3,'montage'), title('灰度图（左）与减法运算后的图（右）')
```

运行结果如图 16-8 所示。

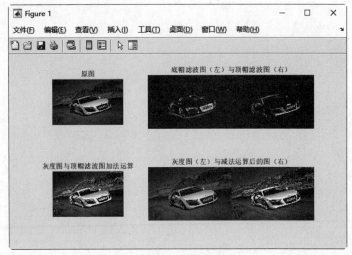

图 16-8　显示图像